海洋遥感与海洋大数据丛书

海洋大数据治理：理论、方法与实践

石绥祥　杨锦坤　韩春花　刘振民　著

科学出版社
北京

内 容 简 介

本书系统阐述海洋大数据治理的基本理论、技术方法和实践案例，充分总结和凝练近十年我国海洋大数据资源汇聚处理、存储管理、整合集成、挖掘分析和共享服务领域工作成果，是数据治理理论在海洋大数据管理共享领域的实践应用与提炼升华，是一部推动海洋大数据治理理论体系和方法论的书籍。

全书内容分为理论篇、方法篇和实践篇，共 12 章。理论篇阐述对海洋大数据治理的基本认识和理解，分析海洋大数据治理体系及关键要素。方法篇总结海洋大数据的来源、内容和特点，介绍海洋大数据治理的“方法库”和“工具箱”。实践篇汇集 14 个翔实的案例，为相关领域海洋大数据治理提供参考。

本书可作为海洋大数据研究和管理工作者的工作手册和重要参考资料；也可作为高等院校和科研院所相关专业师生和研究人员了解我国海洋大数据治理基本理论体系与工作实践的参考资料。

图书在版编目（CIP）数据

海洋大数据治理：理论、方法与实践/石绥祥等著. —北京：科学出版社，2024.5

（海洋遥感与海洋大数据丛书）

ISBN 978-7-03-078464-3

Ⅰ.①海…　Ⅱ.①石…　Ⅲ.①海洋-数据管理　Ⅳ.①P7

中国国家版本馆 CIP 数据核字（2024）第 090848 号

责任编辑：杜　权/责任校对：张小霞

责任印制：彭　超/封面设计：苏　波

科学出版社 出版

北京东黄城根北街 16 号

邮政编码：100717

http://www.sciencep.com

武汉精一佳印刷有限公司印刷

科学出版社发行　各地新华书店经销

*

开本：787×1092　1/16

2024 年 5 月第　一　版　　印张：20 3/4

2024 年 5 月第一次印刷　　字数：490 000

定价：288.00 元

（如有印装质量问题，我社负责调换）

▶▶▶ “海洋遥感与海洋大数据”丛书编委会

《海洋大数据治理：理论、方法与实践》主要撰写人员名单

石绥祥	杨锦坤	韩春花	刘振民	李维禄
苗庆生	韦广昊	刘玉龙	耿姗姗	郑　兵
万芳芳	杨　扬	孔　敏	宋　晓	田先德
徐珊珊	董明媚	祁冬梅	陈　斐	韩璐遥
李　程	余　佳	史潇潇	张艳胜	丁　峰

“海洋遥感与海洋大数据”丛书序

在生物学家眼中，海洋是生命的摇篮，五彩缤纷的生物多样性天然展览厅；在地质学家心里，海洋是资源宝库，蕴藏着地球村人类持续生存的希望；在气象学家看来，海洋是风雨调节器，云卷云舒一年又一年；在物理学家脑中，海洋是运动载体，风、浪、流汹涌澎湃；在旅游家脚下，海洋是风景优美无边的旅游胜地。在遥感学家看来，人类可以具有如齐天大圣孙悟空之能，腾云驾雾感知一望无际的海洋，让海洋透明、一目了然；在信息学家看来，海洋是五花八门、瞬息万变、铺天盖地的大数据源。有人分析世界上现存的大数据中环境类大数据占 70%，而海洋环境大数据量占到了其中的 70%以上，与海洋占地球的面积基本吻合。随着卫星传感网络等高新技术日益发展，天-空-海和海面-水中-海底立体观测所获取的数据逐年呈指数级增长，大数据在 21 世纪将掀起惊涛骇浪的海洋信息技术革命。

我国海洋科技工作者遵循习近平总书记“关心海洋，认识海洋，经略海洋”的海洋强国战略思想，独立自主地进行了水色、动力和监视三大系列海洋遥感卫星的研发。随着一系列海洋卫星成功上天和业务化运行，海洋卫星在数量上已与气象卫星齐头并进，卫星海洋遥感观测组网基本完成。海洋大数据是以大数据驱动智能的新兴海洋信息科学工程，来自卫星遥感和立体观测网源源不断的海量大数据，在网络和云计算技术支持下进行快速处理、智能处理和智慧应用。

在海洋信息迅猛发展的大背景下，“海洋遥感与海洋大数据”丛书呼之欲出。丛书总结和提炼“十三五”国家重点研发计划项目和近几年来国家自然科学基金等项目的研究成果，内容涵盖两大部分。第一部分为海洋遥感科学与技术，包括《海洋遥感动力学》《海洋微波遥感监测技术》《海洋高度计的数据反演与定标检验：从一维到二维》《北极海洋遥感监测技术》《海洋激光雷达探测技术》《海洋盐度遥感资料评估与应用》《中国系列海洋卫星及其应用》；第二部分为海洋大数据处理科学与技术，包括《海洋大数据治理：理论、方法与实践》《海洋大数据分析预报技术》《海洋环境安全保障大数据处理及应用》《海洋遥感大数据信息生成及应用》《海洋环境再分析技术》《海洋盐度卫星资料评估与应用》。

海洋是当今国际上政治、经济、外交和军事博弈的重要舞台，博弈无非是对海洋环境认知、海洋资源开发和海洋权益维护能力的竞争。在这场错综复杂的三大能力的竞争中，哪个国家掌握了高科技制高点，哪个国家就掌握了主动权。本套丛书可谓海洋信息技术革命惊涛骇浪下的一串闪闪发亮的水滴珍珠链，著者集众贤之能、承实践之上，总结经验、理出体会、挥笔习书，言海洋遥感与大数据之理论、摆实践之范例，是值得一读的佳作。更欣慰的是，通过丛书的出版，看到了一大批年轻的海洋遥感与信息学家的崛起和成长。

“百尺竿头，更进一步”。殷切期盼从事海洋遥感与海洋大数据的科技工作者再接再厉，发海洋遥感之威，推海洋大数据之浪，为“透明海洋和智慧海洋”做出更大贡献。

中国工程院院士 潘德炉

2022年12月18日

序

海洋是高质量发展的战略要地。随着经济全球化、区域一体化的发展，海洋进一步成为世界沿海各国争取和实现利益发展极其重要的战略空间。我国将加快推进海洋强国战略实施，引领推动海上丝绸之路和海洋命运共同体等倡议实施，全力推进国家海洋治理体系和治理能力现代化进程。

当前，新技术的发展比以往任何时候都要快。物联网、人工智能、云计算、增强现实、虚拟现实、深度学习、机器学习、机器视觉和图像识别等新技术取得了跨越式的进步。新技术之间相互结合及快速发展与应用，使数据迎来爆发式增长。我国的大数据事业已开启快速发展模式，建设数字中国、发展数字经济成为社会经济发展的一条主线。数据作为和土地、资本、劳动力、技术一样的基本生产要素，是数字经济的基础。要有效利用数据，让数据变得更加有价值，就需要建立完善的治理体系。

海洋大数据是国家战略信息资源，是实施“加快建设海洋强国”发展战略的重要基础。然而由于海洋大数据的自身特点，充分利用海洋数据、释放海洋数据的价值并不是一件简单的事情，这在很大程度上有赖于构建一套科学合理的海洋大数据治理体系。当前，在海洋大数据治理的研究和实践中，仍存在着认识不深、概念不清、权责不明、工具缺失等问题，严重掣肘了海洋大数据价值的释放。在此背景下，开展海洋大数据治理的理论探索和实践创新，既是数据治理这门新兴学科发展的需要，也是全面释放海洋数据价值、助力数字经济发展的需要。

长期以来，国家海洋信息中心作为国家海洋数据资料管理机构，围绕海洋数据管理标准、数据处理与质量控制技术、数据管理平台、海洋大数据应用、海洋大数据安全、数据共享服务等领域开展了卓有成效的国家海洋大数据体系治理工作。近年来，国家海洋信息中心牵头论证国家“智慧海洋”工程建设方案，建设运行国家海洋综合数据库和国家海洋大数据服务平台，建成浙江省智慧海洋大数据中心并成为浙江海洋数据“产业大脑”。此外，国家海洋信息中心持续推进多学科交叉与跨领域研究，推动大数据和人工智能在海洋领域的融合应用，海洋环境智能预报、海域海岛监视监管、海洋经济运行监测、海洋与自然资源舆情情报分析研判、海洋生态保护修复、海平面变化预测与气候变化评估等工作成效显著，在自然资源“两统一”职责履行和科技创新发展中发挥了重要保障支撑作用，为海洋大数据治理打下良好基础。

近几年，关于数据治理的专业书籍中，有的偏重基础理论介绍，有的偏重原理方法探讨，有的偏重专业知识阐述，而将数据治理理论方法运用到海洋工作领域、推动海洋数据管理工作转型的书籍尚未面世。本书参考了国内外成熟的数据治理模型和架构，又充分结合我国海洋大数据治理工作实践，构建包含海洋大数据战略、海洋大数据管控、海洋大数据架构、海洋大数据集成、海洋大数据交换共享、海洋大数据质量管理、海洋大数据安全管理和海洋大数据资产管理8个领域，贯穿海洋大数据治理全生命周期的“四横四纵”海洋大数据治理体系，并总结了目前较为成熟的工具方法，提供相应的翔实案例。全书内容丰富翔实，既有基本理论，又有技术方法、操作工具和应用案例；全书结构严谨，理论篇、方法篇、实践篇环环相扣、层层递进。期望本书能够成为海洋大数据治理领域的重要参考资料，为我国海洋大数据治理发挥重要的支撑作用。

作　者

2023年10月

前　言

进入大数据时代，海洋数据已成为重要的战略性基础资源之一，是实施“加快建设海洋强国”建设的重要基础。海洋数据管理是一项十分重要的基础工作，在多年的实践中取得一定成效，发挥了重要作用。但长久以来，海洋数据管理理念和工作思路囿于传统海洋业务框架，全域海洋大数据治理能力有一定的欠缺。在大数据时代背景下，海洋数据管理亟待向体系化、标准化的海洋全生命周期数据治理转型。我国海洋大数据治理的研究和实践处于起步阶段，仍存在认识不深、概念不清、权责不明、工具缺失等问题，严重掣肘了海洋数据价值的释放。开展数据治理研究，明确海洋数据管理现状、短板和海洋大数据治理需求，提出涵盖海洋数据全生命周期的海洋大数据治理体系框架，可为海洋数据管理向数据治理转型提供理论和技术指导，为进一步释放海洋数据资源价值、促进海洋数据形成理想的数据生产要素提供有益参考。

当前，大数据已经成为世界各国推动经济社会可持续发展的着力点和竞争点。在过去的几十年里，数据的计算、存储能力及可用性的巨大进步，促成了当今数据驱动型的世界现状。在数字经济的发展历程中，数据起到了核心和关键的作用，数据正在对整个人类社会产生巨大的经济影响。实际上，人们对数据价值的认识也经历了由浅入深、由简单趋向复杂的过程。总体来看，这个认知过程主要分为三个阶段：第一阶段是数据资源阶段，数据是记录、反映现实世界的一种资源；第二阶段是数据资产阶段，数据不仅是一种资源，还是一种资产，是个人或企业资产的重要组成部分，是创造财富的基础；第三阶段是数据资本阶段，数据的资源和资产的特性得到进一步发挥，与价值进行结合，通过交易等各种流动方式，最终变成资本。无论数据是资源、资产还是资本，其价值在于汇聚、流通及利用，也就是数据“活”于流动之中。近些年，业界兴起了“数据治理”一词，并衍生出一系列模型和框架。数据治理的核心是加强对数据资产的管控，通过深化数据服务以持续创造价值，归根结底是要实现数据的流动，避免数据成为一摊摊“死水”、一座座“孤岛”，要在互联互通中最大限度地挖掘和释放数据的价值。

多年来，国家海洋信息中心基于“归口管理国家海洋信息资源”职责，持续开展国家海洋大数据治理顶层规划论证及实践工作，研制多项海洋资料管理规章制度与技术标准，建立完善的海洋数据汇集管理与共享服务技术体系，同步开展海洋数据质量和安全管理，进行新时代新形势下海洋数据资产管理和运营、海洋数据要素保障等前沿性探索和研究工作，建立了较为完善的海洋大数据治理体系，并在国家海洋观测、海洋专项、大洋极地、国际业务化海洋学等领域形成了多个海洋大数据治理成功案例。本书正是在大数据时代背景下，基于海洋大数据治理工作实践，对海洋大数据治理理论体系的系统总结、提炼和升华。

全书分为三篇、共 12 章，具体内容如下。

第一篇是理论篇，包括第 1～3 章。

第 1 章：海洋大数据治理基本概念理论。阐述数据治理和海洋大数据治理的基本概念和内涵，分析当前海洋大数据治理的现状和面临的挑战，提出数据治理是海洋大数据价值发挥的重要举措，回答了“什么是海洋大数据治理”和“为什么要开展海洋大数据治理”的问题。

第 2 章：海洋大数据治理体系框架理论。总结国内外主流数据治理标准及模型，并进行分析对比，为海洋大数据治理体系建立提供参考依据。着眼海洋长远发展对数据治理的需求，明确海洋大数据治理的总体思路，构建涵盖海洋大数据战略、海洋大数据管控、海洋大数据质量管理、海洋大数据安全管理和海洋大数据架构管理、海洋大数据存储管理、海洋大数据共享交换、海洋大数据资产管理“四横四纵”8 个治理域的体系框架。

第 3 章：海洋大数据治理域理论。分别阐述 8 个海洋大数据治理域的主要活动和内容。其中：海洋大数据战略定义海洋大数据治理的原则、目标和任务，是海洋大数据治理的指引；海洋大数据管控构建与海洋大数据战略相匹配的一整套组织管理和标准技术规范，很大程度上直接影响海洋大数据治理目标的达成；海洋大数据架构管理和集成管理，建立存储和管理架构，整合海洋大数据资源，开展海洋数据标准处理、产品加工和综合集成，是数据价值发挥的重要基础；海洋大数据交换共享和资产管理是实现海洋大数据内外价值转换的一系列活动;海洋大数据质量管理和安全管理是贯穿整个海洋大数据生命周期的活动。

第二篇是方法篇，包括第 4～9 章。

第 4 章：海洋大数据来源与分类方法。总结海洋观/监测数据、海洋科考调查数据、海洋卫星遥感数据、海洋再分析数据、国内外海洋数据开放共享等多个业务体系的业务发展、数据获取方式、数据内容和特点，提出基于学科要素和不同加工处理程度的两种海洋大数据分类方法，是对数据治理对象——海洋大数据的细致描述和生动刻画。

第 5 章：海洋大数据架构管理方法。提出分类分级海洋大数据资源管理体系的构建方法，介绍实体关系建模、面向对象建模、通用数据建模、语义数据建模等海洋大数据建模方法和工具，事务型数据库系统、列式数据库系统、分布式文件系统、个性化海洋数据存储等数据存储架构，以及海洋大数据更新调度功能。

第 6 章：海洋大数据集成管理方法。重点介绍 FORTRAN、Matlab、Python、ODV、GMT 等海洋大数据清洗工具，探索性分析数据填充、统计分析、客观分析、数据降维、相关分析、回归分析、聚类分析、分类分析等海洋大数据综合分析和挖掘分析的内容、基本原理、适用范围、使用方法，以及海洋环境统计分析产品、定点连续和大面统计分析产品、海洋环境融合数据集、海洋环境信息产品的制作方法。

第 7 章：海洋大数据交换共享方法。介绍矢量图形处理、轮廓线可视化、流线可视化和标量场数据的可视化技术、综合显示异步渲染、二/三维动态可视化技术，基于虚拟化的海洋数据共享技术，数据接口服务、文件共享平台、点对点分发服务等专网数据共享技术，与国际组织的海洋数据互操作技术，以及基于区块链的海洋数据共享服务技术。

第 8 章：海洋大数据质量管理方法。介绍海洋站和海洋剖面等海洋观测数据质量控制方法，温盐、海流、浮标和水位等国际业务化海洋学数据质量控制方法，海洋底质和海洋地球物理数据质量控制方法，以及海洋温盐大数据检验评估方法。

第 9 章：海洋大数据安全管理方法。介绍防火墙、虚拟网等海洋网络安全防护技术，用户认证及访问控制技术、虚拟局域网技术、多协议标签交换技术等网络传输安全保障技术，KPI/PMI 管理、操作系统安全等基础设施安全防护技术，数据库存储加密技术、权限控制技术、用户行为追踪技术和抗攻击等数据库安全防护技术，以及对称/非对称加密技术、透明加密技术等海洋数据安全加密技术。在此基础上，提出海洋大数据安全风险技术防控模块的主要思路、关键技术与功能需求，为相关组织或机构在建立海洋大数据安全风险防控体系提供参考。

第三篇是实践篇，包括第 10～12 章。

第 10 章：国家海洋大数据综合管理实践。以国家海洋综合数据库建设运行、海洋业务化观测数据治理、国家海洋专项数据治理、国际业务化海洋学数据治理、中国大洋资料中心建设运行和浙江省智慧海洋大数据中心建设运行为例，介绍 6 个业务领域海洋大数据治理的方法和特点。

第 11 章：国家海洋大数据共享服务实践。介绍海洋数据交换共享案例，包括国家海洋大数据服务平台（海洋云）、海洋观测数据共享服务平台、深海大洋数据共享服务平台、“重要区域”海洋数据中心、中国-东盟海洋大数据共享平台、数字深海“一张图”综合可视分析系统 6 个案例。

第 12 章：海洋大数据国际合作交流实践。以国际海洋学院-中国西太平洋区域中心、全球海洋教师培训学院天津中心、中国-欧盟海洋信息技术合作共 3 个案例，介绍海洋大数据治理国际合作与交流实践。

本书撰写历时近两年，是国家海洋数据资源管理工作者近 10 年的集体智慧结晶。全书由国家海洋信息中心石绥祥研究员领衔执笔，国家海洋信息中心海洋数据管理中心团队主笔，团队负责人杨锦坤研究员全程组织本书提纲的确定、各章内容的讨论及终稿的审定。本书第 1～3 章主要由石绥祥、韩春花、杨锦坤、刘玉龙撰写，第 4 章主要由耿姗姗、张艳胜、陈斐、丁峰撰写；第 5 章主要由韦广昊、郑兵撰写；第 6 章主要由苗庆生、孔敏、徐珊珊、李程撰写；第 7 章主要由郑兵、刘振民、韩璐遥撰写；第 8 章主要由董明媚、杨扬、余佳、田先德撰写；第 9 章主要由韦广昊、宋晓撰写；第 10 章主要由杨扬、耿姗姗、董明媚、李维禄撰写；第 11 章主要由郑兵、田先德撰写；第 12 章主要由万芳芳、史潇潇撰写。全书由韩春花、刘振民统稿，万芳芳、祁冬梅、杨扬对全书文字进行了审校，李维禄对全书参考文献进行了审校。

付梓之际，百感交集。海洋大数据治理可谓“路漫漫其修远兮”。作者团队中，很多同志长期坚守在国家海洋数据资源管理工作第一线，他们情系海洋信息事业、坚守平凡岗位，几十年如一日，在持续不断的学习中，将数据治理前沿理论、方法和技术应用于实践工作，致力于推进海洋数据管理迈入体系化的海洋大数据治理阶段转型，在“十四五”国家重点研发计划“海洋环境安全保障与岛礁可持续发展”专项 “基于大数据和人工智能的海洋环境快速预报技术研究与应用”项目的大力支持下，占用了大量个人时间撰写本书。本书全面系统地介绍海洋大数据治理理念，希望引起读者对海洋大数据治理的关注。海洋数据和海洋一样，浩瀚无涉，随着海洋感知水平和人们对海洋认知的不断提升，海洋数据的范围、内涵也必将不断扩展。在大数据时代背景下，海洋大数据治理体系的总体架构也并非一成不变，而是随着时代发展不断进步。海洋大数据治理之路，机遇与挑战并存，我辈任重而道远。

由于作者水平有限，书中难免出现不足之处，恳请读者批评指正。

作　者

2023 年 10 月于天津

目　录

第一篇　理　论　篇

第 1 章　海洋大数据治理基本概念理论 ………… 3

1.1　海洋大数据治理的基本概念 ………… 3

1.1.1　数据治理的定义 ………… 3

1.1.2　数据治理和数据管理的区别 ………… 4

1.1.3　海洋大数据治理的核心内容 ………… 6

1.2　海洋大数据治理现状与挑战 ………… 6

1.2.1　海洋大数据治理的现状 ………… 6

1.2.2　海洋大数据治理面临的挑战 ………… 7

1.3　海洋大数据价值和海洋大数据治理价值 ………… 10

1.3.1　海洋大数据的价值 ………… 10

1.3.2　海洋大数据治理的价值 ………… 12

第 2 章　海洋大数据治理体系框架理论 ………… 14

2.1　国内外主流数据治理框架 ………… 14

2.1.1　国外数据治理标准及模型 ………… 14

2.1.2　我国数据治理标准及模型 ………… 19

2.1.3　国内外数据治理体系对比分析 ………… 20

2.2　海洋大数据治理体系框架 ………… 21

2.2.1　总体思路 ………… 21

2.2.2　体系框架 ………… 24

第 3 章　海洋大数据治理域理论 ………… 26

3.1　海洋大数据战略域 ………… 26

3.1.1　主要原则 ………… 26

3.1.2　发展目标 ………… 26

3.1.3　重点任务 ………… 27

3.2　海洋大数据管控域 ………… 30

3.2.1　海洋大数据管理组织 ………… 30

3.2.2 海洋大数据标准……31
3.3 海洋大数据架构管理域……33
3.3.1 数据架构……33
3.3.2 数据存储……36
3.3.3 数据建模……38
3.4 海洋大数据集成管理域……41
3.4.1 数据集成概述……41
3.4.2 海洋数据标准处理……41
3.4.3 海洋数据产品加工……44
3.4.4 海洋大数据综合集成……53
3.5 海洋大数据交换共享域……54
3.5.1 海洋大数据共享目录编制……54
3.5.2 海洋大数据交换共享方式……54
3.5.3 海洋大数据交换共享评价……56
3.6 海洋大数据质量管理域……57
3.6.1 数据质量管理概述……57
3.6.2 海洋大数据质量管理过程……60
3.6.3 海洋大数据质量控制……62
3.6.4 海洋大数据评估检验……64
3.7 海洋大数据安全管理域……64
3.7.1 数据安全管理概述……64
3.7.2 海洋数据安全目标……66
3.7.3 海洋大数据安全防护体系……67
3.7.4 海洋大数据安全管控平台……71
3.8 海洋大数据资产管理域……72
3.8.1 数据资产管理概述……73
3.8.2 海洋大数据资产开发……76
3.8.3 海洋大数据交易管理……77

第二篇 方 法 篇

第4章 海洋大数据来源与分类方法……81
4.1 海洋观/监测数据……81
4.1.1 业务发展概述……81
4.1.2 数据内容与特点……81
4.2 海洋科考调查数据……82

4.2.1 业务发展概述……82
4.2.2 数据内容与特点……83
4.3 海洋卫星遥感数据……84
4.4 海洋再分析数据……86
4.4.1 国外海洋再分析数据……86
4.4.2 我国海洋再分析数据……89
4.5 开放共享的海洋数据……90
4.5.1 国际开放共享的海洋数据……90
4.5.2 我国开放共享的海洋数据……92
4.6 海洋大数据分类方法……96
4.6.1 海洋大数据分类原则……96
4.6.2 线性分类方法……96
4.6.3 处理程度分类方法……99
第5章 海洋大数据架构管理方法……101
5.1 海洋大数据管理体系……101
5.1.1 海洋环境数据管理体系……101
5.1.2 海洋信息产品管理体系……102
5.1.3 海洋综合管理成果管理体系……104
5.1.4 海洋环境三维空间立体时空“一张图”数据管理体系……105
5.2 海洋大数据建模方法……107
5.2.1 数据建模方法……107
5.2.2 数据建模工具……109
5.3 海洋大数据存储架构……111
5.3.1 事务型数据库系统……111
5.3.2 MPP 数据库系统……112
5.3.3 分布式文件系统……113
5.3.4 个性化海洋数据存储……113
5.4 海洋大数据更新调度……114
5.4.1 加载更新功能……114
5.4.2 查询检索功能……115
5.4.3 数据调度功能……115
第6章 海洋大数据集成管理方法……116
6.1 海洋大数据清洗工具……116
6.1.1 FORTRAN 语言……116

6.1.2 Matlab ······ 116
6.1.3 Python ······ 118
6.1.4 ODV ······ 119
6.1.5 GMT ······ 121
6.2 海洋大数据综合分析方法 ······ 122
6.2.1 探索性分析 ······ 122
6.2.2 数据填充 ······ 125
6.2.3 统计分析 ······ 129
6.2.4 客观分析 ······ 130
6.2.5 数据降维 ······ 132
6.2.6 相关分析 ······ 134
6.2.7 回归分析 ······ 136
6.2.8 聚类分析 ······ 138
6.2.9 分类分析 ······ 142
6.3 海洋环境信息产品研发 ······ 145
6.3.1 海洋环境背景场产品 ······ 145
6.3.2 海洋环境统计分析产品 ······ 147
6.3.3 海洋环境定点连续统计分析产品 ······ 148
6.3.4 海洋环境大面统计分析产品 ······ 148
6.3.5 海洋要素场融合数据集 ······ 148
6.3.6 海洋地学融合产品 ······ 151

第 7 章 海洋大数据交换共享方法 ······ 154

7.1 海洋大数据可视化技术 ······ 154
7.1.1 矢量图形处理技术 ······ 154
7.1.2 轮廓线可视化技术 ······ 154
7.1.3 流线可视化技术 ······ 155
7.1.4 标量场数据的可视化 ······ 155
7.1.5 综合显示异步渲染框架 ······ 156
7.1.6 二维、三维动态可视化技术 ······ 157
7.2 基于虚拟化的海洋数据共享技术 ······ 160
7.2.1 虚拟化技术 ······ 160
7.2.2 后台管理 ······ 161
7.2.3 ArcGIS 服务 ······ 161
7.2.4 共享服务门户 ······ 162
7.3 基于专网的海洋数据交换共享技术 ······ 164

7.3.1 数据接口服务……164
7.3.2 文件共享平台……165
7.3.3 点对点分发服务……165
7.4 海洋数据互操作技术……166
7.4.1 国内外互操作技术发展现状……166
7.4.2 海洋数据互操作系统设计……167
7.5 基于区块链的海洋数据服务技术……170
7.5.1 区块链的大数据治理架构……170
7.5.2 基于区块链的海洋数据共享服务……171

第8章 海洋大数据质量管理方法……173

8.1 海洋观测数据质量控制方法……173
8.1.1 海洋站延时资料质量控制……173
8.1.2 海洋剖面资料质量控制……175
8.2 国际业务化海洋学数据质量控制方法……176
8.2.1 温盐数据质量控制……176
8.2.2 海流数据质量控制……179
8.2.3 浮标数据质量控制……180
8.2.4 水位数据质量控制……182
8.3 海洋底质数据质量控制方法……184
8.4 海洋地球物理数据质量控制方法……186
8.4.1 海洋重力数据质量控制……186
8.4.2 海洋磁力数据质量控制……189
8.5 海洋温盐大数据检验评估方法……191
8.5.1 海洋温盐优质数据集建立……191
8.5.2 海洋温盐资料检验评估技术方法……193

第9章 海洋大数据安全管理方法……195

9.1 海洋网络安全防护技术……195
9.1.1 防火墙技术……195
9.1.2 VPN 技术……196
9.2 海洋数据传输安全保障技术……197
9.2.1 用户认证及访问控制技术……197
9.2.2 VLAN 技术……199
9.2.3 多协议标签交换技术……200
9.2.4 IPSec VPN 技术……201

9.2.5 设备厂商提供的网络安全增强技术 ……202
9.3 海洋大数据网络基础设施安全防护技术 ……202
9.3.1 KPI/PMI 管理 ……202
9.3.2 操作系统安全 ……202
9.4 海洋大数据数据库安全防护技术 ……204
9.4.1 数据库存储加密技术 ……204
9.4.2 权限控制技术 ……205
9.4.3 用户行为追踪技术 ……206
9.4.4 抗攻击 ……206
9.5 海洋数据安全加密技术 ……207
9.5.1 对称加密技术 ……207
9.5.2 非对称加密技术 ……208
9.5.3 透明加密技术 ……209
9.6 海洋大数据安全防控体系设计 ……209
9.6.1 权限控制 ……209
9.6.2 安全策略 ……211
9.6.3 数据加密 ……212
9.6.4 安全监测分析 ……215
9.6.5 API 访问控制 ……217
9.6.6 工单管理 ……220
9.6.7 审计运维 ……222
9.6.8 安全态势研判 ……225
9.6.9 数据系统恢复 ……227

第三篇 实 践 篇

第 10 章 国家海洋大数据综合管理实践 ……231
10.1 国家海洋综合数据库建设运行 ……231
10.1.1 背景概述 ……231
10.1.2 治理方法 ……231
10.1.3 特点价值 ……236
10.2 海洋业务化观测数据治理 ……237
10.2.1 背景概述 ……237
10.2.2 治理方法 ……237
10.2.3 治理效果与治理经验 ……242
10.3 国家海洋专项数据治理 ……243

10.3.1 背景概述 243
10.3.2 治理方法 244
10.3.3 治理效果与治理经验 248
10.4 国际业务化海洋学数据治理 249
10.4.1 背景概述 249
10.4.2 治理方法 250
10.4.3 数据特点与治理经验 253
10.5 中国大洋资料中心建设运行 254
10.5.1 背景概述 254
10.5.2 治理方法 254
10.5.3 治理经验 258
10.6 浙江省智慧海洋大数据中心建设运行 258
10.6.1 背景概述 258
10.6.2 治理方法 259
10.6.3 治理经验 260

第 11 章 国家海洋大数据共享服务实践 261

11.1 国家海洋大数据服务平台（海洋云） 261
11.1.1 背景概述 261
11.1.2 治理方法 261
11.1.3 治理经验 263
11.2 海洋观测数据共享服务平台 263
11.2.1 背景概述 263
11.2.2 治理方法 264
11.2.3 治理经验 267
11.3 深海大洋数据共享服务平台 268
11.3.1 背景概述 268
11.3.2 治理方法 268
11.3.3 治理经验 271
11.4 “重要区域”海洋数据中心 272
11.4.1 背景概述 272
11.4.2 治理方法 272
11.4.3 治理经验 274
11.5 中国-东盟海洋大数据共享平台 275
11.5.1 背景概述 275
11.5.2 治理方法 275

11.5.3 治理经验……276
11.6 数字深海“一张图”综合可视分析系统……276
11.6.1 背景概述……276
11.6.2 治理方法……277
11.6.3 治理经验……281
第12章 海洋大数据国际合作交流实践……282
12.1 国际海洋信息技术教育培训……282
12.1.1 背景概述……282
12.1.2 治理方法……283
12.1.3 治理经验……284
12.2 中国-欧盟海洋信息技术合作……285
12.2.1 背景概述……285
12.2.2 治理方法……286
12.2.3 治理经验……290
参考文献……291
附录 专业词汇释义表……296

第一篇 理论篇

理论篇包括海洋大数据治理基本概念理论、海洋大数据治理体系框架理论和海洋大数据治理域理论 3 章。阐述对海洋大数据治理的基本认识和理解，分析国内海洋大数据治理的现状、问题和面临的挑战，提出海洋大数据治理的 6 个价值，对比分析国内外主流数据治理标准及模型，构建包含海洋大数据战略、海洋大数据管控、海洋大数据架构管理、海洋大数据集成管理、海洋大数据交换共享、海洋大数据质量管理、海洋大数据安全管理和海洋大数据资产管理 8 个域在内的海洋大数据治理体系，以及各个域的关键要素。

▶▶▶ 第 1 章　海洋大数据治理基本概念理论

1.1　海洋大数据治理的基本概念

1.1.1　数据治理的定义

近年来，业界兴起了“数据治理”一词，但由于切入视角和侧重点不同，业内给出的数据治理定义已经有几十种，尚未形成一个统一和标准的定义。其中，国际数据管理协会（DAMA）、国际数据治理研究所（DGI）和 IBM 数据治理委员会等权威研究机构提出的定义最具代表性，并在国际上被广泛接受和认可。

DAMA 认为，数据治理是对数据资产管理行使权力和控制的活动集合（计划、监督和执行）（DAMA International，2012）。DAMA 将数据治理作为数据管理的一部分，并且是数据管理框架的核心职能。数据治理职能指导其他数据管理职能执行，数据治理是在高层次上执行数据管理制度。DAMA 将数据战略、数据政策、数据架构、数据标准和规程、数据资产评估作为数据治理的主要活动，同时将数据治理放在数据资产管理的核心位置。

DGI 认为，数据治理是针对信息相关过程的决策权和职责体系。

IBM 数据治理委员会认为，数据治理是一个通过一系列信息相关的过程来实现决策权和职能分工的系统，这些过程按照达成共识的模型来执行，并认为业务目标或成果是数据治理最关键的命题。

根据上述观点，数据治理是建立在数据存储、访问、验证、保护和使用之上的一系列程序、标准、角色和指标，以期通过持续的评估、指导和监督，确保富有成效且高效的数据利用，实现组织的价值。

近几年，我国一些机构、组织和学者也开展了大量的数据治理研究（陈庄 等，2022；陆兴海 等，2022；罗小江 等，2022；汪广胜 等，2021；祝守宇 等，2020；刘春年 等，2020；梅宏，2020；单志广 等，2016；张绍华 等，2016），提出了对数据治理的认识和理解。

国家标准《信息技术 大数据 术语》（GB/T 35295—2017）中对数据治理的定义是：对数据进行处置、格式化和规范化的过程，提出数据治理是数据和数据系统管理的基本要素，数据治理涉及数据全生命周期管理，无论数据是处于静态、动态、未完成状态还是交易状态。

国家标准《信息技术服务 治理 第 5 部分：数据治理规范》（GB/T 34960.5—2018）中对数据治理的定义是：数据资源及其应用过程中相关管控活动、绩效和风险管理的集合，提出数据治理框架包含顶层设计、数据治理环境、数据治理域和数据治理过程四大部分。

中国工程院院士梅宏（2020）认为，数据治理以“数据”为对象，是在确保数据安全的前提下，建立健全规则体系，理顺各方参与者在数据流通的各个环节的权责关系，形成多方参与、良性互动、共建共享共治的数据流通模式，从而最大限度地释放数据价值，推动国家治理能力和治理体系现代化。

王兆君等（2019）认为，数据治理是围绕数据资产开展的系列工作，以服务组织各层决策为目标，是数据管理技术、过程、标准和政策的集合。通过数据治理过程提升数据质量、一致性、可得性、可用性和安全性，并最终使组织能将数据作为核心资产来管理和应用。

张绍华等（2016）认为，大数据治理是对大数据管理和利用进行评估、指导和监督的体系框架。它通过制定战略方针、建立组织架构、明确职责分工等，实现大数据风险可控、安全合规、绩效提升和价值创造，并提供不断创新的大数据服务。

罗小江等（2022）认为，所有为提高数据质量而开展的技术、业务和管理活动都属于数据治理范畴。数据治理的最终目标是实现数据的看得见、找得到、管得住、用得好，提升数据质量和数据价值。

可以看出，国内对数据治理的定义越来越符合我国行业和企业数据治理的需求，体现出我国数据治理的特色。

通过对国内外数据治理的定义分析，可以从以下两个层面来看待数据治理。

（1）从宏观层面来看，数据治理是指政府等公共机构、企业等私营机构及个人，为了最大限度地挖掘和释放数据价值，推动数据安全、有序流动而采取政策、法律、标准、技术等一系列措施的过程。

（2）从微观层面来看，数据治理是不同机构对各种各样的数据进行处理和分析的过程。无论何种主体以何种方式，只要围绕数据安全、有序流动所采取的行动，都属于数据治理的范畴。

本书作者团队认为，数据治理是围绕数据全生命周期开展的一系列工作，以服务各层决策为目标，是数据管理战略、政策、标准、规范、体系、架构、技术、工具、过程、审计等的集合。通过数据治理过程，提升数据质量、一致性、可得性、可用性和安全性，并最终能够将数据作为核心资产来管理和应用。数据治理是一个体系化工程，数据治理活动应该包括数据战略、数据管控、数据处理、数据加工、数据应用、数据共享、数据质量管理、数据安全管理和数据资产管理等内容。

1.1.2 数据治理和数据管理的区别

数据治理和数据管理似乎总是交织在一起。关于数据管理与数据治理的关系，目前主要有两种观点（图 1-1）。

观点一，数据管理包含数据治理，如图 1-1（a）所示。以 DAMA 为代表，在 DAMA-DMBOK2 的数据管理框架中，数据治理只是数据管理 11 个知识领域中的其中之一。DAMA 认为数据管理是管理从数据的获取到数据的消除整个生命周期过程，而数据治理是为了确保组织对数据作出合理、一致的决策，也就是说数据治理是为了更好地管理数据，是数据管理的策略、规程或标准。

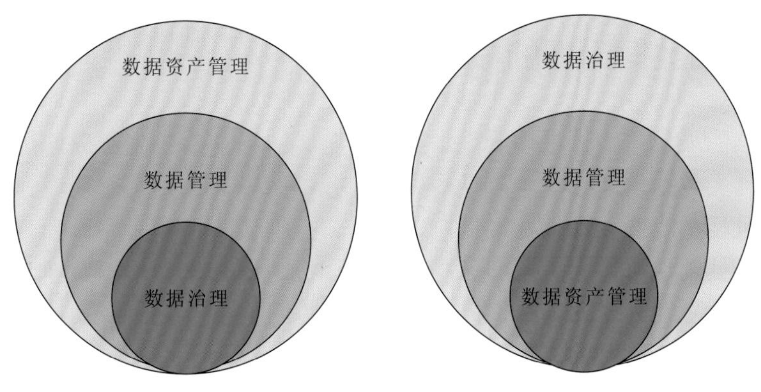

（a）数据管理包含数据治理　　（b）数据治理包含数据管理

图 1-1　两种关于数据治理和数据管理区别的观点

观点二，数据治理包含数据管理，如图 1-1（b）所示。数据治理是为了实现数据资产价值最大化所开展的一系列持续工作过程，而数据管理是为了实现这一目标而开展的具体技术和业务活动。数据治理为数据管理指明方向，指导、评估和监督数据管理的有效性；数据管理则通过计划、建设、运营、监督来反馈管理的成效和问题（图 1-2）。

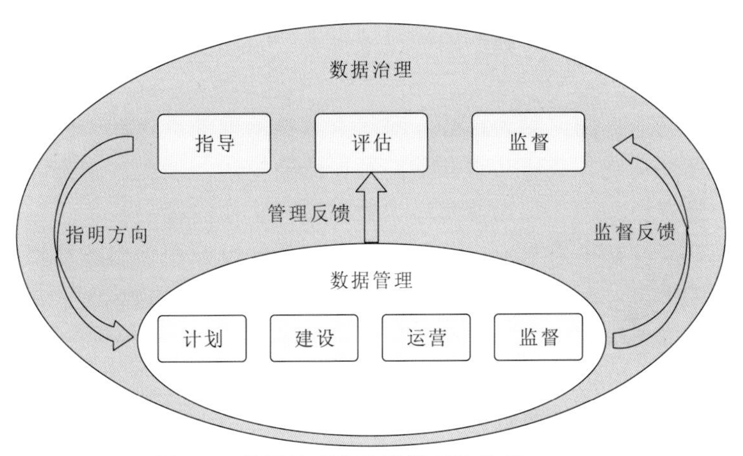

图 1-2　数据治理和数据管理的关系

数据治理不同于数据管理，治理和管理一字之差，体现的是系统治理、依法治理、源头治理、综合施策。治理是联合行动的过程，强调协调而不是控制；治理是存在权力以来的多元主体之间的自治网络；治理的本意是服务，通过服务来达到管理的目的；治理是决定谁来进行决策，管理就是制定和执行。数据管理和治理的区别见表 1-1。因此，本书提及的海洋大数据治理是包含海洋数据管理的一系列活动。

表 1-1　数据治理与数据管理的区别

数据治理	数据管理
双向、多向互动	单项管理
多源经济主体（个人数据主体、政府机构、监管机构等）	单一主体
自上而下或平行运行的平衡协调	自上而下的控制
社会性、政治性和国际性	技术经济维度

1.1.3 海洋大数据治理的核心内容

海洋大数据的采集传输、处理管理、共享服务、流通交易等生命周期过程具有高度复杂性，因此海洋大数据治理是一个复杂的过程，包括海洋大数据发展战略、海洋大数据规章制度与组织机构、海洋大数据标准规范、海洋大数据采集传输、海洋大数据归集存储、海洋大数据分析处理、海洋大数据产品加工、海洋大数据共享利用、海洋大数据服务定价与利益分配等多个复杂的流通环节，涉及海洋大数据生产者、采集者、管理者、大数据平台运营者、大数据加工利用者、大数据消费者等多元参与主体（政府、市场、社会），是一个复杂动态的过程。

海洋大数据治理的核心在于“治理”，目的是保障海洋大数据有序运转。因此，本书对海洋大数据治理的理解，是以海洋大数据为对象，在确保海洋大数据安全的前提下，建立健全规则体系，理顺各方参与者在大数据流通中各个环节的权责关系，形成多方参与者良性互动、共建共享共治的海洋大数据流通模式，从而最大限度地释放海洋大数据价值。

海洋大数据治理的核心内容包括以下几个方面。

（1）以释放大数据价值为目标。海洋大数据治理首要目标，是通过系统化、规范化、标准化的流程或措施，促进对数据的深度挖掘和有效利用，从而将隐藏在海洋数据中的巨大价值释放出来。

（2）以数据管理机制体制为核心。海洋大数据治理的重点在于建立健全规则体系，形成多方参与者良性互动、共建共享共治的数据流通模式。因此，围绕海洋大数据的各项管理机制体制的建立和完善，是当前海洋大数据治理工作的核心。

（3）以数据开放共享为重点。海洋大数据治理的目标在于保障数据的有序流通，进而不断释放数据的价值。而海洋数据流通的主要活动包括数据的共享、开放，以及有序的开发利用等，这也成为当前海洋大数据治理工作的重点。

（4）以数据安全为底线。海洋大数据治理要以国家、法人单位和个人信息安全为前提，保障各项活动的数据安全是数据治理的底线。

1.2 海洋大数据治理现状与挑战

1.2.1 海洋大数据治理的现状

1958年，我国实施了新中国成立以来第一次全国性海洋综合调查，依托国务院科学规划委员会全国海洋综合调查领导小组下设的海洋综合调查办公室，开展海洋资料收集、整理和管理归档。1965年成立国家海洋局情报资料中心，后更名为国家海洋局科技情报研究所。改革开放以来，我国逐步建立全球海洋立体观测网，先后组织实施了我国近海、西太平洋乃至极地、大洋等百余次专项调查，并全面实施管辖海域海洋综合管理工作，海洋数据管理体系日臻完善。党的十八大以来，海洋数据资源规划顶层设计持续完善，海洋基础数据业务化能力有效提升，全球海洋数据资源储备增长迅速，海洋数据技术国际合作交流长足发展，海洋数据资源整合共享和增值服务能力显著提高。

（1）数据汇集实现向全方位、全天候、全学科的纵深发展。数据来源从单一的岸站观测发展到空-天-地-海-潜立体观测调查、国际交换，以及海域、海岛、海洋经济等监视监测与统计核算；数据采集从人工观测和纸质记录发展到仪器自动测量和软件提取，数据时效从定时生产发展到全天候分钟级实时更新；数据报送从离线纸质汇交发展到卫星通信和在线传输；数据空间从我国近岸拓展至全球大洋和极地；数据内容从单一水文气象发展到海洋全学科并覆盖海水、海洋矿产、海洋能、海洋空间等海洋资源；数据体量从 KB 量级爆发式增长至百 TB 量级。

（2）数据处理实现向精细化、高时效、全要素的快速发展。数据处理标准从摸索实践、引进吸收发展到我国主导标准体系持续建立健全；数据处理从纸质资料录入和人工核查发展到精细化质量控制、检验评估和整合集成；数据分析评价从人工经验判断发展到模式模型和大数据挖掘应用；数据计算从演算纸推算和纸带打孔发展到计算机复杂算法和高性能计算；数据处理平台从购置国外软件、自编简单程序发展到自主研发海洋全要素数据处理系统并业务化运行。

（3）数据管理实现向全周期、强统筹、重服务的全面发展。数据管理模式从传统的档案式存储发展到数据库系统管理；数据存储方式从常规意义上的库房发展到分布式集群和大数据云平台；管理措施从人为监管发展到全生命周期质量管理；数据流转从低效的人工交接发展到在线高时效传送；数据安全保障从基础的水火电防控发展到全环节安全监控；数据检索途径从落后的人工查阅发展到高性能并行查询，利用效能从简单的数据使用发展到多源多模态数据融合应用；数据服务从特定类保障发展到全面满足社会经济进步需求。

当前，我国已建立海洋数据分类分级管理体系、海洋云平台和国家海洋综合数据库，业务化实时在线数据接收，更新频率提升至分钟级，数据总量超 PB 级别，数据时间最早追溯至 1662 年，空间基本覆盖我国近海、逐步延伸全球大洋，形成了完善的海洋数据资源归口管理和高效流转业务能力，初步建成国家海洋大数据管理应用架构。海洋全学科数据精细化处理技术水平快速提升，海洋大数据融合分析技术应用初见成效。我国第一代海洋综合数据集建成，数据量近 20 亿站次。海洋数据共享服务效能不断提升，年均提供数据服务保障千余批次、近百 TB，对国家海洋治理的精准化信息服务效能愈加明显。积极拓展全球海洋数据资源，建设运行全球海洋和海洋气候资料中心中国中心（CMOC/China），最大化实现我国对全球海洋资料的共享权益。积极贯彻落实国家关于参与全球海洋治理的指示精神，深入推进我国对外海洋数据交换与技术合作交流，为深入参与和逐步引领全球海洋信息发展趋势奠定雄厚基础。

1.2.2 海洋大数据治理面临的挑战

海洋数据治理是一项十分重要的基础性工作，经过多年的建设发展，目前已取得一定成效，并在一定时期、一定领域内发挥了重要的作用。但长久以来，海洋数据治理理念和总体思路囿于传统海洋业务框架，全域海洋大数据治理能力相对欠缺。海洋大数据治理的研究和实践尚处于起步阶段，仍存在认识不深、概念不清、权责不明、工具缺失等问题。海洋数据资产管理体系尚不完善，数据价值难以量化评估。

1. 海洋数据管理

海洋数据管理方面，海洋发达国家纷纷设立或指定专门的机构负责组织协调本国和全球海洋数据收集、处理、整合集成和综合管理工作。国际组织和国际海洋计划已建立全球海洋观测系统（GOOS）、海洋数据获取系统（ODAS）、全球海洋和海洋气候资料中心（CMOC）等海洋数据和元数据综合系统，推动全球和区域海洋数据的集成、处理和管理。国家海洋数据管理行政部门建设运行国家海洋数据管理体系，建立国家海洋数据管理专职机构，负责汇集管理全国乃至覆盖全球海域的海洋数据。数据来源于国内业务化观/监测、海洋专项、大洋科考、极地考察、部门交换、国际合作，以及海洋舆情与政策研究、海洋经济、海域海岛、海洋权益、海洋预报减灾与环境保障等领域。数据类型涉及海洋水文气象等海洋环境全学科，以及海洋基础地理与遥感、海洋管理信息等。

我国在海洋基础数据国家层面的集约化管理应用方面与海洋发达国家相比还有较大差距，体现在：①海洋数据整合汇聚能力有待加强，海洋数据管理由多个部门根据自身建设需求分别规划设计，重复建设和建设不足问题并存，不同部门之间的海洋数据彼此隔绝、标准不一，缺乏有效统筹整合，缺乏互联互通，体现国家战略需求的宏观统筹不足。②各涉海部门基于前期工作基础，分头开展了各自业务体系内的各类数据库和信息系统建设工作，业务系统数据库存在建设标准和数据文件格式标准不一的现象，导致海洋数据资源共享使用不畅，存在较为严重的“信息孤岛”问题，难以整合与共享。③定制化海洋信息产品明显不足，社会化、网络化服务水平低，极大地制约了海洋资料在国民经济社会发展众多领域服务效能的充分发挥。

2. 海洋数据产品应用

海洋现场观测资料主要用于统计分析、海洋再分析、海洋实况分析、融合分析等领域，已成为海洋观测预报、防灾减灾、科学应对气候变化及海洋强国战略的重要支撑。我国高度重视自主模式创新发展，基本实现了核心数值预报模式体系自主化，风暴潮、海啸、海冰数值预报模式进入业务化应用。海洋遥感开始进入以业务化应用为主的发展阶段，形成了以水色传感器、微波辐射计、微波散射计、雷达高度计和合成孔径雷达为代表的有效载荷，发展了海洋水色、海洋动力环境、海洋监视监测卫星系列，并形成组网观测能力，建立了成熟的卫星数据分发和应用体系，并成功应用于海洋环境监测、海洋资源开发、海洋权益维护、防灾减灾等诸多领域。

海洋数据产品研发应用还存在短板，主要体现在：①与海洋发达国家相比，我国海洋数据产品研发应用体系建设总体上能力不强，海洋基础观测数据存在时空分布不均，碎片化、断续性问题，难以发挥整体优势。②当前的卫星遥感仅能进行海洋表层观测，而实现对海洋亚中尺度、上混合层、跃层等的剖面遥感观测，将对海洋生态学、海洋动力学等研究产生深远影响，是当前海洋遥感面临的重大技术挑战。海洋数值模式、人工智能等关键技术和算法的自主研发能力不足，导致部分海洋分析产品的核心技术受制于人。③在海平面变化分析预测、海洋气候变化产品研发、预警报产品检验等部分业务工作中，在数据方面存在国际依赖，依赖性较强的主要有部分卫星遥感、现场观测和再分析数据国际产品。

3. 海洋数据开放共享

美国、英国、日本、韩国均建立了国家级的海洋数据共享平台，如美国国家海洋和大气局（NOAA）下属的美国国家环境信息中心（NCEI）、日本海洋资料中心（JODC）、韩国海洋数据中心（KODC）等，进行海洋环境数据的公开发布。发布的数据类型包括温盐、海流、水位、气象、生物、化学、地质、地球物理、海底地形地貌等原始数据和相关信息产品。Argo、WOD、DBCP 等国际组织/计划已经实现了面向全球用户实时更新发布海洋温盐、海流等观测数据和信息产品。国家海洋信息中心承建中国大洋资料中心、海洋工程知识服务系统等国家级海洋数据共享平台，以及中国 Argo 资料中心、全球海洋和海洋气候资料中心中国中心（CMOC/China)、西太平洋区域海洋数据和信息网络（ODINWESTPAC）、东北亚区域全球海洋观测系统（NEAR-GOOS）中国延时数据库、北太平洋海洋科学组织（PICES）中国元数据中心等重要的国际组织/计划的全球/区域中心，面向国内外用户发布大量海洋环境数据和信息产品。国家海洋科学数据中心是国家海洋信息中心联合自然资源部、中国科学院、教育部的下属研究所及涉海企业共同建设的国家海洋数据共享服务平台，中心大力推进海洋科学数据资源开放共享，为涉海科学研究、重大涉海工程建设、国家海洋发展决策规划等领域提供了大量的数据服务和信息保障，实现了我国海洋科学数据共享“从无到有”向“从有到优”的跨越式转变。国家海洋环境预报中心与中国气象局、中国地震局、水利部等所属相关单位开展数据共享，有力支持了各项海洋预警报业务正常开展。国家卫星海洋应用中心、自然资源部第一海洋研究所、自然资源部第二海洋研究所、自然资源部第三海洋研究所、中国极地研究中心等单位，以及中国气象局、生态环境部和中国海事局等部门和单位，基于自身职责在各自官网或专门数据服务平台上发布了不同的涉海数据。

相比国际海洋数据共享，我国海洋数据共享存在的问题主要体现在：①共享的数据量不小，但共享渠道较为分散，尚未形成海洋环境数据公益服务合力，亟须开展已发布的各类海洋环境数据与信息产品的整合统筹共享。②共享的信息产品相对多样，但影响力不足，尚未形成海洋领域国际品牌效应，亟须扩大国内外用户范围，深入开展同类型产品对比验证，建立我国海洋环境信息产品序列。③数据共享支撑保障力度不足，需建立面向海量多源异构海洋数据资产管理和运行体系，提供充足软硬件支撑条件及经费支持。④专业化数据管理与共享服务人才相对较少，人才保障体系有待加强。

4. 海洋安全管理

我国在数据采集传输方面划分了不同安全域，数据按照公开-内部-敏感进行单向流转，开展安全域边界防护。数据生产加工方面，从网络、主机、信息系统、数据 4 个层面开展安全保护，在业务系统和运行环境、数据存储、数据服务、密码等安全防护及预警和应急处置等方面采取多种技术措施。数据处理管理方面，按照敏感、内部和公开区域进行分区存储，不同区域间硬件设备进行物理隔离，开展物理硬件、虚拟资源、业务系统和所有数据的安全防护工作，同时开展数据脱敏处理和产品加工，满足跨级应用需求。在数据共享方面，开展海洋科学数据开放共享标准体系研制，研究核心元数据制定、数据标识、数据接口服务等领域的安全技术规范，着力构建海洋科学数据安全防护体系。跟进人工智能、区块链等新兴技术发展，深化新技术在海洋数据安全的深度融合和落地应用，基于隐私计算的“数据可用不可见”和同态加密的“数据可算不可识”等模式有望成为保障海洋数据安全的新手段。

大数据背景下，数据安全管理出现了新的风险点：①传统的安全保护措施基于边界保护，随着大数据更加复杂的底层结构、更加开放的分布式计算等特点愈发明显，传统措施越来越无法适应当前海洋大数据安全需要。②很多大数据平台采用开源平台和技术，以及原生的安全特性，在整体安全规划方面考虑不足。③随着数据汇聚加快，数据资源应用访问控制愈加困难，加上大量用户及复杂的共享应用环境，必须有更加准确的识别和鉴别用户身份手段，而传统用户身份鉴别难以满足安全需求。数据真实性保障也将更加困难，多方汇聚数据几经转手、交叉重复，往往无法验证数据可靠性。④海洋数据分类分级体系有待完善。海洋数据具有显著的学科交叉和区域集成特征，需要制定既能满足数据集成要求又能满足数据用户需求的海洋数据分类体系，同时随着海洋科学从近海向深远海的探索不断深入、数据采集获取手段日益丰富、多学科深层次互相渗透和融合，海洋数据资源分类体系需要不断调整优化。目前已初步构建适用于安全要求和共享需求的海洋数据分级体系，但在提升数据价值和支撑服务能力等方面尚显薄弱，可公开数据范围有限，部分可公开数据受政策影响仍处于受保护状态。

5. 海洋数据资产管理

海洋数据资产管理尚不完善，海洋数据价值难以量化评估。尽管人们已经意识到海洋数据是一种重要的数据资产，但是对无形资产的评估比较困难，尤其是对海洋数据资产的量化和评估。首先缺乏财务量化模型，不知道如何评价数据价值；其次数据要在交易过程中才能实现价值，而在内部流通的过程中却不能折算成财务意义上的价值。

海洋数据的特点是数据量大，不同类型、不同层级数据产生的价值不一样。如何准确地评价这些数据价值，需要相关机构尽快研究和解决。数据治理投入大，在短期内很难看到成效，而数据价值的评估又很难量化，这样反过来又会影响海洋数据的使用。

1.3 海洋大数据价值和海洋大数据治理价值

1.3.1 海洋大数据的价值

随着信息化技术的飞速发展和海洋感知技术的不断进步，很多沿海国家都在积极推进海洋发展相关行动，建立全方面覆盖的海洋观测网络，获取各类海洋数据，建设规模庞大的海洋数据库，从国家需求和应用需求角度来看，海洋大数据的价值巨大。

1. 国家需求

海洋大数据是重要的国家战略性资源之一。海洋大数据资源建设是实施国家大数据战略的重要内容。全球范围内，运用大数据推动经济发展、完善社会治理、提升政府服务和监管能力正成为趋势，大数据已成为国家基础性战略资源。党的十八届五中全会明确提出实施“国家大数据战略”，我国先后出台《促进大数据发展行动纲要》《国家信息化发展战略纲要》《“十三五”国家信息化规划》《“十四五”国家信息化规化》等国家战略规划，把大数据作为推动经济转型发展的新动力。海洋已融入政治、经济、民生等各领域发展中，国家防灾减灾救灾体系建设、生态文明建设、国家安全建设，均对海洋数据及信息产品提出了明确的需求。我国通过长期的海洋观/监测、调查、评价和管理工作，已经产生和积累了海量的海洋信息资源，这些数据和信息对于各级政府部门的海洋规划、调控、监管，以及社会各界开展与海洋空间和资源相关的活动具有重要价值。海洋大数据已经成为实施国家大数据战略的重要组成部分。

海洋大数据发展应用是新时代加快建设海洋强国的迫切需要。新时代背景下，海洋工作迫切需要抓住实施国家大数据战略的机遇，坚持创新发展，形成海洋发展新动力；坚持协调发展，构建海洋工作新格局；坚持绿色发展，开辟海洋管理新途径；坚持开放发展，拓展海洋利益新空间；坚持共享发展，提升海洋惠民新成效。依托国家涉海行业数据规模的优势，充分利用大数据技术，创新海洋信息资源管理方式，推进涉海领域技术融合、业务融合和数据融合，推动跨层级、跨地域、跨系统、跨部门、跨业务的涉海协同管理和服务，促进海洋管理决策科学化、监管精准化、服务便利化发展，有效提升海洋的管理与服务水平。

2. 应用需求

在海洋环境认知方面，围绕海洋环境变化与响应、海气相互作用与气候变化、海洋灾害预测预警、海洋环境预报等认知需求，采用虚拟仿真技术和可视分析技术，建设海洋环境模拟仿真系统，集成陆海一体化的海洋水体、海底、海气界面环境数据，构建海洋环境要素和海洋现象可视分析模型，通过知识提炼、人机交互等方法，为海洋环境认知和规律分析提供辅助手段。围绕发展海洋文化和科普教育，建设虚拟海洋馆，为提高公众海洋意识和认识水平提供服务。

在海洋环境安全保障专题应用方面，针对风暴潮、巨浪、海啸、海冰、赤潮绿潮、海上溢油等海洋灾害和重大事件，汇聚分析海洋观/监测数据，形成预警信息，并选择多渠道、多策略统一发布，结合灾情的动态演变，开展承载体、次生灾害等的推演，提供灾情处置支持和跨部门、跨层级、跨区域的协调联动支持，开展海洋灾害快速损失评估，根据应急响应级别和区域受灾情况，实时评估应急响应人员及物资需求，实时快速提取重要受灾对象信息，快速生成报表及分布图。对灾前、灾中、灾后全过程的应急准备、预警监测、先期处置、扩大应急、应急结束、后期处置等进行评估，实现评估效果、评估管理、评估查询、统计分析、过程追溯、评估报告管理等功能。

在智慧海洋权益辅助决策支持应用方面，基于海洋划界法理，结合国际海洋划界案例，研发海洋划界法理与权益分析系统，设定划界模型并自动生成各种海洋划界界线、不同划界方案之间的比较，以及划界方案与海洋资源专题图层或其他专题图层的叠加分析。针对国家安全、资源开发、科研调查、环境污染、航行等海洋权益事件，研发海洋权益事件应急辅助决策系统，实现应急事件录入、处置、查询、分析等功能，满足国家海洋权益应急处置和分析的辅助决策需求。研发海洋权益维护与态势分析系统，建立目标关联、态势聚合、风险评估、事态推演等模型，提供统一的海-空多维综合态势分析功能。研发海洋权益纠纷与海洋外交策略分析系统，提供海洋外交策略决策支持模型、海洋外交策略优化与态势预案制作等功能。

在海洋经济与资源环境协调发展决策支持方面，面向海洋经济运行监测评估和海洋产业规划布局的需求，综合利用大数据等技术，整合海洋资源、环境、航运、旅游、渔业等各类信息资源，建立集传统海洋经济学方法和大数据挖掘分析技术于一体的分析评估预测模型，建设海洋经济与资源环境协调发展大数据决策支持系统，为海洋产业结构规划布局及演变、资源环境承载力、资源集约节约利用及三者协调调度等问题的分析、预测及优化，并提供及时精准的大数据辅助决策支撑。

在海洋生态预警与保护修复方面，面向海洋生态保护和生态修复等综合监管需求，整合集成海洋生态预警监测、海洋生态修复、典型生态系统生境等数据资源，构建海洋生态“一张图”，研发海洋生态评估模型和分布特征产品，建设海洋生态保护修复系统，提升海洋生态环境预警监测能力，为水资源保护、海域环境质量管理、生态功能区监管和生态多样性监测评价等领域提供服务。

在涉海管理系统协同运行方面，通过完善海事、渔业和海关等业务化运行系统，实现船舶及海上设施、海上通航秩序、航海安全保障、海上救助、国际海事事务、海洋渔业统计、海洋渔业捕捞管理、海洋渔业资源保护与开发、海洋渔业权益维护、海洋渔业安全生产管理等方面信息的汇集和共享，建设涉海部门协同运行系统，实现对海洋综合管理和涉海行业管理主体活动的信息支撑、辅助决策和业务协调，增强管理决策的科学性，进一步发挥海洋管控信息化的优势，逐步实现管理决策的智慧化。

1.3.2 海洋大数据治理的价值

随着大数据的发展，海洋数据变得越来越庞大且复杂，这些数据如果不能有效管理起来，不但不能成为有效的数据资产，反而成为数据管理的“包袱”。数据治理是有效管理海洋数据的重要举措，是实现数字化转型的必经之路，对提升数据管理效率和创新数据管理模式具有重要意义。实施海洋大数据治理的 6 个价值如图 1-3 所示。

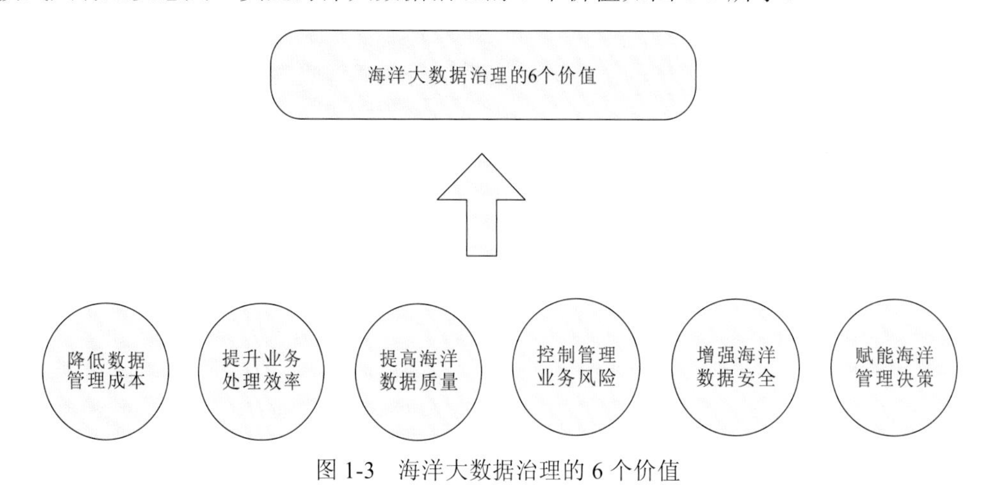

图 1-3　海洋大数据治理的 6 个价值

（1）降低数据管理成本。有效的数据治理能够降低数据管理的成本，一致性的数据环境将使海洋信息系统应用集成、数据处理加工和数据应用变得更加自动化，减少过程中的人工成本。标准化的数据定义可以使不同部门之间的沟通保持顺畅，降低由数据不标准、定义不明确引发的各种沟通成本。

（2）提升业务处理效率。有效的数据治理可以提高运行效率。高质量的数据环境和高效的数据服务可以使相关人员方便、及时、准确地查询到所需要的数据，即刻开展数据应用，无须在部门与部门之间进行不必要的协调、汇报等工作，有效提升业务处理效率。

（3）提高海洋数据质量。有效的数据治理对提升数据质量的重要性是不言而喻的，数据质量的提升本就是数据治理的核心目的之一。高质量的数据有利于提升应用集成的效率和质量，提高数据分析的可信度，改善数据质量意味着改善数据产品和服务质量。

（4）控制管理业务风险。有效的数据治理有利于建立基于知识图谱的数据分析服务，例如用户画像、全息数据地图、关系图谱等，帮助数据管理机构实现数据汇集、管理和共享的风险控制。良好、可靠的数据意味着数据管理机构拥有了更好的风险防控和应对能力。

（5）增强海洋数据安全。有效的数据可以更好地保证数据的安全防护、敏感数据保护和数据的合规使用。通过数据梳理识别敏感数据，再通过实施相应的数据安全撤离技术，例如数据加密/解密、数据脱敏/脱密、数据安全传输、数据访问控制、数据分级授权等手段，实现数据的安全防护和使用合规。

（6）赋能海洋管理决策。有效的数据治理有利于提升海洋数据分析和预测的准确性，从而改善海洋管理决策水平。良好的海洋管理决策是基于经验和事实的，不可靠的数据意味着不可靠的决策。通过数据治理对海洋数据收集、融合、清洗、处理等过程进行管理和控制，持续输出高质量数据，从而制定更好的决策和提供一流的数据共享服务体验，这些都源于数据管理业务发展和业务革新。

▶▶▶ 第 2 章　海洋大数据治理体系框架理论

2.1　国内外主流数据治理框架

2.1.1　国外数据治理标准及模型

在数据治理的理论研究领域，有很多国际组织和机构做出了开创性的贡献，特别是国际标准化组织（ISO）、国际数据治理研究所（DGI）、IMB 数据治理委员会、高德纳（Gartner）公司、国际数据管理协会（DAMA）、英国高等教育统计局（HESA）、美国 Information Builders 公司等。他们在数据治理的范围（或关键域）、原则和促成因素等方面取得了一系列突破，基本形成了一套数据治理逻辑。

1. ISO数据治理标准

2015 年，ISO IT 服务管理和 IT 治理分技术委员会制定了《信息技术——组织的信息技术治理》（ISO/IEC 38500）系列标准，提出了 IT 治理的通用模型和方法论。在 ISO/IEC 38500 系列标准中，阐述了基于原则驱动的数据治理方法论，提出了通过评估现在和将来的数据利用情况，指导数据治理的准备及实施，并监督数据治理实施的符合性等。ISO/IEC 38500 系列标准的数据治理方法论的核心内容包括如下 3 个部分。

（1）数据治理的目标：促进组织高效、合理地利用组织数据资源。

（2）数据治理的基本原则：职责、策略、采购、绩效、符合和人员行为。

（3）数据治理模型：即“评估-指导-监督”方法论，通过评估现状和将来的数据利用情况，编制和执行数据战略和政策，以确保数据的使用服务于业务目标，指导数据治理的准备和实施，并监督数据治理实施的符合性等。ISO/IEC 38500 系列标准数据治理框架图如图 2-1 所示。

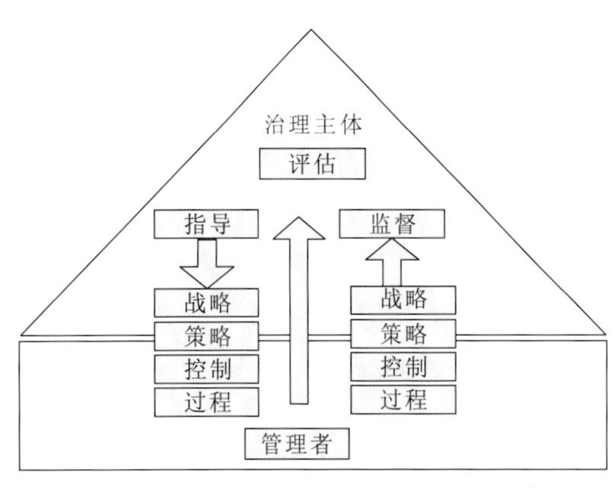

图 2-1　ISO/IEC 38500 系列标准数据治理框架图

2. DGI 数据治理框架

DGI 是业内最早、最知名的研究数据治理的专业机构。DGI 于 2004 年推出 DGI 数据治理框架。该框架认为，企业决策层、数据治理专业人员、业务利益干系人和IT领导者可以共同制定决策和管理数据，从而实现数据的价值，最小化成本和管理风险，并确保数据管理和使用遵守法律法规与其他要求。

DGI数据治理框架的设计采用“5W-1H”（What、Who、Why、Where、When、How）法则，将数据治理分为人员与治理组织、规则、流程3个层次，如图2-2所示。

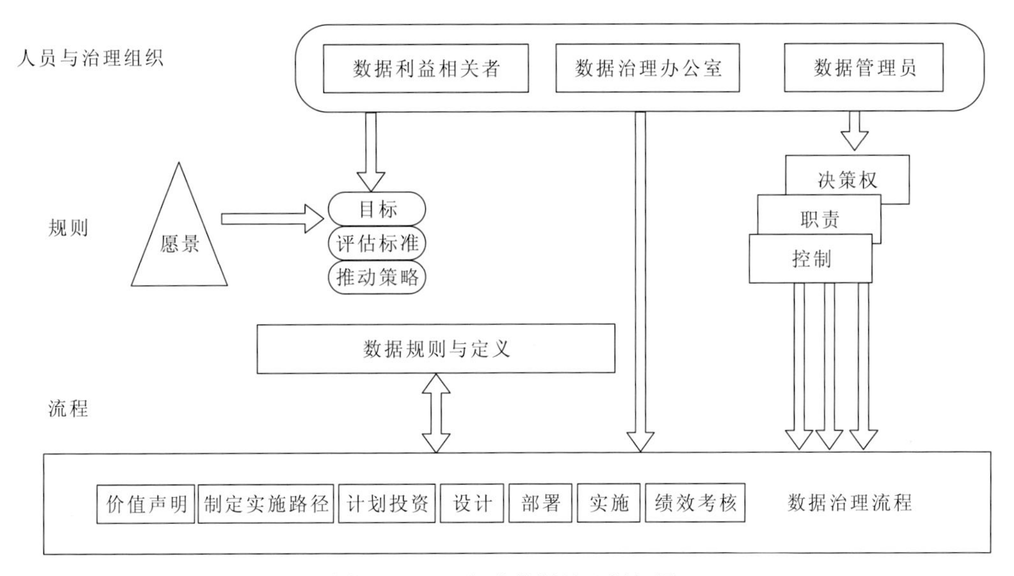

图2-2 DGI标准数据治理框架图

3. IBM数据治理委员会

IBM数据治理委员会通过结合数据特征和实践经验，有针对性地提出了数据治理的成熟度模型，将数据治理分为5级，即初始阶段、基本管理、主动管理、量化管理和持续优化。同时在构建数据治理统一框架方面，提出了数据治理要素模型，将数据治理要素划分为支持规程、核心规程、支持条件和成果4个层级（图2-3）。

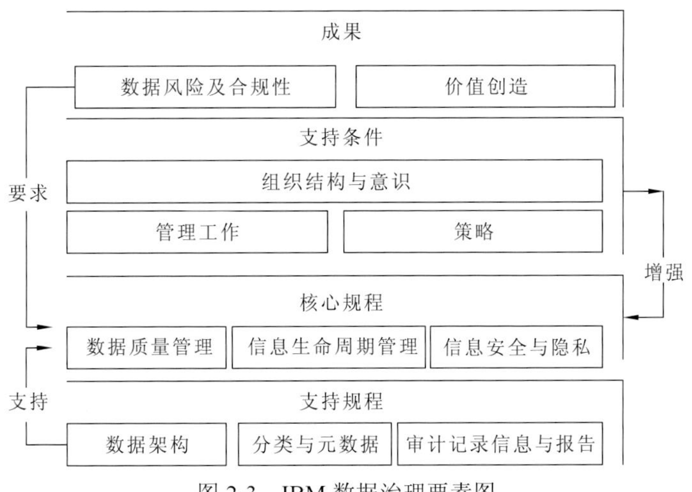

图2-3 IBM数据治理要素图

IBM 数据治理委员会重点关注治理过程的可操作性，认为业务目标或成果是数据治理的最关键命题，在支持规程、核心规程、支持条件作用下，最终可以获得业务成果，实现数据价值。

（1）支持规程。包括三个方面：一是数据架构，指系统体系结构设计，支持向适当的用户提供和分配数据；二是分类与元数据，通过元数据的技术，对组织的业务元数据、技术元数据进行梳理，形成数据资产的统一资源目录；三是审计记录信息与报告，指与数据合规性、内部控制、数据管理审计相关的一系列管理流程和应用。

（2）核心规程。包括三个方面：一是数据质量管理，包括提升数据质量、保障数据的一致性、准确性和完整性的各种方法；二是信息生命周期管理，包括对各种类型数据，如结构化数据、非结构化数据、半结构化数据全生命周期管理的相关策略、流程和分类；三是信息安全与隐私，包括降低数据安全风险的各种策略、实践和控制方法。

（3）支持条件。包括三个方面：一是组织机构与意识，数据治理需要建立相应的组织机构（如数据治理委员会、数据治理工作组等），并安排全职的人员开展数据治理工作，同时，需要建立起数据治理的相关制度并且获得高管的重视；二是管理工作，制定数据质量控制的规程和制度，用来管理数据以实现数据资产的增值和风险控制；三是策略，组织应在数据战略层面设置明确的目标和方向。

（4）成果。成果即数据治理计划的预期结果，通常致力于降低风险和价值创造。数据风险管理合规性是用来确定数据治理与风险管理的关联度及合规性，用来量化、跟踪、避免或转移风险。价值创造是通过有效的数据治理，实现数据资产化，帮助组织创造更大的价值。

4. Gartner 数据治理模型

Gartner 公司对数据治理的定义是，数据治理是一种技术支持的学科，其中业务和 IT 协同工作，以确保企业共享的主数据资产的一致性、准确性、管理性、语义一致性和问责制（刘桂锋 等，2018）。Gartner 公司认为，数据治理对于数据管理计划是必不可少的，同时需要控制不断增长的数据量以改善业务成果。越来越多的组织意识到数据治理是必要的，但是它们缺乏实施企业范围的治理计划的经验。

Gartner 公司提出了数据治理与信息管理的参考模型（图 2-4），将数据治理分为规范、计划、建设和运营 4 个部分，这 4 个部分定义了企业数据治理的 4 个阶段重点应关注的内容。

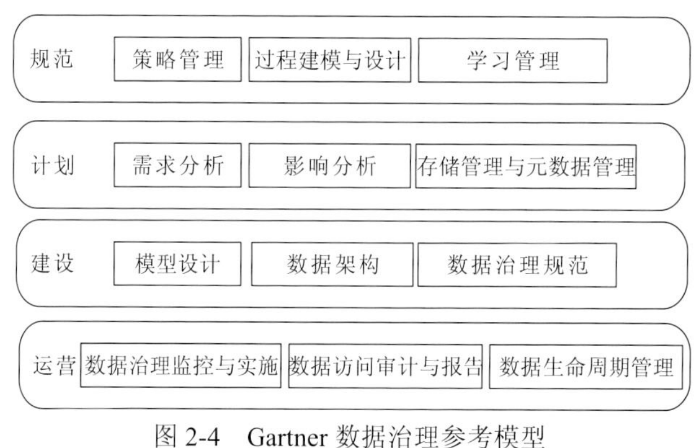

图 2-4　Gartner 数据治理参考模型

（1）规范。主要是数据治理的规划阶段，确定数据管理策略、建立数据管理组织，以及进行数据治理的学习和培训，并对企业数据域进行梳理和建模，明确数据治理的范围及数据的来源去向。

（2）计划。数据治理计划是在规划基础之上进行数据治理的需求分析，分析数据治理的影响范围和结果，并理清数据的存储位置和元数据语义。

（3）建设。设计数据模型、构建数据架构、制定数据治理规范，具体是搭建数据治理平台，落实数据标准。

（4）运营。建立长效的数据治理运营机制，坚持执行数据质量监控和实施，数据访问审计与报告常态化，实施完整的数据全生命周期管理。

5. DAMA 数据管理框架

国际数据管理协会（DAMA）是一个由全球性数据管理和业务专业的志愿人士组成的非营利协会，致力于数据管理的研究和实践。2009 年出版的《DAMA 数据管理知识体系指南》（*DAMA-DMBOK*）（DAMA International，2012）定义了数据管理框架，包括数据治理、数据架构管理、数据开发、数据操作管理、数据安全管理、数据质量管理、主数据和参考数据管理、数据仓库和商务智能管理、文档和内容管理、元数据管理共 10 个知识领域。

2020 年，DAMA 又出版了 *DAMA-DMBOK2*，定义的数据管理框架包括 11 个知识领域，即数据治理、数据架构、数据建模与设计、数据存储与操作、元数据管理、数据质量管理、主数据和参考数据管理、数据安全管理、数据集成和互操作、数据文件和内容管理、数据仓库和商业智能（图 2-5）。数据治理位于中央，是数据资产管理的权威性和控制性活动，是对数据管理的高层次计划与控制，其他 10 个知识领域是在数据治理这个高层战略框架下执行的数据管理流程。

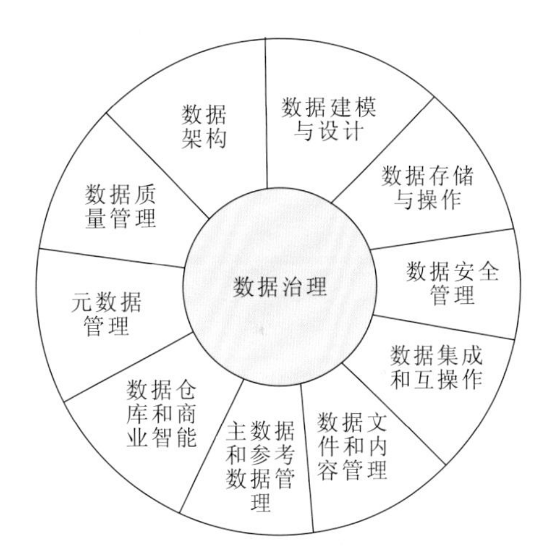

图 2-5　DAMA-DMBOK2 数据管理框架

6. HESA 数据治理模型

英国高等教育统计局（HESA）认为数据治理的范围包括以下 5 个条件。

（1）确保数据安全且管理良好，从而遏制组织面临的风险。

（2）作为持续改进计划的一部分，防止和纠正数据中的错误。

（3）衡量数据质量，并提供监测和评估的数据质量改进框架。

（4）定义标准以记录数据及其在组织内的使用情况。

（5）担任重要数据相关问题/变更的升级和决策机构。

HESA 为教育机构的数据治理定义了 4 个角色，其职责分别如下。

（1）数据受托人：对数据管理和报告的战略协调负责，该角色由高级管理人员执行。数据受托人发挥治理作用，确保数据管理活动得到优化，以便与战略和运营目标保持一致并提供支持。

（2）数据所有者：对定义的数据域的适用性或目的负责，该角色主要由这些职能的主管执行。数据所有者发挥治理作用，确保其域内的数据（无论存储在何处）适合运营和战略使用。

（3）数据管理员：负责数据区域内定义的数据集的定义和质量，该角色的重点是定义数据的含义，并确定相关的数据质量检查和控制，以保持数据质量符合组织的运营和战略需求。

（4）数据使用者：负责定义他们需要哪些数据，以及使这些数据具有足够质量的用途，此角色主要由具有数据要求的各个职能部门执行，此角色也可由高级系统所有者（业务）执行，其中数据支持操作流程。该角色的重点是输入定义所需数据，设置业务规则和质量标准。

HESA 提出的数据治理模型如图 2-6 所示。

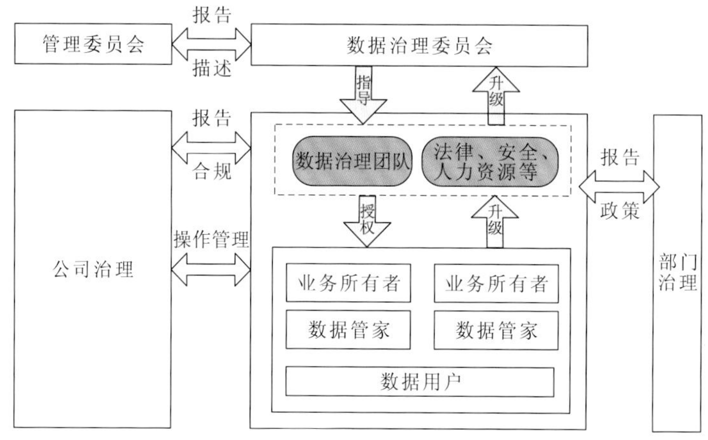

图 2-6　HESA 数据治理模型

7. Information Builders 数据治理模型

Information Builders 是美国一家软件与咨询公司，致力于帮助组织构建信息系统，以形成巨大的竞争优势。该公司强调，创建一个模型以确保数据的保密性、质量和完整性，是数据治理的核心价值，对满足内外部要求至关重要。数据治理通过加强监督、根除风险，有效地将政策与业务战略相结合。

Information Builders 数据治理模型（图 2-7）是一个简易、可重复的过程。由该模型可知，对大多数组织而言，采取渐进式方法是实现业务价值并建立数据治理可持续发展计划的实用方式，可避免在治理过程中过犹不及。与其他模型不同的是，Information Builders

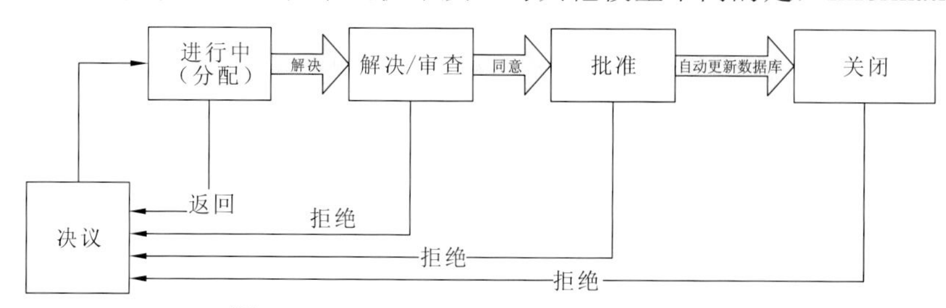

图 2-7　Information Builders 数据治理模型

公司在构建模型的同时，配以7个步骤辅助实施，确保进行有效的数据治理：①优先考虑业务改善领域；②最大化信息资产的可用性；③创建并分配角色、职责；④完善和确保信息资产的完整性；⑤建立问责制；⑥以主数据文化为基础；⑦制定流程改进反馈机制。

在某种意义上，Information Builders 公司构建的数据治理模型更强调数据治理的流程，能够对数据申请、审批的管理和使用过程进行有效约束。

2.1.2 我国数据治理标准及模型

我国数据治理实践开始于2003～2004年，2008年之后进入快速发展期，至今已经覆盖通信、银行、能源和互联网等行业。在综合国际数据治理研究成果基础上，我国提出了一系列较科学、较完整的数据治理理论体系框架，为数据治理理论的进一步展开和深入奠定了坚实的基础。

1. DCMM

《数据管理能力成熟度评估模型》（GB/T 36073—2018，DCMM）是在工业和信息化部、国家标准化委员会的指导下，由全国信息技术标准化技术委员会大数据标准工作组组织编写的国家标准，也是我国首个数据管理领域国家标准。DCMM 借鉴了国内外数据管理的相关理论思想，并充分结合了我国大数据行业发展趋势，创造性地提出了符合我国企业的数据管理框架(图 2-8)。该框架将管理能力划分为数据战略、数据治理、数据架构、数据标准、数据质量、数据安全、数据应用和数据生存周期8个能力域。

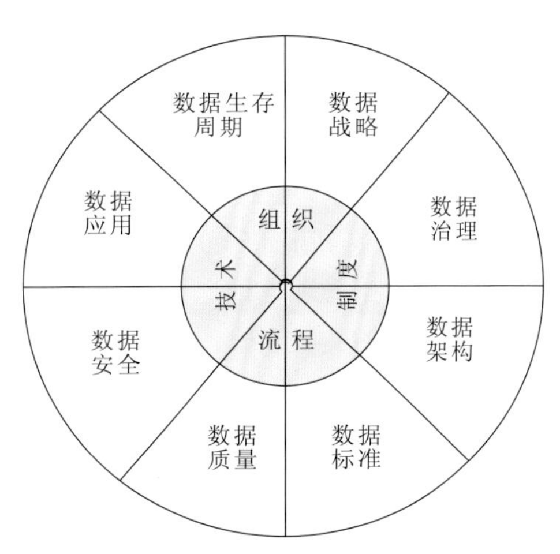

图 2-8　数据管理能力成熟度评估模型

2. GB/T 34960.5—2018 的数据治理模型

《信息技术服务 治理 第5部分：数据治理规范》（GB/T 34960.5—2018）是我国信息技术服务标准（ITSS）体系中的服务管控领域标准，该标准根据《信息技术服务 治理 第1部分：通用要求》（GB/T 34960.1—2017）中的治理理念，在数据治理领域进行了细化，提出了数据治理的顶层设计、数据治理环境、数据治理域及数据治理过程，可对数据治理现状进行评估，指导建立数据治理体系，并监督运行和完善。

GB/T 34960.5—2018 将数据治理划分为顶层设计、数据治理环境、数据治理域和数据治理过程4大部分（图 2-9）。

（1）顶层设计：包括数据相关的战略规划、组织构建和架构设计，是数据治理的基础。

（2）数据治理环境：包括内外部环境和促成因素，是数据治理实施的保障。

（3）数据治理域：包括数据管理体系和数据价值体系，是数据治理实施的对象。

（4）数据治理过程：包括统筹和规划、构架和运行、监控和评价、改进和优化，是数据治理实施的方法。

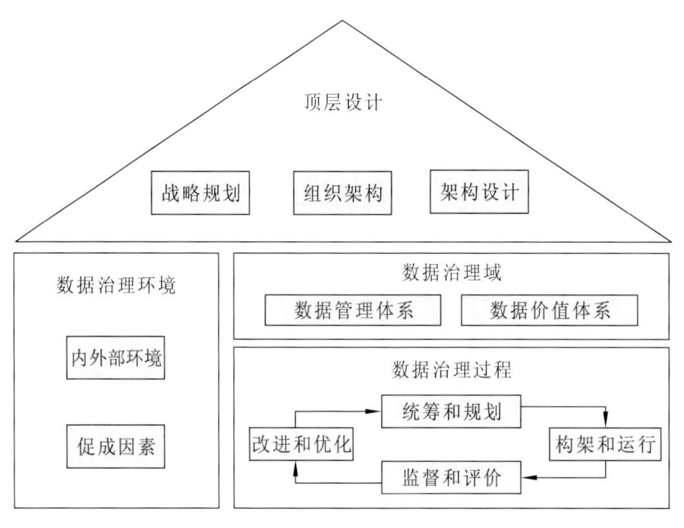

图 2-9　GB/T 34960.5—2018 数据治理框架

3.《数据资产管理实践白皮书（4.0 版）》

为落实国家大数据战略，中国信息通信研究院联合相关知名企业共同编写发布了《数据资产管理实践白皮书（4.0 版）》。《数据资产管理实践白皮书（4.0 版）》基于 *DAMA-DBMOK* 中定义的数据管理理论框架，弥补了数据资产管理特有功能的缺失，并结合数据资产管理在各行业中的实践经验，形成了数据资产管理的 8 个管理职能和 5 个保障措施（图 2-10）。

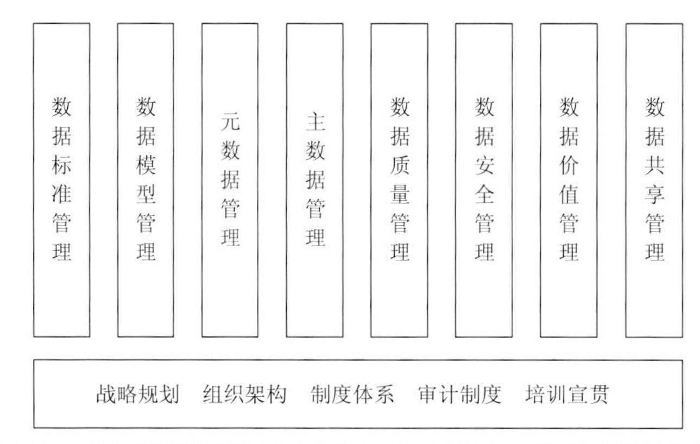

图 2-10　《数据资产管理实践白皮书（4.0 版）》的数据管理理论框架

2.1.3　国内外数据治理体系对比分析

国内外各相关机构都有自己的数据治理体系，但是各体系之间存在一定的差异。表 2-1（祝守宇 等，2020）从主流数据治理体系的治理特点、优势和不足等方面进行分析，对建立海洋大数据治理体系具有重要的参考意义。

表 2-1　主流数据治理体系对比分析

分类	体系名称	治理特点	优势	不足
国际标准	ISO 8000 数据质量系列国际标准	对于使用哪些数据特征来定义和衡量其质量得到了世界各地的行业专家认可；适用于各类工业数据，包括主数据、交易数据和产品数据	能够在数字供应链方面发挥重要作用，在整个产品或服务周期内，高质量地交换、分享和存储数据	主要关注数据质量，只是整个数据治理的一部分功能
国际标准	《信息技术——组织的信息技术治理》（ISO/IEC 38500）系列标准	是第一个 IT 治理的 ISO 标准；跳出了计划、执行、检查、处理等生命周期的概念，采用评估-指导-监督模型	确保所有 IT 风险和活动都有明确的责任分配，尤其是分配和监控 IT 安全责任、策略和行为，以便采取适当的措施和机制，对当前和计划的 IT 活动建立报告和响应机制	聚焦更广泛的 IT 治理，虽然其号称也适用于数据治理，但是相对来讲，针对性并不强。介绍了一些治理所需要的特征和流程，但是距离真正的实施还有距离
国家标准	《数据管理能力成熟度评估模型》（GB/T 36073—2018）	可以清楚地定义企业内数据的能力水平，并以模型为标准确定组织内数据的改进方向	量化评估企业数据管理能力水平；指明企业数据管理能力缺陷；通用性较高	只提出了数据管理应该具备什么能力，但是并未指明应该怎么做，落地效果不明显
国家标准	《信息技术服务 治理 第 5 部分：数据治理规范》（GB/T 34960.5—2018）	解决了数据治理标准不易落地的问题	增加了数据价值体系，提出了面向数据价值实现的治理目标；也对数据治理体系的实施路径提出了要求，解决了治理与管理脱节的问题	高屋建瓴地指出了数据治理体系应该包含的内容和落地实施路径，但缺乏具体实施办法，在具体工作中仍需要大量细化的工作
专业组织	DAMA 数据管理知识体系	以数据管理为主导，数据管理的核心是数据治理，解决了数据治理各项功能与环境要素的匹配问题	充分考虑功能与环境要素对数据本身的影响，并建立对应的关系	11 个职能领域全面建设，复杂度较高；全面实施企业级数据治理，难度较高；11 个职能领域尚不能满足未来数据治理需求，尤其是数据资产管理的需求
专业组织	《数据资产管理实践白皮书（4.0 版）》	是一套针对数据资产的管理体系，引入了数据资产价值管理和运营等内容，并囊括了数据资产管理过程中的一些管理工具	偏重数据资产管理方面的国家标准；实践案例丰富，可参考价值较高	偏重行业实践案例研究与分析，理论指导性较弱；提出的时间较短，经过的企业验证还很少

不同的数据治理体系框架和标准适用于不同的行业、企业。数据治理体系也不是一成不变的，因为数据治理是一个动态过程，过于僵化的体系不仅不会给工作带来便利，还会增加应用的复杂度。

2.2　海洋大数据治理体系框架

2.2.1　总体思路

1. 从全局架构海洋大数据治理体系

（1）从全球化视角看海洋大数据治理。从全球化视角看，数字经济发展仍呈现较严重的不均衡性，同时数据治理缺少整体规制，国家和地区间数据治理政策割裂严重，全球数据治理仍处于混沌状态。从全球视角看，海洋大数据治理也不例外。主要海洋国家、国际组织/计划等对海洋数据管理、治理观点不一，海洋数据成为国家间竞争的重要战略资源。国家海洋大数据治理应从全球发展战略出发，充分考虑国际海洋数据质量评估与断供风险，对接世界主要数据流通规则，打造全球海洋大数据治理体系的中国方案。

（2）从系统性视角看海洋大数据治理。从系统性视角看，现有数据治理概念较为局限，大都以企业组织为对象，聚焦于数据整合、分析和运用等技术视角，缺乏国家治理和社会治理的全局性和系统性认识。

狭义的海洋大数据治理，针对某个单一的组织或者企业，从技术视角解决数据质量、数据管理、数据安全等问题；广义的海洋大数据治理，通过海洋大数据治理优化提升国家治理和社会治理的效率，这就需要把整个国家和社会作为对象，优化提升整个国家和社会的运行机制，如通过部门间数据交换共享打通部门间壁垒，实现“一站式”海洋数据服务。广义的海洋大数据治理，需要社会主体共同参与，从政策、标准、技术、应用等多个视角考虑问题。

（3）从多学科视角看海洋大数据治理。从多学科视角看，数据治理涉及多个学科，但目前的研究多从单一学科入手，研究的对象、方法和理论较为封闭，难以有效解决实际的数据治理问题，难以支撑数据治理体系的建设。

海洋数据涵盖海洋水文、海洋气象、海洋生物、海洋化学、海洋地质、海洋地球物理、海洋遥感与基础地理、海底地形地貌、海洋综合管理、海洋经济等多个学科领域。海洋大数据治理更是一个多学科研究领域，不同学科有各自的研究内容。信息资源管理学、数据科学等综合性学科重点从海洋信息资源管理、海洋数据处理、数据分析和数据安全等技术实现角度开展研究。管理学研究海洋数据管理规律、探讨海洋数据管理方法、建构管理模式、取得最大管理效益，重点研究海洋数据资产运营、海洋大数据治理体制机制等问题。经济学重点研究海洋大数据治理在经济活动中的相关问题，包括数据资产化、数据定价等问题。法学重点研究海洋大数据治理相关法律及相应现象和问题，包括海洋数据概念界定、海洋数据权属问题等。

2. 充分尊重现有海洋大数据治理实践

海洋数据管理伴随着海洋事业的发展而发展，我国在海洋预警监测、海洋专项调查、极地大洋科考、国际业务化海洋学等领域，持续不断地发展海洋数据管理基础业务，为海洋大数据治理体系的构建打下了坚实的基础。对其中好的经验要充分吸收利用，对效果不好的要改善提升。

3. 认识大数据时代数据治理的一般规律

（1）虚拟与现实。依托网络空间构建的数字世界天然具有虚拟性，其中一部分映射自现实中的物理世界，另一部分则是由现实中的主体构造出来的。网络空间是虚拟的，但运用网络空间的主体是现实的，虚拟的数字世界与现实的物理世界是统一的。

海洋大数据治理是虚拟世界与现实矛盾和谐统一的基本前提。从来源上看，海洋数据世界是虚拟的，但它是从现实中发展而来，海洋数据世界是物理世界的数字化转型。而海洋大数据治理的一大作用就是保证海洋数据世界与物理世界的统一性。从结构上看，虚拟是广义现实的有机组成部分，数据世界所依赖的数据基础设施是现实的。从相互作用上看，虚拟与现实之间可以相互促进、相互影响和相互转化，海洋大数据治理可以通过海洋数据世界对物理世界进行改造。

（2）安全与发展。大数据时代必须统筹好安全与发展的关系。数据安全关乎国家和人民的利益，数据资源成为国家重要的战略资源。海洋数据是关系国计民生和国家安全的核心战略资源，是不能被“卡脖子”的要害领域，必须努力促进形成自主创新能力强、数据安全有保障、竞争优势有特色的安全发展新路径。

（3）保护与开放。数字世界与物理世界相互映射，各利益主体在物理世界的权益同样延伸到了数字空间，数据资源资产化态势日趋明显。在这样的情况下，各利益主体都不断加大对数据资源的保护力度，提升对数据资源的控制力，确保自身权益。但与此同时，数据资源只有流通起来才能实现其价值，如何确保数据资源的开放性，在保障各自权益的同时实现各利益主体间的数据流通，构建有效的数据流通体系，是数据治理体系的关注重点。

各领域海洋数据管理规章制度的编制应更加重视数据汇交人的利益保护，通过设置保护期、优先申请使用等措施，来保护数据汇交人的权益。同时，通过海洋数据的再加工利用、数据综合分析挖掘等方式，促进海洋数据的开放。

（4）法制与伦理。数据治理涵盖国家、行业、组织等多个层次，涉及政府、企业、个人等利益相关方，既需要法律法规坚守底线，也需要标准规范提升要求，更需要公约、规约等道德伦理予以补充，进而实现共建、共享、共治的理念。

海洋大数据治理同样涵盖国家、行业、沿海地方、个人等多个利益相关方，我国已经出台了与海洋管理、互联网、大数据、技术创新等相关的法律法规，在海洋大数据治理中，必须遵循这些法律规范的规定。同时，在海洋大数据治理工作中，除政府外，还有企业、第三方机构等参与数据治理，在这种情况下，行业公约、服务协议等往往更加有效。海洋大数据治理体系就是要在法制的基础上，利用各层级的数据规约，提升海洋大数据治理的效率和效果。

4. 积极引入新型大数据治理理念和技术

（1）数据治理体系化。海洋大数据治理体系需要采用体系化思维来建立，而非过去的囿于一时、一域。在建立海洋大数据治理体系时，关注的是全局、总体，而非过去的某一个或某几个方面，应积极引入云计算、大数据、区块链、智能合约等创新技术，建立体系化的先进的数据治理体系。

（2）数据资源资产化。在数字经济时代，海洋数据只有流转起来，才能产生真正的价值。数据资产化则是实现数据流通的重要驱动力。在海洋大数据治理体系建设中，要关注海洋数据资产化的实践，包括数据资产的定义、价值评估、风险评估等。

（3）数据运营专业化。在大数据时代，海洋数据作为重要的国家战略资源，对外负有保障国家安全的职责，对内负有维护个人和企业等主体公共权益的责任，有必要将涉及国计民生的公共海洋数据资源以类似矿产等自然资源的形式进行授权经营，设置专门的海洋数据资源运营机构。

（4）虚拟现实融合化。海洋大数据治理的本质是实现虚拟与现实的交互融合。一方面确保虚拟的海洋数据世界与现实的物理世界保持一致，另一方面可以实现通过海洋数据世界改造物理世界的效果。应充分利用数字孪生等先进技术来促进实现海洋虚拟和现实世界的融合。

5. 切实保障国家安全和海洋发展需要

（1）国家安全底线。海洋数据是关系国计民生和国家安全的核心战略资源。在海洋大数据治理工作实践中，海洋数据存储管理、开放共享、海洋数据资产运营等实践都要把保障国家海洋数据安全作为底线，认真履行数据安全风险防控有关义务和职责，增强数据安全可控意识。

（2）海洋发展底线。海洋大数据治理的目的是发挥海洋数据的价值，海洋数据的核心价值体现在促进海洋事业发展上。因此，在开展海洋大数据治理工作实践时，应将促进海洋事业发展作为海洋数据的管理、共享、应用、流通等的底线。

2.2.2 体系框架

海洋大数据治理体系总体架构包括 8 大职能领域，分别为海洋大数据战略域、海洋大数据管控域、海洋大数据架构管理域、海洋大数据集成管理域、海洋大数据交换共享域、海洋大数据资产管理域、海洋大数据质量管理域和海洋大数据安全管理域（图 2-11）。

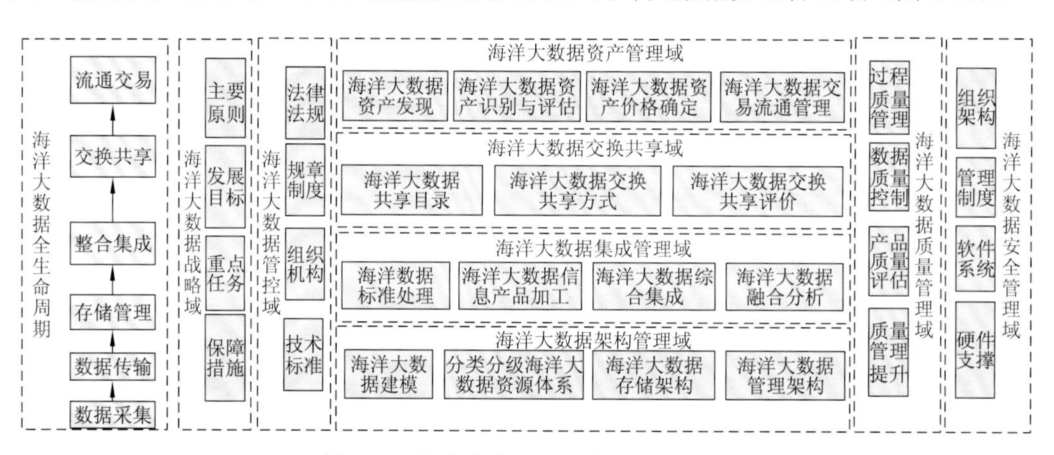

图 2-11　海洋大数据治理体系总体框架

（1）海洋大数据战略域，是海洋数据工作开展的指引，定义海洋数据工作的方向、愿景和原则。从管理层出发，自上而下地全局部署数据管理规范，从而形成全面的标准体系和落地执行流程。

（2）海洋大数据管控域，是海洋大数据治理体系的高层次保障，也就是整个数据治理的核心。数据管理能力很大程度上直接影响数据治理目标的达成，以及制度、流程和相应的标准规范的落地执行。

（3）海洋大数据架构管理域，用于定义海洋数据需求，整合和控制数据资源，与业务战略相匹配的一整套构建规范。

（4）海洋大数据集成管理域，将不同来源的海洋数据进行集成管理，是海洋数据交换共享、价值发挥的重要基础。

（5）海洋大数据交换共享域，指与海洋数据存储、应用程序和组织之间的海洋数据移动及整合的相关过程，是实现海洋数据内外价值的一系列活动。海洋大数据交换共享是实现数据价值的重要途径。

（6）海洋大数据资产管理域，以体系化的方式和标准化的手段，将海洋数据作为资产进行确认与计量，帮助数据拥有者、运营者和使用者清楚地认识海洋数据，实现海洋数据价值，提升海洋数据资产价值转化，进而提升海洋数据价值并形成核心竞争力。

（7）海洋大数据质量管理域，包括规划和实施数据质量管理技术，以测量、评估和提高海洋数据的适用性，提高海洋数据对相应业务和管理的满足度。

（8）海洋大数据安全管理域，为了确保海洋数据隐私和机密性得到保护，海洋数据不被破坏、能被适当使用，通过采用各种技术和管理措施，保证海洋数据的机密性、完整性和可用性。

第3章　海洋大数据治理域理论

3.1　海洋大数据战略域

数据战略是海洋数据工作开展的指引，定义海洋数据工作方向、愿景和原则。从管理层出发，自上而下地全局部署数据管理规范，从而形成全面的标准体系和落地执行流程。本节提出海洋大数据治理工作的主要原则、发展目标和重点任务。

3.1.1　主要原则

（1）统筹布局，协调推进。加强管理与技术体系统筹，完善顶层设计，整体布局，健全机制，形成中央和地方上下联动、涉海部门相互配合、社会力量广泛参与的格局，充分调动各方积极性，凝聚合力，共同促进国家海洋大数据发展和应用。

（2）集约整合，开放共享。以跨部门、跨地区、跨领域业务协同需求为导向，充分整合海洋信息基础设施和数据资源，强化国家海洋大数据资源治理，推动各类平台有效对接，打破部门分隔和行业壁垒，共同推进海洋大数据资源开放共享。

（3）创新驱动，强化应用。引入创新性海洋大数据建设和运行模式，加快构建自主可控的海洋大数据产业链、价值链和生态系统。以数据为纽带促进产学研深度融合，激活数据增值能力，形成数据驱动型海洋创新体系和应用模式。

（4）加强管理，保障安全。加强海洋大数据关键信息基础设施安全保护管理，强化国家海洋大数据资源保护能力。加强政策、监管、法律的统筹协调，完善数据产权保护制度，健全海洋大数据安全防护体系，确保海洋大数据资源安全。

3.1.2　发展目标

1. 总体目标

健全国家海洋大数据资源管理应用体系，促进涉海行业信息基础设施的集约利用，深化海洋信息资源的融合集成和创新应用，建成国家海洋大数据共享应用云平台，全面提升海洋数据深度融合、智慧挖掘和智能应用能力，不断提高海洋数据参与国家宏观调控、海洋综合管理和公共服务的精准性和有效性，形成以海洋大数据发展为引领的现代化海洋治理能力和体系，推进我国逐步迈入世界海洋强国之列。

2. 阶段目标

第一阶段，基本建成海洋大数据共享应用云平台，国家海洋数据共享机制和海洋数据资源体系进一步完善。海洋数据流通、处理、计算、分析和协同安全等关键技术取得突破，国家海洋数据资源共享开放服务水平显著提高，海洋大数据基础资源和创新引擎作用得到极大发挥。

第二阶段，全面建成海洋大数据共享应用云平台，海洋数据资源体系得到较大丰富与完善，海洋数据资源实现较为全面的共享和开放。海洋大数据融合理解、关联挖掘、多维重建和智能应用能力跨入国际先进行列，全面形成对国家海洋治理的精准化应用服务保障能力。

3.1.3 重点任务

1. 统筹规划国家海洋大数据资源

（1）完善海洋数据汇聚更新体系。加强天基、空基、岸基、海基和海底基等海洋信息立体获取能力，全面提高海洋观/监测数据的自动采集提取、安全传输汇集更新水平。完善海洋应急和常态化调查系统，强化海洋专项、极地、大洋调查，加强海洋经济、海域、海岛监视监测，大幅提升海洋综合调查数据获取更新能力。拓展国际海洋合作渠道，扩充全球海洋数据交换共享能力。强化互联网涉海信息收集，最大限度掌握多源海洋信息资源。

（2）整合集成各类海洋信息资源。建立行之有效的海洋数据资料传输、汇交、报送与交换机制，制定国家层面海洋数据资料汇交管理办法，编制相关技术标准规范。系统梳理国家海洋信息资源，建立国家海洋大数据资源目录清单。深入实施海洋数据的汇交整合，加快推进部门和行业涉海数据的传输交换，全面推动国家海洋数据资源的整合集成和集约利用。

（3）建立健全海洋数据管理体系。开展海洋数据管理体系研究，制定海洋数据分类分级标准，建立无条件共享、有条件共享、不予共享三类海洋信息资源分类目录。按照海洋数据处理程度和资料类型等属性，建设由原始数据层、基础数据层和整合数据层组成的海洋数据分类分层，以及敏感、内部、公开的数据分级分区管理体系。

2. 深入促进海洋数据处理分析

（1）建设海洋大数据处理系统。针对海洋环境、海洋活动、异常目标和海洋装备等数据与信息，建立配套的海洋专业数据处理系统，提升各类海洋数据的解码、标准化、质量控制和标准输出能力。基于关联挖掘、模式识别、深度学习等通用智能处理分析方法，建立海洋大数据融合处理系统，加快提升多源多模态海洋大数据的提炼清洗、质量评估、不确定性分析和量质融合等处理能力，为揭示多源多模态海洋要素间的时空和强弱关联关系，发现典型海洋要素和海洋现象的关联响应、影响过程及阈值范围，提供海洋大数据综合处理支撑。

（2）建设海洋数据应用知识挖掘系统。针对海洋数据的专业性、时空强弱关联性和小样本贫信息等特有属性，利用神经网络、深度学习、模式识别、多元回归、聚类分析等先进信息化技术，发展适用于海洋数据的大数据特征提取、关联挖掘、融合分析和仿真验证模型算法。融合利用环境、资源、基础地理、海洋管理、海洋经济、空海目标、海洋装备、情报文献、标准质量、政策法规等数据与信息，基于大数据技术开展面向海洋安全与权益维护、海洋政务管理决策、海洋开发利用、海洋环境认知和海洋生态文明建设等应用主题的知识挖掘，构建面向海洋全行业的知识图谱和知识服务系统。

（3）建设海洋大数据分析预测系统。利用和发展大数据融合理解、多维重建与可视分析等技术，开展海洋统计分析、实况分析和再分析的技术升级创新，制作基于大数据的温盐、海流、海平面等时空变化特征统计分析产品和全球高分辨率长时序海面高、三维温盐密声、海流及海冰等同化再分析产品。着力推进大数据技术在海洋预报领域的应用创新，建立海洋现象和海洋要素大数据分析预测系统，实现海面高度、海表温度（SST）、三维温盐、台风、赤潮等关联分析与预测预报。

3. 加快建立海洋数据管理体系

（1）建设国家海洋云平台。运用虚拟化技术，开展服务器、存储、网络等资源集约化整合，建设海洋大数据规模化存储、并行计算分析和并发访问能力，以及资源按需定制和扩展能力，搭建国家海洋大数据计算资源池、存储资源池和网络资源池，形成国家海洋计算云环境。运用软件即服务的服务模式，对国家海洋云平台对外提供的应用服务进行集成和统一管理，集成地图、数据、存储、计算、模型、软件和平台等服务资源，为国家海洋信息资源融合集成、挖掘分析和应用业务系统运行等提供基础资源支持。

（2）建设全球海洋和海洋气候数据平台。基于国家海洋计算云基础设施，搭建海洋数据云，建设海洋数据库平台环境、数据文件系统和海洋大数据管理系统，运用平台即服务的服务模式，对国家海洋云平台获取的各类数据进行集成和管理。构建覆盖原始数据、基础数据和整合数据的全球海洋和海洋气候综合数据库，部署事务型数据库、结构化并行分析数据库和非结构化分析数据库，以及安全数据库、内存数据库等系统，实现国家海洋信息资源整合集成和高效管理。

4. 深化发展海洋数据应用研发

（1）促进海洋安全与权益维护领域海洋数据应用。针对海洋安全防控管控和应对决策应用需求，基于海洋大数据挖掘分析技术，实现面向海洋权益维护辅助决策与指挥、空海重要目标安全、海上地缘政治格局、权益岛礁战略价值、海上通道安全态势、海洋安全舆情态势、热点事件发现、民众舆论倾向与走势、应对策略辅助制定、海洋自然灾害、海洋突发事故、海洋社会安全事件等应用服务的大数据挖掘分析产品制作。形成国家、海区、省市多级联动的海洋大数据信息服务支持能力，全面提升我国海洋安全防控管控和应对决策能力。

（2）促进海洋政务管理领域海洋数据应用。针对海洋管理主体活动的信息支撑与管理决策需求，深入挖掘与各类管理活动相关和潜在的所有数据与信息资源，实现面向海洋经济、海域海岛、生态环保、防灾减灾、极地大洋、行政执法、国际合作、海洋科技等海洋综合管理，以及国土、交通、渔业、环保、水利、测绘、气象、能源、旅游等涉海领域管理的大数据挖掘分析产品制作。建设具有态势监控、研判预警、指挥调度等功能的海洋决策支持平台，提高海洋大数据信息应用全息化、事务管理协同化、综合决策精准化水平。

（3）促进海洋开发利用与产业发展领域海洋数据应用。针对涉海资源开发与利用对信息产品和知识的服务需求，挖掘揭示隐藏在已有和潜在海量数据中的相关信息，实现海洋油气、港航运输、海洋化工、海洋生物资源、深海矿产资源、海洋可再生能源、海水淡化及综合利用、海洋盐业、海上及海岸重大工程等海洋开发利用活动需求的大数据挖掘分析产品制作。建设海洋开发利用与产业应用服务平台，面向涉海资源开发与利用，提供智能化信息应用服务支持，提高海洋资源开发利用水平和产业服务能力，加快形成以应用创新为主要引领和支撑的智慧海洋经济体系。

（4）促进海洋环境认知领域海洋数据应用。针对海洋环境分析、应对气候变化研究、预测预报预警等海洋环境认知需求，深入开展环境数据、经济社会、情报文献、网络舆情等各类相关和潜在可能相关的数据与信息资源的挖掘分析，实现面向海洋气候变化、陆海物质交换、海洋风暴潮、赤潮、台风、海冰、海啸、ENSO 等海洋环境认知的大数据挖掘分析产品制作。建设海洋环境认知应用服务平台，综合提升海洋环境认知研究、成果分析展示与业务化应用水平。

（5）促进海洋生态文明建设领域海洋数据应用。针对海洋生态环境绿色健康发展和整治评估与决策知识服务需求，融合挖掘空天地海各类数据与信息隐含的内部关联关系和影响因素，实现面向环境监管、环境整治、资源利用效能、资源环境承载力、生态保护修复等应用需求的大数据挖掘分析产品制作。建设海洋生态文明建设应用服务平台，增强海洋生态环境整治过程中的科学评估与决策支持能力，促进海洋生态文明建设。

5. 积极促进海洋数据开放共享

（1）全面推进海洋数据交换共享。基于云计算和大数据等现代信息技术，面向部门、行业和地方应用，升级改造海洋环境地理信息服务平台，搭建跨部门、跨区域的海洋数据共享交换系统，推进海洋数据实时在线对接分发、点对点在线共享、在线使用和离线交换，实现沿海省（自治区、直辖市）、涉海企业，以及国土、交通、农业、水利、测绘等涉海部委相关数据平台之间的互联互通，有效推动海洋数据的有序安全交换共享。

（2）积极促进海洋数据开放共享。加快建立海洋数据的社会化和公开性服务机制与管理办法，按照“合理公开、增量先行”的原则，明确数据开放边界、方式和时效，建立数据开放效果的评估、考核和安全审查制度。建立基于互联网的海洋科学数据共享服务系统，逐步实现政府海洋数据面向社会的安全有效开放，提高面向社会公众的信息服务能力。

（3）广泛开展国际海洋数据交换共享。搭建海洋数据国际合作共享平台，推动我国海洋大数据标准和理念“走出去”，推进实施中国-东盟、中国-欧盟、中美等双/多边海洋大数据应用技术合作研发，分类开展海洋数据国际共享与交换工作。

6. 推进海洋大数据关键技术攻关

（1）加强海洋大数据规律性分析技术研究。结合大数据共性特征，发展多元回归、特征提取、关联挖掘、深度学习等大数据分析方法，加快研究提出适合海洋领域、具有普适性的提炼转换、量质融合、多维重建与可视计算等海洋大数据分析方法，揭示海洋内在要素之间的运行和演化规律，以及海洋与大气、陆地、人类活动之间的隐匿性规则和关联关系。

（2）加强海洋大数据预测性分析技术研究。以应用需求为导向，基于国家海洋综合数据库和规律性分析结果，针对海洋大数据强关联、高耦合、高变率、多层次性和高规律性等特点，重点针对海洋动力环境要素、典型海洋现象、典型灾害性海洋生态环境等方面，加强自适应和自学习的大数据分析预测技术研发，突破传统方法带来的不确定性因素。

（3）加强海洋大数据指导性分析技术研究。推进海洋大数据在海洋安全与权益维护、海洋政务管理决策、海洋开发利用、海洋环境认知、海洋生态文明建设等方面的指导性分析应用。加强情景推演、过程再现、危机应对和决策评估等海洋大数据应用技术研发，提升自主可控的海洋数据知识化与综合利用支撑能力。

3.2 海洋大数据管控域

海洋大数据管控是海洋大数据治理体系的基础。海洋大数据治理职能都需要进行数据管控，数据管控能力很大程度上直接影响海洋大数据治理目标的达成，以及制度、流程和相应的标准规范的落地执行，因此数据管控是整个数据治理的核心。本节从海洋数据管理组织架构、规章制度、执行流程、标准体系等方面，建立海洋数据管控体系。

3.2.1 海洋大数据管理组织

1. 海洋数据管理组织架构

海洋数据资源管理主要采用集中统一管理和逐级管理模式。

（1）集中统一管理。海洋专项调查、大洋科考、极地考察等资料管理采用这种方式。我国近海海洋综合调查与评价专项、全球变化与海气相互作用专项分别制定专项资料管理专法，规定依托专项资料与成果管理机构开展数据资料汇交管理工作；《深海海底区域资源勘探开发资料管理暂行办法》中规定，依托深海资料管理机构开展深海数据资料的汇交管理；《中国极地考察数据管理办法》中规定，依托国家极地数据管理机构和国家海洋数据管理机构开展极地数据的汇交管理。

（2）逐级管理。国内业务化观测、监测数据采用这种方式管理。《海洋观测资料管理办法》（国土资源部令第74号）指出，国务院海洋主管部门负责全国海洋观测资料的管理，国务院海洋主管部门的海区派驻机构负责所辖海区的海洋观测资料的管理；沿海省、自治区、直辖市海洋主管部门负责本行政区域内海洋观测资料管理。

2. 海洋数据管理角色

（1）组织角色。包括海洋行政主管部门、国家海洋资料管理机构、海区及地方数据管理机构等。

（2）个人角色。个人角色从业务或信息技术角度分别定义。一些混合角色，则需要同时掌握系统和业务流程两方面的知识。

主管领导角色：海洋资料管理机构的主要负责领导，主导海洋数据发展战略规划。

业务角色：主要关注海洋大数据治理功能职能，包括海洋数据管理专员、海洋业务流程分析师和海洋业务流程架构师。

信息技术角色：包括不同类型的架构师、不同级别的开发人员、数据管理员等一系列支持性角色，如海洋数据架构师、海洋数据建模师、海洋数据模型管理员、海洋数据库管理员、海洋数据处理专家、海洋数据集成专家、海洋信息产品加工专家、分析报表开发人员、海洋数据安全管理员、海洋数据质量管理员等。

混合角色。同时具备业务和技术知识，根据不同情况确定担任这些角色的人员。包括海洋数据质量分析师、海洋元数据分析师、商业智能（BI）架构师、BI 分析师/管理员等。

3.2.2 海洋大数据标准

1. 对标准体系的需求分析

本小节针对海洋大数据治理的标准化发展现状与实际工作情况，从管理角度、技术角度和互操作角度对海洋大数据治理体系建设中的标准需求进行分析。

1）管理角度

管理角度侧重对海洋信息数据的可靠性、准确性、安全性等方面的要求，从对海洋信息化数据的获取、处理、更新和安全等方面进行需求分析。包括但不限于以下几个方面：①海洋数据获取规范；②海洋数据更新规范；③海洋数据处理规范；④海洋数据服务规范；⑤海洋数据产品规范；⑥海洋数据安全标准。

2）技术角度

技术角度侧重于支撑海洋信息各种业务所需的网络基础设施，主要从构建海洋信息网络基础设施环境对标准的需求等方面进行分析。基于现有的网络技术，对标准的需求包括但不限于以下几个方面：①海洋信息化网络平台规范；②海洋信息化平台用户访问控制规范；③海洋信息化建模方法类标准；④海洋信息化描述语言类标准；⑤海洋信息化规范类标准。

3）互操作角度

互操作角度侧重于海洋信息共享和信息交流。主要从整个海洋行业的业务对标准的需求进行分析。基于海洋业务所涉及的信息，解决海洋信息共享、信息交流等问题，并梳理海洋信息业务流程，需要的标准包括但不限于以下几个方面：①海洋元数据标准；②海洋数据元标准；③海洋数据分类编码标准；④海洋数据交换格式标准；⑤海洋数据接口标准；⑥海洋信息术语标准。

2. 海洋大数据标准体系

海洋大数据标准体系（图 3-1）分为三个层次。第一层次是基础通用标准，即行业通用的相关标准；第二层次是第一层次的下位类，即门类通用标准；第三层次是第二层次的下位类，即组类通用标准。海洋大数据标准体系的门类通用标准分为 5 个方面，分别是技术标准、平台和工具标准、管理标准、安全标准和应用标准。

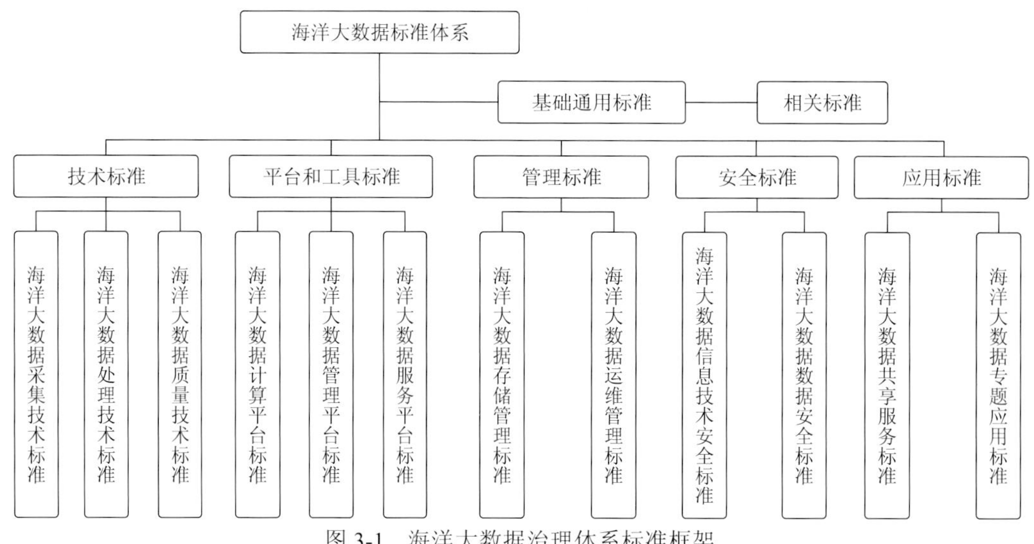

图 3-1　海洋大数据治理体系标准框架

3. 主要的海洋数据标准

1）国家标准

《海洋调查规范》（GB/T 12763）系列规范从 1991 年开始实施，不仅指导海洋调查外业调查，也规定了海洋水文、气象、化学、生物、声学、光学、底质、地球物理、地形地貌等各类海洋调查资料的处理流程、方法等，主要包括如下部分。

（1）《海洋调查规范 第 2 部分：海洋水文观测》（GB/T 12763.2—2007）。

（2）《海洋调查规范 第 3 部分：海洋气象观测》（GB/T 12763.3—2007）。

（3）《海洋调查规范 第 4 部分：海水化学要素调查》（GB/T 12763.4—2007）。

（4）《海洋调查规范 第 5 部分：海洋声、光要素调查》（GB/T 12763.5—2007）。

（5）《海洋调查规范 第 6 部分：海洋生物调查》（GB/T 12763.6—2007）。

（6）《海洋调查规范 第 8 部分：海洋地质地球物理调查》（GB/T 12763.8—2007）。

（7）《海洋调查规范 第 9 部分：海洋生态调查指南》（GB/T 12763.9—2007）。

（8）《海洋调查规范 第 10 部分：海底地形地貌调查》（GB/T 12763.10—2007）。

（9）《海洋调查规范 第 11 部分：海洋工程地质调查》（GB/T 12763.11—2007）。

另外，《海洋监测规范 第 2 部分：数据处理与分析质量控制》（GB 17378.2—2007）、《海洋观测规范 第 6 部分：数据处理与质量控制》（GB/T 14914.6—2021）、《主动源海底地震仪调查技术规范》（GB/T 41520—2022）等国家标准分别对海洋监测数据、观测数据及海底地震仪探测数据的处理进行了规定。

2）行业标准

国内涉及海洋数据处理加工的行业标准主要来源于海洋行业标准、地质行业标准、石油行业标准等。其中，海洋行业标准（HY）如下。

（1）《中国海洋观测站（点）代码》（HY/T 023—2018）。

（2）《海洋大数据标准体系》（HY/T 0332—2022）。

（3）《海洋环境综合数据库分类与编码规范》（HY/T 0328—2022）。

（4）《海洋水文资料整编技术要求》（HY/T 0327—2022）。
（5）《海洋数据分类分级标准》（HY/T 0366—2023）。
（6）《海洋数据管理体系规范》（HY/T 0365—2023）。
（7）《海洋资料共享目录清单格式》（HY/T 0342—2022）。
（8）《海洋环境调查资料分类与编码》（HY/T 0355—2023）。
（9）《海洋环境数据处理与质量控制规范 第 1 部分：海洋水文》（HY/T 0370.1—2023）。
（10）《海洋环境安全保障大数据分类与编码》（HY/T 0367—2023）。
（11）《海洋环境安全保障数据库结构》（HY/T 0369—2023）。
地质调查行业标准（DD）、地质行业标准（DZ）、石油行业标准（SY）如下。
（1）《海洋多波束测量规程》（DD 2012—01）。
（2）《海洋重力测量技术规范》（DZ/T 0356—2020）。
（3）《海洋磁力测量技术规范》（DZ/T 0357—2020）。
（4）《海洋地震测量技术规范 第 1 部分：二维地震测量》（DZ/T 0358.1—2020）。
（5）《海洋地震测量技术规范 第 2 部分：三维地震测量》（DZ/T 0358.2—2020）。
（6）《海洋热流测量技术规程》（DZ/T 0359—2020）。
（7）《海洋地质调查导航定位规程》（DZ/T 0360—2020）。
（8）《海上地震勘探数据处理技术规程》（SY/T 10020—2013）。

4. 技术规程

我国近 20 年来组织开展了多个重大海洋专项，针对专项调查的海域及目标，每个专项都配套推出相关的技术规程。以“我国近海海洋综合调查与评价”专项（908 专项）为例，为了该专项中各项调查项目的需要和保证调查的成果质量，按照学科制定了一套技术规程（包括海洋水文、海洋气象、海洋生物、海洋化学、海洋底质、海洋地球物理、海洋声学、海洋光学、海底地形地貌、海洋基础地理和遥感等），对近海海洋综合调查的范围、内容和技术指标、调查方法、资料处理和图件绘制的有关要求做出了相应的规定。随着“全球变化与海气相互作用”专项的开展，由于调查海区及调查要素的调整，各学科的调查技术规程都进行了更新，还推出了适用于多源资料整合处理的系列海洋资料整编技术规程。

3.3 海洋大数据架构管理域

海洋数据存储管理涵盖数据的组织、存储和检索等关键环节。对海洋数据进行有效的组织和管理，可以实现数据的安全性、一致性和可靠性，从而提高系统的运行效率和稳定性。本节主要介绍海洋大数据架构管理的数据架构、数据存储和数据建模。

3.3.1 数据架构

海洋数据架构对海洋数据管理体系的实现起关键作用。良好的数据架构能够提高数据的存储效率、查询性能和安全性，也有助于降低维护成本，提高数据的一致性和准确性，从而更有效地发挥数据管理体系的作用。

1. 数据架构概述

数据架构也称数据库架构或系统架构，即用于管理和处理数据的框架。数据架构定义如何存储、保护、访问和共享数据，其主要目标是确保数据的质量、一致性、安全性和可用性。在数据架构中需要考虑诸如数据类型、来源、大小、复杂性和用途等因素，这些因素将影响选择哪种类型的数据库系统，以及如何设计数据模型，而一个良好设计的数据架构能够有效提高效率、保护数据安全。

1）数据架构组成

数据架构主要由数据模型、数据存储、数据质量、数据安全、数据治理、数据集成等关键内容组成。

（1）数据模型。数据模型是数据架构的核心，定义数据的结构和关系。数据模型通常包括实体、属性和关系。

（2）数据存储。数据存储方式通常包括关系数据库、非关系数据库、文件系统、云存储等，选择哪种存储方式取决于数据的类型、大小及访问模式。

（3）数据质量。数据架构需要考虑如何保证数据的质量。这将涉及数据的清洗、验证、规范化等步骤。

（4）数据安全。在现代的数据架构中，数据安全是非常重要的一部分。数据安全将涉及数据的加密、访问控制、备份和恢复等方面。

（5）数据治理。数据架构需要一套数据治理策略，以指导数据的收集、存储、使用和共享等活动。数据治理将包括数据的生命周期管理、元数据管理、数据目录管理等内容。

（6）数据集成。数据通常来自多个来源，需要通过数据集成技术将这些数据整合在一起。数据集成将涉及提取-转换-加载（ETL）过程、数据仓库、数据集市等步骤。

2）数据架构设计流程

在数据架构设计时，需要充分考虑业务需求、用户需求和技术实现等方面的平衡，以确保系统的稳定性、可扩展性和易用性。总体上，数据架构设计主要从以下几个步骤开展。

（1）明确目标。需要明确数据架构设计的目标，包括提高数据处理速度、降低存储成本、提高系统性能等方面。

（2）分析需求。主要是了解业务需求和用户需求，包括了解系统的输入、输出、处理过程及与其他系统的交互方式等。深入了解这些需求，能够为数据架构设计提供更有针对性的指导。

（3）数据模型的选取。根据需求分析的结果，选择合适的数据模型对现实世界中的实体、属性和关系进行抽象表示。常见的数据模型有关系型数据库、文档型数据库、键值存储等。合适的数据模型可以提高系统的灵活性和可扩展性。

（4）设计数据存储方案。确定数据模型之后就是设计数据存储方案，包括数据库类型选取、数据表结构确定、索引策略选择等。需要结合业务需求，充分考虑系统的可扩展性，包括选择合适的分布式计算框架（如 Hadoop、Spark 等）、设计数据的分片策略、选择合适的缓存策略等。

（5）数据处理流程设计。在设计数据处理流程时，需要考虑数据的清洗、转换、合并、聚合等操作。

2. 主流数据架构

1）单一数据架构

当今数字化时代，数据已经成为重要资产。构建一个高效、可扩展和可靠的数据架构，从而更好地管理和利用数据，显得至关重要。

（1）关系数据库管理系统（RDBMS）。RDBMS 是一种基于表格结构的数据库，通过建立表之间的关联关系来存储和管理数据，其中最常见的是关系模型，如 MySQL、Oracle 和 Microsoft SQL Server 等。这种架构适用于需要频繁查询和具有复杂关联关系的应用，例如电子商务平台和人力资源管理系统。

（2）NewSQL 数据库。NewSQL 数据库采用分布式架构，将数据分散存储在多个节点上，从而实现水平扩展和负载均衡的能力。这种分布式架构使 NewSQL 数据库能够更好地应对海量数据的存储和处理需求，提高了系统的可用性和性能。

（3）NoSQL 数据库。NoSQL 是一种非关系型的数据库，它不使用传统的表格结构来存储数据，相反，它采用键值对、文档、列族或图形等不同的数据模型。这种架构的优点是具有高可扩展性和灵活性，适用于大规模数据存储和处理的场景，例如社交网络和物联网设备的数据管理。随着数据量的不断增长，单一服务器已经无法满足需求，因此分布式数据架构成了一种趋势。这种架构将数据分散存储在多个独立的服务器上，并通过分布式计算和负载均衡技术来实现高效的数据处理和访问。常见的分布式数据库包括 Hadoop、Cassandra 和 MongoDB 等。

（4）云原生数据架构。云原生数据架构是基于云计算技术的体系结构，它将数据存储和处理作为应用程序的一部分运行在云平台上。这种架构具有高度弹性和可伸缩性，能够根据实际需求自动调整资源分配。常见的云原生数据库包括 Amazon Aurora、Google Cloud Spanner 和 Microsoft Azure Cosmos DB 等。

（5）图数据库。图数据库是一种专门用于存储和管理图数据的数据库，它以节点和边的形式表示实体及其之间的关系。这种架构适用于社交网络、推荐系统和知识图谱等领域，可以高效地进行复杂查询和分析。常见的图数据库包括 Neo4j、OrientDB 和 ArangoDB 等。

以上列举了几种主流数据架构参考，每种架构都有其适用的场景和优势。在选择适合自己业务需求的数据架构时，需要综合考虑数据规模、访问模式和性能要求等因素，并结合实际情况进行权衡。

2）湖仓一体式架构

随着技术的不断发展，新的数据架构也在不断涌现。利用集中式数据存储库和仓库构建的湖仓一体式架构，已成为应对复杂数据分析应用场景的一种有效方式。

（1）数据湖。数据湖是一个集中式的数据存储库，用于存储各种类型的原始数据。与传统的关系型数据库不同，数据湖不关心数据的格式和结构，而是将所有数据视为无结构化的“水”，并允许以任意形式存储和访问这些数据。通过这种方式，数据湖能够提供更高的灵活性和可扩展性，使数据分析和挖掘更加便捷。数据湖通常使用分布式文件系统（HDFS）作为底层存储引擎。HDFS 是 Hadoop 体系中数据存储管理的基础，它是一个高度容错的系统，能检测和应对硬件故障，可在低成本的通用硬件上运行。HDFS 简化了文件的一致性模型，通过流式数据访问，提供高吞吐量应用程序数据访问功能，适合带有大型数据集的应用程序。HDFS 提供了一次写入多次读取的机制，数据以块的形式同时分布在集群不同物理机器上。

（2）数据仓库。数据仓库是面向主题的、经过整理和聚合的数据集合，注重数据的分析和决策支持能力，通常包含预先定义好的数据模型和维度表，以便用户能够方便地进行多维分析和报表生成。与传统数据库面向应用进行数据组织的特点相对应，数据仓库中的数据是面向主题进行组织的。HIVE 就是一种常用的数据仓库。HIVE 定义了一种类似 SQL 的查询语言（HQL），将 SQL 转化为 MapReduce 任务在 Hadoop 上执行，用于运行存储在 Hadoop 上的查询语句。HIVE 可以帮助不熟悉 MapReduce 的开发人员编写数据查询语句，这些语句将被翻译为 Hadoop 上面的 MapReduce 任务。

（3）数据处理引擎。数据处理引擎是湖仓一体式架构的核心组件之一，负责对存储在数据湖中的数据进行清洗、转换、加工，以满足后续分析的需求。数据处理引擎通常采用分布式计算框架，如 Apache Spark 或 Hadoop MapReduce，以实现高效的数据处理能力。

（4）元数据管理。元数据是描述数据的数据，它在湖仓一体式架构中起到至关重要的作用。元数据管理包括数据的分类、标签、质量评估等信息的管理和维护，以确保数据的一致性、准确性和可用性。元数据管理还可以帮助用户更好地理解数据的结构和含义，从而进行更加深入的数据分析和应用开发。

3.3.2 数据存储

1. 数据文件系统

在海洋数据存储管理中，海洋数据文件系统是至关重要的组成部分。海洋数据文件系统将数据组织成文件和目录的结构，以便用户和应用程序能够方便地访问和管理数据。海洋数据文件系统通常使用层次结构来表示数据的组织结构，还能够支持不同的访问权限和操作，以确保数据的安全性和完整性。

海洋数据文件系统由一系列文件、目录结构和基本操作组成。一个良好的文件系统能够有效地组织和存储各种类型的数据，并支持用户对数据的访问和操作，通过合理设计和管理这些组成要素，可以实现高效、安全和可靠的数据存储和访问。

1）文件标识符

海洋数据文件系统由一系列文件组成，每个文件都有一个唯一的文件标识符，用于唯一地标识该文件，文件的内容可以是文本、图像、音频、视频等不同类型的数据。文件通常以特定的格式进行存储，例如文本文件通常使用纯文本格式，而图像和音频文件则采用特定的图像或音频编码格式。

文件标识符由一个唯一的数字或字母组合组成，用于识别和定位存储在硬盘或其他存储介质上的一个或多个文件。文件标识符通常由操作系统和文件系统共同管理，以确保文件的完整性、安全性和可靠性。通过文件标识符，用户可以轻松地在不同的目录和文件夹之间导航，从而帮助用户和程序找到并访问特定的文件。

此外，文件标识符还为文件的命名提供了方便，用户可以使用独特的文件标识符来区分不同的文件，从而避免重名文件之间的混淆。在计算机中，文件标识符通常以八进制（0～7）表示，这样可以确保其长度足够长，以便在有限的字符集内表示大量的文件。为了提高可读性，文件标识符通常会被转换为十六进制（0～9，a～f）或者大写字母（A～Z）。文件系统会为每个新创建的文件分配一个唯一的文件标识符。这个标识符可以是连续的，也可以是不连续的。连续的文件标识符通常用于顺序访问文件，而不连续的文件标识符则可以用于处理大型数据库等需要高效查找的场景。

2）目录结构

目录是一个层次结构的命名空间，用于组织和管理文件系统中的文件和文件夹。每个目录都包含一组相关的文件和文件夹，通过逐级嵌套的方式构建整个文件系统的层次结构。用户可以通过浏览目录来定位和访问特定的文件或文件夹。

文件系统还需要提供一些基本的操作和管理功能。例如，用户可以创建新的文件和文件夹，重命名已有的文件和文件夹，删除不再需要的文件和文件夹等。此外，文件系统还应该支持权限管理，确保不同用户只能访问其有权限的文件和文件夹。

除以上基本组成要素外，文件系统还可能具备其他高级特性。例如：一些文件系统支持快照功能，可以方便地备份和还原文件系统的特定状态；一些文件系统支持分布式存储，可以将数据分散到多个物理位置以提高可靠性和性能；还有一些文件系统支持容错机制，能够在硬件故障或其他异常情况下保证数据的完整性和可用性。

2. 数据库管理系统

数据库管理系统（DBMS）是一种专门用于存储和管理结构化数据的软件，它提供一种高效、安全和可靠的方法来存储、检索和维护数据。数据库管理系统通常包括一个数据库引擎和一个或多个客户端工具，如查询处理器、报表生成器和图形用户界面等。通过使用数据库管理系统，用户可以方便地创建、修改和删除数据库中的数据，以及执行各种查询和分析任务。

数据库管理系统的主要功能包括数据定义、数据操纵、数据控制和数据备份。

（1）数据定义。数据定义是创建、修改和删除数据库中的数据结构的过程，它涉及定义表、视图、索引等数据库对象。数据库管理系统通过提供相应数据语言来定义数据库结构，从而刻画出数据库框架。数据定义通常保存在数据字典中。

（2）数据操纵。数据库管理系统提供数据操纵语言（DML），实现对数据库中的数据进行查询、插入、更新和删除等基本存取操作。在数据库管理系统中，数据的组织和管理通过表格的形式进行。每个表格代表一个特定的数据集合，由行和列组成。每行表示一个记录，每列表示该记录中的一个字段。通过表格的组织方式，可以方便地对数据进行分类、排序和过滤等操作。数据操纵语言是对数据库其中的对象和数据运行访问工作的编程语句，通常是数据库专用编程语言中的一个子集。

（3）数据控制。为确保数据操作的正确有效，数据库管理系统通过数据控制功能，围绕数据的安全性保护和完整性检查，以及多个用户同时访问同一数据时的并发控制等方面，对数据库运行进行有效的控制和管理。此外，数据库管理系统还支持事务处理机制，确保数据的一致性和可靠性。事务是一系列关联的操作序列，要么全部成功执行，要么全部回滚到初始状态。这种机制对于需要保证数据的完整性和一致性的应用程序非常重要。

（4）数据备份。数据库备份是定期将数据从一个位置复制到另一个位置，以防止数据丢失或损坏。数据的备份策略是数据备份的一个关键部分，备份策略通常包括全备份、增量备份和差异备份等多种类型。全备份是将整个数据集复制到另一个存储设备的过程；增量备份是在上一次备份的基础上仅复制自上次备份以来发生更改的数据；差异备份则是将自上次全备份以来发生变化的数据进行复制。通过实施合适的备份策略，可以确保在数据丢失或损坏的情况下能够迅速恢复。恢复计划是数据备份的另一个关键部分。它是在数据丢失或损坏时采取的一系列步骤，以尽可能地恢复数据并最小化业务中断时间。恢复计划通常包括确定开始恢复时间、识别和修复受损的数据及验证恢复后数据的完整性等。通过制定详细的恢复计划并进行定期演练，可以确保在面临数据丢失或损坏的风险时能够迅速有效地应对。

除了基本的数据库管理功能，现代的数据库管理系统还提供许多高级特性和扩展功能，以满足不同应用场景的需求。例如：分布式数据库管理系统可以将数据分布在多个服务器上，提高系统的可用性和性能；关系型数据库管理系统则适用于结构化的数据存储需求；文档型数据库管理系统则适用于处理半结构化和非结构化的数据。

3.3.3 数据建模

数据建模是数据分析和理解的基础，它是创建数学模型以描述和预测现实世界中的复杂现象。本小节简要介绍数据建模的基本内容、原则和流程。

1. 数据建模

数据建模是一种在数据库设计中使用的方法，它是对现实世界中的事物或过程进行抽象和模拟。这种方法通常包括创建实体、属性和关系模型，以便存储和检索数据。数据建模的主要目的是确保数据的一致性、完整性和安全性，同时也要考虑数据的可扩展性和性能。数据模型是渐进式的。业务或应用程序不存在最终数据模型。相反，数据模型应该被视为活文档，它会随着业务的变化而变化。理想情况下，数据模型应该存储在存储库中，以便随着时间的推移可以进行检索、扩展和编辑。数据建模包括战略数据建模和系统分析期间的数据建模两种类型。

1）战略数据建模

战略数据建模是一种复杂但至关重要的过程，它对大量数据进行深度分析和处理，以便为该领域或组织提供有价值的见解和策略建议。这个过程通常包括收集、清洗、整合和分析各种类型的数据。在海洋领域，战略数据建模是通过对海洋相关数据进行收集、整理和分析，从而建立相应的模型来支持决策制定和战略规划的过程。这种建模方法可以帮助决策者更好地了解海洋领域的态势、趋势和潜在风险，从而为海洋管理和发展提供科学依据和指导。战略数据建模在海洋领域具有广泛的应用价值。

（1）帮助政府和相关部门制定更加科学合理的海洋政策和规划。通过收集和分析大量的海洋数据，可以揭示海洋资源分布、生态系统变化、气候变化等关键信息，为决策者提供全面准确的参考，有助于优化资源配置、保护生态环境和实现可持续发展目标。

（2）帮助企业和科研机构开展海洋科研和技术开发工作。海洋领域涉及的研究领域广泛，包括气候变化、海洋生物多样性、海洋能源开发等。通过建立合适的模型，可以模拟和预测海洋环境变化的影响，为科研工作者提供有力的研究工具和方法，推动科技创新和技术转化。

（3）提高海洋管理和应急响应能力。面对日益复杂的海洋环境和安全挑战，准确及时地获取和分析相关信息对有效应对突发事件至关重要。通过建立高效的数据模型，可以实现对海洋灾害预警、海难救援等方面的快速响应和决策支持，提高应急响应的效率和准确性。

2）系统分析期间的数据建模

系统分析期间的数据建模是一个重要的过程，它将系统的输入、输出和内部过程转化为数学模型或计算机模拟。这个过程需要对系统的各个组成部分进行深入的理解和研究，以便能够准确地描述它们的行为和交互。在系统分析期间，数据建模的目标是创建一个可以反映系统真实行为的数字模型。这个模型应该包括所有必要的参数，如输入变量、输出变量、状态变量等，以及它们之间的关系。此外，模型还应该考虑可能的不确定性和误差，以确保模型的准确性和可靠性。在海洋领域，系统分析期间的数据建模同样是一项至关重要的任务，它将现实世界的海洋现象和过程转化为计算机可处理的数据模型，以便进行深入的研究和分析。海洋领域的系统分析期间的数据建模通常包括以下几个步骤。

（1）收集与海洋领域相关的数据源，如气象观测数据、海洋生物调查数据、海底地形图等。这些数据可以提供关于海洋环境的各种信息，如温度、盐度、流速、物种分布等。

（2）对收集的数据进行预处理和清洗，以去除噪声和异常值，并进行数据规范化和标准化，以确保数据的一致性和可比性。这一步对后续的数据建模和分析非常重要，因为准确的数据是建立有效模型的基础。

（3）根据研究的目标和问题，选择合适的数学模型或机器学习算法来描述和预测海洋系统的行为。例如，可以使用统计模型来描述气象变量之间的关系，或者使用神经网络模型来识别海底地形中的特定特征等。

（4）在建立数据模型后，需要对其进行验证和评估。这可以通过与实际观测数据进行比较或使用交叉验证等技术来完成。如果模型的预测结果与观测数据存在较大差异，可能需要重新调整模型参数或选择更合适的模型。

（5）将建立的模型应用于实际问题中，如预测海洋气候变化的影响、优化渔业资源管理、规划海底电缆线路等。数据分析和模型预测可以为决策者提供科学依据，帮助解决海洋领域的各种问题。

总的来说，系统分析期间的数据建模是一个复杂而关键的环节。只有通过准确、可靠的数据建模，才能深入准确地刻画某个海洋场景的运作机制，进一步为海洋数据的高效应用提供有效的技术支持。

2. 数据建模原则

数据建模原则，是指在进行数据分析和处理时，需要遵循的一系列基本规则。这些规则旨在确保数据的完整性、准确性和一致性，以便更好地支持决策和业务需求。以下是一些常见的数据建模原则。

（1）数据独立性原则：数据建模过程中应尽量保持数据的独立性，避免将其他因素或变量混入数据模型中，影响数据的客观性和准确性。

（2）数据完整性原则：在进行数据建模时，应确保数据的完整性，即所有必要的信息都应包含在数据模型中，这包括对缺失值、异常值和不完整记录的处理。

（3）数据一致性原则：数据建模应遵循一致性原则，即在整个数据处理过程中应保持数据的一致性，避免在不同阶段或不同来源的数据之间产生矛盾和冲突。

（4）数据可扩展性原则：数据建模应具有可扩展性，以便在业务需求变化时能够灵活调整和扩展数据模型，以满足不断变化的需求。

（5）数据安全性原则：在进行数据建模时，应充分考虑数据的安全性，采取适当的加密、备份和权限控制措施，以防止数据泄露和未经授权的访问。

（6）数据可用性原则：数据建模应关注数据的可用性，确保用户能够方便地访问和使用数据，提高数据处理的效率和价值。

（7）数据一致性和完整性原则：在进行数据建模时，应同时考虑数据的一致性和完整性，这意味着在处理数据时，要确保数据的一致性和完整性得到充分保证，避免因处理不当导致的数据不一致和不完整问题。

（8）数据质量原则：数据建模时应关注数据的质量，确保数据的准确性、可靠性和一致性，这包括对数据的清洗、验证和转换等处理，以提高数据的质量和价值。

（9）数据可视化原则：在进行数据建模时，应充分利用数据可视化技术，将复杂的数据以直观、易理解的方式呈现给用户，帮助用户更好地理解和分析数据。

（10）数据模型的可维护性原则：在进行数据建模时，应考虑数据的可维护性，这将使在未来需要对数据模型进行调整或更新时，能够更加简便、高效地进行维护。

3. 数据建模方法

数据建模方法是一种在数据库设计过程中使用的技术，它涉及创建、维护和更新数据的结构和关系。这种方法的主要目标是确保数据的完整性、一致性和安全性，同时提高数据的可用性和可维护性。数据建模方法的选择取决于许多因素，包括项目的复杂性、预期的数据量、可用的硬件资源、业务需求等。常见的数据建模方法包括实体-关系模型（ERM）、层次模型、网络模型、对象模型等。虽然创建数据模型的方法有很多，但根据 LenSilverston（1997）的说法，有两种建模方法脱颖而出，分别是自上而下和自下而上建模方法。自下而上模型（如视图集成模型）通常是重新设计工作的结果。它们通常从现有的数据结构表单、应用程序屏幕上的字段或报告开始。从企业的角度来看，这些模型通常是物理的、特定于应用程序的、不完整的。自上而下模型主要是通过了解主题领域相关信息，以抽象方式创建的。总体上，数据建模方法通常包括以下几个步骤。

（1）需求分析：需要理解和定义业务需求，明确数据模型的目标和功能。这个步骤需要与业务用户和其他利益相关者进行讨论和协商。

（2）概念数据模型：根据需求分析的结果创建一个初步的数据模型。这个模型通常是一个概念性的模型，只包含数据的逻辑结构，而不涉及具体的数据库技术。

（3）逻辑数据模型：将概念数据模型转换为逻辑数据模型。这个过程可能需要使用一些数据库设计工具，如 ER/Studio、PowerDesigner 等。

（4）物理数据模型：将逻辑数据模型转换为物理数据模型，即实际的数据库模式。这个过程通常涉及选择数据库管理系统（DBMS）、确定表结构、索引策略等内容。

3.4 海洋大数据集成管理域

3.4.1 数据集成概述

数据集成，就是把若干个分散的数据源中的数据在逻辑层面或物理层面集成到统一的数据集合中。具体来说，就是将不同来源、格式、性质的数据在逻辑层面或物理层面上有机地集成，通过一种一致的、精确的、可用的表示法，整合描述统一现实实体的不同数据，进而提供全面的数据共享，并经过数据分析、挖掘，产生有价值的信息。

数据集成的核心任务是要将相互关联的分布式异构数据源整合到一起，使用户能够以透明的方式访问这些数据源。整合是指维护数据源整体上的一致性、提高信息共享利用效率；透明的方式是指用户可以通过统一的方式完成对异构数据源的访问，而无须关心具体的底层实现。

数据集成通常可以分为传统数据集成和跨界数据集成（图 3-2）。传统数据集成通过模式匹配、数据映射、冗余检测、数据合并等技术，通过统一模式将多个数据源集成起来。跨界数据集成是面向需求的数据集成，用不同的方法从每个数据集中提取信息，然后把从不同数据集提取的知识有机融合到一起，从而感知这一区域的有效信息。

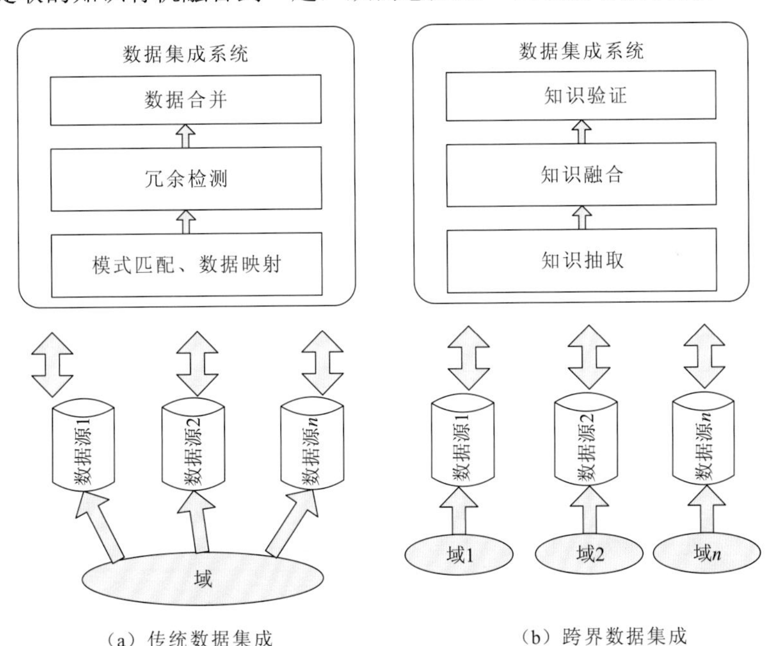

（a）传统数据集成　　（b）跨界数据集成

图 3-2　传统数据集成和跨界数据集成

海洋数据集成的主要活动包括海洋数据标准处理、海洋数据产品加工和海洋大数据综合集成等。

3.4.2 海洋数据标准处理

海洋调查观测方式多样，海洋数据来源广泛，数据要素繁多，数据采集者包括政府组织、研究机构和私营公司等。各种观测传感器安装在调查船、飞机、锚泊设备、漂流浮标、水下滑翔机、岸基站和卫星等平台上。这些传感器获取海洋化学、海洋地质学、物理海洋学、海洋生物学等原始数据，并且还能通过对水样和沉积物的分析得到进一步的数据。以上这些特点决定了海洋数据处理是一个复杂而烦琐的工作，同时海洋数据的处理非常重要，作为上游观测和下游应用的一个中间环节，数据处理工作直接影响整个数据生产服务链条的成效。

近年来，随着海洋科学技术的发展，海洋数据分析处理工作出现了新的形势，这对分析处理技术提出了更高的要求，主要体现在以下 4 个方面。

（1）海洋观测设备和手段正经历革命性变化。以海洋水体观测为例，从早期的海洋浅层区域的散点式观测，发展到现在的空天地海全方位一体化网络化观测，从早期的手持式仪器固定站点直接观测，发展到现在的遥感、浮标、水下滑翔机移动式间接观测，海洋观测仪器和手段正发生日新月异的变化（陈鹰，2019）。

（2）数据量爆炸式增长。随着海洋观测精度的不断提高、时间间隔的迅速缩短，以及海洋观测网络节点的迅速增长，海洋数据量已达到 PB 量级且呈爆炸式增长，海洋数据已经进入大数据时代，众多海洋国家或机构建立了海洋数据库或平台开展数据的管理和共享发布，数据全球化趋势日益显现。

（3）计算机技术飞速发展为海洋数据处理提供新的思路和技术。随着计算机性能大幅提升和人工智能技术的高速发展，海洋数据处理有了新的途径和手段，一些传统处理技术效率也得到了大幅提升。

（4）多学科交叉综合性分析的需求不断提升，给海洋数据处理带来了新的机遇和挑战。随着海洋科学发展、海洋开发规模日益扩大和社会需求不断提高，单一学科或要素的分析已经无法满足科研需求和经济社会需要，这对海洋资料处理技术提升提出了更迫切和更广泛的要求（陈上及，1991）。

海洋调查现场和卫星海洋环境观测系统在多个空间维度（大气、水体、生物种群、海底）获取的数据被标准化处理后制作成方便直接使用的数据集，这些数据集进一步分析处理成增值产品，包括地图、气候异常及其他统计产品，从而能够获取人类关切的信息，例如台风、风暴潮和赤潮数据等，最终用于各种领域，包括海域海岛管理、生态保护、海洋空间规划、渔业、航运和旅游业。另外，海洋预报系统运行过程中，多来源、多平台和传感器的数据也会实时纳入再分析和预测模型，用来提供初始场和订正数据。以上这些应用都需要将传感器原始数据进行处理，形成标准化文件后方可使用。事实上，采用通用的处理标准有利于数据使用、交换和共享，具有更大的可操作性。

1. 数据格式

数据标准处理需依据一定的格式。依据计算机编码的不同，可分为 ASCII 码格式和二进制格式。

（1）ASCII 码格式：是一种明码格式，最为通用，一般包含元数据信息，通常用于剖面观测，时间序列和轨迹数据。

（2）二进制格式：采用二进制编码形成的文件无法直接打开。优点是占用空间小，适用于大数据量网格化数据存储，一般数值模式结果和再分析数据都采用这种格式。例如 ECMWF 采用的 grib 和 grib2 格式就是世界气象组织（WMO）开发的用于存储数值天气预报的格式。

NetCDF 格式是一种特殊的二进制格式。由美国大学大气研究协会开发，是一种面向数组型并适于网络共享的数据描述和编码标准，独立于机器的数据格式，支持创建、访问和共享阵列中的科学数据。具有以下特点：①自描述性。包含有关数据和元数据信息。②便携式。通过以不同的方式存储整数、字符和浮点数，计算机可以访问 NetCDF 文件。③可扩展。可以通过 NetCDF 接口高效地访问各种格式的数据集，甚至可以从远程服务器访问。④可追加性。可以将数据附加到结构正确的 NetCDF 文件中，而无须复制数据集或重新定义其结构。⑤可共享。多用户可以同时访问同一个 NetCDF 文件。⑥通用性。当前和未来版本的软件将支持对所有早期形式的 NetCDF 数据的访问。

2. 通用流程

海洋数据的标准化处理一般是根据各类数据的标准化应用记录格式和相关的代码规则、基准要求，对经过预处理生成的资料进行标准数据格式转换、代码转换、基准转换、量纲统一、派生要素计算、标准层内插计算和记录格式转换等，形成文件名称规范、数据文件结构统一的标准数据文件。

1）格式转换

格式转换实现现有格式到标准数据文件格式的结构转换。主要包括：数据文件名称、各数据项的含义、计量单位、记录位置、记录所占字节长度及数据精度的标准化。经格式转换后的标准数据文件记录采用规定的格式记录，其中文本格式一般以按照输入输出格式特征编制的特定程序进行格式转换，矢量数据通过主流地理信息软件实现格式转换。在不同数据格式之间进行数据转换时，容易出现数据精度改变、文件信息丢失等问题，如数据空间参考信息或者属性信息丢失，或由转换前后规定的小数点后位数不一致导致的数据精度改变等问题。在实际转换中应保证格式转换前后数据承载的资料信息完全一致。同时，经格式转换后的标准数据，其数据文件名称、数据文件结构应规范、统一。

2）代码转换

海洋数据的代码转换包括对国家、密级、调查平台、资料类型、时区、文件编码等文件中出现的代码进行统一的转换，代码统一是数据标准化的第一步，代码转换的内容包括国家代码、密级代码、项目代码、调查机构代码、航次代码、平台类型代码、仪器代码、环境单位代码、导航定位方法代码、海况等级代码、分析方法代码、取样器代码等通用性代码，以及云量、云类、天气现象、海冰冰型、冰山等级、生物类别、底质颜色、测深基准面、重力参考系统、地磁参考场、沉积物与岩石矿物鉴定方法等专业代码。代码统一对数据标准化是至关重要的，使用相同的代码，既可以保证语义的一致性，又可以保证数据的快速查询检索，对数据的交换、共享、应用具有重要的意义。

3）基准转换

基准转换是指将海洋数据所采用的空间控制基准和垂直控制基准进行统一转换，具体包括空间坐标系、高程基准、深度基准等，统一的空间坐标框架是海洋数据组织与管理、信息共享和流通、信息服务与应用的基础，是数据标准化、整合、集成的关键步骤。

4）量纲统一

量纲表达各种物理量的基本属性，为提升数据的标准化程度，需对不同格式的海洋数据进行同一数据项的计量单位统一。海洋数据中通用的量纲包括温度、盐度、日期、时间、经纬度、长度（深度）、光强度等。例如日期，有的数据会采用儒略历，有的数据会采用年月日的表达形式，需要在标准化处理过程中进行日期表达形式的统一。经纬度的单位通常存在较多差异，需要在标准化处理中进行统一转换，同时应注意在转换过程中小数位的保留，以保证精度不发生人为的降低或提升。除通用量纲外，具体学科要素中也存在需要用量纲表达的数据项，在量纲转换过程中也应进行统一。

3.4.3 海洋数据产品加工

海洋观测数据及产品在支撑科技创新、跨学科融合发展和应对气候变化等方面具有重要作用，观测数据产品质量、时空覆盖范围和开放共享程度是影响数据及产品应用范围、了解海洋环境系统性变化、刷新海洋认知的关键性因素。作为评估气候变化相关科学的国际机构，联合国政府间气候变化专门委员会（IPCC）于 2014 年发布的评估报告（IPCC AR5）中用于评估海洋变化的海洋环境观测数据产品大多来自国外，我国贡献较少，这反映出我国海洋观测数据产品在应用层面存在局限性的问题。因此，充分掌握海洋科技强国研制发布的海洋环境观测数据产品的应用情况，深层挖掘其数据特点、关键技术和开放共享模式，从而为扩大我国海洋观测数据产品的应用提供参考和借鉴，具有科学和现实意义（孙苗 等，2022）。

1. 海洋环境数据产品

目前全球变化研究需要长时序、大尺度的海洋环境数据产品或数值模拟产品，如全球简单海洋资料同化分析（SODA）系统在同化分析过程使用的温盐数据大部分来自世界海洋数据库（WOD）、全球 Argo 的观测数据、海洋大气综合数据集（COADS）及海面高度异常（SLA）的观测数据等。欧洲中期天气预报中心（ECMWF）的全球海洋再分析数据（ERA）的同化方案中融合了 WOD 数据，全球温盐剖面计划（GTSPP）数据，Argo 观测资料，法国卫星海洋存储、验证、解译（AVISO）资料等。这些发展比较成熟、应用比较广泛的海洋环境观测数据产品普遍具有积累时间长、质控技术先进、更新频率稳定及开放共享程度高等特点，且均由国外少数几个海洋科技强国研制提供。我国在海洋环境观测数据产品研制及应用方面总体处于追赶阶段。

1）美国国家环境信息中心世界海洋数据库

在海洋数据管理领域，随着标准的制定、服务和专用基础设施的建立，海洋数据和产品制作取得了长足的进步。1961 年，联合国教科文组织政府间海洋学委员会（IOC）建立了国际海洋数据及信息交换（IODE）委员会，旨在加强海洋研究并满足用户对数据和数据产品的需求，许多数据产品应运而生，美国国家环境信息中心世界海洋数据库（WOD）就是其中最为重要的一项，它由美国国家环境信息中心（NCEI）制作，收集了多种传感器和平台的海洋水体的观测数据。

作为经过科学质量控制的海洋剖面和海洋生物观测数据集，WOD 由 IODE 委员会资助。该数据集主要来源于近 350 个全球或区域海洋观测资料收集计划，主要数据包括全球海洋学数据抢救计划、全球海洋数据库计划、国际 Argo 计划、世界海洋数据库计划、全球温盐剖面计划、世界海洋环流实验、全球海洋通量联合研究、海洋边界实验等项目观测数据，包含由大面观测站、温盐深测量仪（CTD）、机械式温深仪（MBT）、投弃式温深仪（XBT）等 11 种海洋观测仪器获取的温盐、氧气、pH、二氧化碳含量等 20 多种参数数据。

数据更新方面，WOD 数据集具有稳定的更新频率，按季度在线发布、更新收集的新数据，每 4 年发布经详细排重和质量控制的数据光盘。2018 年 9 月 WOD 发布了 WOD18 数据集，目前该数据集包括超过 1570 万个测量站点及 35.6 亿条剖面测量数据。WOD18 数据集计算了 137 个标准深度上的数据，比 WOD13 数据集多了 97 个标准深度。通过对比可以发现，WOD 数据集在不断完善和提升观测仪器的数量和数据总量。

质量控制方面，WOD 数据集具有严格的质量控制流程，WOD18 数据集中每一个数值和每一个观测断面都有相应的质量控制标识与之对应，用于标识数据是否存在问题、是否可用、是否具有代表性等信息。WOD 对不同海洋要素的质量控制级别不同，用于计算气候态平均的要素（如温度、盐度等）的质量控制级别最高，仅自动化质量控制检测阶段就包括针对 31 个海洋区域 102 个标准级别的监测。

数据开放共享和应用技术方面，WOD 由美国国家环境信息中心（NCEI）公开发布，并提供 ASCII、NetCDF 等多种格式。为了进一步方便用户使用，WOD 研发了数据格式转换和世界海洋数据库检索系统（WODselect）等工具集，通过用户指定搜索条件查询检索，对数据资源进行抽取，并在 NCEI 的网站上提供文件传输协议（FTP）供用户下载使用，实现 ASCII 到多种数据格式的转化。此外，WOD 采用数字对象标识符（DOI）对数据集中每个站点的仪器、研究人员、研究机构、项目和数据管理员等内容进行详细标识，在保障数据版权的同时方便数据引用。WOD 数据集具有时空覆盖度高、数据质量控制过程可靠、开放共享应用技术成熟等特点，其发布机构 NCEI 通过建立完整的业务化海洋环境观测数据更新机制和统一的海洋数据资源开放共享的国家级平台，保障数据的稳定性和权威性，为研究人员节省了大量数据收集、整合处理的时间。WOD 数据集多年来被广泛应用于海洋温盐、海洋生物、海洋化学和海气相互作用等领域的研究。

2）国际海洋大气综合数据集

国际海洋大气综合数据集（ICOADS）是现存完整的、综合性的海表面气候观测资料，数据最早可追溯至 1662 年。1981 年，作为 ICOADS 的前身，COADS 项目由美国国家海洋和大气局（NOAA）和美国国家大气研究中心（NCAR）共同合作执行，2002 年更名为 ICOADS。

ICOADS 的数据分为两类：一类是观测数据，包括船、浮标和其他观测平台的数据，数据要素种类齐全；另一类是 2°（1800 年至今）和 1°（1960 年至今）分辨率的月统计格网化数据，也是目前使用比较广泛的数据。

ICOADS3.0 版涵盖 1662～2014 年的数据，并更新了 2014 年至今的月度数据和产品，包括气温、云类、湿度、盐度、海平面压力、海面温度、海表面风、风浪等数据。随着数百年来测量技术和观测仪器设备的不断更新，ICOADS 汇集了不同观测系统的观测结果，并经过严格的质量控制，发布了多个版本数据集，满足不同用户对数据时空范围、分辨率的要求。每个版本的发布都附有详细的数据分析报告，报告包含质量控制评估、数据去重情况、各版本数据对比、每个数据要素采样和处理情况、唯一数据标识情况等信息，为用户深入了解该版本数据提供深入的技术支撑。此外，ICOADS 还进行了大量的数据修复工作，通过对航行记录的数字化，不断发掘原始数据中的新信息，更新提高数据集的时空覆盖度和数据产品质量。

ICOADS 通过广泛的合作、严谨的数据管理发布技术流程和遵照原始资料修复数据集的方法，保证了其资料的科学性和完整性。通过多渠道、多平台的开放共享和宣传推广，为数据集在多学科领域应用提供了有效手段。

3）全球温盐剖面计划

全球温盐剖面计划（GTSPP）由 IODE 委员会和政府间海洋学委员会-世界气象组织（IOC-WMO）的综合全球海洋服务系统（IGOSS）技术委员会共同发起，项目于 1989 年正式启动，目的是研发一个端对端的海洋温盐数据管理系统，建立一个海洋数据管理系统的典型范式。

组织机构管理方面，为了进一步提高数据的科学性和可用性，GTSPP 当时的数据管理机构—美国国家海洋数据中心（NODC）与斯克里普斯海洋研究所通力合作，建立了联合环境数据分析中心项目。该项目的实施，一方面提高了 NODC 所持有数据的质量，确保分发给其他数据中心或区域数据中心后的数据的可使用性，另一方面，帮助 NODC 产出了一大批有用的数据产品。GTSPP 正是沿用了这种科学家团队与数据中心合作的模式：科学家团队在数据采集和专业上提供技术支持，数据中心则负责业务化处理、保存和分发数据，才使 GTSPP 的数据产品具有高质量数据和完整的文档记录。

质量控制方法方面，首先是质量控制标签，GTSPP 采用两种质量控制标签：第一种对每一个剖面赋予一个编码，用于说明数据经过了哪些测试检验；第二种用于说明数据的质量，通常用置信度表示。质量控制标签的使用解决了来自不同数据管理机构版本不统一、质量控制程序不一致的问题。其次是质量控制检验，主要包括格式和逻辑检查过程、数据冗余检验、科学评估等阶段。GTSPP 数据冗余检验的标准采用的是热带海洋全球大气计划（TOGA）次表面数据中心的相关研究经验，如每 15 min 或每 5 km 范围内只采样一个站。科学评估阶段需要有观测数据采集过程和要素特点的先验知识，大致分为 5 个阶段：①剖面的采样 ID、位置和时间一致性检验；②剖面数据内部的一致性检验，如逆温现象；③气候态检验；④剖面一致性检验；⑤目视检查等相关内容。

数据管理方面，GTSPP 拥有持续更新管理的数据库（CMD），面向用户提供及时更新的数据和方便使用的数据格式，持续更新管理的数据库中还存储了完备的质量控制标签、元数据信息，使用户免去数据管理中的复杂过程，提高数据的复用性。为加强对数据处理流程的监控，GTSPP 分别通过 WMO 的全球通信系统和 IODE 委员会的数据管理系统实时、延时接收温盐数据并进行处理，同时增加了数据流程管理功能，定期公开数据更新情况，确保世界范围内各数据中心的数据集能最大限度地跟进更新进度。GTSPP 重视用户对数据的报错，建立了完善的数据反馈机制，及时向仪器操作人员反馈问题，这有利于及时发现和调整由仪器故障或人为操作导致的数据错误。

4）全球 Argo 数据

Argo 是首个全球大洋次表层观测阵列计划，由美国、法国等国家的海洋学家于 1998 年发起。该计划通过布放自潜式 Argo 剖面浮标，组成一个实时和高分辨率的全球海洋观测网，并借助卫星定位和通信系统，实时、准确、大范围地获取全球海洋内部的海水温度、盐度剖面资料。Argo 计划由 34 个国家共同参与，各国负责自己国家的经费设置与仪器布放、数据处理及分发工作，每天约收集400条观测资料。

团队建设方面，NOAA积极倡导、鼓励欧洲、南美洲、亚洲国家和澳大利亚参与到Argo国际合作中，在1999年3月召开了国际Argo科学团队（现改名为Argo指导小组）第一次会议，并筹划Argo计划的具体实施方案，决定将Argo数据无限制地向全球免费公开共享。这一政策的制定决定了Argo计划后续在国际范围内的广泛应用和专业肯定。

仪器设备研制技术方面，Argo计划不断更新迭代，提高传感器的稳定性，由最初0～2000 m深度的海洋测量温度、盐度浮标，不断扩展至测量6000 m深度温盐属性的浮标，再到目前的测量海洋生物、地球化学属性信息的浮标，Argo计划不断走向深海大洋，测量参数也从单一的温盐要素向温度、盐度、压力、氧气、pH、硝酸盐、叶绿素、辐照度等多要素扩展。

浮标使用寿命和恶劣环境耐受程度方面，Argo团队也不断改善技术，提高数据质量和覆盖范围。通过改进电池性能，将浮标的设计寿命由20世纪初的3～5年延长到2019年的接近7年；采用铱星通信，缩短通信时间，节省能量，提高Argo数据的垂向采集精度，通过改进浮标的冰感知测量算法，降低在极地无冰期海水测量中的浮标死亡率。

数据管理处理和开放共享方面，90%以上的剖面数据可以通过GTS和互联网在24 h内更新获得。美国数据汇集中心处理了全球Argo一半以上的数据，主导制定了数据处理指南和实时质量控制程序，并对国际合作参与成员进行培训。目前，作为Argo资料的共享发布机构之一，美国国家环境信息中心（NCEI）于2018年6月重新上线了全球Argo数据仓库，采用专题实时环境分布式数据服务技术支撑Argo数据、信息和服务的查询和共享，研发了可视化工具以推动科学研究的新发现。

数据应用方面，作为非常丰富的全球海洋内部资料来源，Argo数据对人们了解海洋生物/化学性质，掌握全球气候变化影响下的海洋季节、年际和年代际尺度变化发挥了重要作用。目前全球大多数海洋预报中心将Argo数据作为全球和区域背景场的海洋次表层参数。此外，Argo数据具有较高的时效性，被广泛应用于短期、长期的海洋与气候的模式预报与再分析工作，推动了数值模式和模式检验的发展。通过以上分析可以得出，美国在Argo规则制订、浮标技术、数据管理和质量控制，以及主导Argo国际合作方面均处于绝对优势地位。

5）全球海洋重力场数据产品

随着卫星测高及卫星重力测量技术的发展，国内外推出的重力场模型产品在空间分辨率和产品精度方面得到了显著的提升。如今高精度地球重力场模型最高可达1290阶，如美国国家地理空间情报局推出的超高阶EGM2008模型、德国波兹坦地学研究中心和法国空间大地测量组联合发布的EIGEN-6C4重力场模型、美国斯克利普斯海洋研究所Sandwell团队发布的SS（Sandwell&Smith）系列产品、丹麦科技大学发布的KMS-DNSC-DTU系列产品都得到了广泛的应用。国内武汉大学、同济大学、中山大学也相继推出了重力场模型。其中在海洋上SS系列产品、KMS-DNSC-DTU系列产品应用更为广泛，其他模型主要在陆地上应用。近几年随着卫星数据的大量获取及快速更新，SS系列产品、KMS-DNSC-DTU系列产品更新较快，基本每年推出一个新的版本，数据空间分辨率可达1′，数据精度最高可达1 mGal。

6）全球海洋磁力场数据产品

相较于海洋重力场，磁力场数据产品相对较少。常用的包括美国国家地球物理数据中心发布的 EMAG 系列和世界数字化磁异常图（WDMAM）。总体上，这两套数据产品在北大西洋、中大西洋、东北太平洋和西北太平洋的数据覆盖率相对较好，太平洋、印度洋和南大洋的偏远地区数据相对稀少。

EMAG 系列是由美国国家地球物理数据中心（NGDC）发布的全球磁力异常数据产品，早期版本空间分辨率为 3′，现在为 2′，涵盖大地基准面向上 4 km 高空的全球磁力异常，最新的 EMAG2_V3 版同时提供全球海洋磁力异常（平均海平面），在全球磁力场研究中得到了广泛的应用，但仍存在较多数据空白。

WDMAM 工作组是国际地磁和航空学协会（IAGA）V-mod 工作组的一部分。成立于 2003 年，旨在收集全球的航磁和海洋数据，为科学界提供在全球 5 km 网格大小磁力数据汇编。目前 WDMAM 已推出了第二版，在大陆地区的所有数据都向上持续到 5 km 高度，在海洋地区数据为海平面处的磁力异常。

2. 海洋环境网格化产品

数据产品的复杂程度和信息内容随着海洋数据价值链的增加而增加。很多数据产品需要将空间和时间上的稀疏数据映射到规则 2D 或 3D 网格上，包括现场观测数据和遥感数据，从而获得天气或气候网格场，用于海洋监测、科学研究、模型初始场或模型验证。例如哥白尼海洋环境监测中心（CMEMS）和 Met OfficeHadley 中心就有根据温盐观测剖面计算得出的全球海洋月均客观分析场产品（Good et al.，2013），这些产品质量高度依赖于实际观测数据的时空分布和观测密度。

1）基本概念和方法

多种方法都可以生成网格场，它们有一些共同之处。通常，先设定一个背景场，背景场可以是观测平均值或气候态背景场。然后利用网格化方法将观测距平值叠加到背景场之上得到最终网格场。每一个观测值都有特定的影响范围，这个影响范围大小是隐式定义的，由使用的网格法方法确定。例如选择罗斯贝变形半径作为主要影响尺度，通过拟合假设的协方差函数确定影响范围（Emery，2001；Thiebaux，1976）。在海洋学中，最常用的影响范围确定方法是 Cressman 插值法、最优插值法和逆变分法。其中 Cressman 插值法（Cressman，1959）对每个网格点的观测值（或观测值距平）进行加权求和，权重取决于观测值与所考虑的网格单元之间的距离。

最优插值（也称统计插值）法旨在以最佳方式结合背景估计和观察结果（Carter et al.，1987；Bretherton et al.，1976）。假设观测值的期望误差协方差和背景估计已知，则可以推导出两者的最优线性组合，从而最小化期望误差。

逆变分法旨在最小化代价函数，使插值场接近观测值，接近背景估计和平滑（可以通过对插值场求导）。该方法可以在 DIVA（Beckers et al.，2014；Troupin et al.，2012）和 DIVAnd（Barth et al.，2014）等工具中实现。逆变分法相当于选择合适误差协方差的最优插值法，只是初始公式不同。最优插值法能比逆变分法更有效地计算分析的预期误差。逆变分法则更容易添加约束条件，例如平流约束（示踪剂的等值线与海流近似一致）和基于海陆掩模的水团解耦，在从高频雷达制作网格海流数据产品过程中能够检验添加动力约束的效果

（Barth et al.，2021）。

2）代表性误差

制作网格化海洋数据产品时将面临几个挑战。①实际观测数据一般较为稀疏并且分布不均(一般近岸的数据比外海数据多)。②未经过质量控制的异常数据会影响网格产品制作。

除观测误差外，观测数据一般不能直接表示气候态平均场的相同的时空尺度，因为观测通常是瞬时测量，而气候态是长期平均。这种差异通常称为代表性误差（Daley, 1993）。例如，当计算累年逐月气候态时，某特定年份值与累年月均值之间的差异称为代表性误差。在某种程度上，数据样本偏差会导致代表性误差，但是异常数据应在网格产品制作过程中舍弃。高分辨率数据集（如高频率的时间序列）可能具有相关的代表性误差。在数据处理过程中，可以明确考虑这种相关性，或通过人为地增加其预期误差方差来降低此类观测数据的权重。此外，可以对这些高分辨率数据集进行二次采样或合并（即通过平均降低分辨率）。当合并不同的数据集以提高空间和时间分辨率和覆盖范围时，要考虑的另一个问题是数据重复。一般来说，测量值、坐标、时间和其他元数据足以检测两组观测数据是否重复。

3）数据时空分布

另一个影响观测值的因素是数据时空分布。预期误差方差可以使用最优插值法推导出来，也可以用逆变分法推导出来，但是前提是需要几个强设定（主要是关于背景误差协方差）来推导表示不确定性的场（Beckers et al.，2014）。预期误差场给出了插值场准确性的定性指示，并且可用于掩盖那些误差高于阈值的区域。

评估准确性的一种更稳妥的方法是使用独立数据验证数据产品。在交叉验证方法中，留出（随机）验证数据集来进行验证（Beckers et al.，2014；Brankart et al.，1996；Wahba et al.，1980），必须确定该验证数据集和分析数据毫无关联。该验证数据集如何选取会对验证结果产生重大影响。例如，如果保留一小部分高分辨率垂向剖面用于验证，则验证结果的均方根误差会对该剖面中剩余的数据点产生影响，从而验证数据会人为降低。交叉验证误差包括分析误差和观测误差（具有代表性误差）。

气候态网格化数据的检验同样可以通过一致性检验或与参考产品进行比较（Iona et al.，2018；Troupin et al.，2010），然后为用户提供有关特定产品是否适合预期用途的信息。一致性检验可以通过人机交互检验，也可以由计算机程序对比检验指标，如均方根误差和偏差。

4）单一观测数据网格化产品

为了制作网格产品，需把一定时间范围内的观测数据进行汇集。根据应用场景和数据密度不同，具体计算方法也各有不同。长期有业务化观测的部分区域数据密度较大，该区域可获得准概略图（假设所有观测都在同一时刻）。范围较大的区域空间分辨率通常不够，必须在较大的时间跨度内计算平均值。

3. 海洋卫星遥感产品

海洋遥感卫星可以对地球表面进行高时空分辨率全覆盖观测，观测类型涵盖蓝色海洋（物理）、绿色海洋（碳和生物地球化学）和白色海洋（海冰）。红外和微波卫星观测可以提供海洋要素的全球/区域绘图，例如海表温度和叶绿素 a 浓度，每天观测两次，这是单一海洋调查无法得到的数据。

目前，地球观测卫星传感器允许测量 5 种要素：海面温度、海面粗糙度、海面高度、海面盐度和水色，这 5 个要素可以衍生出其他的要素。水色，即海表的可见辐射（400～700 nm），可以推算出叶绿素 a 浓度和有色溶解有机物。基于雷达高度计的海面高度可以确定地表地转流和有效波高。海面粗糙度通过反向散射雷达信号测量，可以估计海面的风速和波向。

卫星遥感观测日益重要。一方面，近实时卫星观测是地球观测系统的基本要素，用于海上安全、海洋资源及海洋和沿海环境监测。另一方面，长期卫星数据记录可用于分析和监测海洋变化，预测海洋环境发展趋势。此外，卫星观测可用来验证模型分析和再分析、约束和初始化气象和海洋预报系统。

1）遥感产品分级

根据处理级别，卫星产品可分成 5 级，L0～L4。L0 是从卫星接收到的原始传感器数据，由负责传感器的机构转换为更高级别：L1 是传感器中的图像数据，如大气顶部辐射率、亮温。下一个步骤是将 L1 数据转换为衍生变量 L2，如离水辐射、叶绿素 a 浓度、海表温度，L2 提供地理定位数据，但通常以条带坐标给出。L3 是将 L2 数据重新网格化到常规经纬度网格上的图像数据。重新网格化可以以不同的方式执行，例如通过对在最终 L3 网格单元中找到的 L2 观测值进行插值。整理（合并）单传感器或多传感器 L3 数据提供的整理产品（L3C）和超级整理产品（L3S），这两种产品通常以每日（白天和晚上）文件的形式提供。由于每个传感器都有自己的精度和检索特性（如空间分辨率、观察几何等），在创建 L3S 文件时通常采用偏差调整程序，一般实际操作中选择最准确的传感器作为参考，而其他传感器作为偏差调整参考（Nardelli et al., 2013）。最后，由于许多卫星产品通常会因云、雨、陆地、海冰影响而有数据空白，最后一个处理步骤通过使用较低级别（L2 和/或 L3）数据进行间隙填充，方法包括最优插值和变分同化等。

2）海表温度反演

海表温度是一个基本海洋变量，因为它是许多物理过程和业务应用的基础，在调节地球气候系统方面发挥着关键作用。事实上，SST 调节并响应海洋与大气界面处的热量、动量和淡水交换，进而改变上层海洋的水平和垂直温度梯度。不论从科研角度还是业务化角度，都要求在全球和区域范围内拥有准确的 SST 数据，并以近实时和长期数据集的形式提供。自 1981 年起，各种卫星和传感器一直在定期测量 SST。SST 观测的基本原理是基于对海面自发辐射的测量，在理想的黑体情况下，该辐射将遵循普朗克定律。然后，通过测量海面发射的辐射可以推导出亮温数据，它与 SST 数据的不同之处在于海面的发射率和大气的影响，大气会通过散射和吸收来衰减辐射。从亮温数据导出 SST 数据时需要特定的大气校正程序，这是将亮温数据（L1 产品）转换为 SST 数据（L2 产品）的处理步骤。

SST 通常由红外和微波辐射计测量。红外辐射计，如甚高级分辨率辐射计（AVHRR）和高级沿轨扫描辐射计（AATSR）传感器，可以在晴朗的天空条件下提供准确（高达 0.1～0.3 K）的高空间分辨率（1 km）测量，但是云覆盖时无法通过红外通道进行 SST 观测。全天候微波传感器克服了这一限制，可以透过云层。根据观测传感器的不同，SST 有不同的定义，分别称之为皮温、皮下温度和基底温度。皮温是由红外辐射计测量的水温，代表距离海面的第一微米。皮下温度是由微波辐射计测量的水温，代表距离海面的第一毫米。基底温度是该深度处温度，无视昼夜变化。

SST 数据产品有很多，具有不同的时空分辨率和时间跨度，由不同机构制作和分发。著名的 SST 数据集包括 OSTIA、ESA CCI-C3S SST、OISST 和 HadISST1。

OSTIA 和 ESA CCI-C3S 数据集分别提供基底 SST 和 20cm 深度 SST 数据产品（L4 级）。OSTIA 是根据红外、微波卫星数据及现场观测数据构建的，ESA CCI-C3S 数据集仅使用红外卫星观测，即(A)ATSR、SLSTR 和 AVHRR 系列传感器。OISST 数据集提供 1981 年至今的 20 cm 深度、1/4° 规则网格的全球 SST 数据，该数据集由 NOAA/NESDIS/NCEI 定期生成，并在网站（https://www.ncdc.noaa.gov/oisst/）上公开发布。HadISST1 数据集提供 1870 年至今的 1° 规则网格的月均 SST 和海冰浓度的全球网格数据（Rayner et al.，2003）。

用户在使用 SST 数据产品时需考虑 SST 类型，皮温、皮下温度、20 cm 深度处和基底温度的应用都各有不同。随着技术的进步，新一代卫星传感器能够提供质量和空间分辨率更高的数据。总体而言，基于卫星的观测是科学和业务应用的重要工具。虽然卫星观测仅代表海面，但结合使用现场观测、人工智能算法建模及数据同化，可以重建三维海洋场。

4. 海洋水深地形产品

根据世界大洋地势图（GEBCO）数据和产品，部分海域测绘区域覆盖度仍然非常低。现代科学和工业需要具有足够准确度的深海地图，但考虑间歇性洪水泛滥的沿海/河流地区和潮汐变化，需要拥有从沿海地区直至河口、三角洲和河流更精确的水深地图。水深测量数据集来自政府部门、科研院所和企业。在电子地图时代，需要将纸质水深地图数字化，这些信息在许多情况下是经过几十年甚至数百年累积形成的。

现如今水深测量设备种类繁多，从远程操作的近海底车辆到卫星遥感。车辆上的传感器包括声学、光学或雷达系统，它们可以提供不同空间分辨率的数据。使用遥感方法收集水深测量数据为非静态测量，因为不同位置和时间的潮汐可以将水深测量数据更改达数米。最低天文潮和平均低低潮是最常见的海图基准，但也使用其他参考水平，如平均高高潮，在潮汐变化较小的海域，采用平均海平面作为基准。

5. 海洋再分析产品

海洋再分析是分析气候的工具，通过数据同化将海洋观测数据与海洋环流模型相结合（Stammer et al.，2016）。海洋再分析还包含海面边界的大气观测，这通常由大气再分析提供，类似于气象学中的海洋再分析。

海洋再分析的基本工具（观测预处理、数据同化方案、海洋数值模式）在业务化海洋学框架内是共享的。海洋再分析构建过去海洋状态时须尽可能和现在状态保持时间一致性，软件版本和参数在构建再分析数据期间不能改变。因此，海洋再分析不同于业务化海洋学，后者旨在通过改进模型、数据和增加新的观测来获取当前时间最佳分析和预报。海洋再分析也不同于数值模式（后报），后者不考虑海洋观测，只是通过一组偏微分方程模拟海洋流体，这保证了输出结果的时间连续性及水体性质守恒。海洋再分析和客观分析也不同，后者更多依赖观测数据，不能刻画多变量场的物理平衡。

由于观测技术的进步及计算能力的提高，现在人们越来越重视海洋再分析，海洋再分析已加入多个国际和国家计划的气候服务目录，并得到准实时更新。例如，在哥白尼海洋环境监测中心（CMEMS）内部就有一个实时生成再分析的计划（延迟时间为 1 个月甚至更短），一旦延时数据可用，可能就会更新再分析数据。与十年或二十年前通常“偶尔”进行的海洋再分析相比，这是常态化使用海洋再分析进行气候监测迈出的重要一步。然而，高质量现场观测和卫星观测本身存在延迟，例如，用于处理海面高度异常的卫星高度计准确轨道数据通常会延迟几个月，而延时产品在观测后大约 6 个月才能获得。

不同用户对海洋再分析数据需求不一，有的需要时效性，有的需要质量好。阶段性海洋再分析产品先使用实时数据，等高质量数据出来后再制作一遍，能够同时满足这两种用户的需求。海洋再分析可能使用延时数据、高精度观测数据和边界强迫数据集（即包含海面边界的大气再分析数据，如果是区域产品，则针对横向边界条件进行更大规模的海洋再分析），来确保高质量和高精度。

海洋再分析产品各式各样：有全球性的，有区域性的；有粗分辨率的，有涡分辨率的；有仅跨卫星遥感时代的，有涵盖整个 20 世纪的。由于使用了替代数据，最近的试验海洋再分析产品可以达到更长的时间跨度（Widmann et al.，2010）。从历史上看，海洋再分析产品是由长期预测系统耦合模型的初始化发展而来的，现在它们已经成为一种通用的气候工具，也广泛用于下游产品，例如离线版生物地球化学模拟、拉格朗日离散模型等。

为了减弱不规则观测数据的影响，海洋再分析一般采用保守的同化方案。例如，大多数再分析采用网格化海表温度（SST）产品而不是条带或重新网格化数据，以保持同化的时空连续性。SST 观测对于保持海面辐射通量的时间均匀校正和隐含的混合层变率也很重要。事实上，一些海洋再分析利用 SST 数据来校正海气热通量，而不是直接校正约束时间更短的海表温度。

海洋再分析的一个重要环节是使用偏差校正方案来减小海洋环流模式或强迫场数据集的系统误差。与大多数关注观测偏差的大气数据同化系统不同，该方案旨在校正模式偏差。显然，由于缺乏参考数据，这种偏差估计并不简单。例如，可以通过使用气候态或随时间变化的网格化产品（Balmaseda et al.，2007）或迭代使用先前再分析运行的分析增量来实现偏差校正（Canter et al.，2017）。偏差校正方案应进行偏差矫正以减小系统误差，同时保持气候信号平稳，而这又需要专门的灵敏度分析（Storto et al.，2016）。

海洋再分析的验证通常是通过多个再分析产品之间的交叉比较来进行的，基本假设是如果产品之间一致，则表明再分析产品可靠，这其中包括一个参考数据集。在全球海洋观测网络中直接观测、质量良好的数据，再分析数据集都表现一致，对于稀疏观测的数据则不然。但可用于独立验证的数据集非常有限，它们通常来自局部区域观测、漂流浮标、水位仪、高频雷达等因观测稀疏而未被同化的数据。

采用集合方法（单模式或多模式）可以从集合离散度估计方面来评估气候时间序列的不确定范围，这种方法有助于再分析的验证，因为该方法通常能够减少补偿性的系统误差（Palmer et al.，2017）。许多海洋研究已经证明，多模式集合方法优于单模式。融合多个海洋再分析和纯观测产品的超集合分析已用于海洋监测中，并在特定应用中取得了良好的效果（Storto et al.，2019）。

3.4.4 海洋大数据综合集成

1. 海洋环境综合数据集

综合数据集是指针对多源异构标准数据集，按照学科、要素、获取方式（大面、定点）等，进行格式统一、标准统一、基准统一、计量单位统一、综合排重等整合提取转换，以及时空维度排序、衍生参数计算、数据订正等处理，将同类学科/要素、相同获取方式资料按照方区或时间维度进行组织存放，制作清单和元数据。综合数据集的管理形式为数据文件和数据库，其中方区为世界气象组织（WMO）设定的10°方区。海洋环境综合数据集资料整合处理的内容和范围如下。

国际资料的整合处理包括全球海洋数据集（WOD）、全球温盐剖面计划（GTSPP）数据、全球Argo浮标数据、热带海洋全球大气计划（TOGA）走航海流数据、世界大洋环流实验（WOCE）走航海流数据、NEAR-GOOS数据、GLOSS数据、美国海洋站数据、综合海洋大气数据集（COADS）、GEBCO全球半分和1分格网数据、NGDC太平洋数据、美国海域海陆无缝DEM数据、全球多波束走航数据、全球海洋通量联合研究计划数据集、日本气象厅数据集等。国内资料的整合处理包括全国海洋普查、海岛海岸带调查、973计划、908专项、全球变化与海气相互作用专项等重大调查专项，国家基金委调查航次、国际合作调查数据及涉海部委观测数据等。

海洋环境综合数据集按照资料来源属性设置第一层目录，即国内综合数据集、国际综合数据集、全来源综合数据集。进一步按照学科、要素、获取方式、空间分辨率（表层、剖面）等划分次级目录。其中，获取方式主要包括定点和大面。定点综合数据集是指将海洋站、锚系浮标、定点调查站位等获取的同学科、同要素资料进行整合形成的数据集；大面综合数据集是指将走航观测、大面调查等获取的同学科同要素资料进行整合形成的数据集。必须注意的是，针对不同来源的同一类型资料的整合，已在标准数据集制作过程中进行了合并，形成了海洋站合并数据集、Argo合并数据集、GTSPP合并数据集等，不再纳入综合数据集范畴。而综合数据集是多个来源的同学科、同要素的整合结果，如将Argo、GTSPP、WOD等多套温盐资料进行整合形成全球温盐综合数据集。

海洋环境综合数据集包括10个数据子集：海洋水文、海洋气象、海洋声学、海洋底质、海底地形地貌、海洋地球物理、海洋生物、海洋化学、海洋遥感和海洋光学。该数据集资料来源丰富，是对目前所有可获取的海洋环境资料的一个集成，不仅包括历史调查数据、历史非信息化数据、国际共享数据、国际交换数据，还包括不断补充的新调查数据，是一个既全面又不断更新的数据集。海洋环境综合数据集首次将国内专项调查、国际共享及其他渠道获取的海洋环境资料统一整合，包括统一参考系统、统一订正标准等，形成一套完整的海洋环境数据集，解决了由历史时期不同、来源多样、平台各异等造成的数据重复、标准不一、兼容性差的问题，为我国海洋环境保障、应对气候变化等工作奠定了重要基础。

2. 海洋环境要素数据集

要素数据集针对各学科综合数据集，按照要素和质控符提取质控正确数据，进一步进行标准层插值计算，形成实测层要素数据集和标准层要素数据集，并制作清单和元数据。

要素数据集的管理形式为数据文件和按列存储的数据仓库。要素数据集主要面向应用，主要涉及海洋水文和海洋气象等要素。要素数据集的制作可基于文件进行操作，也可基于海洋环境综合数据库直接进行要素的提取。要素数据集按照资料来源属性设置第一层目录，即国内要素数据集、国际要素数据集、全源要素数据集。进一步按照学科、要素、获取方式、空间分辨率（实测层/标准层）等划分次级目录。其中，获取方式主要包括定点和大面。定点要素数据集是从定点综合数据集进行提取并进行标准层插值形成的数据集；大面要素数据集是从大面综合数据集进行提取并进行标准层插值形成的数据集。实测层/标准层仅对应剖面数据。

3.5 海洋大数据交换共享域

3.5.1 海洋大数据共享目录编制

编制海洋大数据共享目录，有利于推进海洋资料交换共享的标准化、规范化、科学化。本着“公益服务、稳定可靠、保证安全、定期更新”的基本原则，对海洋环境数据、海洋基础地理信息产品、海洋遥感信息产品和海洋综合管理数据等各类海洋资料的目录清单格式进行设计与编制。数据内容涵盖海洋水文、海洋气象、海洋生物、海洋化学、地质地球物理、海洋声光、基础地理、海洋遥感、海底地形、海洋经济规划、海域海岛管理、海洋环保、海洋政策法规、海洋预报减灾与环境保障等诸多方面。对每种类型海洋资料适用的学科要素、业务领域进行详细划分，对每种清单项目的详细构建、填写样例、清单项说明、编制粒度等内容予以详细说明。海洋大数据共享目录编制可应用于各类海洋资料的标识、记录、传输、处理、存储、交换等工作领域，有利于数据的共享交换与服务利用，为更好地应对全球海洋与气候变化、做好海洋防灾减灾救灾工作，提供科学准确的数据支撑与保障。

3.5.2 海洋大数据交换共享方式

海洋数据获取投资成本高、难度大，部分基础数据还涉及国家安全，为了充分发挥海洋数据在国民社会经济发展过程中的应有作用，同时保证海洋数据安全，提高海洋数据交换共享工作的效率，根据用户社会属性和社会责任对海洋数据交换共享的用户进行分类，按照用户类别赋予其使用相应海洋数据的权限。

（1）社会公众用户。该类用户根据自身生活、生产等活动可以获取公益性的海洋数据，如海洋波浪、风场、潮汐等公开发布的海洋环境数据产品。

（2）大中型社会企业。该类用户由于生产活动的需要，可以申请获取与生产活动密切相关的专业海洋资源环境数据。

（3）高校和科学研究机构。该类用户根据自身教学、海洋科学研究需要，可以获取内容更为专业的、翔实的海洋环境观测数据，如一定观测周期内的气温、气压、风场、温度、盐度、波浪、潮汐等。这些数据必须与该类用户的教学、科学研究等活动密切相关。

（4）国家和地方省市政府机关。该类用户可根据发展社会经济、防灾减灾、资源开发和生态环境保护等工作需要，获取海洋有关的支撑数据，如海洋经济统计、海洋台站/浮标观测、资源调查、环境调查等各类海洋观测、专项调查获取的海洋经济、资源、环境、生态数据。

（5）国际组织和其他国家。该类用户可以根据双/多边签署的海洋数据共享协议，获取我国管理保存的海洋数据。

海洋大数据的交换共享服务方式包括互联网海洋数据共享服务、专网在线共享服务和离线共享服务等方式。

1. 互联网海洋数据共享服务

国家已经建立了国家海洋科学数据共享平台，开展互联网海洋科学数据共享服务。作为海洋科学数据共享服务的国家级平台，国家海洋科学数据共享平台充分利用先进的大数据、云计算等信息技术，积极联合涉海单位，拓展平台节点布局，汇集整合各类海洋数据资料及产品，提供全面、标准、权威的海洋数据共享服务。海洋科学数据共享平台提供的服务功能分为数据发布服务、产品服务、地图服务和用户管理4类（辛冰 等，2018）。

（1）数据发布服务。数据服务是指对公开的海洋数据进行查询检索、在线预览、在线统计分析、服务打包、数据收藏及下载等服务。

（2）产品服务。产品服务是指对公开产品数据进行产品服务展示及检索、产品详情展示、在线预览、统计分析、产品服务打包、产品收藏及下载等功能服务，产品数据可以分为水文气象的统计、预报、现报、再分析、反演等，以及生物、化学、地质等学科的图集产品。

（3）地图服务。地图服务采用二维地图组件构建二维地图可视化窗口，提供空间交互查询、二维可视化和基础地图查询等服务。

（4）用户管理。海洋科学数据共享平台用户分为普通用户和注册用户。普通用户可以浏览平台发布的公开海洋科学数据和数据产品；注册用户可以根据授予的不同权限访问或下载更多的海洋科学数据。

2. 专网在线共享服务

专网在线服务主要面向业务系统单位和地方海洋预警监测机构提供实时或准时的数据在线共享服务。目前，已经建立国家海洋综合数据库，通过国家海洋信息通信网面向国内各涉海业务单位，提供海洋数据服务。

1）共享服务内容

共享服务内容包括国内业务化观测数据、业务化监测数据、海洋专项调查数据、大洋科考数据、极地考察数据、国际交换与合作数据及其他来源数据。

2）共享服务功能

国家海洋综合数据库提供数据清单查询、数据浏览、数据库共享、数据下载、接口服务、数据申请审批等功能。

（1）数据清单查询。用户可通过数据清单查询功能，获取国家海洋综合数据库加载的全部数据和产品信息，便于用户有针对性地获取数据信息。

（2）数据浏览。对于矢量数据，如基础地理类、专题图等，用户可以直接浏览和进行基本的空间信息检索等操作。

（3）数据库共享。根据使用方和提供方签订的共享服务协议，用户可利用授予的用户访问协议，拥有对特定数据库表的检索和数据访问权限。

（4）数据下载。对于非结构化的海洋数据产品，用户可以根据审批授权的访问权限直接下载使用数据实体。

（5）接口服务。可以根据授权协议，为用户配置定制化的数据库访问接口，为用户提供业务化数据访问服务。

（6）数据申请审批。提供在线的数据使用申请和审批功能，根据用户类型、属性，在线授权访问数据库和产品库。

3. 离线共享服务

部分海洋基础数据涉及国家安全，这部分的海洋数据须经严格审批后离线提供服务。

1）服务流程

海洋数据离线服务由用户向国家海洋资料管理机构提供申请材料，然后国家海洋资料管理机构根据海洋资料使用的审批权限审批或报上级部门审批。根据审批结果由海洋资料管理机构离线向用户提供数据或驳回数据服务申请。

2）申请材料要求

用户申请材料一般包括海洋数据使用申请人身份信息、申请数据所应用项目的任务书、实施方案或合同书等。

3）海洋数据使用协议

为了确保海洋数据使用和保管安全，国家海洋资料管理机构还需和用户签订海洋数据使用协议，厘清各自责任。使用方须按照国家相关法律法规及管理文件的要求，对资料进行有效管理，确保资料的安全；使用方仅限于在项目范围内使用提供方提供的资料，使用时应注明资料来源，不得扩散至项目以外的任何单位，不拥有复制、传播、出版、翻译成外国语言等权利，不得以商业目的使用资料或开发和生产产品；使用方可根据需要对数据内容进行必要的修改和对格式转换，并自行承担由此产生的相关责任，但不得将修改、转换后的数据对外发布和提供；使用方不得将资料或其衍生成果在计算机互联网或其他公共信息网络上登载。

3.5.3 海洋大数据交换共享评价

为了更好地促进海洋大数据交换共享工作，海洋数据服务机构按照自身的职责，制定海洋数据共享服务评价管理制度，分别从共享数据质量评价、数据服务效果评价、数据使用效果评价三个方面进行效益评价。

（1）共享数据质量评价。数据质量是海洋数据的根本，应高度重视。海洋数据的服务涉及多个数据校对环节。数据处理人员在完成初步处理后，必须经过两个数据校对检查环节，按照数据处理的流程填写相应的质量控制表格记录。同时，用户作为数据使用的最终环节，还需建立用户对数据质量反馈的环节。

（2）数据服务效果评价。数据服务效果评价分为在线数据服务效果评价和离线数据服务效果评价。用户可以利用数据共享服务平台软件提供的用户在线反馈功能，及时提出在数据在线下载、接口服务、推送服务中遇到的问题。用户也可以通过数据服务机构发出的离线问卷调查表，全面反映海洋数据离线服务的问题。数据服务机构对收集的用户反馈信息进行汇总总结，及时改进海洋数据共享服务的效率。

（3）数据使用效果评价。为使海洋数据服务机构充分掌握海洋数据在用户项目中取得的效益，便于在后期的海洋数据产品的研发中更有针对性，数据服务机构还需广泛收集用户对海洋数据使用效果信息，并进行汇总分析。

3.6 海洋大数据质量管理域

随着大数据的广泛应用，海洋数据质量管理越来越多地受到重视。海洋数据质量的问题可能发生在数据生产和使用的各个环节。数据的真实性、准确性、完整性、时效性都会影响海洋数据质量。除此之外，海洋数据的加工、存储环节都可能涉及对原始数据的修改，从而引发数据质量问题。因此，技术、流程、管理等多方面的因素都可能会影响海洋数据质量。海洋数据质量管理是一项长期复杂的过程，不仅贯穿海洋数据采集、整理、加工、存储、使用、分析、共享、交换等纵向多个环节，还涉及相关标准的制定、规范的落地、全生命周期管理等多个领域。海洋数据质量管理问题需要同时通过制度和技术两个手段解决，制度手段包括制定海洋数据质量管理战略规划、度量标准、质量管理体系和管理制度等，技术手段包括海洋数据质量控制、质量评估等。

3.6.1 数据质量管理概述

1. 数据质量和数据质量管理

1）数据质量

数据质量是指在业务环境下，数据符合数据消费者的使用目的，能满足业务场景具体需求的程度。在不同的业务场景中，数据消费者对数据质量的需要不尽相同，有些人主要关注数据的准确性和一致性，有些人则关注数据的实时性和相关性。因此，只要数据能满足使用目的，就可以说数据质量符合要求。

2）数据质量管理

数据质量管理指对数据从计划、获取、存储、共享、维护、应用、消亡生命周期的每个阶段里可能引发的各类数据质量问题，进行识别、度量、监控、预警等一系列管理活动，并通过改善和提高组织的管理水平使得数据质量获得进一步提高（朱扬勇 等，2018）。

数据质量管理不单纯是一个概念、一项技术、一个系统，更不单纯是一套管理流程，而是一个集方法论、技术、业务和管理为一体的解决方案。通过有效的数据质量控制手段进行数据的管理和控制，消除数据质量问题，进而提升企业数据变现的能力。在数据治理过程中，一切业务、技术和管理活动都围绕数据质量开展。

2. 数据质量问题

数据质量问题可能产生于从数据源头到数据存储介质的各个环节。在数据采集阶段，

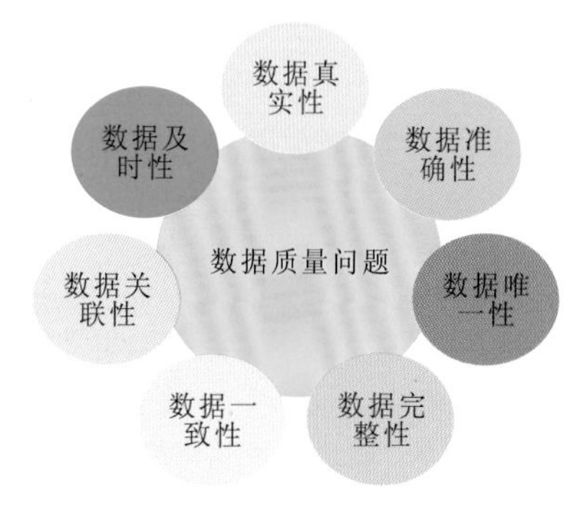

图 3-3　数据质量问题

数据的真实性、准确性、唯一性、完整性、一致性、关联性、及时性都会影响数据质量（图 3-3）。除此之外，数据的加工、存储过程都有可能涉及对原始数据的修改，从而引发数据的质量问题。因此，技术、流程、管理等多方面的因素都有可能会影响到数据质量。

（1）数据真实性。数据必须真实准确地反映客观的实体存在或真实的业务，真实可靠的原始统计数据是企业统计工作的灵魂，是一切管理工作的基础，是经营者进行正确经营决策必不可少的第一手资料。

（2）数据准确性。准确性也叫可靠性，用于分析和识别哪些是不准确的或无效的数据，不可靠的数据可能会导致严重的问题，可能造成有缺陷的方法和错误的决策。

（3）数据唯一性。数据唯一性用于识别和度量重复数据、冗余数据。重复数据是导致业务无法协同、流程无法追溯的重要因素，也是数据治理需要解决的最基本的问题。

（4）数据完整性：数据完整性问题包括：①模型设计不完整，如唯一性约束不完整、参照不完整；②数据条目不完整，如数据记录丢失或不可用；③数据属性不完整，如数据属性空值。不完整的数据所能借鉴的价值会大大降低，数据不完整是数据质量问题中最为基础和常见的一类问题。

（5）数据一致性：数据一致性问题包括：①多源数据的数据模型不一致，如命名不一致、数据结构不一致、约束规则不一致；②数据实体不一致，如数据编码不一致、命名及含义不一致、分类层次不一致、生命周期不一致；③相同的数据在有多个副本的情况下的数据不一致、数据内容冲突。

（6）数据关联性。数据关联性问题是指存在数据关联的数据（如函数关系、相关系数、主外键关系、索引关系等）关系缺失或错误。数据关联性问题会直接影响数据分析的结果，进而影响管理决策。

（7）数据及时性。数据及时性是指能否在需要的时候获得数据，数据及时性与企业的数据处理速度及效率有直接关系，是影响业务处理和管理效率的关键指标。

3. 数据质量问题根由分析

数据质量问题可以从技术、业务、管理三个方面进行分析（图 3-4）。

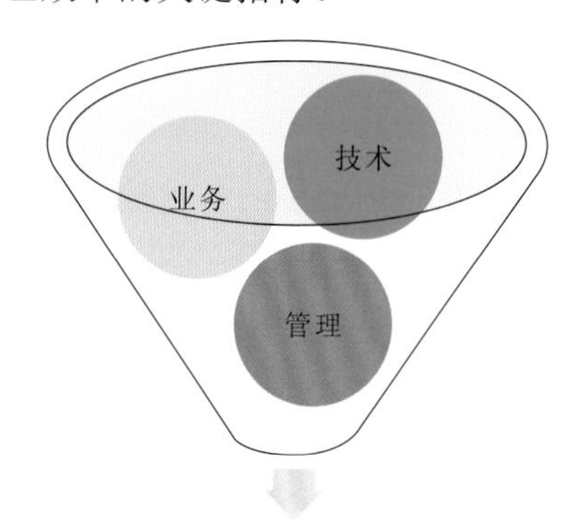

图 3-4　数据质量问题分析

1）技术方面

（1）数据模型设计的质量问题，如数据库表结构、数据库约束条件、数据校验规则的设计开发不合理，造成数据录入无法校验或校验不当，引起数据重复、不完整、不准确。

（2）数据源存在数据质量问题，如有些数据是从生产系统采集过来的，在生产系统中可能存在重复、不完整、不准确等问题，而采集过程又没有对这些问题进行清洗处理。

（3）数据采集过程质量问题，如由采集点、采集频率、采集内容、映射关系等采集参数和流程设置的不正确，数据采集接口效率低，导致的数据采集失败、数据丢失、数据映射和转换失败。

（4）数据传输过程的质量问题，如数据接口本身存在问题、数据接口参数配置错误、网络不可靠等都会造成数据传输过程中发生数据质量问题。

（5）数据装载过程的质量问题，如数据清洗规则、数据转换规则、数据装载规则配置有问题。

（6）数据存储的质量问题，如数据存储设计不合理，数据的存储能力有限，人为后台调整数据引起的数据丢失、数据无效、数据失真、记录重复。

2）业务方面

（1）业务需求不清晰，如因数据的业务描述、业务规则不清晰，导致技术无法构建出合理、正确的数据模型。

（2）业务需求的变更，这个对数据质量影响非常大的，需求变更后，数据模型设计、数据录入、数据采集、数据传输、数据装载、数据存储等环节都会受到影响，稍有不慎就会导致数据质量问题的发生。

（3）业务端数据输入不规范，常见的数据录入问题，如大小写、全半角、特殊字符等录错。人工录入的数据质量与录数据的业务人员密切相关，录数据的人工作严谨、认真，数据质量就相对较好，反之较差。

（4）数据作假，操作人员为了提高或降低考核指标，对一些数据进行处理，使数据真实性无法保证。

3）管理方面

（1）认知问题，企业管理缺乏数据思维，没有认识到数据质量的重要性，重系统而轻数据，认为系统是万能的，数据质量差些也没关系。

（2）没有明确数据归口管理部门或岗位，缺乏数据认责机制，出现数据质量问题找不到负责人。

（3）缺乏数据规划，没有明确的数据质量目标，没有制定数据质量相关的政策和制度。

（4）数据输入规范不统一，不同的业务部门、不同的时间，甚至在处理相同业务的时候数据输入规范不同，都会造成数据冲突或矛盾。

（5）缺乏有效的数据质量问题处理机制，数据质量问题从发现、指派、处理、优化没有一个统一的流程和制度支撑，数据质量问题无法形成闭环。

（6）缺乏有效的数据管控机制，对历史数据质量检查、新增数据质量校验没有明确和有效的控制措施，出现数据质量问题无法考核。

综上所述，影响数据质量的因素可以总结为客观因素和主观因素两类。客观因素是在数据各环节流转中，由系统异常和流程设置不当等因素引起的数据质量问题。主观因素是在数据各环节处理中，由人员素质低和管理缺陷等因素，从而操作不当而引起的数据质量问题。

4. 数据质量管理方式

数据质量管理可以分为人工管理、半自动化管理、自动化管理三个层次。

（1）人工管理。完全手工实现，管理的效果取决于数据质量管理者的时间、工作态度、对于数据的熟悉程度，以及背景知识的掌握程度等。这对于数据量小的情况是适用的，但是在大数据时代，完全使用人工管理并不现实。

（2）半自动化管理。通过制定规则、程序比对、统计分析等方法，先完成基本的劣质数据检测、筛选、处理，将结果转给人工管理者，由人工管理者决定最终要采取的措施并反馈给自动化管理模块。这种方式虽然还没有脱离人工，但自动化方式在数据量很大的时候可以极大地减少工作量。这也是目前比较适合海洋领域数据管理的一种方法。

（3）自动化管理。完全依靠自动化和智能化系统完成数据质量的评估和管理。这种方式是目前技术发展的方向，但是由于现有技术仍无法完全保证数据的准确性，所以对于特别重要的数据还应该慎用自动化管理。

3.6.2 海洋大数据质量管理过程

海洋数据、资料、信息与服务全过程质量管理包括质量策划、质量保证、质量控制和质量改进 4 个方面。从任务实施过程的角度看，海洋业务活动可分为制定计划、立项、实施、验收等阶段。在任务实施的不同阶段采用不同的质量保证措施，实施全过程质量管理。

1. 质量策划

在做好项目策划的基础上，重视质量工作，从源头上开展质量策划，对项目各个环节中影响质量保证的因素进行分析，预测可能出现的问题，确保海洋业务活动质量管理工作的全面开展，提高海洋公共服务质量和综合管理能力。质量策划分为制定计划和立项两个阶段。

1）制定计划阶段

将海洋重大专项、业务活动的任务下达部门，针对任务涉及的海洋数据、资料、信息与服务的具体工作内容，梳理质量管理的关键环节，明确各环节的质量目标及质量要求，全面启动质量管理工作。

2）立项阶段

申请承担任务单位在制定实施方案时，应同时制定数据、资料、信息与服务的质量保证方案。质量保证方案内容要明确开展工作所依据的相关法律法规、国家标准、行业标准、标准规范和技术规程等；根据任务下达部门确定的质量目标及质量要求，分解和明确各环节的质量评价方法和考核指标；明确海洋质量管理分工，业务活动各环节的质量管理工作责任要落实到部门、任务负责人和承担工作的个人；明确开展任务工作所需的人员、材料、基础设施、软件系统、运行环境等资源。

对申请承担任务单位提交的质量管理材料进行立项审查。申请承担任务单位提交质量管理体系运行情况（包括质量管理体系资质证书复印件、质量管理体系运行情况报告等）和任务质量保证方案。任务下达部门对提交的材料进行立项审查。任务优先安排给已建立并有效运行相关质量管理体系的海洋工作单位。未通过质量审查的项目不予立项。

2. 质量保障

（1）确定质量管理依据。在质量策划中必须符合有关法律法规和国家标准。在重大专项中，任务下达单位应建立质量管理办法或依据相关标准、规范开展质量保证活动。海洋业务工作主要依据相关标准规范开展质量保证活动。

（2）明确质量管理机制和工作程序。依据相关资料管理规定，建立海洋数据、资料、信息审核制度，明确汇交、审核、管理及使用等环节的责任部门和责任人，细化职责分工，强化组织管理，落实海洋数据、资料、信息与服务的质量保证工作。

任务承担单位为质量管理工作的责任主体，本着“谁主管谁负责”的原则，确定责任部门和责任人。若任务涉及若干单位，其质量保证工作由任务牵头负责单位组织，任务下达部门督促指导。承担单位应严格按照合同（或任务书）、质量管理体系文件、有关标准及质量保证方案等开展工作。

（3）配置质量管理资源。为保障质量管理工作有效开展，工作人员必须满足岗位要求，取得相关资质，并定期进行质量培训和考核。同时，任务承担单位应为项目的开展提供所需的材料、软硬件和环境等。

3. 质量控制

任务下达部门、任务承担单位和任务责任人按质量策划明确的各环节和工作成果的质量目标及质量要求开展质量控制，建立多级质量控制体系，并重点对任务使用和形成的海洋数据、资料、信息质量进行质量评估。

（1）做好海洋数据、资料、信息各环节的质量控制。任务承担单位应严格按照相关的技术标准、规范、规程等，对海洋数据、资料、信息的采集、传输、存储、分析、加工和应用等各环节开展质量控制。任务下达单位对获取数据资料信息进行审核、检验、评估，保证海洋数据、资料、信息的真实性、准确性和完整性。

任务承担单位，应保存完整的原始数据资料获取记录、原始数据资料检查记录、数据资料汇交记录或数据传输记录、处理分析加工记录、检查记录、内部沟通记录、顾客反馈记录、产品交付记录等，为质量管理和质量问题回溯等提供依据。

任务下达部门及相关单位以质量管理体系所确定的业务流程为依据，建立质量管理信息系统，实现质量控制过程及工作进度的跟踪及质量检查，提高质量控制水平。

（2）任务验收前的质量自查。任务承担单位选定一批质量监督员，在任务执行期间开展过程的质量监督检查。验收前，任务承担单位应开展质量自查，并形成质量自查报告，完成自查中发现的质量问题整改后方能提出验收申请。

（3）任务验收的质量审查。任务下达部门组织开展质量审查，审查合格的任务承担单位方可申请验收。负责质量审查的单位及专家，应严格依据合同（或任务书）、管理体系文件、有关标准及质量保证方案等，以适合的方式实施质量审查，提出质量审查意见，并对审查结论负责。

在质量审查中，任务承担单位须提供海洋数据、资料、信息审核情况和检验评估报告，数据资料的汇交证明材料，仪器设备的检定、校准证书或报告。若未能提供，要接受质量专家的专项质询，质量专家形成专项质询意见，纳入质量审查意见。

4. 质量改进

在海洋工作单位内部质量监督的基础上，应通过质量问题追溯和质量监督，及时发现和改进质量问题，强化人员识别、分析、评价和改进质量问题的能力。

（1）建立质量问题追溯机制，提高质量改进的针对性。各海洋工作单位应从管理和技术两方面建立质量问题追溯机制。在技术上，按照找到问题根源、分析验证问题、采取纠正措施、避免重复发生的要求逐条落实；在管理上，根据质量保证方案中的质量职责及权限，找出质量管理薄弱环节，确定质量问题责任，并对相关人员进行相应处理，完善规章制度，从管理上防止质量问题的发生。通过案例分析，积累追溯质量问题的经验，持续改进。

（2）采取多种措施，纠正和预防质量问题。通过质量风险防控，将事后处理转化为事前预防，及时发现和处置重大质量隐患。任务承担单位应通过定期召开质量例会、质量交流会等形式查摆问题，及时发现质量问题隐患，明确质量改进目标，跟踪质量改进过程，按照“分析-处理-整改-复检”的流程，填写不合格品处置记录、计划变更评审记录、跟踪改进记录、验证记录、纠正/预防措施实施记录、数据分析记录等，及时纠正质量问题，并加强重要工作节点和工作成果形成阶段的质量控制。

（3）开展质量监督检查，形成有效的质量评价机制。海洋数据资料信息质量管理部门、有关业务主管部门和海洋信息质量专家应对海洋信息工作任务承担单位开展质量监督检查，检查质量管理机制建设情况、重大专项和业务工作的全过程质量管理情况，并对各单位任务执行过程中海洋数据、资料、信息的真实性、准确性和完整性进行检查，形成质量检查和评价报告，建立有效的质量评价机制。

（4）增强海洋信息质量技术保障能力，提升数据产品质量。随着海洋数据源和数据类型的增多，需要积极运用先进的海洋信息处理技术，开发更为丰富的信息产品，提升海洋信息服务的能力和产品质量水平；针对海洋信息质量控制的薄弱环节，完善相关海洋信息标准规范，健全海洋信息标准体系，提升海洋信息标准化水平；通过开展专业技术培训、质量管理培训，树立质量理念，强化人员识别、分析、评价和改进质量问题的能力，提高人员专业技能和质量管理水平。

3.6.3 海洋大数据质量控制

随着数据密集型科研活动的蓬勃发展，数据的进一步分析及结果的验证愈发受到重视，越来越多的人希望获取关键数据的支持。科学数据是对相关问题进行科学有效决策和管理的重要依据，而有效的数据质量控制不仅有助于促进可信任数据集的产生，也有助于促进数据的利用（王丹丹，2015）。对科学数据资源而言，其质量对科研活动的重要作用比产品更为重要，科学数据的质量将直接影响我国科技发展整体水平的提高与独创性成果的产出，以及国际间交流与合作的主动权（胡良霖 等，2012）。提高数据质量是做好研究工作的基础和前提，是进行科学有效决策和管理的重要依据，它直接决定和影响数据的有效性和价值（王博，2013）。数据质量控制最重要的意义就是提高数据的可靠性和有效性，以便使用者能够及时得到可靠的数据，提高科研工作及相关决策的准确性。

数据质量控制一般关注两个方面：一是完整性，包括数据本身的完整性及与其相关的各种信息的完整性；二是数据使用价值，主要包括数据的合理性、数据收集方法的评价等。通过质量控制对数据缺少的信息、异常值、缺测值等进行判断，对于缺少的数据或者信息，应尽量根据原始资料进行补充，若无法补充或存在异常值及缺测值，需对数据做出质量标识。

海洋数据质量控制的流程主要包括如下几个方面。

（1）若数据为实时数据，一般只对数据进行一些简单的检查，不一定开展仪器校准或者时间矫正，这种检查在业务化工作中通过自动化程序快速完成，未通过检查的数据一般会删除。

（2）若数据为近实时数据，延迟通常在 1 天到数周之间，此时允许进行计算机自动质量控制。质控方法包括平台检验、位置检验、着陆点检验、尖峰检验、梯度检验、密度翻转检验、传感器漂移检验、压力检验等。

（3）若数据为延时数据，需要更完整的交叉检查和分析程序，质检方法包括气候学检验和人工审核。

数据质量控制过程存在于数据周期的每个阶段。单个数据集或一套数据集之间保持数据一致性对于数据质量尤为重要，数据管理人员应用二级质控程序来分析整个数据库的数据，以保证数据和产品质量。数据质控非常重要同时又非常耗时，该阶段涉及大量的计算机编程，并且需要与数据汇交单位或者数据观测人员进行大量沟通。

数据管理机构应根据通用的数据和元数据格式、标准和模型来组织管理数据，以整合不同数据源和数据类型。在此阶段，必须保证元数据的完整性，包括数据观测单位、仪器类型、仪器参数等，基于这些元数据信息才能保证数据的入库、存档和进一步分析应用准确无误。数据处理完毕准备入库前，需要进一步完善元数据信息，包括数据处理者、数据管理者、存放地址、数据集所属项目、数据读取限制等。对数据管理机构而言，元数据信息和数据一样重要。

完全一致的数据重复很容易识别和判断，而不同位置/时间具有相同的观测剖面（每个深度上的要素类型和观测值都相同），造成这种情况的原因可能是人为计算错误、小数点进位有误或时区不对等。最困难的情况是相同的数据被不同人员处理后发生的近似重复的情况，例如，第一个版本包含原始数据，第二个包含插值到标准层的数据，第三个数据包含坐标、时间或质控符调整等。在检测到潜在的近似重复时，应根据客观标准决定保留和删除的数据。通常保留具有更多深度级别和质量更好的数据。如果技术达不到识别最佳版本，可以保留最新更新日期版本。

随后，需要对要素及参数开展进一步质量控制。通常情况下，数据在汇交之前已经由数据调查机构/人员进行了初步质控，并添加质控符。但是数据管理机构对该汇交数据再进行质量控制是必不可少的步骤，以保证数据的协调性、一致性和兼容性，数据管理机构可根据质量控制结果修改或增加质控符。

欧洲 SeaDataNet 所使用的数据质控策略包括 5 个主要阶段：①收集所有数据；②聚合数据文件和参数以形成元数据完整的数据集；③以海区为单元开展质控；④向数据提供方反馈数据异常；⑤分析/纠正数据异常并更新相应记录。这种策略会形成多个数据版本，每一个循环之后都会扩展数据集的时空范围并提升数据质量。每个循环涉及多个参与者和流程，其中人工审核是一个重要的步骤，它需要经验丰富的该领域数据专家来鉴别数据质量，这主要利用 Ocean Data View（Schlitzer，2002）软件进行。

这种数据管理策略也可以应用于 WOD 模型。主要区别在于 WOD 不是分布式系统，因此，在数据收集阶段通过美国国内和国际数据交换机制实现，通过 IODE 委员会及其他国内和国际来源，从 NODC 交换的数据以其原始形式存档在美国国家环境信息中心（NCEI），这可确保保留原始数据以供参考和验证。第二阶段开始格式转换和元数据提取。第三和第四阶段在 WOD 模型内执行，具体目标是计算得出世界海洋气候平均场，这其中需要专家质量控制和异常检测方法。国际质量控制海洋学数据库（IQuOD）就是这项工作的成果，它系统地设置了海洋剖面数据自动质量控制的最佳集合（和序列）（Good et al.，2020），以及每次测量的不确定性值（Cowley et al.，2021），提取智能元数据（原始数据文件中不包含的基本元数据，但从数据的性质和包含的元数据中辨别出来）（Palmer et al.，2018），并形成一套基于机器学习的自动质量控制系统（Castelao，2020）。

3.6.4 海洋大数据评估检验

多年以来，我国开展了多类、多来源海洋环境资料的收集工作，包括世界海洋数据集（WOD）、国际海洋气象档案（IMMA）、热带海洋全球大气计划（TOGA）资料、世界海洋环流实验（WOCE）资料、全球Argo计划资料、东北亚区域全球海洋观测系统（NEAR-GOOS）资料、中美长江口调查历史资料、美国国家地球物理数据中心（NGDC）资料等，学科涉及海洋水文、海洋气象、海洋地球物理、海洋测绘等，要素涵盖温盐、气温、气压、重力、磁力、地形等。较之于我国自主观测海洋资料，收集获取的国外海洋环境资料来源渠道多、时空分布广、种类多、数据量大，处理标准各异，存在大量质量问题，必须对资料的真实性和可靠性进行系统的检验评估，以保证资料综合应用服务的准确性。

从国内海洋环境历史资料评估十余年的发展趋势来看，海洋水体环境数据评估从单一的观测资料仪器比测结果评估，逐渐发展到对整个大型数据集的评估。海洋水深、重力、磁力历史资料检验评估从小范围评估发展到大范围评估，从单一的调查仪器精度评估发展到多方法多方位的数据评估，从单一数据评估发展到数据源评估。

海洋大数据检验评估是一个多维的概念，需通过检验评估特征量对其整体质量进行科学、客观的研判。根据海洋环境资料检验评估技术方法研究成果和资料检验评估实践，以资料时空分布、总体质控通过率（质量有效性）、单站数据可靠性评价、整体可靠性及等级等作为海洋资料质量可靠性检验评估的特征因子，如观测网格步长、剖面垂向观测间隔层次和观测时间间隔等数据的分辨率因子，实际观测深度占当地水深比例的剖面完整性因子、确定数据有效位数的数据测量精度因子，以及对反映数据准确度的数据良好率因子等，为下一步构建评估模型提供输入。在选定评估因子的基础上，考虑应用场景和可操作性，构建评估模型，得出可量化的评估结果。

今后，随着各类海洋环境资料检验评估工作的深入开展，将逐步建立一套完善、科学的评价指标体系，对各类海洋环境资料进行系统、完整的质量检验评估。

3.7 海洋大数据安全管理域

3.7.1 数据安全管理概述

1. 数据安全和数据安全管理

1）数据安全

经典的数据安全可以简化为保密性、完整性、可用性等，主要关注如何防止数据在其各个管理阶段遗失、泄露或被破坏。

（1）保密性是指个人或团体信息不为其他不应获得者获得。密码、Cookie、交易记录等敏感或隐私数据需要被安全地存储、访问、传输、使用，一旦被泄露，则可能造成重大损失。

（2）完整性是指数据不被未授权者篡改或在被篡改后能够迅速被发现。一些攻击者会通过破坏数据来达到攻击目的，数据被破坏可能导致一些分析、挖掘服务失效或被恶意重新定位。

（3）可用性是指数据可被合法用户正确、有效地使用。换言之，对于合法用户，数据可用性保证其在获取权限内的数据时不被拒绝，且正确有效。

当然，在大数据时代，数据安全的定义已经不仅仅限于上述三方面，其内涵和外延都被极大地拓展了，数据安全贯穿于整个数据生命周期。

2）数据安全管理

数据安全管理绝不仅仅是一套用工具组合的产品级解决方案，而是从决策层到技术层，从管理制度到工具支撑，自上而下贯穿整个组织架构的完整链条。组织内的各个层级之间需要对数据安全治理的目标和宗旨达成共识，确保采取合理和适当的措施，以最有效的方式保护信息资源。

广义的数据安全管理是数据治理的一部分。数据安全管理就是从数据战略、组织建设、流程重构、规章制度、技术工具等各方面，提升和优化数据安全防护能力，提高数据质量的过程。

2. 数据生命周期与数据安全

数据生命周期一般包括采集、传输、存储、使用、共享 5 个阶段，每个阶段各自面临不同的安全威胁（图 3-5）。

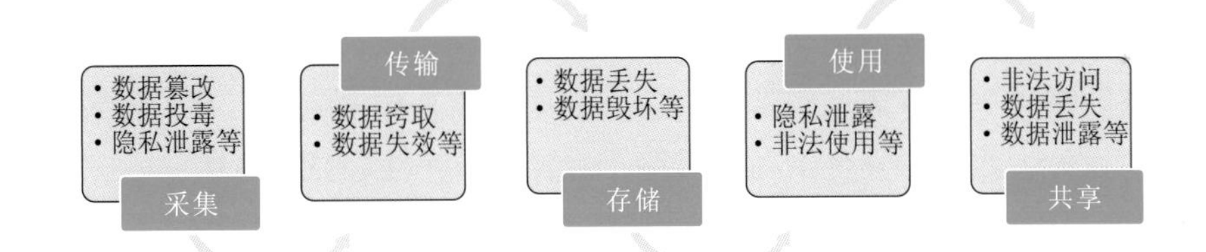

图 3-5 数据生命周期各个阶段面临的数据安全威胁

在数据采集阶段，常见的数据安全威胁包括数据篡改、数据投毒、隐私泄露等。

在数据传输阶段，常见的数据安全威胁包括数据窃取、数据失效等。

在数据存储阶段，常见的数据安全威胁包括数据丢失、数据毁坏等。

在数据使用阶段，常见的数据安全威胁包括隐私泄露、非法使用等。

在数据共享阶段，常见的数据安全威胁包括非法访问、数据丢失、数据泄露等。

3. 数据安全管理内容

数据安全管理可以分为数据梳理与识别、数据安全认责、数据分类分级和数据访问授权（图 3-6）。

（1）数据梳理与识别。通过数据梳理，理清数据资产分布，同时要明确保密和敏感数据的分布情况。关于数据资源梳理，主要有自顶向下的梳理信息资源规划和业务流程管理，

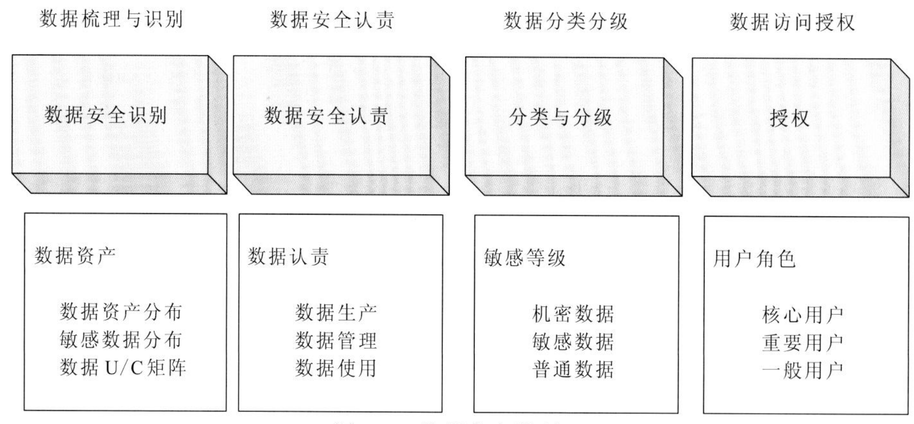

图 3-6 数据安全管理

以及需求驱动的自底向上梳理等方法。

（2）数据安全认责。采用“谁生产、谁管理、谁负责”的认责原则进行数据归属权确认。信息化部门往往被认为是数据安全主体部门，但事实上信息化部门只是信息化系统的实施者和维护者，数据安全治理要从源头抓起，数据的生产部门和使用部门有责任对数据的安全管理负责。

（3）数据分类分级。依据数据的来源、内容和用途对数据资产进行分类，再由业务部门根据数据的价值、敏感程度、影响范围进行敏感分级，将已分类的数据资产划分为公开、内部、敏感等不同的敏感级别。对不同敏感级别的数据分配相应的用户角色，建立敏感分级数据与用户角色的访问控制矩阵。

（4）数据访问授权。根据业务场景设计数据使用流程和安全防护策略，控制数据访问权限。在设计数据访问权限时，要结合数据安全等级并切合业务实际，将数据安全治理回归到业务中去，以达到数据使用的安全合规。

（5）数据安全的全生命周期管理。确认数据安全的责任主体后，要进行数据安全管理流程和制度的设计。数据的安全治理应贯穿于数据的整个生命周期。

3.7.2 海洋数据安全目标

1. 海洋数据安全现状

我国高度重视海洋数据的安全管理，依托海洋行政主管部门等国家海洋资料管理机构，持续加强数据安全管控能力。在组织架构上，建立形成了由行政领导、安防工作联络员、数据库/网站软硬件环境运维人员、系统研发与管理人员、数据专业处理人员、对外服务专员和部门联络员等组成的数据管理与服务网络安防组织结构。在运行机制上，建立了网络安全预警监测、安全监督管理、等级测评与定级备案、应急响应与处置等软硬件环境及业务系统安防机制。在规章制度上，建立了海洋数据管理服务办法和分类分级技术指标体系。技术手段上，将数据传输按不同的安全域进行划分和边界防护，建立了防御纵深化和多样化、防护策略系统性和动态化原则：数据存储依据数据级别，按照敏感、内部和公开区域进行分区存储，开展物理硬件、虚拟资源、业务系统和所有业务数据的安全防护；

数据应用从网络、主机、应用、数据4个层面开展安全保护，结合数据级别开展数据分级应用；数据公开须经过严格的审查审批手续，对利用目的、用户资质、保密条件等进行审查报批。

2. 海洋数据安全挑战

随着大数据时代的到来，海洋数据安全在技术和平台、数据安全和真实性、数据治理和法规标准等方面面临着巨大的挑战。

1）技术和平台

（1）传统措施无法适配当前海洋大数据安全需要。传统的安全保护是基于边界的保护措施，而如今大数据具有更加复杂的底层结构，需要满足更加开放的分布式计算要求，大数据应用系统变得更加模糊，原有的保护措施已无法满足当下的海洋大数据保护要求。

（2）海洋大数据平台安全隐患增多。越来越多的大数据应用采用开源平台及技术，数据处理功能倾向于大容量、高速率，而原生的安全特性在进行整体安全规划时考虑不足。随着海洋感知技术的不断发展，当前设备连接和海洋数据规模都达到了前所未有的程度，而现有的安全防护体系在越来越多的新终端安全防护上尚不成熟。

（3）海洋数据资源应用访问控制愈加困难。海洋数据的开放共享意味着将有更多用户可访问数据，大量的用户加之复杂的共享应用环境，会导致海洋大数据系统需要更加准确地识别和鉴别用户身份，传统基于集中数据存储的用户身份鉴别方式难以满足安全需求。

2）数据安全和真实性

（1）海洋数据安全技术要求更高，分布式的系统部署、开放的网络环境等，都将使海洋大数据在保密性、完整性、可用性等方面面临更大挑战。

（2）部分海洋数据真实性保障更加困难，除了调查、观测数据，通过互联网收集的数据往往经过多次转手，无法验证是否为原始数据，甚至无法确认数据是否被篡改、伪造，基于这些数据进行的海洋大数据应用，很可能得出错误的结果。

3）数据治理和法规标准

（1）海洋数据具有其独特鲜明的特色，需要从海洋数据的全生命周期考虑，制定完善的数据采集、传输、存储、处理、推送、共享服务的技术标准规范。

（2）需要深入研究制定科学合理且操作性强的海洋数据分类分级技术标准。

（3）亟待通过制定适用于海洋的大数据应用和安全标准，有效促进海洋大数据安全应用，从而引导、规范、促进海洋大数据发展，确保海洋数据开放共享和安全保障需求之间的平衡。

3.7.3 海洋大数据安全防护体系

1. 目标和原则

海洋大数据安全防护体系的目标是，通过建立健全海洋数据安全防护体制机制，修订完善海洋数据安全相关标准规范，深化数据安全防护关键技术研发，建立形成海洋数据安全防护体系，实现海洋数据和高频访问业务系统的安全防护。海洋大数据安全防护体系建设应秉承合规性、适用性、均衡性和可扩展性的原则。

（1）合规性原则。遵循《中华人民共和国数据安全法》《中华人民共和国网络安全法》《信息安全技术 网络安全等级保护基本要求》（GB/T 22239—2019）《信息安全技术 数据安全能力成熟度模型》（GB/T 37988—2019）《信息系统密码应用基本要求》（GB/T 39786—2021）等相关政策法规和标准规范要求，以国家海洋信息数据安全需求为导向，提供数据安全防护能力，全面保障国家海洋数据的安全。

（2）适用性原则。以服务化架构设计安全机制，海洋业务系统可通过调用海洋数据安全综合管控平台安全服务插件或接口实现对应的安全防护，不应影响现行海洋业务系统及相关数据库使用体验，无须应用系统进行相关改造。

（3）均衡性原则。充分权衡海洋数据安全综合管控平台对海洋数据的安全防护和海洋业务系统或业务数据库性能，作为第三方安全服务，不采集、保存用户数据，与海洋业务保持隔离；通过提升数据库数据安全服务性能、最小化安全防护边界等方式，在总体上达到各海洋业务系统的正常使用和安全防护的均衡。

（4）可扩展原则。应尽量采用系统高内聚、低耦合的设计方法，提供底层整体数据安全能力，上层各安全系统模块单元功能模块实现低耦合、可插拔，支持后期功能扩充和基础设施横向扩展，便于业务系统和安全系统的平滑滚动升级、运维调优。

2. 总体框架

以海洋大数据安全规章制度和标准规范为基准，建立完善数据安全组织架构，明确责权分工，面向数据、用户和应用等对象，打造“事前预防预警、事中监测管控、事后审计追溯”的海洋大数据安全综合管控平台，构建“人防+技防”的海洋大数据安全防护体系（图 3-7）。

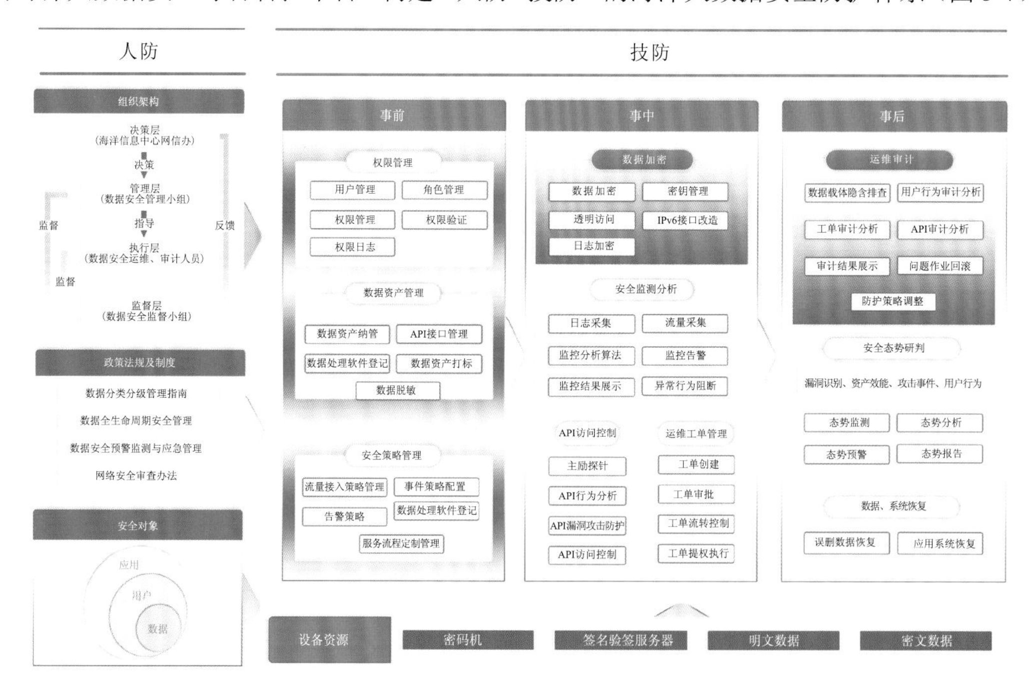

图 3-7　海洋大数据安全防护体系

3. 人防体系架构

围绕组织架构和制度标准，开展海洋数据人防体系建设（图 3-8）。

图 3-8　海洋大数据安全人防体系

1）组织架构

按照决策层、管理层、执行层和监督层构建数据安全组织架构，确定数据安全主管领导，明确网信领导小组、网信办、各有关业务部门的职责和任务。

（1）决策层：主要由高层管理者、各业务部门领导组成。负责数据安全整体目标和发展规划，发布数据安全管理制度及规范，负责重大数据安全事件协调与决策。

（2）管理层：由中高层领导负责，组建数据安全管理团队。制定数据安全工作在各层级的运行机制，制定数据安全管理制度和规范，负责与国家/行业监管部门协调对接，负责数据安全工作的日常管理及考核。

（3）执行层：由安全部门、业务部门及与数据处理相关部门的人员共同组成。负责数据安全制度及规范的执行，开展数据安全事件的监测、处置、分析和风险评估，反馈、处置数据安全需求。

（4）监督层：由审计、合规等多部门联合组成。开展数据安全制度完成性及执行情况，以及数据安全工具落地及有效性情况监督，开展数据安全风险评估和数据运营服务过程的监督审计。

2）制度标准

应建立完善的海洋数据安全管理制度、海洋数据分类分级制度和海洋数据全生命周期管理规范，以及海洋数据安全应急处置、安全审查和出口管制等制度。

（1）海洋数据分类分级制度。参考国家、部委和行业数据分类分级相关办法、规范和指南等文件，明确海洋领域数据分类分级原则、方法、程序等内容，建立分类分级安全管理机制，编制重要海洋数据目录。

（2）海洋数据安全风险评估机制。建立海洋数据收集、处理加工、存储备份、数据提供、数据出境、数据转移等全生命周期安全管理机制。结合有关数据安全管理要求，建立数据安全风险信息获取、分析、研判、预警和出险上报等工作协调机制。

（3）海洋数据安全应急处置机制。从数据安全自查、安全评估、应急处置、保密等方面出发，按照相关标准和流程，形成海洋数据监测、溯源、预警、处置等机制。

（4）海洋数据安全审查制度。针对影响或可能影响国家安全的数据处理活动，制定数据安全监测评估和审查认证等规章制度，建立完善海洋数据使用审批流程，修订完善并宣贯执行海洋数据共享使用相关管理办法，规范数据共享使用流程。

（5）海洋数据出口管制制度。针对与维护国家安全和利益、履行国际业务相关的，或属于管制物项的数据，进行出口管制。

4. 技防体系架构

以数据资产管理与数据安全标准规范为基准，结合密码机等必要硬件支撑，针对事前、事中和事后三个维度，建立预防预警、监测管控和审计追溯等技术保障能力，实现海洋数据传输、接收、存储、使用、共享、备份等全生命周期过程数据和高频数据访问业务系统安全（图 3-9）。

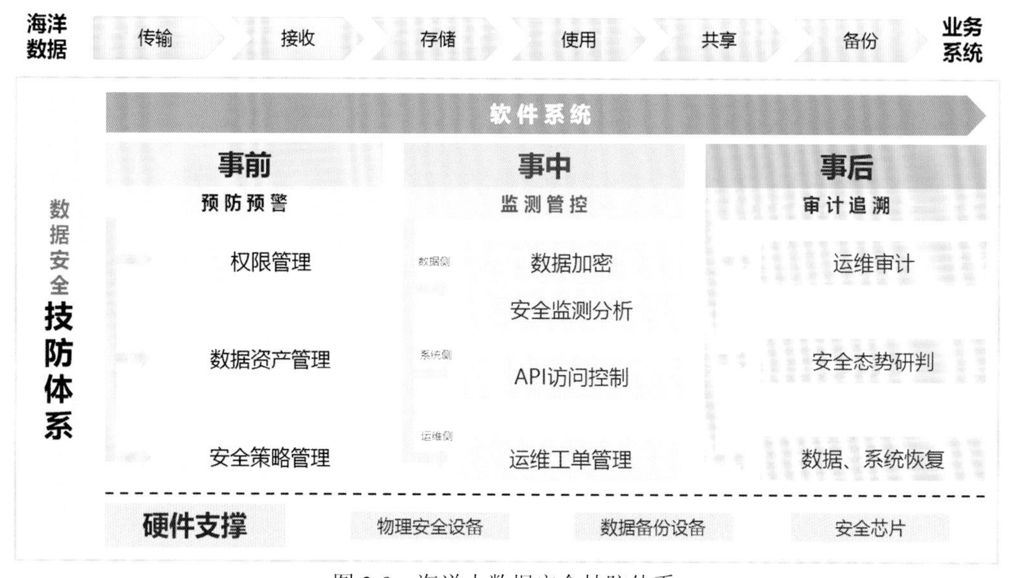

图 3-9 海洋大数据安全技防体系

1）事前预防预警

面向数据、关键软件和应用程序接口（API）等关键资产，实行统一登记录入、增删改查、打标和脱敏等处理，开展安全策略制定、修订、发布和撤销等管理，强化资产统一化管理和权限规范化管理。

（1）权限管理。依托权限管理功能，配置用户的角色和职责，对用户的访问权限、操作权限和修改权限等进行验证和控制，基于权限日志记录权限授予、变更和撤销等操作。

（2）数据资产管理。围绕数据资源、关键数据处理软件和 API 接口等资产，依托数据资产管理功能，制作全面的数据资产清单，登记录入数据、软件和服务的类型、来源、运行位置等信息，开展资产打标、数据脱敏、信息变更和撤销等操作。

（3）安全策略管理。依托安全策略管理功能，面向流量接入、事件策略、告警和服务流程定制等流程和关键环节，提供策略的制定、修改、发布和撤销等操作。

2）事中监测管控

围绕数据侧、系统侧和运维侧安全，开展海洋数据和数据高频访问业务系统监测管控。

（1）数据侧安全。通过数据加密、密钥管理、透明访问、IPV6 接口改造和日志加密等数据加密技术，为海洋数据全链路数据安全提供多元化安全保障。进一步通过日志采集、流量采集、监控分析算法、监控告警监控结果展示和异常行为阻断等安全监测分析功能，协助安全管理人员清晰、高效地开展海洋数据监测管控。

（2）系统侧安全。侧重面向数据高频访问业务系统的API访问控制，具备主动探针、API行为分析、API漏洞攻击防护和API访问控制能力，衔接现有网络、主机等网络安全管控措施，实现对API调用者进行身份验证、约束API访问和细粒度访问权限控制，保障海洋业务系统数据安全。

（3）运维侧安全。面向数据库运维操作工单的创建、审批、流转和提权执行等一系列运维关键环节，结合多因素认证、会话跟踪、限时设置、限次设置、请求计数和时间戳、请求处理和验证、动态脱敏和本地化防护等技术，实现对安全运维人员的最小化权限控制、行为核验和危险操作阻断，为国家海洋综合数据库规范化运维提供技术保障。

3）事后审计追溯

构建运维审计、安全态势研判和数据/系统恢复等功能，具备权限、行为、服务和设备运况等内容的审计，多角度安全态势监测、分析、预警和报告，以及数据与系统异常回滚恢复等功能。

（1）运维审计。面向数据载体、用户行为、工单执行和API服务等方面，基于相关审计模型，开展分析和隐患排查，可视化展示审计结果，并具备问题作业的回滚功能。

（2）安全态势研判。针对漏洞识别、资产效能、攻击事件和用户行为，结合多维度量化指标，精准描述数据安全的实时风险及整体状况，利用海量数据分析引擎及模型实现数据风险的主动发现、精准定位、智能研判、快速处置、严格审计，完成对数据安全保护工作的闭环处置流程。

（3）数据、系统恢复。基于数据与系统备份策略、灾难恢复计划及应急响应策略，结合数据冗余与容错、数据校验与纠错、数据库恢复等技术，实现数据恢复功能。

4）硬件支撑

需购置物理安全设备、数据备份设备和安全芯片等特定的硬件设备，构建必要的数据安全硬件支撑环境，为数据存储、传输、处理和服务各环节提供必要的支持和保护手段。

3.7.4 海洋大数据安全管控平台

海洋大数据安全管控平台包括数据安全、应用安全、运维审计、态势研判等方面，具备数据安全统一门户、权限管控、数据加密、API访问控制、安全监测分析、运维工单管理、运维审计追溯、安全态势研判等功能，面向海洋基础业务数据库和高频访问业务系统提供安全防护与保障（图3-10）。

（1）数据安全。采用数据库透明安全加密技术，在不影响业务数据库工作性能的前提下，针对数据库数据表、全库等进行加密保护；统计各数据库加密保护状态，数据安全趋势等；针对不同数据表，提供个性化保护表权限设置，加强敏感数据表安全控制；对数据库进行策略权限设置，支持IP访问黑白名单、应用访问黑白名单；记录各操作管理员操作日志。

（2）应用安全。通过独立于应用系统的方式，保护应用系统数据全生命周期安全。提供应用系统客户端本地密文接收解密、网络数据密文传输、服务端密文存储等全链路数据

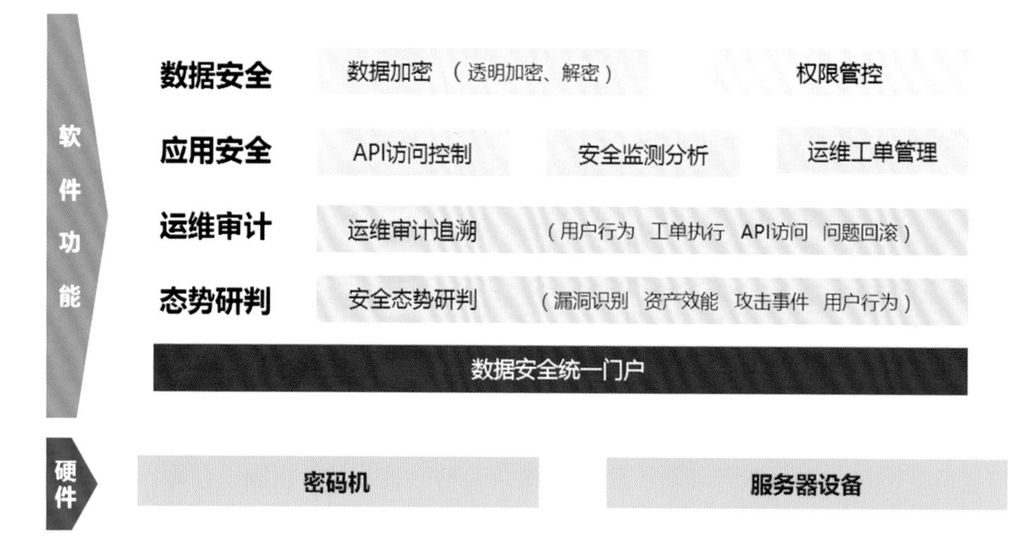

图 3-10　海洋大数据安全管控平台框架

安全；支持一会话一密、一文件一密、超大文件分片处理、流数据的处理等功能；提供二次身份认证功能，支持短信或邮件认证；支持不同应用系统业务化安全适配；提供 API 接口访问的数据保护和系统非授权访问阻断功能。

（3）运维审计。提供针对海洋数据库服务器 CPU、内存、系统硬盘和日志硬盘资源的系统监控，提供审计曲线、行为轨迹、最近告警列表、数据库自动发现等功能；提供数据库全方位访问监控，包含 IP、主机、用户、时间、SQL 关键字、执行时长和结果等；支持对审计日志进行综合查询、精确检索和实时查询，并可对数据进行用户行为轨迹分析、实时业务流量监控；根据风险级别对命中风险的数据库访问及时进行告警，通过控制台可以进行可信访问、风险访问、未知风险访问等策略配置。

（4）态势研判。保证接入流量可视化、可管理化、可分析化，同时保证对现有业务网络结构的零干扰。提供多维度的安全分析技术进行全网安全威胁感知，感知内部违规操作和信息泄露，使管理人员了解内部安全风险；可通过外部威胁情报辅助未知威胁分析；提供多层次安全分析技术和手段，对各类威胁进行检测、判断，给出响应处置建议和多种自动化响应方式，并通过可视化的方式，最终让管理人员感知网络目前是否安全，哪里不安全，造成了什么危害，影响范围如何，如何进行处置，以及处置的过程、结果如何；针对发现的安全事件提供响应方式，并及时通知相应责任人，实现安全闭环管理。

3.8　海洋大数据资产管理域

加强海洋大数据资产管理，制定海洋数据资源管理战略，可统筹规划各类海洋数据资产规范化管理，并通过合理运营和综合开发，使结构化数据、半结构化数据、语音数据、视频数据等各类数据带来持续收益。海洋数据资产管理覆盖从海洋数据产生到数据价值创造的全生命周期，以体系化的方式和标准化的手段，将海洋数据作为资产进行确认与计量，并管理各阶段数据资产的标识、定义、格式、属性、值域、业务规则、加工逻辑、数据模型、元数据、数据质量、安全权限及数据加工依赖关系等一系列事项。海洋数据资产管理的绩效体现在帮助数据拥有者、运营者和使用者清楚地认识海洋数据，了解数据的关系，实现海洋数据价值。同时，拥有或运营大量的海洋数据资产，并在数据集成和数据加工后，嵌入已有的海洋业务流程中，能够提升海洋数据资产价值转化，是提升海洋数据价值并形成核心竞争力的关键。

3.8.1 数据资产管理概述

1. 数据资产的概念、属性及数据价值

1）数据资产的概念

数据资产是指由企业拥有或控制的，能够带来经济利益的，以物理或电子方式记录的数据资源，如文件资料、电子数据等。并非所有的数据都构成数据资产，数据资产是能够产生价值的数据资源。在这个定义中包含以下三个要素。

（1）拥有或控制：除企业内部的数据外，通过各种渠道合法获取的外部数据也属于数据资产。

（2）带来经济利益：体现了资产的经济属性，未来能够带来经济利益。

（3）数据资源：数据资源包括各种以物理或电子方式记录的数据、软件、服务等。

2）数据资产的属性

数据资产包括可控性、可量化和可变现三个属性。

（1）可控性。通过合法途径收集，并享有存储、使用、加工、共享权利的用户数据、生产数据、分析数据等，可视为可控制数据。

（2）可量化。作为资源的数据需要被量化，不同类型的数据的计量方法也不同，例如3 GB的音视频数据和3 GB的文本数据的体量并不是相同的。因此，作为资产的数据需要根据具体需求，选择合适的计量方式。

（3）可变现。数据必须能够转化为经济价值才能被称为资产。数据的变现方式有很多种，如直接租售、技术研发、业务支持等。

3）数据价值

数据只是一种可以识别的符号，本身没有什么价值。只有将数据置于其使用环境中，赋予数据使用的目的和意义，即将抽象的数据与具体的实体行为结合起来，它才会变得有价值。数据的真正价值在于应用，没有应用价值的数据就只是数据而已。除此之外，认知数据价值还应该考虑以下方面（图3-11）。

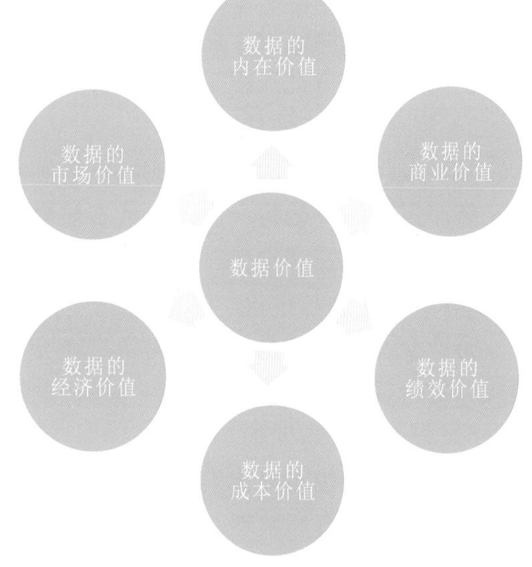

图3-11 数据价值

（1）数据的内在价值，即数据本身包含的信息量，信息量越大数据的价值就越高。

（2）数据的市场价值，即数据资产在市场上的价格。由于数据市场交易体系还不成熟，对数据资产的市场价格很难判定。即使是

同一类数据，在不同地区、不同市场、不同交易模式下其价格也不相同，这一点从新闻报道的数据黑市交易中就能够看出。

（3）数据的经济价值，即数据对于人和社会经济上的意义。经济价值是经济行为体从产品和服务中获得的利益。

（4）数据的成本价值，即数据存储、传输、处理过程中所消耗的成本，如人工费用、设备费用等。

（5）数据的绩效价值，即数据对于工作绩效的价值，如提高工作效率、降低沟通成本等。

（6）数据的商业价值，即数据在商业活动中的价值衡量。数据价值的多样性，决定了数据资产不能像其他资产一样可以单纯用货币来衡量。

2. 数据资产管理

数据资产管理是指规划、控制和提供数据及信息资产的一组业务职能，包括开发、执行和监督有关数据的计划、政策、方案、项目、流程、方法和程序，从而控制、保护、交付和提高数据资产的价值。数据资产管理需要充分融合业务、技术和管理，以确保数据资产的保值、增值。可以从以下 4 个领域来理解数据资产管理。

1）制度建设

为了顺利实施数据资产管理，首先需要建立一套完整有效的制度，包括组织架构建设、制度体系建设、审计机制建设三方面。

（1）组织架构建设。典型的组织架构主要有数据资产管理委员会、数据资产管理中心和各业务部门构成。其中：数据资产管理委员会负责制定决策；数据资产管理中心负责牵头制定数据资产管理的政策、标准、规则、流程及相关的运营、组织、协调工作；各业务部门则是数据资产的提供、开发和消费者。

（2）制度体系建设。制定数据资产的管理范围，在执行规范和标准的过程中需要重视事中检查和事后监控。

（3）审计机制建设。在数据资产的整个管理过程中，需要对敏感、重要数据的使用权限、使用制度、审批流程等方面进行严格审计，还需要保证集中审计的可行性。

2）资产发现与评估

资产发现与评估的目的是明确拥有哪些数据资产，以及这些资产价值如何。理想情况下，资产发现与评估将产出一张或多张资产登记表，用于登记当前拥有的数据资产，以及在不同业务中的资产价值。

3）资产交易与定价

资产交易与定价是数据作为资产在交易流通过程中的重要事项，主要包括数据的交易模式、定价模型等。

4）资产运营与保护

数据是一种相对易丢失、易过时的资产，良好的维护非常重要。一方面，需要周期性地对数据进行检查和整理，以确保数据质量良好，能够提供预期内的价值；另一方面，需要对数据资产进行有规划、有目的的开发，以具体的业务价值导向对数据进行调整，扩大数据规模，提高数据灵活性，最终提高数据资产的价值。

3. 数据资产管理的主要活动

数据资产管理活动中需要考虑的主要工作如下。

（1）数据资产分类分级。针对数据资产特性，按照数据属性和管理使用方式，进行不同维度、不同层级的数据资产分类分级，为管理者开展数据资产管理提供分类依据，并对不同级别或类型的资产采取相应的安全管理策略。

（2）数据资产登记。针对数据资产的来源和类目，登记数据资产标识、数据资产基本属性、数据资产业务属性、数据资产权属、数据资产类目、数据资产相关方、数据资产安全等级、数据资产使用方向等不同属性的数据信息。

（3）数据资产目录管理。对数据资产目录库结构信息进行扫描和记录，包括目录库名、表名、表列名称、归属账号、管理策略配置等相关信息，以实现数据资产目录的登记和管理。

（4）数据资产采集。数据资产采集是对数据进行人工处理，或从传感器等模拟和数据被测单元中自动采集数据的过程。数据采集过程可记录采集数据的范围、采集数据的粒度、采集数据的时间。

（5）数据资产分析。数据资产分析是数据所有者采用适当的统计分析方法对采集或交易获得的数据资产进行分析或预测处理，通过深度挖掘、关联分析等手段，提取有用信息并进行归纳，对数据资产后续利用并发挥价值进行预判的过程。数据资产分析可包含数据资产体系分布梳理、数据资产注册分析、数据资产趋势分析、数据资产脱敏分析、数据资产价值分析、数据资产风险分析等。

（6）数据资产监测。数据资产监测是对数据资产的访问行为数据进行监控和采集，建立合规的数据资产访问模型，定期侦测数据资产异常使用行为，验证异常数据规则，不断提升数据资产异常预警的精确度的过程。数据资产监测还需要考虑分级数据资产的安全防控策略，敏感数据的分发、交易与流转控制，非授权的数据资产访问限制，不合规的异常访问处理，突发大数据量访问等行为，以及数据资产体系的成熟度评估等问题。

4. 数据资产管理的参考框架

中国信息通信研究院在《数据资产管理实践白皮书 5.0》中给出的数据资产管理参考架构如图 3-12 所示。该白皮书提出，实现原始数据到数据资产需要以下两个步骤。

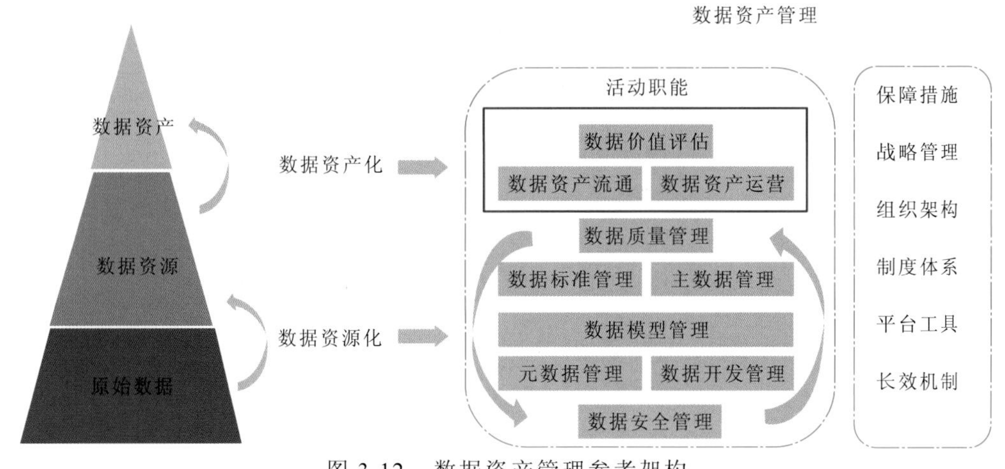

图 3-12　数据资产管理参考架构

（1）数据资源化。主要以数据治理为工作重点，以提升数据质量、保障数据安全为目标，确保数据的准确性、一致性、时效性和完整性，推动数据内外部流通，主要包括数据模型管理、数据标准管理、数据质量管理、主数据管理、数据安全管理、元数据管理、数据开发管理等活动职能。

（2）数据资产化。主要以扩大数据资产的应用范围、显性化数据资产的成本与效益为工作重点，并使数据供给端与数据消费端之间形成良性反馈闭环，包括数据资产流通、数据资产运营、数据价值评估等活动职能。

3.8.2 海洋大数据资产开发

1. 海洋数据资产开发的特征

海洋数据资产开发，是通过各种科学有效的方法，揭示海洋数据及其价值，使海洋数据直接服务于国家的海洋工作和各项事业，满足各种利用需求的一项工作。

（1）以海洋数据为主要对象。信息研究是当今社会的一种重要科研方式，以海洋数据作为信息研究的对象，是海洋数据资产开发工作区别于其他信息研究的主要标志。

（2）以主动满足客观需要为目的。海洋数据资产开发是一种主动开发海洋数据信息产品的服务方式。必须主动了解相关信息需求，准确把握特定的服务对象，主动开发出适应海洋工作等客观需要的、高效的海洋数据信息产品，以保证海洋工作持续发展。

（3）以信息研究为基本手段。研究活动贯穿海洋工作全过程，信息研究是实质，信息加工是表现形式。信息研究和信息加工相辅相成，海洋数据资产开发创造性的集中表现就是在信息研究方面。

（4）提供信息利用的高级形式。海洋数据资产开发工作优化了海洋资料信息，增加了信息密度，甚至升华了原有的知识，实现了海洋数据的增值。

2. 海洋数据资产开发的原则

（1）存真原则。应保证海洋资料信息产品服务开发信息的真实性和提供资料的客观性。

（2）适用原则。应满足海洋工作与利用者的客观需要，提供具有先进性和实用性的海洋资料信息。

（3）优化原则。应强调通过优化的基本方法，提供高质量的海洋资料信息与高质量的信息服务。表现为对开发信息的优选和开发方法的优选。

（4）合法原则。海洋资料服务产品开发属于一项科技资源开发活动，属于公布海洋资料信息的范畴，从选题、加工信息，直至服务产品的传播，涉及技术、经济等各种利益关系。因此，应严格遵守相关的法规和政策。

（5）经济效益与社会效益相结合的原则。应充分了解需求，按照经济规律开发产品，做好服务，而不是盲目开展工作，浪费国家资源与财政资金。

3. 海洋数据资产研发的主要方向

（1）提高数据检索能力。充分利用现代理论、方法和技术，开展综合分析研究，提高对以往海洋工作的研究水平，开发海洋资料目录检索产品和综合评述系列产品，提取海洋数据核心信息，盘活各类海洋数据，大幅度提高海洋资料社会化利用水平和利用效益。

（2）加强海洋数据挖掘开发。开展各类海洋数据的深度挖掘，总结规律，开发海洋环境、海洋生态、海洋资源、海洋安全、海洋权益数据信息产品，充分发挥现有海洋资料的作用，避免工作的重复和浪费。

（3）加强集成专题产品开发。面向海洋权益维护、海洋安全保障、海洋防灾减灾等需求，深化海洋资料的开发利用，强化海洋资料的综合研究，推进原始海洋资料的开发利用。开发公开性资料数据产品、科普类数据产品和网络版海洋调查成果产品。

4. 海洋数据资产开发的基本方法

海洋数据资产开发的实质是对海洋资料中有用的信息的识别和加工。识别是指通过著录和文本挖掘等手段，将有用的信息从海洋资料中选择出来并进行存储，但识别和存储的信息仍然处于分散和无序的状态。加工是按照一定的需求，对识别出来的信息进行综合、分析、归纳和总结，将分散、无序的信息有序化和系统化。海洋数据资产开发的基本方法有著录、信息挖掘、信息综合集成、多元信息复合。

（1）著录：对资料的内容和形式特征进行分析选择和记录，是在对海洋资料内容准确分析和判断的基础上，运用检索语言将主题概念转换成规范化的检索标志。

（2）信息挖掘：开发数据挖掘平台，将文本描述中有用的数据信息通过算法标识出来，建立文档内部、文档之间的联系，使用户可根据各自需求提取挖掘有用信息。

（3）信息综合集成：将特定区域内、不同时代、不同单位、不同工作方法的海洋资料进行集成，并加以分析、研究、提取，将原来用途单一、信息分散、认识不一致、工作区比例尺面积不一的多种海洋资料编制成多用途、多功能的复合型海洋资料。

（4）多元信息复合：将不同专业、不同方法、不同时期形成的海洋资料进行叠加，综合分析研究，通过多种信息资源的叠加，找出内在规律，得出新的认识。

5. 海洋数据资产开发的影响因素

海洋数据资产面临着与有形产品生产商一样的经济、社会文化、政治法律和竞争等环境因素的影响。

（1）经济环境。海洋数据资产受经济成熟度和发展速度等因素影响。海洋资料信息服务要适应经济大发展的客观环境，必须加大产品开发力度，扩大服务领域和范围。

（2）社会文化环境。海洋数据资产的社会文化环境会随着时间的改变而改变，相应地会引起消费者对服务偏好的变化。

（3）政治法律环境。海洋数据资产的政治法律环境会随着法律的制定与修订而改变，需要开发者研究法律，在法制框架下工作。

（4）竞争环境。海洋数据资产开发是公益性服务行业，受国家政策影响较大。

3.8.3 海洋大数据交易管理

我国高度重视数据要素发展。在海洋强国、数字中国等战略实施背景下，激活海洋数据要素潜能，对促进海洋数据要素增值服务、增强海洋经济发展新动能具有重要意义。流通是海洋数据成为生产要素的充分必要条件。海洋数据要素化就是要推动数据资源通过市场化配置实现数据要素在全社会范围内的广泛流通。

数据交易是以货币为对价，以市场供需为基本定价机制，进行数据要素的市场化流通。2021年以来我国有关大数据的交易机构建设呈现井喷式发展，北京、贵州、上海、武汉、广州等城市相继成立大数据交易机构，突出准公共服务、全数字化交易、全链条生态构建及制度规则创新等功能。当前我国海洋大数据交易呼声越来越高，但还处于初期的粗狂式发展模式，面临数据确权难、定价难、互信难、入场难、监管难等关键共性问题。

目前，海洋数据流通交易与监管机制有待完善，体现在如下几个方面。

（1）海洋数据分类分级规则尚不明确。以往海洋数据分类分级主要是以密级界定为核心，未涉及数据产权、流通交易等方面问题。在海洋数据要素赋能保障的新形势、新要求下，亟须加强用户分类、数据定级、数据确权授权等相衔接、一体化的分类分级研究。

（2）海洋数据交易监管机制尚不完善。海洋数据交易尚无禁止清单，数据确权不明造成数据在流通、交易、使用过程中的可解释空间大，数据授权不清导致市场规范变差，政府监管不足导致数据挖掘、开发、交易、收益分配等市场行为处于司法实践的灰色领域，海洋大数据交易平台还存在一定风险。

（3）海洋数据交易模式尚未建立。目前海洋数据要素市场化配置水平不高，现有海洋数据交易多为场外交易，“数据交易所+数据公司”模式适用性有待实践验证。数据交易涉及采集者、提供方、需求方、数据商和数据中介等多维主体，主体间衔接撮合，以及数据、接口、算力、模型、工具等多类对象的资产价值认定、质量评估、合规交易等实施引导匮乏。此外，由于海洋数据价值体现为具体应用场景的定制化、个性化服务，数据产品难以成为一种标准化产品，数据交易定价存在较大的困难，且易造成数据交易市场秩序混乱。

下一步，还需要进一步完善规章制度，从以下几个方面，探索推进海洋数据要素合规流通。

（1）研制出台海洋数据分类分级指南。坚持依法依规、落实党管数据原则，从数据来源、数据内容、数据形式等角度确定海洋基础数据的范围，从业务属性、数据属性和用户属性等维度确立海洋基础数据分类体系。围绕数据定级，明确涉密数据管理遵照有关法律法规，将非涉密数据划分为重要、核心和一般三个等级，并明确数据级别识别因素。重点围绕海洋基础数据用户分类、数据分级等关键问题，提出务实管用的方法，在保护数据安全的前提下促进数据共享利用。

（2）研究制定海洋大数据交易管理制度。着眼海洋数据交易全生命周期管理，统筹考虑行政逻辑上的事前数据确权、数据资产评估、市场准入，事中数据授权、数据定价、安全交付，以及事后交易核验、市场评价贡献、纠纷仲裁、收益分配引导调节等监管环节，明确技术逻辑上的数据三权分置、质量评估、合规评估、交易标的、交付方式、交易备案等监管要求，研究制定相关规章制度，建立健全相关监管机制，突出国家政府部门在海洋数据要素市场中的主体管控作用。

（3）探索构建海洋数据合规高效交易模式。坚持政府主导和有效市场更好结合，加强产业政策供给，促进场内与场外交易融合发展。探索建立海洋数据市场准入规则和质量标准化体系，鼓励开展海洋数据产权试点，支持有条件的地区和企业先行先试，逐步完善海洋数据市场关键环节的政策及标准。处理好国内大循环与国内国际双循环的关系，探索海洋数据跨境安全合规有序双向流动机制。探索推进产权登记、流通交易、安全治理等方面，建立健全海洋数据有偿使用和收益分配机制，提升数据流通和交易全流程服务能力。

第二篇 方法篇

方法篇包括海洋大数据来源与分类方法、海洋大数据架构管理方法、海洋大数据集成管理方法、海洋大数据交换共享方法、海洋大数据质量管理方法和海洋大数据安全管理方法 6 章，总结海洋大数据的来源、获取方式和内容特点，介绍海洋大数据资源体系和分类方法、海洋大数据清洗处理和综合分析方法、海洋大数据挖掘分析和产品研发技术、基于互联网/专网的海洋大数据共享方法、海洋数据互操作、基于区块链的海洋数据服务技术、海洋大数据质量管理方法和海洋大数据安全防护体系设计方法等内容，这些方法和技术是开展海洋大数据治理的“方法库”和“工具箱”。

第4章　海洋大数据来源与分类方法

4.1　海洋观/监测数据

4.1.1　业务发展概述

我国近代自主的业务化海洋观测始于20世纪初，至50年代全国有近20个验潮站，但只有几个站有完整的观测数据。1956年全国海洋普查工作会议决定，在我国近海开展长期的海洋水文标准断面调查，并先后在全国沿岸布设了119个海洋水文气象观测站。1958年我国开展了新中国成立以来第一次真正意义上的全国性海洋综合调查。随后，60年代增加了冰情调查，70年代增加了志愿船观测，80年代初增加了浮标观测。至1997年，我国已有各种海滨观测站524个，全国联网监测的海洋污染监测站248个。2002年，中国海洋环境监测系统开始建设，72个海洋站和120艘志愿船装备了先进的自动观测仪器和通信设备，观测资料的采集频率和传输最高时效达到了分钟级，我国的业务化观/监测体系得到进一步发展。

近20年，我国海洋观/监测数据汇集体系不断拓展完善，海洋观/监测数据种类、数量和时效均快速增长。海洋观测方面，已建成以海洋站、浮标、志愿船、高频地波雷达、X波段雷达和标准海洋观测断面为主体，结合由海上油气平台、卫星/航空遥感及应急机动平台等方式组成的全球海洋立体观测网，实时/定期接收、处理和管理全国300余个海洋站、70余艘志愿船、80余套浮标、20余套高频地波雷达、10余个X波段雷达、50余个GNSS观测站点和 15 条标准海洋观测断面等大量宝贵的海洋观测数据和信息产品。海洋监测方面，已涵盖海洋环境质量、海洋生态状况、海洋环境监管、公益服务、海洋生态环境风险和海洋资源环境承载力监测预警等监测项目和监测任务，监测范围覆盖我国管辖海域和西太平洋海域。

4.1.2　数据内容与特点

按照学科，海洋观测数据主要包括海洋水文数据和海洋气象数据，海洋监测数据主要包括海洋生物数据和海洋化学数据。海洋水文观测数据要素涵盖温度、盐度、海发光、潮高及潮时、浪高、浪向、波周期、海冰等；海洋气象观测数据要素涵盖气温、气压、相对湿度、风速风向、降水量、能见度等；海洋生物监测数据要素包括赤潮贝毒、赤潮生物、潮间带生物、游泳生物、浮游动物、底栖生物、鱼卵仔鱼、浮游植物、海草床群落、红树林群落、珊瑚礁群落、珊瑚礁鱼类等；海洋化学监测数据要素主要包括海洋大气、大气放射性、气溶胶、二氧化碳、陆源入海水质、海水水质、海水放射性、海洋垃圾、沉积物粒度、沉积物环境质量、沉积物放射性、生物质量、生物环境质量、生物放射性等。

按时效性，海洋观测数据可分为实时数据和延时数据。

（1）实时数据，是指各类海洋观测平台在获取数据后第一时间，无延迟传输至各个数据节点，仅经过简单处理和质量控制后形成的标准数据文件。实时数据为了保证其极高的时效性，会以比较简单的格式进行存储，且多要素存储在同一个数据文件中，便于传输和使用。因此，实时数据具有时效性高、格式简单、文件小、数目多等特点，需要按照时间目录分级存储。

（2）延时数据，是指经过逐级审核和严格的质量控制之后形成的海洋观测数据文件。延时数据具有一定的时间滞后性，可补充实时数据缺失的部分数据，且经过数据的加工再处理，无论从数据记录的完整性还是数据质量等方面都大大优于实时数据。同时，延时数据记录格式具有易操作、易存放等特点，便于使用。

从其他角度，根据海洋观/监测数据的特点，还有很多数据分类方式。例如：根据数据和产品的时间尺度，可分为分钟值、小时（逐时）值、定时值、日均值、候均值、月均值、年均值等资料和统计产品；根据数据采集形式，可分为直接观测数据和间接观测数据；根据观/监测手段可分为岸基观测数据、海面观测数据、水下观测数据和海底观测数据等。

4.2 海洋科考调查数据

4.2.1 业务发展概述

海洋科考调查是用各种仪器设备直接或间接对海洋的物理学、化学、生物学、地质学、气象学及其他海洋状况进行调查的手段。海洋调查活动获取的第一手海洋数据是对各类海洋现象和分布规律最直接的反映和描述，是开展海洋各类科学研究和应用的基础资源。我国自 1958 年独立自主地开展海洋调查以来，获取了 PB 级别的海洋调查数据，学科涵盖物理海洋、海洋气象、海洋生物、海洋化学、海洋地质、海洋地球物理、海底地形地貌、海洋光学和海洋声学等。我国海洋科考调查经历了航次由无到有、区域由近海到远洋、船舶由落后到先进、设备由依靠进口到自主研制、调查科研人才由少到多、后勤保障由艰苦到优越的渐进式蜕变。总体上，我国海洋科考调查经历了起步、持续发展、全面发展和跨越式发展等阶段。

（1）起步阶段。20 世纪 50～60 年代中期为我国海洋科考调查的起步阶段。在此期间陆续开展的全国海洋综合调查和全国海岛调查等多部委联合调查，为我国近海水动力要素变化规律研究积累了宝贵的基础资料，为进一步开发和利用海洋打下了基础。

（2）持续发展阶段。20 世纪 60 年代后期至 70 年代末期为我国海洋调查的持续发展阶段。在此期间，国家海洋局、中国地质调查局、中国科学院和相关高校等单位和机构分别在太平洋、渤海和北黄海、东海、南海北部及西沙海域开展了多项海洋综合调查。

（3）全面发展阶段。20 世纪 80～90 年代，在改革开放和以经济建设为中心的指导思想下，国家增加了海洋科考调查经费的投入，在引进先进仪器设备和开展广泛国际合作与交流方面发力，进一步扩大了海洋科考调查范围，提高了调查数据质量和研究深度。这一时期开展的全国海岸带和海涂资源综合调查、全国海岛资源综合调查及开发试验，为摸清我国海岛、海岸带自然资源和社会经济基本情况、科学合理地开发利用海岛、海岸带资源提供了必要依据。南沙群岛及邻近海域的海洋综合考察、热带西太平洋海域调查、长江口及邻近海域调查等在研究海洋环境动力学和物质输运、掌握近海海洋资源，以及扩大我国国际影响等方面做出了重要贡献。

（4）跨越式发展阶段。进入 21 世纪，在国家科技重大专项、国家重点研发计划项目、国家自然科学基金项目及海洋公益性行业科研专项等的支持下，一大批重大海洋仪器装备的研发和建造顺利完成，并投入应用，极大地提升了我国海洋调查与研究综合实力。历时 8 年多的"中国近海资源环境综合调查与评价"专项，"十三五"以来实施的"全球变化与海气相互作用"专项，构建了我国现代海洋调查标准和立体空间调查技术体系，为我国深耕远海开启了历史新征程。

4.2.2 数据内容与特点

海洋科考调查数据是指调查和研究任务过程中获取的海洋水体环境、海洋生物生态、海底地形地貌、海洋底质和地球物理、海洋声光、海底矿产资源等各类海洋数据和研究成果。

1. 数据内容

（1）按照学科要素，海洋科考调查数据包括物理海洋（温度、盐度、密度、深度、海流、水色、透明度、海发光等）、海洋气象（海面气象、海气边界层和高空气象）、海洋声学（海洋环境噪声、声传播、海底底质声学特性等）、海底地形地貌（多波束水深、单波束水深、浅地层剖面和侧扫等）、海洋地球物理（重力、磁力、沉积地层地壳结构和海底热流）、海洋地质（沉积物、悬浮体、岩石等）、海洋生物（叶绿素 a、初级生产力、微生物、浮游生物、底栖生物和游泳动物等）、海洋化学（海水化学、大气化学和西太平洋放射性核素等）、海洋遥感（海洋动力和生态环境要素、潮间带、土地利用、码头航道和浅海水下地形特征等基础地理要素）、海洋光学（水体光吸收特性、光散射特性、光离水辐射特性和大气光学特性等）数据。

（2）按照调查方式，海洋科考调查数据包括走航调查、大面调查、定点连续调查、轨道扫描调查（利用卫星遥感设备对海洋进行轨道扫描）数据。

（3）按照调查手段，海洋科考调查数据包括天基观测、空基观测、岸基观测、海底基观测和船基观测数据。

（4）按照调查区域，海洋科考调查数据包括我国近海调查、河口和海岛海岸带调查、深远海调查、国际海域大洋调查、极地考察数据。

（5）按照调查平台，海洋科考调查数据包括固定式（定点浮标、潜标观测和海上固定平台）和活动式（调查船、水下潜水装置、漂流浮标和轨道卫星）数据。

（6）按照数据处理程度，海洋科考调查数据包括原始采集数据、仪器导出数据、现场/

内业分析数据、标准格式数据、成果数据、产品数据等。

（7）按照成果类型，海洋科考调查数据包括环境调查成果、资源调查成果、专题成果等。其中，环境调查成果包括物理海洋与海洋气象、海洋声学、海底地形地貌、海洋地球物理、海底底质、海洋化学、海洋生物、海洋遥感和海洋光学等调查活动产生的各类原始数据和样品、现场及内业测试分析数据和调查报告图件等，资源调查成果包括地质矿产资源勘探、深海海底矿产资源勘探等活动产生的各类原始资料、成果资料和实物样品等，专题成果包括借助海洋调查开展的海洋灾害专题、海洋经济专题、海域使用调查、海岛专题和海洋生态环境调查成果资料。

2. 数据特点

（1）体量巨大。随着科技的进步，对海洋的调查更为全面。例如海底底质学科沉积物要素可细分为粒度、化学元素、黏土矿物、全岩衍射、涂片鉴定、古生物、测年、现场化学、古地磁等多种类别，由此产生的数据量是巨大的。另外，很多调查仪器采集和传输频率可达分钟级，新型调查和分析测试设备的业务化应用，使调查数据量呈指数增长。

（2）多来源性。常规定期的海洋科考调查已远不能满足科研需求，通过自主和国际合作等方式，各类海洋调查活动日益增多，使海洋调查数据具有多来源性。

（3）多样性。海洋调查方式、手段、仪器设备的种类多种多样，获得的结构化和非结构化数据格式多种多样。

（4）客观规律性。海洋调查数据可反映海洋环境属性的客观规律或社会经济的普遍规律。

（5）协同性。不同学科要素间对于同一自然现象表现出一致的规律性，例如台风期间，气象、水文、生态等要素会在同一时段出现极值，而渔业经济相关指数也会产生滞后波动现象。

（6）多学科融合。随着我国经济和科研水平的大幅提升，对海洋现象的调查和研究不再停留在单一学科上，往往采用综合调查的方式，借助多种调查仪器设备，采用多学科联合调查，建立多时空、多学科立体观测网络，利用学科间交叉融合分析海洋现象特征，阐述其机制机理。例如在研究东印度洋 90° 海岭的构造成因时，不但要对该海域的地形地貌形进行调查，同时要充分考虑中深层水动力、海底沉积过程、海洋生化要素分布及声传播对构造成因的影响，开展综合调查与分析。

4.3 海洋卫星遥感数据

1. 卫星高度计数据

美国国家航空航天局（NASA）与法国国家空间研究中心联合发射的 TOPEX/Poseidon（T/P）卫星，载有主动式雷达高度计，用于探测海面高度，该卫星于 1992 年 8 月发射，T/P 卫星通过携带 6 台传感器共同完成海面地形测量任务，卫星资料测量海平面高度的精度可以达到 2.4 cm，平静海面条件的水平分辨率可以达到 2.2 km，T/P 卫星是第一颗成功的海洋微波遥感卫星，为海洋科学的研究和业务化应用提供了高质量的海面高度场数据（蒋兴伟 等，2010）。

2001 年 12 月，NASA 与法国国家空间研究中心联合发射了 Jason-1 卫星（2001～2013 年）。Jason-1 卫星是 T/P 卫星的后续卫星，精度为 3.0 cm，其他的指标与 T/P 卫星一致（李晓婷 等，2010）。

欧美等国家陆续发射了多个系列的高度计卫星，包括 Envisat（2002～2012 年）、Jason-2（2008 年至今）、Jason-3（2016 年至今）、Saral/AltiKa（2013 年至今）、Sentinel-3A（2016 年至今）等，已获得了全球海洋长时间序列的海面高度数据，有效推动了海洋动力学、地球物理学、海洋大地测量学等诸多领域的发展（杨磊 等，2019）。

2. 卫星辐射计数据

辐射计是一种根据被动遥感理论而制作的传感器，可以用来反演海水叶绿素 a 浓度、悬浮泥沙浓度、海水光学衰减系数、大气状况、海表温度和海表上空水汽含量等信息。AVHRR 是 NOAA 系列卫星的主要探测仪器，星上探测器扫描角为±55.4°，可探测地面 2800 km 宽的带状区域，两条轨道可以覆盖我国大部分国土，三条轨道可完全覆盖我国全部国土。AVHRR 的星下点分辨率为 1.1 km。由于扫描角度大，图像边缘部分变形较大，实际上最有用的部分在±15°范围内，该范围的成像周期为 6 天。AVHRR 可以用来观测反演地表植被覆盖情况、大气中雾的分布情况、海表温度分布等，反演数据的分辨率高、可信度强。

3. 卫星散射计数据

散射计是一种专门监测全球海表风的主动微波雷达，使用卫星携带的散射计可获得全天候、高分辨率的全球海洋近表面风资料。NASA 于 1999 年 6 月发射 Quick-SCAT 卫星，携带了双幅侧扫描的 Ku 波段散射计，NASA 喷气推进实验室物理海洋数据分发存档中心负责分发散射计数据产品。

欧洲空间局遥感卫星 ERS-1 搭载了主动微波遥感散射计。该散射计利用微波雷达的后向散射信号确定平均海面雷达反射率，使用经验模式反演海平面风场特性，包括风速、风向等信息。风速范围为 1～24 m/s，误差精度为 2 m/s，风向范围为 0°～360°，误差精度为 20°。风场产品是一组分布在 500 km×500 km 海域内包括 19×19 个格点的风矢量，其空间分辨率为 25 km×25 km，在一个轨道周期内，可产生 70 个 500 km×500 km 区域的产品。

4. 合成孔径雷达数据

合成孔径雷达（SAR）是一种主动式微波遥感成像雷达（张晰 等，2008）。一些已发射的卫星上携有 SAR，如 Seasat SAR、Almaz SAR、JERS-1 SAR 和 ERS-1/2 SAR。

海表面粗糙度不同，SAR 测量海面后向散射信号，并通过处理能产生标准化后向散射截面图像。标准化后向散射截面图像包含海面的相关信息，可以反映海面的粗糙度。这种遥感手段可以达到几米到几十米的分辨率。同时，SAR 工作的频段是微波波段，即使在黑夜，仪器也能正常工作。SAR 可以测量海表面风、内波、海浪的方向谱，还可以监测海冰的移动和海面的油膜，用途十分广泛。

SAR 全天候、全天时及能穿透一些地物的成像特点，显示出它与光学遥感仪器相比的优越性。雷达遥感数据也在多学科领域中得到了广泛的应用。星载雷达在 20 世纪 90 年代得到了迅猛的发展，特别是极化雷达和干涉雷达。在航天飞机成像雷达 SIR-A、SIR-B 和 SIR-C/X-SAR 成功地完成单波段、单极化和多波段、多极化成像飞行之后，现已开展航天飞机雷达地形测图飞行。在雷达卫星 1 号基础上，加拿大在 2001 年发射的雷达卫星 2 号雷达具有全极化测量能力；欧洲空间局在 1999 年 11 月发射的 Envisat-1 卫星上装载先进合成孔径雷达，有同极化和交叉极化两种极化模式；2002 年发射的 LightSAR 为 L 波段多极化，具有干涉测量、扫描模式的实用化成像雷达；日本发射的 ALOS/PALSAR 亦为多极化、多工作模式雷达系统。它们为数字地球的发展提供了丰富的数据源。

5. 中分辨率成像光谱仪数据

中分辨率成像光谱仪（MODIS）是 NASA 研制的大型空间遥感仪器，是搭载在 Terra 卫星和 Aqua 卫星上的一个重要的传感器，是卫星上唯一将实时观测数据通过 X 波段向全世界直接广播，可以免费接收数据并无偿使用的星载仪器。MODIS 具有从可见光、近红外到远红外的 36 个波段和 250～1000 m 的地表分辨率，每 1～2 天观测地球表面一次。在白天，所有波段均操作运行。在夜间时段，只有热红外波段收集数据。

MODIS 的观测地面图幅为 2330 km，光谱范围为 0.4～14.4 μm，提供全球所有表面的、阳光反射和日夜热辐射的较高辐射度分辨率的图像数据，图像分辨率为 0.25～1 km。MODIS 测量的基本目标包括陆地和海洋表面的温度和地面火情、海洋水色、水中沉积物和叶绿素、全球植被及变化、云层表征、汽溶胶浓度和特性、大气温度和湿度、雪的覆盖和表征、海洋环流等（李晓婷 等，2010）。

4.4 海洋再分析数据

4.4.1 国外海洋再分析数据

1. NCEP/NCAR 气象再分析数据集

美国国家环境预报中心（NCEP）和美国国家大气研究中心（NCAR）利用最先进的全球资料同化系统和完善的数据库，对 1948 年至今的地面、船舶、探空气球、无线电探空、飞机、卫星等全球气象观测资料开展质量控制和同化分析处理，研制了 NCEP/NCAR 气象再分析数据集。该数据集具有要素多、范围广、连续性强等特点。根据统计时段分为 NCEP/NCAR 逐日再分析资料、NCEP/NCAR 一日四次再分析资料、NCEP/NCAR 月平均再分析资料，资料空间分辨率分为 2.5°×2.5° 和 T62 高斯网格两种，覆盖时段为 1948 年至今，覆盖区域为全球，根据资料内容分为等压面资料、地面资料和通量资料。由于 NCEP/NCAR 资料时间序列长、涵盖内容广，常被海洋学界用来研究大气对海洋的长期影响，NCEP 资料（如海面风场、海面温度场、蒸发降水场和辐射通量场等）常用来作为海洋模式的驱动场资料。之后，在 NCEP/NCAR 气象再分析数据集基础上，该团队修复该数据集中错误，更新地球动力过程的参数集，开发了 NCEP-DOE 再分析数据集。

2. COADS 资料

1981 年 1 月美国国家气候数据中心（NCDC）等多家部门联合，经过 4 年的努力推出了海洋大气综合数据集（COADS）资料，COADS 资料的最初版本包括 1854～1979 年的海表数据。COADS 资料自 2.0 版本之后，展开广泛的国际交流合作，形成 ICOADS（Freeman et al., 2017）。该数据集由来自许多国家的数据集加工合并而成，包括来自船只（商业、研究）观测数据、系泊浮标和漂浮浮标数据、海岸站点数据及其他海洋台站数据等，可提供海表温度及气温、气压、湿度、经向和纬向的风速和云量等数据。

3. ECMWF 资料

欧洲中期天气预报中心（ECMWF）是一个获得多个国家支持的独立的政府间组织，是当今全球独树一帜的国际性天气预报研究和业务机构。ECMWF 提供天气实测数据和模式预报产品，以及用于全球海气模式运算所需的相关数据，作为模式发展和资料处理技术的领跑机构，其同化技术在国际上具有引领性。ECMWF 基于由卫星、气象站、船舶、浮标等组成的全球观测系统，对外提供预报时效为 10 天的温度、压强、湿度和风场等的中期数值预报产品。ECMWF 还组织实施了全球再分析计划，定期使用其预报模型和数据同化系统对近期观测数据重新分析，制作大气、地表和海洋的近期全球网格再分析数据集。该数据集目前最新版本 ERA5（Zuo et al., 2019），覆盖时段从 1959 年至今，提供的时间分辨率最高为 1 h，并提供日平均和月平均数据，空间分辨率最高为 0.25°×0.25°。该数据集共有 62 个变量，其中高空 11 个，地面 51 个。

4. SODA 资料

SODA 数据集由全球简单海洋资料同化分析系统产生（Jacket et al., 2006），该系统是美国马里兰大学于 20 世纪 90 年代初开始开发的分析系统，其目的是为气候研究提供一套与大气再分析资料相匹配的海洋再分析资料。SODA 数据集包含的变量有温度、盐度、海流速度、海表风应力、海洋热含量数据、海平面高度等。SODA 分析系统最初采用的是美国地球物理流体动力学实验室（GFDL）的模块化海洋模式第二版（MOM2），后来又引入了美国洛斯阿拉莫斯（Los Alamos）国家实验室发展的 POP 数值方法和以 SODA 程序为基础的全球海洋环流模式（GCOM）。

5. ECCO 资料

海洋环流和气候估计（ECCO）资料作为世界海洋环流实验（WOCE）计划的组成部分，得到了美国国家海洋合作项目（NOPP）资助，并由美国国家科学基金会（NSF）、美国国家航空航天局（NASA）和海军研究署联合提供支持。该计划始于 1998 年，基于美国麻省理工学院海洋环流模式（MITgcm），旨在将大洋环流模式与各种海洋观测数据相结合，以得到对时空变化海洋状态的定量描述。最新版本 ECCO-V4 于 2016 年发布，采用 4DVAR 方法，同时配合偏差校正方案，对常规观测资料和卫星遥感资料进行同化。其共享水平分辨率为 1°×1°，垂直分辨率为不等间距的 50 层的再分析产品。

6. HYCOM 资料

HYCOM 再分析产品是较早发展的，也是目前时间尺度最长的涡旋分辨率全球海洋再分析产品，由美国海军研究实验室利用海军耦合海洋资料同化（NCODA）系统研发。该产品利用最优插值法同化了卫星高度计反演的海面高度异常、卫星遥感海表温度、Argo 浮标和锚系浮标观测的温度和盐度的垂直剖面资料。HYCOM 产品在等密度坐标基础上增加了垂向 z 坐标和地形追随坐标，因此在模拟全球海洋或区域海洋、层结海洋或非层结海洋、远海或近岸区域都有较好表现，在近表层和海岸附近浅水区域有更高的垂向分辨率，能够很好地表达上层海洋的物理特性。目前 HYCOM 官网（https://www.hycom.org/dataserver）公开发布共 4 个版本的数据集（表 4-1）。

表 4-1　HYCOM 再分析数据源详情

数据参数	版本			
	GFOS3.0 Global analysis	GFOS3.0 Global Reanalysis	GFOS3.1 Global analysis	GFOS3.1 Global Reanalysis
空间分辨率	40°S～40°N，0.08°×0.08°；到两极之间，0.08°×0.08°，垂向 33 层；	40°S～40°N，0.08°×0.08°；到两极之间，0.08°×0.08°；垂向 40 层	40°S～40°N，0.08°×0.08°；到两极之间，0.04°×0.04°；垂向 40 层	40°S～40°N，0.08°×0.08°；到两极之间，0.08°×0.04°；垂向 40 层
时间分辨率	3 h、1 天	3 h、1 天	3 h	3 h
空间范围	80.48°S～80.48°N	80.48°S～80.48°N	80°S～90°N	80°S～90°N
时间范围	2008 年 9 月 19 日～2018 年 11 月 20 日	1992 年 10 月 2 日～2012 年 12 月 31 日	2014 年 7 月 1 日至今	1994 年 1 月 1 日～2015 年 12 月 31 日
二维海洋要素	海表高度、海表淡水通量、海表温盐变化趋势、热通量	海表高度	海表高度	海表高度
三维海洋要素	温度（T）、盐度（S）纬向流速（U）、经向流速（V）	温度（T）、盐度（S）纬向流速（U）、经向流速（V）	温度（T）、盐度（S）纬向流速（U）、经向流速（V）	温度（T）、盐度（S）纬向流速（U）、经向流速（V）

7. OFES 资料

日本地球模拟器中心以 NOAA 和 GFDL 开发的世界标准模型 MOM3 为基础，开发出了适用地球模拟器的海洋环流数据集模型（OFES）。OFES 模拟结果包括三维流速、温度、盐度，以及二维的海表高度等。公开提供的数据分别由三类风场驱动：气候态风场驱动、NCEP 风场驱动及 QSCAT 风场驱动（表 4-2）。

表 4-2　OFES 再分析数据源详情

数据参数	风场驱动		
	气候态风场驱动	NCEP 风场驱动	QSCAT 风场驱动
空间分辨率	0.1°×0.1°，0.5°×0.5°，垂向 54 层	0.1°×0.1°，0.5°×0.5°，垂向 54 层	0.1°×0.1°，0.5°×0.5°，垂向 54 层
时间分辨率	1 天，3 天，每月，每年	3 天，每月，每年	3 天，每月，每年

续表

数据参数	风场驱动		
	气候态风场驱动	NCEP 风场驱动	QSCAT 风场驱动
空间范围	74.95° S～74.95° N，其他数据为全球	全球	全球
时间范围	气候态平均	2D 数据：1950 年 1 月～2016 年 12 月 3D 数据：1980 年 1 月～2016 年 12 月	2D 数据：1950 年 1 月～2016 年 12 月 3D 数据：1980 年 1 月～2016 年 12 月
二维海洋要素	海表高度、海表淡水通量、边界层高度、混合层深度、风应力	海表高度、海表温度、海表淡水通量、边界层高度、混合层深度、风应力、水平幅聚	海表高度、海表温度、海表淡水通量、边界层高度、混合层深度、风应力、水平幅聚
三维海洋要素	温度（T）、盐度（S）、流速（u，v，w）	温度（T）、盐度（S）、流速（u，v，w）	温度（T）、盐度（S）、流速（u，v，w）

8. GLORYS 资料

全球海洋再分析和模拟（GLORYS）是欧盟最新组织的全球观测和监测计划，该计划由法国墨卡托海洋公司（Mercator Ocean）向全球用户提供技术服务。GLORYS 前后发布了 4 个版本的全球海洋再分析数据产品。最新版本 GLORYS2-V4 的水平分辨率为 1/4°，垂直方向上为不等距的 75 层，深度范围为 0～5500 m。该产品的时间跨度为 1993 年 1 月～2015 年 12 月，时间分辨率为日平均，包括 10 个变量，分别为温度、盐度、纬向海流速度、经向海流速度、海表面高度、混合层深度、海冰厚度、海冰面积分数、纬向海冰移速和经向海冰移速。

4.4.2 我国海洋再分析数据

1. CORA v1.0

国家海洋信息中心 2018 年发布的海洋再分析数据（CORA v1.0），含有西北太平洋海域海洋再分析产品和全球再分析产品（Chao et al.，2020）。西北太平洋海域海洋再分析产品要素包括海面高度、温度、盐度和海流，海区范围为 99° E～150° E、10° S～52° N，空间水平网格分辨率为 0.5° ×0.5°，垂向为 35 层，时间跨度为 1958 年 1 月至今，时间分辨率为历年月平均。

2. CORA v2.0

2021 年 CORAv2.0 版本发布，该版本为全球高分辨率冰-海耦合再分析产品，采用 MITgcm 模式和 CICE 模式耦合，产品要素包括海面高度、三维温盐、海流、海冰密度、厚度和海冰速度，水平分辨率可达 1/12°，垂向为 50 层，时间跨度从 1989 年 1 月至今，时间分辨率为 3 h。

4.5 开放共享的海洋数据

4.5.1 国际开放共享的海洋数据

1. 美国

（1）美国国家海洋数据中心（NODC）（http://www.nodc.noaa.gov）提供世界海洋数据库（WOD）和世界海洋图集（WOA），其中 WOD 汇集美国 NODC 收集的由世界海洋调查计划获取的全球海洋调查资料，要素包括温度、盐度、溶解氧、磷酸盐、硝酸盐、硅酸盐、叶绿素 a、碱度、pH、浮游生物等，WOA 包含世界大洋温度、盐度、溶解氧、溶解氧、营养盐等要素。

（2）美国国家地球物理数据中心（NGDC）（http://www.ngdc.noaa.gov）提供按地图索引交互式查询地球物理（重力、地磁、沉积物厚度、地震反射数据）、地质（地壳年龄、地质样品索引、大洋钻探数据及一些测井数据）、测探（多波束、古水深等数据）、环境数据及信息产品等。

（3）美国国家环境信息中心（NCEI）（http://www.ncei.noaa.gov）提供大气、海岸带、海洋和地球物理等 16 个大类数据，提供 http、ftp 和 thredds 等方式进行下载，数据格式包括 ASCII 和 NetCDF 等。数据更新频率与数据类型有关，分为实时更新、延时更新和一次性更新。对于重要数据，NCEI 采取延时公开方式发布共享，例如全球海流数据库时间范围为 1962～2013 年，而锚系海流数据时间范围为 1994～2005 年。

2. 日本

（1）日本气象厅（JMA）（http://www.jma.go.jp/jma/indexe.html）负责日本气象、地震、火山及海啸等的监测工作，主要发布短期、一周和长期天气预报、台风、暴风雪的预报和咨询，资料包括气象、气候、海洋、地震等学科要素，常用的有高分辨率日均海表温度格点数据。

（2）日本海洋资料中心（JODC）（http://www.jodc.go.jp/）提供覆盖全球的基本海洋学科要素数据，如温度、盐度、海流、潮汐、潮流、地磁，重力和水深等，同时提供日本载人潜水器及无人遥控潜水器 ROV 的视频数据。

（3）日本海洋-地球科学技术局（JAMSTEC）（http://ingrid.ldeo.columbia.edu/SOURCES）发布共享了大量数据，包括文档报告（气候模式模型报告）、观测数据（Argo、热带锚系浮标阵列、热带次表层锚系 ADCP 数据库、古气候数据、海洋化学等）、地学数据（地壳结构、海底地震数据等）、分析预报和模型（水文气象模型预报产品）等。

3. 韩国

（1）韩国气象局（KMA）（http://web.kma.go.kr/eng/index.jsp）提供朝鲜半岛及其周边区域的海洋、气象及地震等地球物理学数据资料。

（2）韩国海洋数据中心（KODC）（http://kodc.nfrdi.re.kr/page?id=eng_index）发布的数

据均由韩国自主观测获取，包括韩国周边海洋站数据和断面观测数据。其中，海洋站数据观测时间为1933年至今，每日更新1次，要素类型为水温、气温、云、天气等。断面数据观测时间为1961年至今，每年观测6次，要素类型为温度、盐度、水质、溶解氧、浮游植物、浮游动物等。

4. 国际组织

（1）世界海洋环境科学数据中心（WDC-MARE）（http://www.pangaea.de/）提供全球气候变化和地球系统研究领域中的环境海洋学、海洋地质学、海洋生物学等专业数据。

（2）国际海底管理局（ISA）深海海底和海洋数据库（http://www.isa.org.jm/）汇集与共享了从全球各个机构获取的海洋矿产资源数据，包括矿区位置图、导航、侧扫、CTD、水深、电法、年度报告等，数据可下载并授权使用。

（3）政府间海洋学委员会（IOC）（http://ioc-unesco.org/）提供海洋科学、海洋观测、海洋数据和信息交流，以及如海啸预警等海洋服务。

（4）国际海洋数据及信息交换（IODE）委员会主要通过沟通协调，利用其网站（http://www.iode.org/）发布各工作组和各国独立运行维护的数据节点、海洋环境数据和信息资源网页链接，包括观测数据、海洋气象产品、信息服务等内容。

（5）全球海洋观测系统（GOOS）（http://www.unesco.org/ioc/goos/IOC-GOOS.html./st/）收集和分析世界大洋各海域中全天候持续观测资料，包括世界气象监测网、全球联合海洋服务系统、全球海平面观测系统、漂流浮标观测网的海洋数据系统发送的各类数据。

5. 国际计划

（1）Argo计划是自律式的拉格朗日环流剖面观测浮标为主的观测计划。自2000年正式实施以来，中国、美国、法国、英国、德国、澳大利亚、日本、韩国、印度等30多个国家和团体在全球海洋共布放了万余个Argo浮标，组成了全球Argo实时海洋观测网（刘增宏 等, 2016）。该观测网可提供十余万条海洋水温和盐度剖面数据（吴森森 等, 2018）。Argo资料通过如下方式进行共享和发布：国外Argo资料的获取方式以传统的FTP下载为主；国际海洋学和海洋气象学联合技术委员会（JCOMM）发布海洋实时观测资料平台，实现Argo资料的交互式检索和获取；国内学者利用网络地理信息系统和地理空间技术，实现Argo资料的网络共享，如国家海洋信息中心建设的中国Argo资料中心、自然资源部第二海洋研究所建设的“中国Argo大洋观测网基础平台”、浙江大学研发的“基于WebGIS的Argo数据共享服务系统”等。

（2）全球温盐剖面计划（GTSPP）的主要资料为深海温度和海洋站温盐资料，其仪器类型众多，包括CTD、XBT、BT、剖面浮标、动物观测等，数据时间范围为1990年至今，数据通过网页和ftp下载，为延时资料，更新频率为每月。

（3）世界海洋环流实验（WOCE）是世界气候研究计划的重要组成部分，旨在全球范围内观测和了解海洋各种时间尺度变化及其对全球气候产生影响，建立气候变化预测模式。该计划从1990年开始实施，前5年集中观测，全球观测系统包括卫星遥感、现场船只和浮标等，2002年结束。WOCE数据包括验证模式所需的资料，具体包括：测定热量和汽水的大尺度通量及其5年以上期间的辐射、年度和年际变化的表面通量的响应；测定海洋变化分量及其小尺度的统计特征，其时间尺度为几个月到几年，空间尺度为几千千米到全球；测定影响几十年至一百年时间尺度气候系统的气团形成、运动及环流的速率和性质。

（4）热带海洋全球大气计划（TOGA）是 1991 年以前的中美合作项目，在此基础上，中美双方多次磋商，一致认为 TOGA 项目的研究应进一步深入下去，因此中、美热带西太平洋海气耦合响应试验项目随之于 1991 年 7 月开始。该项目旨在了解热带西太平洋暖池区通过海气耦合作用对全球气候变化的影响，从而进一步完善海洋和大气系统模式。该项目的数据要素包括气温、气压、湿度、风速、风向、降水、太阳辐射、海水温度、盐度、分层海流、热通量和盐通量等。

4.5.2 我国开放共享的海洋数据

（1）国家海洋信息中心，主要职能是汇集、管理国家海洋信息资源并开展共享服务。国家海洋信息中心建设运行的国家海洋科学数据共享服务平台是国家首批通过认定的 8 个重点领域科学数据共享平台之一，通过门户网站对外提供资料共享服务，共享信息包括海洋多学科实测数据、分析预报产品和专题信息等，为海洋经济发展、环境保护、海域海岛管理、防灾减灾、权益维护、科学研究、国际合作和社会公众累计提供多次数据服务。发布的实测产品包括海洋水文数据产品、海洋气象数据产品、海洋生物数据产品、海洋化学数据产品、海洋底质数据产品、海洋地球物理数据产品和海底地形数据产品；发布的分析预报数据包括实况数据、再分析数据和统计分析数据；发布的地理与遥感数据包括矢量地图数据、遥感影像和海底地形等数据；发布的专题信息产品包括海底地形命名产品、海洋经济产品、海域海岛产品、潮汐潮流预报产品、海洋灾害产品和海洋专题图集等（表 4-3）。

表 4-3 国家海洋科学数据共享服务平台实测数据产品共享清单

数据类型	数据集名称	时空范围
海洋水文	中国台站观测数据	海洋站准实时数据，观测时间为 1999 年 5 月至今，空间范围为中国近海，包括海洋气象、波浪、温度和盐度等学科要素，数据每月更新一次
	波浪和风场数据	海洋站延时数据，观测时间为 1996 年至今，空间范围为中国近海
	海流综合数据集大面分集	大面观测、走航观测及表层流延时数据，观测时间为 1854～1999 年，空间范围为全球海域
	卫星遥感海表面温度数据	卫星遥感观测海表温度数据，观测时间为 1982 年 1 月 6 日～1996 年 6 月 26 日，空间范围为西北太平洋区域，每 7 天采集一次
	全球表层和中尺度海流图（2°×2°/5°×5°）	表层海流和 1000 m、1500 m 和 2000 m 的中深度海流月平均分布图，时间范围为 2008～2015 年，空间范围为全球海域
	中国月平均水位延时数据	海洋站月平均水位延时数据，观测时间为 2000 年 1 月至今，空间范围为中国近海，数据每月更新
	全球海平面观测数据	全球海平面观测逐时水位数据，观测时间为 2016 年至今，空间范围为全球海域，每季度更新
	中国温盐观测数据	温度和盐度延时数据，观测时间为 1996 年 1 月至今，空间范围为中国近海，每月更新
	俄罗斯船舶观测数据	船舶观测数据，时间范围为 2000 年 2 月～2003 年 3 月，空间范围为全球海域，每月更新

续表

数据类型	数据集名称	时空范围
海洋水文	中国船舶观测数据	船舶观测数据，时间范围为1999年5月～2003年9月，空间范围为全球海域，每月更新
	海洋水文数据	多年月平均海洋水文数据，数据集空间分辨率为 0.5°×0.5°，空间范围为105.45°～133.45°E，3.45°～41.45°N
	海流综合数据集连续分集	锚系潜标、锚系浮标和连续站定点观测海流数据，观测要素包括流速和流向数据，时间范围为1994～2017年，空间范围为全球海域
	温盐综合数据集	温盐综合数据集，时间范围为1953～2017年，空间范围为79°S～89°N，180°E～180°W
	综合波浪数据集	波浪综合数据集，时间范围为1862～2018年，空间范围为79°S～89°N，180°E～180°W
	全球温盐剖面计划数据	GTSPP数据，时间范围为1990年至今，空间范围为全球海域，每三个月更新一次
	水位综合数据集	全球逐时水位数据集。时间范围为1846～2017年，空间范围为全球海域
	表层流产品	Argo浮标的漂移轨迹数据，根据Argo浮标的轨迹计算海面流场
	俄罗斯台站观测数据	俄罗斯台站数据，观测时间为2000年9月～2003年3月，观测范围为俄罗斯周边海域
	日本海平面逐时观测数据	日本海洋站的逐时水位延时数据，时间范围为1996年10月至今，空间范围为日本周边海域，每月更新
	海流综合数据集大面分集	海流综合数据集，观测要素包括流速、流向，时间范围为1854～1999年，空间范围为全球海域，数据集包括大面观测、走航观测及表层流数据
海洋气象	国际海洋大气综合数据集	国际海洋气象延时数据，要素包括风、气温、天气现象等，时间范围为2016～2019年，空间范围为全球海域，数据每年更新
	海面气象综合数据集	海面气象综合数据，时间范围为1662～2017年，空间范围为77°S～89°N，180°E～180°W，数据类型包括观测船、浮标、自动观测站等
	东海渔船观测数据	东海渔船观测数据，时间范围为2018～2021年，空间范围为我国东海海域，每月更新
海洋生物	桡足类浮游生物数据集	来源于美国国家海洋渔业中心海岸带与海洋浮游生态、生产和观测数据库，时间范围为1913年8月30日～2013年8月29日，空间范围为全球
	美国国家近岸海洋科学中心海洋生物数据集	来源于美国国家近岸海洋科学中心，时间范围为2000年8月21日～2012年11月2日，空间范围为美国周边海域
	日本东部时序站海洋生物数据集	来源于日本海洋-地球科学技术局，时间范围为2010年1月24日～2012年7月2日，空间范围为日本东部
	澳大利亚海洋观测综合系统海洋生物数据集	来源于澳大利亚海洋观测综合系统，时间范围为2002年2月19日～2015年9月7日，空间范围为澳大利亚海域
海洋化学	GLODAPv2 全球海水水质数据集	来源于美国二氧化碳信息分析中心，时间范围为1972年7月24日～2013年11月26日，空间范围为全球海域
	JAMSTEC 日本东部海水水质数据集	来源于日本海洋-地球科学技术局，时间范围为2010年1月21日～2012年7月7日，空间范围为日本东部海域
	GEOTRACE 全球海水水质数据集	来源于英国海洋学数据中心，时间范围为1978年3月1日～2008年9月1日，空间范围为全球海域

续表

数据类型	数据集名称	时空范围
海洋底质	C_{14}测年数据	来源于加拿大自然资源部网站，时间范围为1975～1996年，空间范围为东太平洋和大西洋海域
	沉积物粒度数据	来源于加拿大自然资源部网站，时间范围为1975～2013年，空间范围为东太平洋和大西洋海域
	多金属结核主量元素数据	来源于国际海底管理局（ISA），空间范围覆盖全球大部分海域，数据要素项包括Mn、Fe、Co、Ni、Cu、Zn、Pb、Al、Si等元素百分含量
	富钴结壳主量元素数据	数据要素项包括Cu、Ni、Fe、Co、Si、Pb、Al、Mn、Zn等元素百分含量
	氧同位素数据基本信息	来源于地球科学（NRC），空间范围覆盖全球大部分海域
	碳酸盐含量数据	来源于美国国家地球物理数据中心（NGDC），空间范围覆盖全球大部分海域
	NCEI沉积物粒度	来源于美国国家环境信息中心（NCEI），时间范围为1956～2000年，空间范围为全球海域
海洋地球物理	海洋磁力数据	来源于美国、中国、新西兰、法国、日本、加拿大、澳大利亚、德国、俄罗斯、英国等调查数据，时间范围为1960～2010年，空间范围为全球海域
	海洋重力数据	来源于美国、中国、新西兰、法国、日本、加拿大、澳大利亚、德国、俄罗斯、英国等调查数据，时间范围为1960～2010年，空间范围为全球海域
	马里亚纳海沟浅剖数据集	来源于美国调查数据，时间范围为2016年9月～2016年11月，空间范围为141.4°E～147.4°E，20°N～23.7°N
海底地形	海底地形数据	来源于多个国际组织机构公布的数据，空间范围为覆盖全球，数据分辨率为5′、2′、1′、30″、15″不等
	全球海底地形数据	世界大洋深度图（GEBCO）在2020年公布的全球15″分辨率DEM数据

（2）国家卫星海洋应用中心，主要负责海洋卫星系统运行、发展、应用与产品研制。国家卫星海洋应用中心共享发布三类卫星数据产品，包括HY-1A、HY-1B和HY-1C系列海洋水色卫星产品，观测要素为海水光学特性、叶绿素a浓度、悬浮泥沙含量、可溶解有机物和海表温度等；HY-2A、HY-2B和CFOSAT系列海洋动力环境卫星产品，观测要素为海面风场、海面高度、有效波高、重力场、大洋环流和海面温度等；高分SAR卫星产品，涵盖传统条带成像模式和扫描成像模式，以及面向海洋应用的波成像模式和全球观测成像模式。

（3）国家海洋环境预报中心，主要职能是负责我国海洋环境预报、海洋灾害预报和警报的发布及业务管理。通过门户网站对外提供各类海洋预报产品，包括海浪、海冰、海温、海流、盐度和风场、中尺度涡、海啸、台风、生态水质等产品；提供海洋气候监测与预报、全球业务化海洋学预报和渔业环境保障服务；提供西北太平洋海浪和海温实况分析产品图；为极地提供预报产品和专题服务保障；提供南北极海冰服务专题、南北极大气数值预报和北极海冰数值预报产品在线下载。

（4）中国极地研究中心，是我国唯一专门从事极地考察的科学研究和保障业务中心。该中心通过互联网搭建了国家极地科学数据中心平台，在线公开发布极地科学数据。极地科学数据资源地理范围包括南极中山站区、南极长城站区、南极冰盖最高点Dome A区域、东南极埃默里冰架、东南极格罗夫山脉、北冰洋白令海、楚科奇海、加拿大海盆、北极新奥尔松地区等我国重要极地考察区域；涉及极地海洋学、极地大气科学、极地资源与环境科学、极地生物与生态学、极地地球物理学、极地冰川学、极地地理与大地测量学、极地地质与地球物理学等多学科、长时间序列、多参数的常规观测数据和样品分析数据。

（5）自然资源部第一海洋研究所，始建于 1958 年，致力于研究中国近海、大洋和极地海域自然环境要素分布及变化规律，重点包括海底过程与资源、海洋环境与数值模拟、海洋生态安全与修复、海洋气候与防灾减灾、海洋环境信息与保障、海洋空间管理与规划等领域，拥有“向阳红 01”“向阳红 18”科考船，承担了多项国家级海上科学考察任务。依托该所运行的中国大洋样品馆隶属于中国大洋矿产资源研究开发协会，提供深海样品在线申请服务。

（6）自然资源部第二海洋研究所，创建于 1966 年，主要从事中国海、大洋和极地海洋科学研究，海洋环境与资源探测、勘查的高新技术研发与应用，拥有“向阳红 10”科考船，具备开展近海、大洋和深海的物理海洋、海洋地质、地球物理、海洋生物、海洋化学、海洋气象等综合海洋环境调查、探测及取样和现场分析的能力。该所运行维护杭州全球海洋 Argo 系统野外科学观测研究站（简称“杭州 Argo 野外站”），通过匿名 ftp 方式提供数据产品服务，内容包括全球 Argo 资料中心收集和更新的镜像下载（每两天更新一次）Argo 实时资料；基于历史 Argo、CTD、XBT 和卫星高度计等实测资料，利用同化技术，得到了全球海洋 Argo 网格数据集、GDCSM_Argo 数据产品和全球 Argo 浮标剖面观测资料等系列产品；通过 Argo 网络共享平台，实现太平洋、印度洋等海域 Argo 浮标温盐剖面可视化查询。

（7）自然资源部第三海洋研究所，创建于 1959 年，主要从事海洋基础研究、应用研究和高新技术研究。运行维护“向阳红 03”海洋综合考察船，该船具有全球航行能力及全天候观测能力，技术能力达到国际一流科学考察船水平，能够完成物理海洋、海洋地质、生物与生态、海气、海洋遥感、海洋声学和海洋化学等综合海洋科学调查和观测任务。建有海峡西岸海岛海岸带生态系统野外观测研究站，已纳入自然资源部野外科学观测研究站管理系列。建设维护海洋微生物菌种保藏管理中心，提供菌种查询、共享服务。

（8）中国科学院南海海洋研究所，成立于 1959 年 1 月，是国家综合性海洋研究机构，拥有“实验 1”号、“实验 2”号和“实验 3”号三艘大型海洋科学考察船，开展了南海北部开放航次、南海海洋断面专项调查、国家自然科学基金委南海航次等常态化调查，运行维护的南海海洋科学数据库是中国科学院下设的 23 个科学数据库之一，也是我国南海海洋调查数据资源的重要组成部分。提供从现场海洋观测获取的物理、化学、生物、地质和地球物理等学科的测量、卫星遥感、海洋遥感、海洋模型模拟和同化数据，以及各类数据产品。

（9）中国科学院海洋研究所，始建于 1950 年 8 月 1 日，是新中国第一个专门从事海洋科学研究的国家机构，拥有“科学一号”“科学三号”“创新号”三艘科学考察船，构建了黄东海浮标观测站、胶州湾野外观测台站及西太平洋深海实时科学观测网，积累了大量珍贵的海洋观测数据。汇聚的数据包括科考船航次调查数据、浮标定点观测、深海潜标实时观测、卫星遥感、数值模拟结果等数据，涵盖 11 个大类，包括 CTD、ADCP、Hypack 导航、ROV 视频、多波束、自动气象站、浅地层剖面、多道地震、化学分析数据、生物调查数据、定点观测，区域覆盖西太平洋、印度洋和中国南海、黄东海、长江口、渤海等，自主调查数据可追溯到 2006 年。为实现科学数据的共享最大化，中国科学院海洋研究所建设并运行海洋科学大数据中心，对外发布全球海洋科学数据集，搜集了自 1900 年以来 WOD 和我国自主调查的全球海洋观测数据，包括海温、盐度、pH、溶解氧、CO_2 分压等 13 个要素，XBT、CTD、Argo、滑翔机、浮标等 11 种仪器类型数据。

（10）广州海洋地质调查局，主要从事国家基础性、公益性海洋地质调查研究、天然气水合物等战略性矿产资源勘查和大洋、极地地质矿产综合调查研究工作。通过地质云实现数据产品共享服务。

（11）青岛海洋地质研究所，主要承担国家基础性、公益性海洋地质调查与研究任务，坚持以海洋基础地质、海岸带综合地质、天然气水合物地质、海洋油气地质、数字海洋地质为特色的五大专业领域为主攻方向，不断加强和发展海洋探测技术、数据资料处理技术、测试分析技术等技术支撑领域，打造天然气水合物实验技术和海岸带地质两个特色学科。通过地质云实现数据产品共享服务。

（12）地质云（https://geocloud.cgs.gov.cn/#/home）是由中国地质调查局主抓的一项信息化工程，由发展研究中心技术牵头，联合中国地质调查局所属单位、省级、行业、教育节点共建共享。共享包括地质调查业务数据和地质科研数据。地质调查业务数据包括基础地质、矿产地质、水工环地质、物化遥、地质钻孔五大类，科研数据包括地质科研项目及野外观测站等数据成果，共享形式包括空间矢量数据、图片照片、影音视频、pdf 文件、软件系统、数据库、专利、方法、模型等。

4.6　海洋大数据分类方法

对海洋大数据资源进行科学规范的分类，有利于深度挖掘海洋数据资源，从而提升认识海洋和开发利用海洋的能力。从不同的视角，海洋数据有不同的分类方式，如侯雪燕等（2017）将海洋大数据分为海洋自然学科大数据和海洋社会科学大数据，黄冬梅等（2017）将海洋大数据分为主动产生的大数据和被动产生的大数据，这些分类方式有各自的合理性和优势。海洋大数据分类需要综合考虑海洋数据的来源、数据类型、数据应用需求等因素，尤其是不同的海洋数据在采集方式上具有显著的差异性，较大程度上会影响海洋数据的选择和应用。本节在多年国家海洋数据资源管理与共享服务的工作实践基础上提出海洋大数据分类方法。

4.6.1　海洋大数据分类原则

海洋大数据分类遵循科学性、系统性和可扩展性的原则。

（1）科学性。选择海洋数据最稳定的本质属性或特征作为分类的基础和依据。

（2）系统性。既要反映要素的属性，又要反映要素间的相互关系，选定的海洋数据的属性或特征按一定排列顺序予以系统化，并形成合理的科学分类体系，以适应现代计算机技术和数据库技术。

（3）可拓展性。保证新增海洋数据时，在本分类体系基础上可进行延拓和细化。

4.6.2　线性分类方法

按照门类、大类、中类、小类进行线性分类。根据数据属性，结合海洋业务管理需求，对海洋数据进行门类划分，包括海洋环境数据、海洋地理信息数据、海洋遥感数据和海洋综合管理数据，各门类分别包含不同大类。结合要素类型、数据类型等进行中类划分。结合数据类型、获取方式、要素等进行小类划分。

1. 海洋环境数据门类

综合考虑学科、数据类型、业务领域等进行大类划分，包括海洋水文数据、海洋气象数据、海洋生物与生态数据、海洋化学数据、海洋底质数据、海底地形地貌数据、海洋地球物理数据、海洋声学数据、海洋光学数据等 9 个大类。

1）海洋水文数据大类

按照要素类型进行分类，包括温盐、海流、海浪、潮位、海冰。

2）海洋气象数据大类

按照数据类型进行分类，分类如下。①海面气象，包括气温、气压、相对湿度、能见度、风、云、天气现象、降水量等；②高空气象，包括气温、气压、相对湿度、风等；③海气通量，包括动量通量、感热通量、潜热通量、虚温通量、二氧化碳通量、虚温特征尺度、温度特征尺度、湿度特征尺度、二氧化碳特征尺度等；④太阳辐射，包括短波辐射、长波辐射、净辐射和反射率等；⑤水温皮温，包括表层水温和海表皮温。

3）海洋生物与生态数据大类

按照数据类型进行分类，分类如下。①叶绿素 a；②初级生产力；③新生产力；④微生物；⑤浮游生物，包括微微型浮游生物、微型浮游生物、小型浮游生物、中型浮游生物、大型浮游生物、巨型浮游生物、鱼类浮游生物等；⑥游泳动物；⑦底栖生物，包括大型底栖生物、小型底栖生物、微型底栖生物等；⑧潮间带生物；⑨污损生物，包括大型污损生物、小型污损生物等；⑩赤潮生物，包括底栖微藻、底泥孢囊、异氧细菌总数、赤潮毒素等；⑪绿潮生物；⑫病源生物，包括鱼类、贝类、甲壳类、藻类、水体生物等；⑬外来入侵生物，包括船舶压载水携带浮游生物、有意引种海洋外来生物、滩涂外来植物、港口外来生物等；⑭环境基因数据；⑮珊瑚礁生态系统，包括珊瑚群落、珊瑚礁鱼类、珊瑚礁大型底栖藻类等。

4）海洋化学数据大类

按照监测、分析样本介质进行分类，分类如下。①海水化学，包括常规水化学（pH、溶解氧、铵盐、硝酸盐等）、重金属、海水微塑料、稳定同位素、生物标志物等；②海洋沉积化学，包括常规沉积化学（Eh、含水率、有机碳等）、重金属、有机污染物、沉积物微塑料、稳定同位素、生物标志物、间隙水、上覆水等；③海洋生物体质量，包括常规生物质量（含重金属、有机污染物）、生物体微塑料、贝类毒素等；④海洋大气化学，包括温室气体（二氧化碳、甲烷等）、大气气溶胶、降水等；⑤海洋放射性化学，包括海水放射性、沉积物放射性、生物体放射性、大气放射性等。

5）海洋地质数据大类

按照底质样品类型进行分类，分类如下。①沉积物，包括沉积物粒度、沉积物化学（现场化学、常量元素、微量元素、稀土元素、同位素、有机碳氮）、沉积物矿物（轻矿物、重矿物、黏土矿物、全岩矿物、涂片鉴定）、微体古生物（有孔虫、介形虫、放射虫、硅藻、孢粉、钙质超微）、工程物理力学（工程物理性质、工程力学性质）、^{14}C 测年、^{210}Pb

沉积速率、古地磁、环境磁学等；②岩石，包括岩石化学（常量元素、微量元素、稀土元素、同位素）、岩石矿物、测年等；③悬浮体，包括现场激光粒度、悬浮体浊度、悬浮体浓度、悬浮体颗粒有机碳氮、沉降通量、沉降颗粒有机碳氮、沉降颗粒粒度、沉降颗粒化学、沉降颗粒矿物等。

6）海底地形地貌数据大类

按照数据获取的技术手段分类，分类如下。①单波束测深；②多波束测深；③激光雷达测深；④侧扫声呐；⑤浅地层剖面。

7）海洋地球物理数据大类

按照要素类型进行分类，分类如下。①海洋重力，包括海面重力、近底重力、航空重力、卫星重力等；②海洋磁力，包括海面磁力、近海底磁力、航空磁力、卫星磁力等；③海洋地震，包括单道地震、多道地震、三维地震、主动源海底地震、天然源海底地震等；④海底热流，包括海底原位热流、实验室热流等；⑤海洋电磁，包括自然电位、直流电阻率、瞬变电磁、海洋大地电磁等。

8）海洋声学数据大类

按照要素类型进行分类，包括海水声速、海洋环境噪声、海底底质声特性、海洋声传播、海洋混响、海洋生物发声、海洋声起伏和海洋声散射。

9）海洋光学数据大类

按照光学特性进行分类，分类如下。①表观光学，包括海面辐亮度、海面入射辐照度、水下向上辐照度、水下向下辐照度、水下向上辐亮度、遥感反射比、离水辐亮度、归一化离水辐亮度、漫射衰减系数等；②固有光学，包括光束衰减系数、吸收系数、后向散射系数、光束透射率、黄色物质光谱吸收系数、非色素颗粒物光谱吸收系数、总颗粒物光谱吸收系数等；③大气光学特性，包括水汽柱总量、臭氧柱总量、气溶胶光学厚度等。

2. 海洋地理信息数据门类

按照基础地理数据类型分类，包括数字矢量地图（DLG）、数字栅格地图（DRG）和数字高程模型（DEM）。

3. 海洋遥感数据门类

按照遥感类型分类，分类如下。①海洋水色遥感数据，包括叶绿素 a 浓度、悬浮物浓度、黄色物质、海水透明度、离水辐亮度、可溶有机物等；②海洋动力环境遥感数据，包括海表温度、海表盐度、海面风场、有效波高、海面高度异常等；③海洋监视监测遥感数据，包括海表特征、海上目标活动、海洋灾害等。

4. 海洋综合管理数据门类

按照专题业务领域分类，分类如下。①海洋经济数据，包括海洋渔业数据、沿海滩涂种植业数据、海洋水产品加工业数据、海洋油气业数据、海洋矿业数据、海洋盐业数据、海洋船舶工业数据、海洋工程装备制造业数据、海洋化工业数据、海洋药物和生物制品业数据、海洋工程建筑业数据、海洋电力业数据、海洋可再生能源数据、海水淡化与综合利用数据、海洋交通运输业数据、海洋旅游业数等；②海洋政策数据，包括海洋规划数据、海洋战略数据、海洋法规数据、海洋情报数据等；③海洋权益维护数据，包括海洋权益形势信息、海洋划界信息、数据等；④海域使用和管理数据，包括海域调查数据、海域监视监测数据、海域统计数据等；⑤海岛管理数据，包括海岛调查数据、海岛监视监测数据、海岛管理数据等；⑥海洋生态监测与保护数据，包括海洋监视监测数据、海洋生态保护数据、海洋生态管理数据等；⑦其他海洋管理类数据。

4.6.3 处理程度分类方法

1. 海洋环境数据

（1）海洋环境原始数据：通过仪器自动生成的原始资料、仪器参数文件、格式说明和通过人工现场观测记录等方式获取的海洋环境资料。

（2）海洋环境标准数据：针对海洋环境原始数据，按照来源、学科、要素等开展解码、转换和质量控制后，形成的标准统一、格式统一的数据集。

（3）海洋环境要素数据：基于海洋环境标准数据集，按照学科、要素、获取方式进行标准统一、格式统一、基准统一、计量单位统一、综合排重等整合提取转换，以及时空维度排序、衍生参数计算、数据订正等处理，将同类学科/要素、相同获取方式资料按照方区或时间维度进行组织存放，形成的要素数据集。

（4）海洋环境信息产品：基于海洋环境要素数据集，按照要素类型、时空特点、时空分辨率等特性进行网格统计分析、客观分析、再分析、数值模式等处理后形成的统计分析产品、再分析产品、预警报产品等。

2. 海洋地理信息数据

（1）海洋地理信息原始数据：通过调查手段、资料购置等方式获取的原始记录或测量数据等未经过处理的原始状态资料。

（2）处理后的海洋地理信息数据：经过资料和数字化处理（纸质资料），以及数据格式转换、坐标转换、属性编辑、图层拼接和拓扑检查（矢量资料）等处理形成的，可直接用于信息提取的地理信息数据或中间产品数据。

（3）海洋地理信息产品：经过专题要素符号化编辑、图幅整饰等处理，形成的系列比例尺海洋基础地理产品或专题要素产品等。

3. 海洋遥感数据

（1）海洋遥感原始数据：通过卫星、航空等调查手段获取的原始记录或测量数据等未经过处理的原始状态资料。

（2）海洋遥感处理后数据：经过辐射校正、几何校正、数据融合、投影转换、镶嵌调色和内/外定向、空中三角测量等处理后形成的遥感影像产品，以及经过偏差校正、界限值检查和时空一致性检查等处理后形成的海洋遥感标准化处理产品，相关产品可直接用于专题信息提取、海洋环境要素反演和影像图编制等。

（3）海洋遥感信息产品：经过专题信息提取、要素模型反演、质量检验和标准化等处理后生成的海洋遥感专题信息产品，以及经过符号化编辑、图幅整饰等处理后输出的海洋遥感专题图产品。

4. 海洋综合管理数据

（1）海洋综合管理原始数据：通过海洋经济调查、全国海岛普查、海岛监视监测、海域使用调查、互联网收集下载等方式，获得的未经过处理的原始状态资料。

（2）海洋专题应用数据：按照海洋经济统计、海域使用管理、海岛统计等应用需求，经过整合处理、信息提取、符号化编辑、图幅整饰等处理，形成的专题应用数据集。

（3）海洋专题成果：经过综合分析、统计、评价等处理，形成的报告、规划、图件等专题成果。

第5章 海洋大数据架构管理方法

5.1 海洋大数据管理体系

5.1.1 海洋环境数据管理体系

1. 体系内容

按照数据来源，可将海洋环境数据分为海洋观测业务数据、海洋专项业务数据、大洋科考业务数据、国际合作与交换业务数据。

按照资料加工处理程度，可将海洋环境数据分为接收资料、原始资料和标准数据集。

（1）接收资料是指通过网络自动传输、离线汇交/报送、互联网收集下载等方式获取的第一手海洋资料。

（2）原始资料是指将接收资料按照来源、学科类型等进行整理、解压缩、文件排序等必要处理后形成的资料。

（3）标准数据集是将原始数据按照来源、学科类型、要素等进行解码、转换和质量控制后，形成的标准统一、格式统一的数据集。

2. 体系结构

（1）海洋观测业务数据管理体系按照资料加工处理程度（接收资料、原始数据、标准数据集）划分第一级目录，按照传输方式、资料时效、观测平台/手段、数据类型、接收时间等划分次级目录，针对其数据文件个数较多且单个文件数据容量较小的特点，可采取压缩打包形式存放。

（2）海洋专项业务数据管理体系按照资料加工处理程度划分第一级目录分类，按照专项名称、任务属性、资料时间、学科类型、数据类型等分别划分次级目录。

（3）大洋科考业务数据管理体系按照资料加工处理程度划分第一级目录，按照调查航次和任务属性、资料时间、学科类型、数据类型等划分次级目录。

（4）国际合作与交换业务数据管理体系按照资料加工处理程度划分第一级目录，按照数据来源、数据时效性、学科类型、数据类型、空间分布等划分次级目录。

总体上：接收资料管理体系侧重数据来源、渠道、时间等；原始数据管理体系侧重平台类型、数据类型，与接收资料之间具有溯源关系。接收资料和原始数据管理体系侧重于靠近数据提供方一侧的数据体系；标准数据集管理体系侧重学科和数据要素类型、时空范围、分辨率等数据本身的属性，是更加靠近数据使用方一侧的数据体系。海洋环境数据管理体系总体框架见表 5-1。

表 5-1 海洋环境数据管理体系总体框架

一级目录	二级目录	三级目录	四级及以下目录	备注
海洋观测业务数据	接收资料	传输方式（地面专网/卫星通信）	时效性（实时/延时）、平台类型、时间、数据类型等	
	原始数据	平台类型	传输方式、时效性、时间、数据类型等	
	标准数据集	平台类型	传输方式、时效性、时间、数据类型等	对同类资料中存在不同来源、不同时效的情况进行排重排序和整合处理，形成标准数据集
海洋专项业务数据	接收资料	专项名称	接收时间	
	原始数据	专项名称	学科类型、课题名称、任务年度等	
	标准数据集	专项名称	学科类型、数据类型、要素类型等	
大洋科考业务数据	接收资料	任务类型（航次调查任务、研究课题）	接收时间	
	原始数据	任务类型（航次调查任务、研究课题）	学科类型、数据类型、要素类型等	
	标准数据集	学科类型	数据类型、要素类型等	
国际合作与交换业务数据	接收资料	来源	时效性、接收时间、数据类型等	
	原始数据	来源	时效性、接收时间、数据类型等	
	标准数据集	来源	时效性、区域、数据类型等	开展同类资料不同来源、不同时效的排重排序整合处理，形成一套标准数据集

5.1.2 海洋信息产品管理体系

1. 体系内容

海洋信息产品管理体系按照产品大类分为海洋环境信息产品、海洋基础地理信息产品、海底地形地貌信息产品和海洋遥感信息产品 4 类。

1）海洋环境信息产品

海洋环境信息产品是指海洋环境标准数据集通过统计分析、客观分析、网格分析等技术手段，制作形成的反映海洋水体环境、海底环境、海面气象等的产品。目前的海洋环境信息产品主要包括海洋环境综合数据集、海洋环境要素数据集、海洋环境网格数据集。

（1）海洋环境综合数据集是基于海洋环境标准数据集，按照学科、要素、获取方式，进行标准统一、格式统一、基准统一、计量单位统一、排重等整合、提取、转换，以及时空维度排序、衍生参数计算、数据订正等处理，将同类学科/要素、相同获取方式资料按照方区或时间维度进行组织存放形成的数据集。

（2）海洋环境要素数据集是基于海洋环境综合数据集，提取质控正确的数据，并进一步进行标准层插值计算形成的数据文件集，包括实测层要素数据集和标准层要素数据集。

（3）海洋环境网格数据集是基于海洋环境要素数据集，按照要素类型、时空特点、时空分辨率等特性，进行网格统计分析和客观分析后形成的数据文件集，包括统计分析网格数据集和客观分析网格数据集。

2）海洋基础地理信息产品

海洋基础地理信息产品是利用收集或购买的地形测绘产品、海图等，经过质量控制检查后制作的系列标准或基础比例尺产品。

3）海底地形地貌信息产品

海底地形地貌信息产品是利用单波束、多波束、侧扫声呐等技术手段获取的，经过质量控制和处理后制作的产品。

4）海洋遥感信息产品

海洋遥感信息产品是通过卫星、航空遥感获取的，经过辐射校正、几何校正等环节处理后的影像产品，以及通过信息反演、提取等制作的专题海洋要素产品。

2. 体系架构

（1）海洋环境信息产品管理体系按照产品类型划分第一级目录，按照数据来源、数据类型、时空分辨率等划分次级目录。

（2）海洋基础地理产品按照类型、内容、比例尺、来源等逐级设计，直至到达具体的信息产品文件。

（3）海底地形地貌信息产品下层目录体系按照类型、网格分辨率、来源等逐级设计，直至到达具体的信息产品文件。

（4）海洋遥感信息产品管理体系按照遥感平台类型划分第一级目录，按照产品内容、数据来源等划分次级目录。

总体上，海洋信息产品信息体系是面向用户一侧的管理体系，其总体框架见表 5-2。

表 5-2　海洋信息产品管理体系总体框架

一级目录	二级目录	三级及以下目录	备注
海洋环境信息产品	海洋环境综合数据集、海洋环境要素数据集、海洋环境网格数据集	来源（国内、国际和全源）、学科类型、数据类型、要素类型、观测方式、时间等	综合数据集和要素数据集以方区文件形式存放；网格数据集以网格数据文件存放
海洋基础地理信息产品	矢量地形图、栅格地形图、矢量海图、栅格海图、DEM 产品	比例尺、数据来源、网格分辨率等	
海底地形地貌信息产品	网格化产品、标准数据集	网格分辨率、测量方式、数据来源等	
海洋遥感信息产品	卫星遥感海洋信息产品、航空遥感海洋信息产品	产品类型（影像产品、专题要素图形产品、专题数据产品）、数据来源、任务名称等	

5.1.3 海洋综合管理成果管理体系

1. 体系内容

海洋综合管理是指国家通过各级政府对其管辖海域内的资源、环境和权益等进行全面的、统筹协调的监控活动。海洋综合管理成果是指从事海洋综合管理活动中产生的报告文档、专题数据集和成果图集等反映海洋综合管理成果的资料。

海洋综合管理数据成果管理体系按照专题业务领域设置第一级目录。按照成果类型、成果内容、完成时间、数据来源等划分次级目录。包括海洋经济专题成果、海洋政策法规专题成果、海洋权益专题成果、海域使用和管理专题成果、海岛管理专题成果、海洋生态监测和保护专题成果、海洋预报减灾和环境保障专题成果、海洋新兴产业专题成果等。

2. 体系结构

海洋综合管理成果管理体系聚焦对不同专题业务工作中所形成的成果资料的管理，侧重于成果的共享使用。下层目录体系按照成果类型（文档、数据集、图件）、内容、时间、来源等逐级设计，直至到达具体的成果文件（表 5-3）。

表 5-3　海洋综合管理成果管理体系总体框架

一级目录	二级目录	三级及以下目录
海洋经济专题成果	成果类型（文档、数据集）	海洋经济统计、运行监测等形成的文档和数据集类型
海洋政策法规专题成果	成果类型（文档、数据集）	海洋规划、海洋政策、海洋战略、海洋法规等形成的文档和数据集类型
海洋权益专题成果	成果类型（文档、数据集、图集）	海洋权益、海洋执法等形成的文档、数据集、图集类型
海域使用和管理专题成果	成果类型（文档、数据集、图集）	海域使用论证、海域监视监测、海岸带保护等形成的文档、数据集、图集类型
海岛管理专题成果	成果类型（文档、数据集、图集）	海岛统计、海岛管理、海岛调查、海岛监视监测等形成的文档、数据集、图集类型
海洋生态监测和保护专题成果	成果类型（文档、数据集、图集）	海洋生态预警监测、海洋环境监测、海洋倾废管理等形成的文档、数据集、图集类型
海洋预报减灾和环境保障专题成果	成果类型（文档、数据集、图集）	海平面变化、统计分析、实况分析、再分析、数值预报等形成的文档、数据集、图集类型
海洋新兴产业专题成果	海洋可再生能源、海水淡化与综合利用	成果类型（文档、数据集、图集）

海洋大数据管理体系规范设计具有坚实的实践工作基础，目前在国内业务化观测、国家海洋重大专项任务实施、国际海底区域大洋科考与研究、国际合作与交换等业务工作运行中，对相关数据资料的汇集管理与共享服务发挥了重要作用。依托该数据管理体系规范，已建立总量超 PB 级的分类分级海洋数据资源体系，数据时间最早可追溯至 1662 年，空间范围覆盖全球海域。在国家海洋综合数据库建设中，依托该数据管理体系，已建立海洋数据文件管理系统，并指导地方海洋大数据资源体系的设计和建设运行。

5.1.4 海洋环境三维空间立体时空“一张图”数据管理体系

海洋环境三维空间立体时空“一张图”数据管理体系包括海底环境、海底地形、水体环境、海气界面环境和海洋专题地理信息等空间化数据资源。

1. 海底环境空间化数据资源

海底环境空间化数据资源的主要内容包括底质沉积物（粒度、化学元素、黏土矿物、土工）、悬浮体（粒度、浓度、浊度）、岩石（类型、年龄）、重磁（重力异常、磁力异常）、地震（天然地震、海底地震）、海底构造等，主要针对现有海洋底质综合数据集、海洋地质环境信息产品、专项研究成果进行空间化改造，数据形式包括数据集文件、数据库、空间矢量图形、成果图件等。

2. 海底地形空间化数据资源

海底地形空间化数据资源的主要内容为 5 m、50 m、100 m、200 m、500 m 和 1000 m 等系列分辨率的地形数据产品，主要针对专项调查、科学研究成果、国际收集等，对现有海底地形地貌综合数据集、专题成果、专项研究成果开展空间化改造，数据形式包括数据集文件、栅格数据、空间矢量图形、成果图件等。

3. 水体环境空间化数据资源

水体环境空间化数据资源的主要内容包括海洋水文（温盐、海流和水位）、海洋生物（初级生产力、叶绿素等）、海洋化学（海水化学）等空间化数据图层，以及统计分析、再分析、预警报等信息产品、典型海洋现象级信息产品（跃层、锋面、内波涡旋）和图集产品，主要针对海洋水文要素数据库、海洋水文环境信息产品、海洋生物化学综合数据集、海洋监测数据库、专项研究成果开展空间化改造，数据形式包括数据集文件、数据库、空间矢量图形和成果图件等。

4. 海气界面环境空间化数据资源

海气界面环境空间化数据资源的主要内容包括海洋气象（海面气象、海气通量、水温皮温等）、海洋光学（表观光学、固有光学、大气光学）、海表水体环境等空间化数据图层，以及统计分析、预警预报、遥感反演等产品图层和图集报告等成果产品，主要针对海洋气象要素数据库、海洋气象环境信息产品、海洋观测综合数据库、专项研究成果开展空间化改造，数据形式包括数据集文件、数据库、空间矢量图形和成果图件等。

5. 海洋专题地理信息空间化数据资源

依托海洋基础地理和海洋遥感等基础数据库，通过空间数据整合和专题信息提取，形成的海洋专题地理信息数据资源，可为海洋环境展示和分析应用提供二维、三维一体化的空间基底。数据内容包括海洋基础地理要素（我国管辖海域及部分重点岛礁、战略通道水深点、等深线、等深面、助航物、碍航物等）、海岛海岸带类要素（我国海岸线与海域界线、海岛礁、海上构筑物、用海用岛现状等）、典型海洋生态系统类要素（我国管辖海域红树林、海草床、珊瑚礁等）、海洋生态保护类要素（我国管辖海域生态红线、海洋保护地、生态分区等）、海洋权益类要素（全球领海基线、12 海里线、200 海里线、外大陆架主张区等）、海底构筑物类要素（海底电缆、海底光缆等），属性信息主要包括坐标位置、空间类别、分布、面积等。数据来源于海洋基础地理与遥感、海域海岛等空间数据库，以及针对典型海洋生态系统、海洋生态保护和海洋权益等数据，进行空间化改造后形成的数据。数据形式包括数据集文件、数据库、空间矢量图形和成果图件等。

海洋环境三维空间时空立体“一张图”数据资源内容见表 5-4。

表 5-4　海洋环境三维空间时空立体“一张图”数据资源

序号	数据类型	数据层	主要属性信息
海底环境空间化数据资源	底质沉积物	沉积物粒度、沉积物地球化学、沉积物矿物、沉积物土工	砂含量、粉砂含量、黏土含量、平均粒径、分选系数、偏态、峰态等；SiO_2、Al_2O_3、Fe_2O_3、CaO、MgO、MnO、TiO_2、P_2O_5、K_2O、Na_2O 含量等；蒙脱石、高岭石、伊利石、绿泥石含量等；湿密度、含水率、最大剪切强度等
	悬浮体	悬浮体粒度、悬浮体浊度、悬浮体浓度	平均粒径、中值粒径、有机碳含量、有机氮含量等
	岩石	岩石类型、岩石年龄、岩石地球化学	类型、年龄，以及 SiO_2、Al_2O_3、Fe_2O_3、CaO 含量等
	重磁	重力异常、磁力异常	空间异常、布格异常、磁场异常等
	地震	天然地震、海底地震	地震发生地点、震源深度、发生频率等
	海底构造	构造分布、构造特征	构造发育程度、构造对称特征等
	海底地形	系列分辨率地形数据产品	5 m、50 m、100 m、200 m、500 m 和 1000 m 等系列分辨率的地形数据产品
水体环境空间化数据资源	海洋水文	温盐、海流、水位	温度、盐度、流速、流向等
	海洋生物生态	叶绿素、初级生产力、新生产力、微生物、浮游生物、游泳生物、底栖生物、污损生物	分布位置、分布特征、数量、活动范围等
	海洋化学	海水化学	pH、溶解氧、营养盐等
	信息产品	统计分析产品、再分析产品、预警报产品、典型现象产品、图集和报告等	温度、盐度、海流、声速、跃层、锋面、内波、涡等
海气界面环境空间化数据资源	海洋气象	海面气象、海气通量、水温皮温	气温、气压、相对湿度、能见度、风、云、降水等；动量通量、感热通量、潜热通量、虚温通量、二氧化碳通量、虚温特征尺度、温度特征尺度、湿度特征尺度、二氧化碳特征尺度等；表层水温和海表皮温、海面辐亮度、海面入射辐照度、水下向上辐照度、水下向下辐照度、水下向上辐亮度、遥感反射比、离水辐亮度、归一化离水辐亮度、漫射衰减系数；水汽柱总量、臭氧柱总量、气溶胶光学厚度
	海洋光学	表观光学、大气光学	
	海表水体环境	海表温度、海表盐度、海面高度、卫星遥感	海表面温度、海表面盐度、海面高度 表层流等
	信息产品	统计分析产品、预警报产品、遥感反演产品，以及图集、报告等成果产品	气温、气压、风向、风速、降水、湿度、海雾、能见度、表观光学、水位、气溶胶、温盐、台风、海啸、海浪等
海洋专题地理信息空间化数据资源	我国管辖海域及部分重点岛礁、战略通道		水深点、等深线、等深面、助航物、碍航物等
	海岛海岸带		我国海岸线与海域界线、海岛礁、海上构筑物、用海用岛现状等
	典型海洋生态系统		我国管辖海域的红树林、海草床、珊瑚礁等

续表

序号	数据类型	数据层	主要属性信息
海洋专题地理空间数据资源	海洋生态保护		我国管辖海域生态红线、海洋保护地、生态分区等
	海洋权益		全球领海基线、12 海里线、200 海里线、外大陆架主张区等
	海底构筑物		海底电缆、海底光缆等

5.2 海洋大数据建模方法

5.2.1 数据建模方法

数据建模是一种在数据库设计中使用的方法，它涉及对现实世界中的事物或过程进行抽象和模拟，这种方法通常包括创建实体、属性和关系模型，以便于存储和检索数据。数据建模的主要目的是确保数据的一致性、完整性和安全性，同时也要考虑数据的可扩展性和性能。数据建模方法可以分为实体关系建模、面向对象建模、通用数据建模、语义数据建模等不同的类型。每种模型都有其特定的优势和适用场景，因此在选择数据建模方法时，需要根据实际需求和情况来决定。

1. 实体关系建模

实体关系建模（ERM）是一种常见的数据建模方法，它将数据组织成一种层次结构，其中每个实体都与一个或多个其他实体通过一对一的关系连接，是结构化数据的抽象概念表示。通过实体关系建模，可以将现实世界中的数据组织成层次结构或网状结构的形式。这种模型的优点是易于理解和实现，有助于提高数据的一致性、完整性和可重用性，使数据能够更好地支持各种应用和查询，但缺点是对复杂查询和更新操作的支持不够强大。

实体关系建模可以帮助定义和理解海洋领域的各种实体，这些实体可以是海洋生物、地理特征、环境参数等，通过定义它们的属性和关系，可以更好地理解和描述海洋的复杂性和多样性。例如，可以定义一个“鱼类”实体，包括其物种、大小、寿命等属性，以及与其他实体如“水域”和“食物”的关系。同时，通过构建的数据模型，可以方便地查询、更新和删除数据，并进行复杂的数据分析和挖掘。这对于海洋科学研究、海洋资源开发、海洋环境保护等领域都具有重要的意义。

2. 面向对象建模

面向对象建模是一种以对象为中心的数据建模方法，它将现实世界中的事物抽象为对象，对象具有属性和方法，且对象间可以进行交互。面向对象模型基于对象和关系两个核心概念。在对象关系模型中，对象是基本构建单元。每个对象都是独立的实体，可以执行特定的功能。对象的属性表示其特征或状态，而方法则定义对象可以执行的操作。通过将数据和操作封装在对象中，可以更好地组织和管理复杂的信息。关系是指两个或多个对象之间的关联或连接。在数据库中，关系模型使用表来表示数据之间的关系。每个表代表一个特定类型的对象集合，并且表中的行表示该集合中的一个实例。每个实例都可以与其他实例建立多个关系，以表示它们之间的联系。关系可以是一对一、一对多或多对多的关系，具体取决于对象的关联方式。

面向对象模型将数据视为对象的集合，每个对象都有自己的属性和方法。这种方法的优点是可以更好地支持复杂的查询和更新操作，但缺点是可能需要更多的编程工作来管理和操作数据。通过定义对象和关系的结构和行为，可以更轻松地在不同的系统之间共享和交换数据。此外，面向对象模型还支持复杂的查询和事务处理，使数据的检索、更新和删除变得更加灵活和高效。面向对象模型也存在局限性：①它将数据和操作封装在单个对象中，可能会导致过度设计和复杂性的问题；②对于大型和复杂的应用程序，传统的关系数据库可能无法满足需求，需要采用其他形式的数据库技术，如分布式数据库或文档数据库，因此在使用面向对象模型时，需要注意其限制和适用场景，以确保选择合适的数据库技术和解决方案来满足场景的需求。

海洋领域的面向对象模型同样用于描述和管理海洋相关数据和信息的概念框架。在海洋领域，面向对象模型被广泛应用于数据库设计和信息系统开发中，以提供对海洋数据的高效存储、查询和管理。在这个模型中，实体可以表示为海洋领域中的各种概念，如船舶、鱼类、海底地形等，而关联关系则描述这些实体之间的联系和依赖关系，例如船只与货物的关联、鱼类与栖息地的关联等。通过定义这些实体和关系的属性，可以进一步细化和完善海洋领域的知识体系。使用面向对象模型进行海洋领域的数据管理具有许多优势：①它提供了一种标准化的方式来组织和存储海洋数据，使不同系统之间能够无缝共享信息；②它支持复杂的查询操作，使用户能够根据特定的需求快速检索和分析相关的海洋数据。

3. 通用数据建模

通用数据模型是对传统数据模型的凝练升华，它定义了标准化的关系类型，涵盖了可能与之相关的实体类别。通用数据模型的构建犹如自然语言的诠释。通过对可扩展的关系类型列表进行标准化处理，通用数据模型能够表达无穷无尽的事实，并具备接近自然语言的能力。相较之下，传统数据模型受限于固定且有限的领域范围，因为这种模型的实施仅能表达预定义的各种事实。

海洋领域的通用数据建模是一种在海洋科学研究中广泛应用的方法。它涉及将海洋环境中的各种数据进行抽象、归纳和表示，以便更好地理解和分析海洋现象和过程。这种建模方法旨在提供一种通用的框架，使不同领域和学科的研究人员都能够使用同一套数据模型来描述和解释海洋现象。

在海洋领域数据建模通常涉及大量的观测数据，如海洋温度、盐度、流速、海流模式等，这些数据可以通过传感器、卫星遥感和其他技术手段获取。为了将这些原始数据转化为有用的信息，需要对这些数据进行预处理、特征提取和数据分析。

通用数据建模的一个重要用途是数据标准化。海洋环境受到多种因素的影响，如地理位置、季节变化和人类活动等，因此需要对数据进行归一化处理，以便在不同的研究背景下进行比较和分析，例如将温度数据从摄氏度单位转换为开尔文单位。

此外，海洋领域的通用数据建模还需要考虑数据的不确定性和噪声。由于海洋环境的复杂性，观测数据往往存在一定程度的误差和不确定性。为了提高模型的稳定性和可靠性，可以采用鲁棒性分析和贝叶斯滤波等方法来处理不确定性和噪声。

4. 语义数据建模

语义数据建模定义了存储的符号如何与现实世界进行关联。在语义数据建模中，将数据定义为实体、属性和关系的组合。这些实体可以是人、事物或概念，属性是描述实体的特征，关系则描述这些实体之间的联系。例如，一个人可以拥有多个电话号码，而这些电话号码可以用于识别该人。

在语义数据建模中，本体论起着核心作用。本体论是对特定领域内的概念及它们之间相互关系的形式化表达，它提供一套形式化的框架，能够描述实体、属性和关系等概念，从而在构建语义数据模型时，保证不同领域和组织之间语义的兼容性和互操作性。本体不仅可以用于描述实体及其属性，而且在特定的领域范围内，对存在的事物和领域内的术语及概念进行认知建模起到指导作用。这种建模过程需要考虑获取的数据和知识资源，领域术语的标准化和概念类别的广泛适用性，最终抽象出领域内的概念层次结构，定义每个概念的相关属性及概念间的关系，如定义同义词、反义词，对属性的值域施加约束等。

在海洋领域，学者们也纷纷提出了基于语义的数据模型，并应用于海洋科学研究、海洋资源开发、海洋环境保护等方面。例如：基于事件语义的海域使用管理时空数据模型，可以更好地了解海域使用情况和管理需求；海上移动目标航行行为语义建模方法，可以更好地了解船舶等海上移动目标的运动行为；海洋生态本体建模方法，可以更好地了解海洋生态领域知识体系特点和海洋生态功能过程等。

5.2.2 数据建模工具

1. 实体关系建模工具

实体关系建模工具是一种用于描述和设计数据库结构的工具，可以帮助开发者更好地理解和管理数据。通常包括实体关系工具、数据模型工具、数据库设计工具、数据库管理系统、数据仓库和数据挖掘工具、数据分析和可视化工具。

（1）实体关系图工具：采用图形化的表示方法，提供创建和维护实体关系图等功能，可清晰展示数据库中的各种实体及它们之间的关系。例如专为 Oracle 数据库设计的开发工具 Oracle SQL Developer，提供图形化的界面来设计和执行 SQL 查询，并能够创建实体关系图。

（2）数据模型工具：这类工具可以帮助用户创建和维护数据模型，如 Erwin 和 Enterprise Architect 等。数据模型是一种抽象的表示方法，可以描述数据库中数据结构与数据之间的关系。

（3）数据库设计工具：提供数据库结构设计和优化功能，包括实体关系图设计、数据流图设计、业务过程建模，以及数据库表设计、索引的创建和管理等，如 PowerDesigner 等。

（4）数据库管理系统（DBMS）：主要面向数据库中的数据，提供存储、检索、更新和管理功能。许多数据库管理系统都包含一些实体关系建模工具，如 MySQL Workbench、Microsoft SQL Server Management Studio 等。

（5）数据仓库和数据挖掘工具：提供海量数据的信息分析挖掘功能，如趋势、模式等，通常需要与数据库管理系统配合使用。

（6）数据分析和可视化工具：这类工具可以帮助用户分析和理解数据，如 Tableau、Power BI 等，同样需要与数据库管理系统配合使用。

2. 通用数据建模工具

通用数据建模工具是一种强大而灵活的工具，可以使用户在创建和管理各种类型的数据模型过程更加高效和便捷。这种工具通常具有丰富的功能和特性，可以满足不同领域和行业的需求，包括但不限于数据库设计、数据集成、数据分析和业务智能等领域。

通用数据建模工具提供一种直观且易于使用的用户界面，使用户能够快速上手并掌握其核心功能。无论是专业的数据分析师还是初学者，都可以通过简单的操作和拖拽方式来创建和管理数据模型，无需很多的技术背景或专业知识。这些工具通常支持多种数据源和格式的导入和导出，包括传统的关系型数据库（如 MySQL、Oracle 等）、非关系型数据库（如 MongoDB、Cassandra 等），以及各种文件格式（如 CSV、Excel 等）。用户可以方便地将现有的数据整合到统一的数据模型中，并进行跨平台和跨系统的数据分析和共享。

此外，通用数据建模工具还提供强大的查询和分析功能，可以帮助用户快速获取所需的数据信息。通过构建复杂的查询语句和图表，用户可以深入了解数据的关联性和趋势性，从而为决策提供有力支持。同时，这些工具还支持数据可视化和报告生成，用户能够以直观的方式展示和分享数据洞察。

除了基本的数据建模功能，一些高级的通用数据建模工具还提供更高级的数据处理和分析功能，如 ETL 过程自动化、数据挖掘算法、机器学习模型训练等。这些功能可以使用户可以更加深入地挖掘数据的价值，发现潜在的商业机会和创新点。

3. 语义数据建模工具

语义数据建模工具是一种专门用于处理和分析自然语言的计算机软件，其主要功能是理解和解释人类语言的含义，包括词汇、语法和语境等多个方面。使用语义数据建模工具可以更好地理解文本数据，从而进行更有效的信息提取、分类和预测等任务。语义数据建模的目标是更好地支持语义搜索、数据挖掘和自然语言处理等应用程序，这个过程需要统一地表示复杂的语义关系，并将这些关系转换为计算机可以访问的形式。

在海洋领域，语义数据建模的应用正在逐渐深化。随着海洋观测技术和数值仿真技术的发展，所获取的海洋数据从规模和分辨率上都得到了极大提升。目前已获得的大量海洋领域多媒体数据（如卫星遥感数据、深海摄像数据等）处理和利用，需要依赖有效的数据模型，而语义数据建模正好可以满足这一需求。通过构建可公开下载的海洋领域目标/现象识别数据集，语义数据建模有助于推动该领域的发展。此外，深度学习技术也在海洋信息探测中发挥着越来越重要的作用。基于深度学习的基本原理构建适用于海洋信息的深度学习神经网络模型，可以对温度、盐度、风场、有效波高和海冰等进行更准确的预测。

主流的语义数据建模工具主要包括词嵌入模型、预训练模型、循环神经网络、卷积神经网络（CNN）等。

（1）词嵌入模型。主要是通过将词语转化为向量的形式，使计算机能够更好地理解和处理自然语言，优点在于它能够捕捉词语之间的语义关系，如 Word2Vec、GloVe 和 FastText 等。

（2）预训练模型。主要是通过在大量的文本数据上进行预训练，得到一种强大的语义表示能力，可作为下游任务的初始模型，从而减少训练时间和数据需求，如 BERT、GPT-2 和 XLNet 等。

（3）循环神经网络。主要是能够处理序列数据的神经网络，可以捕捉句子中的上下文信息，如长短期记忆（LSTM）网络和门控循环单元（GRU）。

（4）卷积神经网络。是一种常用于图像识别的神经网络，可以应用于诸如文本分类、情感分析等任务。

5.3 海洋大数据存储架构

海洋数据具有多源异构多模态的特点，导致海洋数据存储和应用情况比较复杂，且许多业务场景需要海量结构化数据计算和文件分析同时进行，海洋数据的激增使得单一的存储处理系统无法满足其需求。本节将深入探讨海洋大数据存储架构，包括不同类型数据的存储方式。

5.3.1 事务型数据库系统

在海洋大数据平台中，事务型数据库以数据库表为管理对象，通过事务、时序和空间等引擎，采用高可用解决方案构建原始数据库、基础数据库、空间矢量数据库、元数据库和系统日志库等，存储管理海洋环境、海洋地理和海洋专题等领域海洋数据和信息产品，记录数据库操作信息。

1. 原始数据库存储架构

原始数据库采用数据文件存储、数据库文件目录管理和元数据导航等方式，对经过整理、归档的各类原始海洋数据进行存储和管理。原始数据库首先按照海洋业务化观测、海洋调查、国际合作与交换和购置等不同来源渠道进行划分，其次按照海洋水文、海洋气象、海洋化学、海洋生物、海洋底质、地形地貌、基础地理和遥感等学科/领域建立元数据库，以及元数据记录与数据文件实体的对应关系，实现基于元数据库的海洋原始数据管理。

2. 基础数据库存储架构

基础数据库主要存储经标准处理后的海洋环境数据。首先按照海洋业务化观测、海洋专项调查、极地大洋科考和国际合作与交换等业务领域进行划分。在此基础上，海洋业务化观测按照海洋站、浮标、雷达、志愿船和断面等平台类型分别建设数据库，最终以分钟、整点、正点和月报等格式构建对应的数据库表和字段。海洋专项调查主要按照学科建设数据库，其中海洋水文数据根据调查仪器类型建设相关数据库表，海洋气象数据按照高空、海面气象观测结合走航/大面观测方式建设数据库表，海洋化学数据按照水环境、大气化学和放射性物质等调度任务建设数据库表，海洋生物数据按照海洋植物类、动物类和生产力建设数据库表，海洋底质数据根据底质数据类型建设数据库表，海洋地球物理数据按照重力、磁力和海底地震等建设数据库表，地形地貌数据建设多波束和单波束水深数据库，物理海洋数据按照声学和光学建设数据库表。极地大洋科考的海洋水文气象等环境数据库参照海洋专项调查相应库表建设。此外，根据大洋矿产类型建设大洋矿产数据库表，按照极地冰川、极地天文等不同类型建设极地数据库表。国际合作与交换数据主要按照国际组织和计划要求建立数据库表。

3. 空间矢量数据库存储架构

空间矢量数据库主要包括系列比例尺海洋基础地理数据库、沿岸及海岛的高分辨率卫星遥感影像数据库、海洋水色卫星遥感资料数据库、海洋动力卫星资料数据库、海图资料数据库和全球 DEM 数据库等。空间矢量数据库的建立首先需要对数据的信息编码进行总体规划设计，对各类数据建立统一信息分类编码体系；使用统一的数据目录，结合元数据库，构造海洋空间信息数据库的信息资源目录体系。其次，依托空间数据引擎，如 ArcSDE 等，采用统一的空间坐标参考，开展空间数据建模、组织和管理。在此基础上，对元数据和业务数据进行统一存储与管理。在实际工作中，矢量与影像等空间数据可利用美国环境系统研究所 ESRI 的 Geodatabase 数据模型，以空间矢量数据库结合事务型数据库表进行存储管理。

4. 元数据库存储架构

元数据库主要根据海洋元数据标准，对不同介质、不同种类数据进行元数据要素信息提取、分级分层、归纳和提炼，并采用主键索引方式设计构建元数据存储结构和关系图，实现元数据的分级和交叉关联。元数据库主要包括基本信息、质量信息、内容描述信息、空间数据描述信息、空间参照信息、服务信息和参考信息等内容。

5. 系统日志库存储架构

系统日志库主要依托消息队列系统，面向上层分析监控系统提供数据库操作记录的读取，以及面向系统日志库的更新存储，并定期将形成的日志文件更新到 HDFS 中。

5.3.2 MPP 数据库系统

分析型大规模并行处理（MPP）数据库采用并行数据库集群构建，结合共享内存技术、多种索引功能和多级别索引机制等（李瑞，2009），为超大规模结构化数据提供高性能、高可用、高扩展性和高容错性的通用存储计算环境。总体上，MPP 数据库可划分为海洋环境整合数据库和海洋专题整合数据库。

海洋环境整合数据库主要面向不同应用需求，分别搭建要素层和网格层等数据库，抽取基础数据并逐层开展调度整合。要素层数据库按照一致的库表结构，从国内来源、国际来源和全源三个维度，按照要素构建具体数据库表。其中：国内来源整合数据库主要从基础数据库中抽取海洋环境观测、海洋专项调查、大洋和极地科考等我国自主获取数据；国际来源整合数据库从国际合作交换基础数据库数据抽取整合得到；全源数据库由国内来源和国际来源数据抽取整合形成。网格层数据库在要素层数据库的基础上，进一步按照不同时间分辨率（累年、历年、累年逐月、历年逐月等）和不同空间分辨率（0.5°、1°、2°、5°等）进行建设。

海洋专题整合数据库主要是在最大限度保持各行业代码的一致性前提下，进行主数据、元数据和值域字典等核心库表的选取和规范化改造，并按照资料类型、内容等属性，对不同业务领域中的重复数据进行排重整合。各专题数据库中的环境数据抽取进入海洋环境综合数据库，其他专题信息按照业务领域整合形成各专题整合数据库，主要包括海洋基础地理与遥感、海洋经济、海域海岛、海洋生态保护、海洋权益、海洋预报减灾等专题整合数据库。

5.3.3 分布式文件系统

传统关系型数据库因为事务一致性、读写实时性等诸多限制，无法满足用户对数据库高并发读写、高可扩展性、高可用性，以及对海量文件的高效率存储和访问的需求。因此，除了采用二维数据结构，基于文件系统存储非结构化和半结构化海洋数据文件也尤为必要。分布式文件系统的典型代表是HDFS，其具有灵活的数据模型，没有严格的数据存储格式，不用事先建立数据存储字段，可以随时定义存储字段，数据之间没有关联，具有高横向扩展性及高并发读写性能（许春玲 等，2010），允许用户将数据组织成文件和文件夹，并提供对应接口，使应用程序能直接访问基于HDFS的数据流。作为海洋非结构化/半结构化大数据存储的一项核心组件，分布式文件系统主要用于对海洋相关文档、音视频、图形、图像等文件进行统一存储与管理。

从产品类型来分，海洋遥感产品按照遥感平台类型存储管理影像、专题要素图形和专题数据集产品等卫星遥感和航空遥感产品，海洋专题成果主要包括海洋经济专题成果、海洋政策法规专题成果、海洋权益专题成果、海域使用和管理专题成果、海岛管理专题成果、海洋生态预警监测专题成果及海洋预报减灾和环境保障专题成果。

从领域方面来分，主要包括基础专项调查非结构化文件系统（海洋环境专题调查报告文件、大洋专项调查深海大洋视像文件等，海洋综合管理非结构化文件系统，海洋测绘非结构化文件系统（包括遥感影像、海图文件等），海洋生态保护非结构化文件系统（科考报告、照片文件等），海洋经济统计非结构化文件系统（海洋经济统计年鉴文件等），海洋灾害非结构化文件系统（海洋灾害公报、年鉴文件等），海岛管理非结构化文件系统（海岛数字正射影像数据文件等）。

5.3.4 个性化海洋数据存储

数据读取、分析速度慢是多年来困扰海洋数据管理的关键问题。国家海洋综合数据库采用列存储技术，将数据库二维表中的数据按列方式进行存储，不读取无效列数据，降低I/O开销，从而大幅提高数据查询性能。为进一步提高I/O效率，对每列数据再细分为数据包，无论单表有多大，数据库只需要操作相关的数据包，因此性能不会随着数据量的增加而下降，从而极大地提升了数据吞吐量。此前基于关系数据库，亿级记录查询需要数个小时，甚至时常会发生进程崩溃的情形。列存储技术的使用，可使数据库中单表与其关联表的千亿级记录全量数据查询耗时仅 3 秒。同时，数据压缩比可以达到 20 倍以上，数据占有空间降低到关系数据库的 1/10，极大节省了存储设备的开销。

针对各类海洋数据不同的更新时效和应用频度、数据库表结构复杂度，以及要素间的关联度强弱，开展数据库设计（随宏运，2018）。面向结构较为复杂的库表，选取哈希（Hash）分布（指定节点）或随机分布（随机节点）方式，面向结构比较简单的库表，采用复制表方式，进行数据库设计，在保证高效查询的前提下，减少因数据写入和跨节点读取带来的消耗。

通过构建时空索引库的方式，可以显著提高海洋数据的检索与服务效率，尤其针对数据分布密、空间范围大、时间跨度长的数据检索，可以成倍提高效率（赵庆，2012）。同时，建立面向时空对象查询的时空索引库，可满足基于地理位置的点查询、区域查询、选择查询、最近邻查询和连接查询等多种查询需求。构建海洋环境时空索引库的关键是建立海洋环境数据的时空索引。时间索引的构建比较简单，可以通过将时间类型值映射成整型值，并依据整型运算得到一个缩小的时间查找范围，再在缩小的时间范围内，根据具体的查询条件按时间类型进行检索，提高检索效率。空间索引的构建则比较复杂，目前主要结合应用热度，采用四叉树网格索引的方式对全球范围进行划分和编码，建立 5°、1°、1/4°、1/8°四层索引，保证网格数据高效查询检索。

5.4　海洋大数据更新调度

5.4.1　加载更新功能

海洋数据的加载和更新是一个涉及海洋科学、信息技术等多个领域的复杂过程。

海洋数据加载，就是将收集的海洋数据导入计算机系统，以便进行后续的处理和分析。这个过程需要使用专门的数据加载软件，这些软件可以将各种格式的海洋数据格式转换为计算机可以识别和处理的数据格式。在数据加载的过程中，还需要对数据加载结果进行校验，以确保数据的准确性和完整性。

海洋数据更新，就是定期或根据需要，对已经加载的海洋数据进行修改和补充，从而反映海洋相关领域的最新状况，如海洋的温度、盐度、流速等参数都会随着季节、天气、潮汐等因素的变化而变化。

海洋数据的加载和更新是一个持续的过程，需要不断地收集新的数据，处理旧的数据，以保证海洋数据始终能够反映海洋相关领域的最新状况。同时，还需要不断地优化数据加载和更新的方法，以提高工作效率、减少工作成本。

从功能上来看，加载和更新需要相应的功能系统支撑。面向原始、基础、专题和产品成果等不同阶段数据和信息产品加载需求，主要包括加载配置、加载排重、原始数据加载、基础数据加载、专题要素数据加载、产品成果加载等功能模块。

5.4.2 查询检索功能

海洋数据查询检索是对海洋相关的各种数据（如海洋的地理位置、深度、温度、盐度等）进行查询和检索，以获取需要的信息。

一般来说，可以通过网络进行海洋数据的查询检索。可以访问一些专门提供海洋数据的网站，或使用一些专门的海洋数据查询检索软件，通过输入关键词，或通过选择一些筛选条件，来查询所需海洋数据。通过大数据技术和人工智能技术，对海洋数据进行深度学习和机器学习，可以提高海洋数据的查询检索效率和准确性。例如，基于数据流引擎，根据数据检索的数据量大小和检索时效要求，结合节点虚拟化和数据库虚拟化方式，研发基于全域索引的数据并行检索功能，从而实现数据全量检索，最大限度地发挥硬件设备，提高数据应用实效性。

此外，根据海洋数据的强时空特性，还可以提供包括地图组合条件查询检索、关键词查询检索、地图空间范围查询检索、图形图像缩放、图形图像漫游显示、图形图像切换、窗口分裂等模块组成的地图检索功能。可基于空间矢量化数据和相关的数据资料产品，结合统一的二维、三维地理信息服务平台，按照不同的资料种类进行划分，通过不同数据类型的空间索引进行查询检索，并按照不同的数据展示需求提供查询检索后结果的展示，同时提供空间信息资源的多维度信息展示方式切换和地图缩放等功能。

5.4.3 数据调度功能

海洋数据调度是一种专门用于管理和控制海洋相关数据的系统，其主要目标是确保数据的有效流动和优化使用，以满足各类海洋研究和应用领域的需求。首先，海洋数据调度功能需具备针对不同来源、海量海洋数据进行分类和整理的能力；其次，海洋数据调度功能包括对这些数据进行进一步的质量控制处理，包括对数据的准确性、完整性和一致性检查，以及对数据进行清洗和修复，从而确保数据是高质量的；此外，海洋数据调度功能还可以根据使用者的需求，对数据进行调度和分配。例如，针对特定区域和特定时间段的海洋数据需求，可以基于海洋数据调度功能自动从数据库中提取满足条件的数据。

数据调度功能主要包括抽取、转换、写入和读取等模块，以及调度执行工具。其执行过程是根据预定的时间表或规则，在合适的时间点自动分配和调度各种任务执行。通过设定特定的时间点或条件，调度执行工具可以帮助用户有效地管理工作流程；在多个任务同时进行的情况下，根据任务的优先级和依赖关系，自动调整任务的执行顺序，从而避免出现任务之间的冲突和延误；调度执行工具还具有强大的监控和报告功能，能够实时监控任务的执行情况，包括任务的开始时间、结束时间、执行状态等，并生成详细的报告，这些信息可以帮助用户了解任务的执行情况，及时发现和解决问题。

第6章 海洋大数据集成管理方法

6.1 海洋大数据清洗工具

6.1.1 FORTRAN 语言

FORTRAN 语言是为科学、工程问题或企事业管理中能够用数学公式表达的问题而设计的，其数值计算的功能较强。FORTRAN 语言是世界上第一个被正式推广使用的高级语言。它于 1954 年被提出，1956 年开始正式使用，至今仍历久不衰，是科学计算领域和海洋数据处理领域使用的主要语言。相较于其他语言，FORTRAN 语言有两大优势，一是编程语言和数学语言在表达方式上，具有最优秀的、直接自然的对应关系；二是在科学计算速度上优于其他语言。

现代科学计算的规模越来越大，计算并行化是一条不得不走的路线，现代计算机硬件的发展，也使并行化具有实际的普及前景，因为不仅专门的大型计算机是并行的，现在的一般 PC 都可以拥有多个处理器，因此现代从事科学计算的用户不得不掌握并行化计算的编程能力。但是进行并行化编程的一个主要问题是任何过程编程语言都内在地使用线性存储模式，也就是一个数组的元素总是被认为按照数组元素的先后顺序而连续地存储在内存单位里面，这种模式决定了这样的过程编程语言无法真正地实现对并行计算的描述。

而 FORTRAN 则完全改观了这种制约，因为 FORTRAN 对数组及数组运算建立了全新的、面向并行化计算的概念和结构，如纯过程的概念、逐元过程的概念、FORALL 结构等，有效地摆脱了线性存储模式的制约，使 FORTRAN 成为描述并行计算的标准语言。那些专用的数据并行化语言都纷纷采用 FORTRAN 作为基础语言，例如高性能 FORTRAN、Fortran D、Vienna Fortran、CRAFT 等。使用 FORTRAN 语言编写的程序可以直接在这些数据并行化语言的平台上运行，反过来使用这些专用语言编写的程序也可以毫不困难地转移到 FORTRAN 平台上运行，这种局面使 FORTRAN 在并行计算领域独领风骚。

6.1.2 Matlab

Matlab 是美国 MathWorks 公司出品的商业数学软件，用于数据分析、无线通信、深度学习、图像处理与计算机视觉、信号处理、机器人控制系统、量化金融与风险管理等领域，在海洋数据处理分析上也有着广泛应用。

Matlab 软件主要面向科学计算、可视化及交互式程序设计的高科技计算环境。它将数值分析、矩阵计算、科学数据可视化及非线性动态系统的建模和仿真等诸多强大功能集成在一个易于使用的视窗环境中，为科学研究、工程设计，以及必须进行有效数值计算的众多领域提供了一种全面的解决方案，并在很大程度上摆脱了传统非交互式程序设计语言的编辑模式。Matlab 的优势和特点包括以下几个方面。

（1）高效的数值计算及符号计算功能，能使用户从繁杂的数学运算分析中解脱出来。

（2）具有完备的图形处理功能，可实现计算结果和编程的可视化。

（3）友好的用户界面及接近数学表达式的自然化语言，使用户易于学习和掌握。

（4）功能丰富的应用工具箱（如信号处理工具箱、通信工具箱等），为用户提供了大量方便实用的处理工具。

1. 编程环境

Matlab 由一系列工具组成。这些工具方便用户使用 Matlab 的函数和文件，其中许多工具采用的是图形用户界面，包括桌面和命令窗口、历史命令窗口、编辑器和调试器、路径搜索和浏览器。随着 Matlab 的商业化及软件本身的不断升级，Matlab 的用户界面也越来越精致，更加接近 Windows 的标准界面，人机交互性更强，操作更简单。新版本的 Matlab 提供了完整的联机查询、帮助系统，极大地方便了用户的使用。简单的编程环境提供了比较完备的调试系统，程序不必经过编译就可以直接运行，而且能够及时地报告出现的错误及进行出错原因分析。

2. 简单易用

Matlab 是一个高级的矩阵/阵列语言。用户可以在命令窗口中将输入语句与执行命令同步，也可以先编写好一个复杂的应用程序（M 文件）后再一起运行。新版本的 Matlab 语言是基于 C++语言，语法特征与 C++语言极为相似，而且更加简单，更加符合科技人员对数学表达式的书写格式。此外，这种语言可移植性好、可拓展性极强，这也是 Matlab 能够深入科学研究及工程计算各个领域的重要原因。

3. 处理强大

Matlab 是一个包含大量计算算法的集合，拥有 600 多个工程中要用到的数学运算函数，可以方便地实现用户所需的各种计算功能。函数中所使用的算法都是科研和工程计算中的最新研究成果，而且经过了各种优化和容错处理。在通常情况下，Matlab 可以用来代替底层编程语言，如 C 和 C++。在计算要求相同的情况下，使用 Matlab 的编程工作量会大大减少。Matlab 的这些函数集包括从最简单最基本的函数到诸如矩阵、特征向量、快速傅里叶变换的复杂函数。函数所能解决的问题大致包括矩阵运算和线性方程组的求解、微分方程及偏微分方程的求解、符号运算、傅里叶变换、稀疏矩阵运算、复数的各种运算、三角函数和其他初等数学运算、多维数组操作，以及数据的统计分析、工程中的优化问题、建模动态仿真等。

4. 图形处理

Matlab 自产生之日起就具有方便的数据可视化功能，可以将向量和矩阵用图形表现出来，并且可以对图形进行标注和打印。高层次的作图包括二维和三维的可视化、图像处理、动画和表达式作图，可用于科学计算和工程绘图。新版本的 Matlab 对整个图形处理功能进行了较大的改进，使它不仅在一般数据可视化软件都具有的功能（如二维曲线和三维曲面的绘制和处理等）方面更加完善，而且对于一些其他软件所没有的功能（如图形的光照处理、色度处理及四维数据的表现等）同样表现出色。同时对一些特殊的可视化要求，如图形对话等，Matlab 也有相应的功能函数，保证了用户不同层次的要求。新版本的 Matlab 还着重在图形用户界面的制作上进行了大量优化，对这方面有特殊要求的用户也可以得到满足。

5. 模块工具

Matlab 对许多专门的领域开发了功能强大的模块集和工具箱。一般来说，它们都是由特定领域的专家开发的，用户可以直接使用工具箱学习、应用和评估不同的方法而不需要自己编写代码。诸如数据采集、数据库接口、概率统计、样条拟合、优化算法、偏微分方程求解、神经网络、小波分析、信号处理、图像处理、系统辨识、控制系统设计、LMI 控制、鲁棒控制、模型预测、模糊逻辑、金融分析、地图工具、非线性控制设计、实时快速原型及半物理仿真、嵌入式系统开发、定点仿真、DSP 与通信、电力系统仿真等，都在 Matlab 工具箱家族中占有一席之地。

6. 程序接口

新版本的 Matlab 可以利用 Matlab 编译器和 C/C++数学库和图形库，将 Matlab 程序自动转换为独立于 Matlab 运行的 C 和 C++代码，允许用户编写可以和 Matlab 进行交互的 C 或 C++语言程序。此外，Matlab 网页服务程序还容许在 Web 应用中使用 Matlab 数学和图形程序。Matlab 的一个重要特色就是具有一套程序扩展系统和一组称为工具箱的特殊应用子程序。工具箱是 Matlab 函数的子程序库，每一个工具箱都是为某一类学科专业和应用而定制的，主要包括信号处理、控制系统、神经网络、模糊逻辑、小波分析和系统仿真等。

Matlab 的应用范围非常广，包括信号和图像处理、通信、控制系统设计、测试和测量、建模和分析等众多应用领域。附加的工具箱（单独提供的专用 Matlab 函数集）扩展了 Matlab 环境，以解决这些应用领域内特定类型的问题。

6.1.3 Python

随着海洋数据爆炸式增长，适合大数据处理的 Python 语言越来越受到海洋从业者的青睐。由于 Python 语言具有简洁性、易读性及可扩展性，国内外使用 Python 进行科学计算的研究机构日益增多，许多大学已经采用 Python 来教授程序设计课程。众多开源的科学计算软件包都提供 Python 的调用接口，例如著名的计算机视觉库 OpenCV、三维可视化库 VTK、医学图像处理库 ITK 等。Python 专用的科学计算扩展库非常多，NumPy、SciPy 和 matplotlib 是三个十分经典的科学计算扩展库，它们分别为 Python 提供快速数组处理、数值运算及绘图功能。Python 语言及其众多的扩展库所构成的开发环境十分适合工程技术、科研人员处理实验数据、制作图表，甚至开发科学计算应用程序。Python 语言有如下优点。

（1）简单编码。与其他编程语言相比，Python 编程涉及简单的编码。用户可用很少的代码执行程序，并且可以快速关联和识别数据类型。Python 可以在短时间内处理和增加任务。

（2）开源且易学。Python 是一种基于社区模型开发的开源编程语言，可以免费使用，支持多种平台，可在任何环境（Linux、Windows 等）下运行。

（3）支持多个库。Python 对库有广泛的支持。大多数 Python 库可用于数据分析、可视化、数值计算和机器学习。大数据需要大量的科学计算和数据分析，Python 与大数据的结合使二者成为很好的伴侣。

（4）提供对 Hadoop 的高度兼容性。Python 和 Hadoop 都是开源大数据平台，因此 Python 与 Hadoop 的兼容性比任何其他编程语言都更好。此外，Python 的 PyDoop 包可为 Hadoop 提供出色的支持。

（5）处理速度快。Python 的高速数据处理特性使其最适合用于大数据处理。Python 代码的执行时间比其他编程语言短，因其语法简单，代码易于管理。

（6）应用范围广。Python 是一种面向对象的语言，支持高级数据结构，允许用户暗示数据结构，包括列表、集合、元组、字典等，同时支持各种科学计算操作，如数据框、矩阵运算等。Python 的这些特性扩大了语言的范围，从而使其能够简化和加速数据操作。

（7）有数据处理支持。Python 具有支持非常规和非结构化数据处理的内置功能，这是进行大数据分析的基本要求。

（8）可移植性。由于 Python 的可移植性，许多跨语言操作在 Python 上很容易执行。这也是 Python 在数据科学中流行的最关键原因。

（9）拥有庞大的社区支持。大数据分析通常处理复杂的问题，需要社区支持才能解决。Python 拥有庞大而活跃的社区支持，可帮助数据科学家和程序员在编码相关问题上获得专家支持。

（10）可扩展性。在处理数据时，可扩展性很重要。如果数据量增加，Python 很容易提高处理数据的速度，这在 Java 或 R 等语言中是很难做到的，这将使 Python 和大数据能够更好地相互配合。

6.1.4 ODV

ODV 是由德国 AlfredWegener 研究所研发的一款可供海洋数据处理、分析和绘图的专业、免费软件，可随时从网站（http://odv.awi.de/）上下载，后续版本在不断更新中。ODV 可用于交互式勘探，以及对海洋和其他地理参数剖面、轨迹或时间序列数据进行绘图，适用于 Windows、MacOS、Linux 和 Unix 系统。ODV 数据和设置文件与平台无关，可以在所有系统之间转换，同时可对航次数据、浮标数据及 Argo 数据、卫星遥感数据（如 NetCDF）等进行分析处理，并能够将不同数据可视化。ODV 可以绘制出高质量的站位图、散点图、断面分布图、大面分布图、目标区域时序变化图等，且具有灵活性高、功能强大、界面便捷、操作简单和绘图精美等特点，因而可以全面地提供强大的数据可视化、分析和绘图的平台，极大地提高海洋科学工作者的工作效率。

ODV 可以将新数据轻松导入数据集，还允许从数据集中轻松导出数据。以下广泛使用的海洋数据可直接导入 ODV 系统：①电子表格数据；②Argo 剖面和轨迹数据；③GTSPP

数据；④DataNet 数据；⑤海鸟仪器导出的 cnv 格式数据；⑥WOCE 和 CLIVAR 交换格式数据；⑦WOD 数据。

不同海洋仪器公司一般使用的是各自开发的数据存储软件，其格式不具备统一性；同时，海上或实验室的观测数据，其存储格式往往也不尽相同。因此在将数据导入 ODV 之前，应按如下步骤将原数据进行预处理，才能保证 ODV 建立正确的数据集。

（1）ODV 可以自动识别航次、站位、数据类型、经度、纬度等固定类型数据，对数据预处理时可先用电子表格工具（如 Excel）标注所在列的数据标题，可供识别的固定参数要和 ODV 保持一致。

（2）除 ODV 可识别的固定参数外，其他需导入的变量数据应在每一列参数前加上一列 1（标题命名为 QF），ODV 将自动识别后一列数据为变量参数。

（3）ODV 不能直接识别 Excel 的数据类型，因此，在对数据预处理结束后，应将格式转化为（.txt）文档格式进行保存，再用 ODV 直接读取并建立数据集。ODV 具有 5 种功能模式：Map（地图）、Station（站点图）、Scatter（散点图）、Section（断面图）、Surface（平面图）。

1. 地图

通过地图功能可以绘制出高质量的站位和航次图，可以根据测站位置设定经纬度范围并显示，还可根据需要添加海岸线和大陆水文信息。

地图不展示任何的数据信息，只显示站位航次信息，同时自带高程和水深数据。在属性（标注软件的英文标题）窗口中进行基本的设置，如字体、颜色等。利用投影窗口可以选择投影方式：①北极点正射投影；②赤道正射投影；③南极点正射投影；④斜正射投影；⑤莫尔韦德（Mollweide）投影；⑥墨卡托（Mercator）投影。使用者可以根据航次和站位的具体位置，调整地图的投影方式及投影中心点的位置，使绘图更加美观。

2. 站位图

站位图可以根据使用者的选择展现地图和一张或者多张数据窗口图。它与地图的最大差别在于：它可以使用一个或多个窗口绘制参数间关系图。在该绘图模式下，可以绘制任意站位或单站位不同参数的 *X*/*Y* 垂直分布图。当带网格影响数据分布时可以利用属性窗口中的 Drawgrid 选项进行取消；每条分布线颜色等特征可以根据绘图需要使用 Pick List 编辑器进行更改设置。利用站位图模式可以轻松对比所需站位各参数之间的关系，对同一站位不同参数的变化或不同站位同一参数的改变进行观察与分析，十分便捷。此外，提供站位统计分析功能，可以以经度/纬度尺度、年际/日际尺度及 Map 图的站位密集尺度进行显示，在不熟悉的航次数据或需要对站位统计时可以很好地利用该功能。

3. 散点图

散点图模式会在地图上显示所有站位当前的数据参数，从而对大数据集概观提供了可能。散点图对数据质量控制尤其有效，除了 *X* 和 *Y* 参数还支持 *Z* 参数（或反演参数）绘制点聚图。*Z* 参数在一个给定的 *X*/*Y* 点的实际值决定了 *X*/*Y* 位置数据点的颜色。同断面图和平面图模式一样，*Z* 参数显示有以下两种方式。

（1）通过将彩色点或实际的数据值在 *X*/*Y* 位置（默认）。

（2）使用连续区域网格化法（网格差值法）对基本观测数据进行评估，网格化区域可以进行彩色填充或绘制等值线。

4. 断面图

断面图模式用来绘制站位参数断/剖面图，支持 *Z* 参数显示，同时可以显示散点图模式中的所有图形类型。可在地图上根据研究的需要定义断面，再根据所选站位进行剖面绘图。

5. 平面图

平面图模式可以绘制参数的平面分布图，同时支持参数 3D（经度/纬度/深度）空间定义分布面（如透明度、温度等平面）显示，也可在特定参数分布面上显示其他给定参数的分布特征。当经纬度指定为 *X*/*Y* 轴参数时，显示为 *Z* 变量分布的地图。利用平面图模式可显示水层参数的不同分布，有利于科学统计、研究和分析。

6.1.5 GMT

GMT 是一款主要针对地学工作者的数据处理、分析及绘图的开源软件，使用具有高可移植度的 ANSI C 语言编写，与可移植操作系统接口（POSIX）标准相适应，可以在 Unix 系统和 WINDOWS 系统操作，具有强大的数据处理功能和绘图功能。在数据处理方面，GMT 具有数据筛选、重采样、时间序列滤波、二维网格滤波、三维网格插值、多项式拟合、线性回归分析等功能。在绘图方面，GMT 支持绘制多种类型的底图，包含 30 余种地图投影、笛卡儿坐标轴（线性坐标轴、对数轴、指数轴）、极坐标轴；支持绘制统计直方图、等值线图、2D 网格图及 3D 视角图等；同时支持绘制线段、海岸线、国界、多种符号、图例、色标、文字等。

GMT 是免费的开源软件，其源码遵循 GNU LGPL 协议。任何人均可免费获得软件的源码，并可以自由复制、分发及修改。GMT 不仅公开了软件源代码，还提供 Windows 和 macOS 下的二进制安装包，各大 Linux 发行版中也提供了预编译的二进制包。GMT 遵循标准 Unix 体系的编写原则：把原始数据-分析处理-图像显示的流程分解为一系列基本步骤，每一个步骤都可以用一个 Unix 或 GMT 工具来完成。其优势在于：①只需要少量的程序；②每一个程序简洁，并且易于更新；③每一个步骤都是独立的，因此可以有多种应用（每一步骤都可以任意组合）；④程序可以用 shell 或其他的管道（pipes）连接到一起，这样就可以根据需要建立想要的数据处理流程。此外，GMT 充分利用了 PostScript 语言，可以绘制彩色图件。

一个 GMT 程序可以输入也可以不输入数据。主要有以下三类不同类型的输入文件。

（1）数据表。数据表的列数有一定限制，行数不限，可以分为以下两类。

ASCII 码文件（除非数据文件巨大，为首选格式）格式为

单段文件[缺省]

具有内部标头记录的多段文件（-M）

二进制文件（加快输入/输出速度）格式为

单段文件[缺省]

多段文件（段的头记录 NaN 域）（-M）

（2）网格数据组。网格数据组为数据矩阵（数据点在两个坐标方向等距分布），具有网格线配准（grid-line registration）和像素配准（pixel registration）两种格式。GMT 的缺省格式是 NetCDF。

（3）调色板表。调色板表用于影像图、彩色图和等值线图。

GMT 得到的 6 种输出文件如下：①PostScript 绘图文件；②数据表；③网格数据组；④统计和概要；⑤警告和出错信息，写入 stderr.；⑥退出状态（0 为正常，其他为失败）。

6.2 海洋大数据综合分析方法

6.2.1 探索性分析

探索性分析是获得对海洋数据初步认识及对先验知识的一个探索分析过程，分析内容包括数据类型、数据规模、各特征下的数据分布情况等，并利用第三方绘图库进行直观的观察，以获取数据的基本属性与分布情况。

1. 近似正态分布变换

许多海洋资料分析方法都是基于海洋数据满足正态分布或近似正态分布这一假设，线性回归分析、皮尔逊相关性分析、T 检验等都是建立在数据样本为正态分布的基础上，但实际数据很少能直接满足这一要求，因此，必须对实测数据进行加工，使其变换为近似正态分布。

（1）对数变换，即将原始数据 x 的对数值作为新的分布数据：

$$y = \ln(x + k) \tag{6-1}$$

式中：x 为初始变量；y 为变换后变量；k 为常数。

（2）幂变换，即将原始数据 x 的幂指数作为新的分布数据：

$$y = x^P \tag{6-2}$$

式中：x 为初始变量；y 为变换后变量；P 为指数，可为正数或负数。

幂变换只能对正数使用，因此在变换前须加一个常数使数列都变换成正值。

（3）平方根反正弦变换。如果分析数据是比值，一般都不符合正态分布，可对百分比的平方根取反正弦变化以改善分布的正态性，获得一个比较一致的方差。平方根反正弦变换又称角变换。

（4）Box-Cox 变换。Box-Cox 变换是一种广义幂变换方法，是统计建模中常用的一种数据变换，适用于连续的响应变量不满足正态分布的情况。Box-Cox 变换可以一定程度上减弱不可观测的误差和预测变量的相关性。Box-Cox 变换的主要特点是引入一个参数，通过数据本身估计该参数，进而确定应采取的数据变换形式。Box-Cox 变换可以明显地改善数据的正态性、对称性和方差相等性，对许多实际数据都是行之有效的（荆庆林，2012）。

Box-Cox 变换可表示为

$$y=\begin{cases}\dfrac{x^{\lambda}-1}{\lambda},\lambda\neq 0\\ \ln x,\quad \lambda=0\end{cases}\tag{6-3}$$

式中：y 为经 Box-Cox 变换后得到的新变量；x 为原始连续因变量；λ 为变换参数。上述变换要求原始变量 x 取值为正，若取值为负，可先对所有原始数据同加一个常数使其为正值，然后再进行上述的变换。对不同的 λ 所作的变换不同：$\lambda=0$ 时该变换为对数变换；$\lambda=-1$ 时为倒数变换；$\lambda=0.5$ 时为平方根变换。Box-Cox 变换中参数的估计有两种方法：①最大似然估计；②贝叶斯（Bayes）法。通过求解 λ 值，可以确定具体采用哪种变换形式。

2. 稳健估计和阻力估计

对于正态分布样本，最能概括其特征的统计量是均值和标准差。但真正遵守正态分布的海洋要素很少，即使经过变换以后，也难以完全达到。所谓在正态意义下的假设，仅仅是一种理想状态。因为在大量的数据中总有个别异常值，异常值的存在对这两个统计量会造成很大影响，使其不再对这个数列具有代表性。假设一组数列[1,2,3,4,50,6,7,8]，它的均值为 10.1，标准差为 19.2。很明显，这两个统计值对这一数列不再具有代表性。我们所需要的估计值，应该是既要能适应给定分布，又能保持其实测资料的原有特征，这种估计称为稳健估计（robust estimate）。当所求得的估计量不会太受少数异常值影响时，这种估计值称为阻力估计（resistant estimate）。尽管稳健估计和阻力估计方法对个别异常值不太敏感，但绝不意味着所有异常值就不考虑了，有些异常值可能是很有意义的数据。

1）均值的稳健估计

要使均值不受异常值的影响，一种最简单方法就是去掉数列两端的少量数据，然后再求剩余部分的均值。

2）方差的稳健估计

高阶矩（如方差）的估计是个复杂的问题，既要使估计量不受异常值的影响，也得承认高阶矩的估计主要取决于样本分布尾部的实际情况。因此，进行方差稳健估计时要谨慎。对于样本容量不大的数列，求方差的稳健估计不成问题，只要仔细考虑去掉显著的异常值即可。但对大样本的数列进行自动化处理，就需采用稳健估计和阻力估计方法。

（1）截断方差。可用截剪均值的概念求截断方差的估计，方差的截剪系数往往要比均值小一些。

（2）绝对中位差（MAD）。对于单变量数据集 $[x_1,x_2,\cdots,x_n]$，MAD 定义为数据点到中位数（median）的绝对偏差的中位数：

$$\mathrm{MAD}=\mathrm{median}(|x_i-\mathrm{median}(x)|)\tag{6-4}$$

MAD 是一种统计离差的测量。而且，MAD 是一种鲁棒统计量，比标准差更能适应数据集中的异常值。对于标准差，使用的是数据到均值的距离平方，因此大的偏差权重更大，异常值对结果也会产生重要影响。对于 MAD，少量的异常值不会影响最终的结果。由于计算简便，MAD 可作为一种粗略、简单和保险的方差估计。

（3）四分位数间距（IQR）。IQR 是方差的另一种稳健估计，计算公式为

$$\mathrm{IQR}=Q_3-Q_1;\tag{6-5}$$

即对一组按顺序排列的数据，上四分位值 Q_3 与下四分位值 Q_1 之间的差称为四分位距。

这种方法具有计算简便和低精度的特点，相当于近似正态假设下的 MAD 值估计。对于对称性资料，MAD=IQR/2；对于非对称性资料，只要求得四分位数和中值，就可求得（上四分卫值-中值）及（中值-下四分卫值）的差值，从而可以得到非对称数列的偏态程度，而且四分位数所表示的间距最能表示数据中部占样本容量 50%的信息，可使四分位数与箱线图直接联系起来。

3. 两组数据的探索分析方法

将两组一维数列同时分析时，所用方法视这两组数列的相关关系而定。对于相关的两组数列，常用散点图分析；对于互不相关的两组数列，则用散点图的相关性及经验分位点相关图结合进行分析。

（1）散点图和强相关。散点图是研究两变量间相互关系的有用工具，它不仅可以求得变量之间的相互关系，还可给出资料特征的初步概念，例如是否为线性相关、相关程度如何、是否有异常值等。在作散点图之前，一般需对数据进行变换，使有偏差的数列变为近似对称分布，以免受个别极值的影响。反映两数列间线性关系的最好指标是相关系数 r：

$$r=\frac{\sum_{i=1}^{n}(x_i-\overline{x})(y_i-\overline{y})}{\sqrt{\sum_{i=1}^{n}(x_i-\overline{x})^2\sum_{i=1}^{n}(y_i-\overline{y})^2}} \tag{6-6}$$

r 值越接近于 1，说明相互间关系越密切。

（2）经验分位点相关图。经验分位点相关图是将两组互不配对的数据列分别对应分位数的相应点，并进行相关比较。不同于传统的检验方法，如 T 检验只根据均值和方差进行检验，经验分位点相关图是将两组数列整体进行比较，具体做法如下。

① 将两数列按升序排列为 $x_1\leqslant x_2\leqslant\cdots\leqslant x_m$ 和 $y_1\leqslant y_2\leqslant\cdots\leqslant y_n$。

② 按 $P_i=\dfrac{i-0.5}{\min(m,n)}$ 分别求得 x_i 和 y_k 的经验频率（或百分位数），其中 $i=1, 2,\cdots,\min(m,n)$。

③ 根据对应的分位数，在坐标系上标出对应的 (x_i,y_i) 点，即为经验分位点相关图。

4. 多组数列的探索分析方法

（1）经验分位点相关图。经验分位点相关图仅适用于两组资料的比较，若要对 n 组资料作经验分位点相关分析，仍用两两对比方法，就须对比 $n(n-1)/2$ 次，并且对比的次数随 n 的增加而显著增加。这样工作量很大，而且由于对比时缺乏统一的基准，分析结果也无法形成一个总的概念。多组数列的经验分位点相关分析可选用某一代表（基准）数列与各个组数列分别进行比较，这样就只需比较 n 次。至于基准数组的选取可视实际情况而定，它可以是 n 组数列的组合，也可以选某一组数据作为基准。

（2）箱线图和端值箱线图。当所要比较分析的数组很多时，不论是两两对比还是与基准数组的一一对比，都是相当麻烦的。若用箱线图或端值箱线图就要简便得多。箱线图主要表示数列的全距、均值、方差和偏斜度，可以立即对数列的位置（均值）变化趋势、离散程度作出判断。端值箱线图还可以将资料数列主体（上下分位数间距）外的各特征点详细表示出来。

（3）可变箱线图。箱线图和端值箱线图是用作比较几组数列的较好分析工具。但这两种图都不能反映样本容量和中值变动范围的任何信息。这时可采用可变宽度箱线图、切口箱线图和可变宽度切口箱线图。

6.2.2 数据填充

1. 插值法

插值是海洋数据处理过程中非常常见的一种数据处理技术。有两种情况会对数据进行插值：一是数据缺失或者错误，需要用插值方法进行数据填充；二是海洋剖面数据观测是实测层，需要插值到标准层上。

对于第一种情况，依据缺失值所在属性的重要程度及缺失值的分布情况，缺失率不同处理方式也不同，具体包括如下几种情形。

（1）缺失率低且属性重要程度低。若属性为数值型则根据数据分布情况简单填充，例如：若数据分布均匀，则使用均值对数据进行填充即可；若数据分布倾斜，则使用中位数填充。若属性为类别属性，可以用一个全局常量“Null”填充，但在后期数据挖掘中会将这些替换值默认为一种实际的数据，从而形成隐蔽的噪声数据，在一定程度上具有不可靠性。

（2）缺失率高（>95%）且属性重要程度低，直接删除该属性即可。

（3）属性重要程度高，则需要对缺失值进行插值补充，主要使用的方法包括插值法与建模法。一般来说，数据缺失值的处理没有统一流程，必须根据实际数据的分布情况、倾斜程度、缺失值所占比例等来选择方法。

插值法包括线性插值、阿基玛（Akima）插值、牛顿插值、多项式插值、样条插值、双线性插值和拉格朗日插值等方法。

1）线性插值

线性插值法简单明了，适合简单变化数据的插值，已知$f(x_0)$和$f(x_1)$，则对于x，有

$$\frac{f(x)-f(x_0)}{f(x_1)-f(x_0)}=\frac{x-x_0}{x_1-x_0} \tag{6-7}$$

2）Akima 插值

假设使用 6 个实测点进行内插，坐标为（x_i, y_i），i=1,2,⋯,6，插值点（x,y）位于第 3 和第 4 实测点之间，则插值公式可表示为

$$y=p_0+p_1(x-x_3)+p_2(x-x_3)^2+p_3(x-x_3)^3 \tag{6-8}$$

式中：（x_i, y_i）（i=1,2,⋯,6）为观测点。插值点（x, y）位于第 3 个和第 4 个实测点之间，即$x_3<x<x_4$，有

$$\begin{cases} p_0 = y_3 \\ p_1 = t_3 \\ p_2 = [3(y_4 - y_3)/(x_4 - x_3) - 2t_3 - t_4]/(x_4 - x_3) \\ p_3 = [t_3 + t_4 - 2(y_4 - y_3)/(x_4 - x_3)]/(x_4 - x_3)^2 \end{cases} \tag{6-9}$$

式中：t_3和 t_4分别为第 3 和第 4 号实测点要素的斜率，它们分别用 1、2、3、4、5 和 2、3、4、5、6 号点上的实测值表示。在一般情况下，t_3和 t_4可以用下式计算：

$$t_i = (|m_{i+1} - m_i| m_{i-1} + |m_{i-1} - m_{i-2}| m_i) / (|m_{i+1} - m_i| + |m_{i-1} - m_{i-2}|) \quad (i=3,4) \tag{6-10}$$

式中：m_i为斜率，可表示为

$$m_i = \frac{y_{i+1} - y_i}{x_{i+1} - x_i} \tag{6-11}$$

设某要素在 x_0和 x_1处的观测值分别为 y_0和 y_1，若要内插求出 x 处的要素值 y，其中 $x_0 \leqslant x \leqslant x_1$，则线性插值公式计算 y 值可表示为

$$y = y_0 + \frac{y_1 - y_0}{x_1 - x_0}(x - x_0) \tag{6-12}$$

为在末端两个实测点之间采用该方法作内插，可在端点之外增设两个假定的实测点，外推获取之后必须进行人工审核。

3）牛顿（Newton）插值

若求 T_i和 T_{i+1}之间任一点 T，插值公式为

$$\begin{aligned} T = & f(x_0) + (x - x_0) f(x_0, x_1) + (x - x_0)(x - x_1) f(x_0, x_1, x_2) + \cdots \\ & + (x - x_0)(x - x_1) \cdots (x - x_{n-2}) f(x_0, x_1, \cdots, x_{n-1}) \end{aligned} \tag{6-13}$$

式中：$f(x_0, x_1)$，$f(x_0, x_1, x_2)$，$f(x_0, x_1, \cdots, x_{n-1})$为函数 $f(x)$的 1 到第 $n-1$ 阶差商。

$$\begin{aligned} f(x_0, x_1) &= \frac{f(x_0) - f(x_1)}{x_0 - x_1} \\ f(x_0, x_1, x_2) &= \frac{f(x_0, x_1) - f(x_1, x_2)}{x_0 - x_2} \\ f(x_0, x_1, \cdots, x_{n-1}) &= \frac{f(x_0, x_1, \cdots, x_{n-2}) - f(x_0, x_1, \cdots, x_{n-1})}{x_0 - x_{n-1}} \end{aligned} \tag{6-14}$$

可以看出，每一阶的差商都可以由它的前一阶差商推出。通常按照水文数据的特点，选定牛顿插值的阶数为 3～4，然后计算各阶差商，最后按照插值公式计算插值点的值。

4）多项式插值

多项式可以根据少数给定的数据点来逼近复杂的曲线，选择几个已知的数据点构建一个查找表，然后在这些数据点之间进行插值。给定一组 $n+1$ 个数据点(x_i, y_i)，其中任意两个 x_i都不相同，需要找到一个满足 $p(x_i) = y_i$，$i = 0,1,\cdots,n$的不大于 n 阶的 p 阶多项式。唯一性定理表明存在一个并且仅有一个这样的 p 阶多项式。

从线性代数的角度，多项式插值可以表述为：对于 $n+1$ 个插值点(x_i)，多项式插值定义了一个线性双射 $L_n : K^{n+1} \to \Pi_n$，式中：Π_n为$\leqslant n$ 的多项式的向量空间。

5）样条插值

在数值分析中，样条插值是使用一种名为样条的特殊分段多项式进行插值的方法。样

条插值可以使用低阶多项式样条实现较小的插值误差，这样就避免了使用高阶多项式所出现的龙格现象。具体地，假设有 n+1 个不同的节点 x_i， $x_0 < x_1 < \cdots < x_{n-1} < x_n$ ，以及 n+1 个节点值 y_i，需要找到一个 n 阶样条函数：

$$S(x)=\begin{cases} S_0(x), & x\in[x_0,x_1], \\ S_1(x), & x\in[x_1,x_2], \\ \vdots & \vdots \\ S_{n-1}(x), & x\in[x_{n-1},x_n], \end{cases} \tag{6-15}$$

式中的每个 S_i（x）都是一个 k 阶的多项式。

6）双线性插值

双线性插值又称双线性内插。在数学上，双线性插值是有两个变量的插值函数的线性插值扩展，其核心思想是在两个方向分别进行一次线性插值。

若要想得到未知函数 f 在点 P=(x, y)的值，假设已知函数 f 在 Q_{11}=(x_1, y_1), Q_{12}=(x_1, y_2)，Q_{21}=(x_2, y_1)，Q_{22}=(x_2, y_2) 4 个点的值。首先在 x 方向进行线性插值，得到

$$\begin{aligned} f(R_1)&\approx\frac{x_2-x}{x_2-x_1}f(Q_{11})+\frac{x-x_1}{x_2-x_1}f(Q_{21}), \quad R_1=(x,y_1) \\ f(R_2)&\approx\frac{x_2-x}{x_2-x_1}f(Q_{12})+\frac{x-x_1}{x_2-x_1}f(Q_{22}), \quad R_1=(x,y_2) \end{aligned} \tag{6-16}$$

然后在 y 方向进行线性插值，得到

$$f(P)\approx\frac{y_2-y}{y_2-y_1}f(R_1)+\frac{y-y_1}{y_2-y_1}f(R_2) \tag{6-17}$$

这样就得到所要的结果 $f(x, y)$：

$$\begin{aligned} f(x,y)\approx&\frac{f(Q_{11})}{(x_2-x_1)(y_2-y_1)}(x_2-x)(y_2-y)+\frac{f(Q_{21})}{(x_2-x_1)(y_2-y_1)}(x-x_1)(y_2-y) \\ &+\frac{f(Q_{12})}{(x_2-x_1)(y_2-y_1)}(x_2-x)(y-y_1)+\frac{f(Q_{22})}{(x_2-x_1)(y_2-y_1)}(x-x_1)(y-y_1) \end{aligned} \tag{6-18}$$

7）拉格朗日插值

某个多项式函数，已知有给定的 k+1 个取值点(x_0, y_0),⋯,(x_k, y_k)，其中 x_k 对应自变量的位置，而 y_k 对应函数在这个位置的取值。假设任意两个不同的 x_k 都互不相同，那么应用拉格朗日插值公式所得到的拉格朗日插值多项式为

$$L(x)=\sum_{j=0}^{k}y_j l_j(x) \tag{6-19}$$

式中：每个 $l_j(x)$为拉格朗日基本多项式（或称插值基函数），其表达式为

$$l_j(x)=\prod_{i=0,i\neq j}^{k}\frac{x-x_i}{x_j-x_i}=\frac{(x-x_0)}{(x_j-x_0)}\cdots\frac{(x-x_{j-1})}{(x_j-x_{j-1})}\frac{(x-x_{j+1})}{(x_j-x_{j+1})}\cdots\frac{(x-x_k)}{(x_j-x_k)} \tag{6-20}$$

除上述插值方法外，还有反距离加权插值法、克里金插值法、最小曲率法、临近点插值法、多元回归法、Cressman 插值法等。

按照要素站位分布特点选取合适的空间插值方法，按不同分辨率将基本场数据插值到对应的网格点上。把差值区间分成若干段分别进行插值，用这些插值方法得到的插值曲线虽然是连续的，但由于不考虑插值函数在各分段衔接处的连续性，一般得到的整个

插值曲线不光滑，常出现折点，而且多项式次数太高会出现不合理的震动。样条函数是数值分析中的一个重要分支，用它作为插值函数可以得到一段一段多次多项式拼接而成的插值曲线，不仅函数本身是连续的，而且它的一阶和二阶导数也是连续的，因而整个插值曲线光滑自然，Akima 插值很接近手工内插效果，由于插值方法的多样化，插值结果大不相同。

通过对多种内插公式分析、比较和实际数据的检验，目前国家海洋信息中心使用的最新内插方案是将线性插值和 Akima 插值结合起来。当实测层可用数据小于 4 层时，使用线性插值；当实测层可用数据大于等于 4 层时采用 Akima 插值。

2. 机器学习建模法

除差值法外，还可以用机器学习建模进行数据填充。机器学习建模法可以用回归、贝叶斯、随机森林、决策树等模型对缺失数据进行预测插补。几种常用的插补方法如下。

（1）随机插补法。随机插补法多应用于样本近似正态分布且样本属性值随机缺失的情况，它的原理是从缺失变量的已知数据中随机抽取一些值来插补。随机抽取法的优点是插补值的分布与缺失属性的真实值分布比较相似，计算方法简单易行，但插补法的准确性依赖于样本的分布情况。

（2）多重插补法。多重插补法是通过多次插补产生多个完整数据集，综合每个数据集的结果得到缺失值的估计值。它的性能优于简单插补法，能够在样本分布正态性假设不成立的情况下进行插补，但计算复杂，性能依赖于样本的缺失值比例。

（3）期望最大化法。期望最大化法是基于回归理论进行拓展的，通过期望步和最大化步不断迭代，直至估计值收敛。该方法稳定、逻辑可靠。在估计回归参数时，若缺失值比例小于 25%，算法性能优异，但如果缺失值比例继续增大，算法收敛率很低，且收敛速度很慢。

（4）决策树插补法。决策树插补法首先对属性值完整的数据集合构建决策树，然后将属性含有缺失值的数据代入决策树中，根据属性对应各节点的位置，推测缺失值属性的真实值。

（5）k 最近邻插补法。k 最近邻插补法根据属性含缺失值的样本中完整属性与其他样本对应属性之间的最小距离，找到 k 个满足要求的样本，由距离函数根据含缺失值样本与这 k 个样本的距离为它们赋予不同的权值，含缺失值属性的插补值是这 k 个样本含缺失值属性上的值与权值相乘之和。

（6）随机森林插补法。随机森林是基于决策树的算法，基于随机森林的插补法首先从属性值完整的数据集合中有放回地抽取 n 个与完整数据集合大小相同的子数据集，对每个子数据集分别随机选取分裂属性构建决策树，使用示性函数对 n 个决策树的输出进行汇总，然后将属性含缺失值的数据输入随机森林，汇总输出即为缺失值的估计值。

各种插值方法插值效果的优劣，通过两种途径来判断：一是图形法，即利用插值曲线与实测曲线的拟合效果判断插值效果；二是通过计算实际观测值和插值计算值之间的均方根误差来判断，均方根误差越小，说明反应曲线拟合效果越好，插值点与实测点的离散程度越低，反之，说明插值点与实测点的离散程度越大。

6.2.3 统计分析

1. 标量要素

统计分析方法主要包括平均值、极值、方差、距平等。

（1）平均值统计。观测要素的平均值是指在设定的方区、时段和标准层条件下，要素观测值的总和除以观测次数所得的商，计算公式如下：

$$\overline{X}=\frac{1}{N}\sum_{i=1}^{N}X_i \tag{6-21}$$

式中：N 为观测次数；X_i 为观测值；$\overline{X}$ 为观测要素的平均值。

（2）极值统计。观测极值是指在设定的方区、时段和标准层条件下，所有观测要素的极大值（最大值）和极小值（最小值），计算公式如下：

$$X_{\max}=\mathrm{Max}\{X_1,X_2,X_3,\cdots,X_N\} \tag{6-22}$$

$$X_{\min}=\mathrm{Min}\{X_1,X_2,X_3,\cdots,X_N\} \tag{6-23}$$

式中：N 为观测次数；X_N 为观测值；$X_{\max}$ 为 N 个观测值中的极大值；$X_{\min}$ 为 N 个观测值中的最小值。

（3）方差统计。观测值的方差是指在设定的方区、时段和标准层条件下，各个要素观测值的误差的平方和取平均后的均方根，又称标准误差，用以表征要素观测值的离散程度，计算公式如下：

$$S=\sqrt{\frac{\sum \Delta X_i^2}{N}} \tag{6-24}$$

式中：N 为观测次数；ΔX_i 为观测值的误差值；S 为 N 个观测值的方差。

（4）距平统计。观测值的距平统计是指在设定的方区、时段、标准层条件下，各要素观测值减去其在某一时期内的均值所得的差值，用以表征各要素观测值相对于某一时期内该要素平均值的偏离程度，计算公式如下：

$$X=X_i-\overline{X}\quad (i=1,2,3,\cdots,N) \tag{6-25}$$

式中：N 为观测次数；X_i 为观测值；$\overline{X}$ 为对应时段内对应要素的平均值；X 为观测值的距平。

2. 矢量要素

矢量要素包括在设定的方区、时段条件下，平均值（标量）、极值及对应方向的统计。首先对速度进行 U、V 分量的分解，然后进行 U、V 方向速度的均值、极值统计，最后根据 U、V 方向的统计结果进行矢量合成，得到矢量要素的均值（标量）、极值及对应流向。

设流速为 sp，方向为 dir，则 U，V 分量分解如下：

$$U=\mathrm{sp}\times\sin(\mathrm{dir}) \tag{6-26}$$

$$V=\mathrm{sp}\times\cos(\mathrm{dir}) \tag{6-27}$$

分别统计 U、V 方向速度平均值、极大值和极小值，利用 U、V 方向的统计分析结果进行矢量合成，得到矢量速度的平均值（标量，无方向）、极大值及对应方向、极小值及对应方向，矢量合成公式如下：

$$
\mathrm{sp}_* = \sqrt{U_*^2 + V_*^2} \qquad \theta = \arctan(U_* / V_*)
$$

$$
\begin{cases}
\text{静稳}, & U_* = 0, V_* = 0 \\
\mathrm{dir}_* = 0, & U_* = 0, V_* > 0 \\
\mathrm{dir}_* = 180^\circ, & U_* = 0, V_* < 0 \\
\mathrm{dir}_* = 180^\circ \times [(\theta + \pi)/\pi], & V_* < 0 \\
\mathrm{dir}_* = 180^\circ \times [(\theta + 2\pi)/\pi], & U_* \leqslant 0, V_* > 0 \\
\mathrm{dir}_* = 180^\circ \times (\theta / \pi), & U_* \geqslant 0, V_* > 0
\end{cases} \tag{6-28}
$$

式中：U_*、V_*为 U、V 方向的统计分析结果（平均值、极大值、极小值）；θ 为弧度，表示矢量合成方向；sp_*、dir_*为矢量合成结果，包括速度的平均值、极大值及对应方向、极小值及对应方向。

6.2.4 客观分析

从客观分析法诞生开始，不论在国内还是国外，它的概念一直存在。Cressman（1959）将不规则分布的测站资料转化为规则分布的网格点上的值的过程称为客观分析。早期的客观分析应天气预报的需要而诞生并迅速发展。到了 20 世纪 80 年代，客观分析方法已不仅仅局限在气象范围内，而是逐渐拓展到海洋等领域中。海水与大气同为流体，在很多方面有相似之处，客观分析法在海洋资料分析中的用途甚广，例如：一个海洋模型的初始分布场需要通过它来获得；在测试一些动力假设时，也将极大受益于一个准确、理想的客观分析场。绘制海洋要素等值线分布图必须先对数据进行客观分析，好的客观分析法能使绘制的等值线较客观地反映海洋环境要素的真实分布。空间客观分析方法主要有函数拟合和逐步订正。

（1）函数拟合：利用观测值对整个区域进行多项式拟合，是一种全局拟合。

（2）逐步订正：通过引入背景场及影响半径来进行局部区域拟合。所用插值权重一般是距离的函数，主要有 Cressman 插值法、Barnes 插值法等，背景误差协方差人为给定。

1. 函数拟合

函数拟合是用解析表达式逼近离散数据的一种方法。海洋观测得到关于 x 和 y 的一组数据对(x_i, y_i)（i=1,2,⋯,m），其中各 x_i 是彼此不同的。用一类与数据的背景材料规律相适应的解析表达式 $y=f(x, c)$来反映量 x 与 y 之间的依赖关系，即在一定意义下“最佳”地逼近或拟合已知数据。$f(x, c)$常称作拟合模型，式中 $c=(c_1,c_2,\cdots,c_n)$是一些待定参数。当 c 在 f 中线性出现时，称为线性模型，否则称为非线性模型。有许多衡量拟合优度的标准，最常用的一种做法是选择参数 c，使拟合模型与实际观测值在各点的残差（或离差）$e^k=y^k-f(x^k, c)$的加权平方和达到最小，此时所求曲线称为在加权最小二乘意义下对数据的拟合曲线。有许多求解拟合曲线的方法：线性模型一般通过建立和求解方程组来确定参数，从而求得拟合曲线；非线性模型则要借助求解非线性方程组或用最优化方法求得所需参数，才能得到拟合曲线，这个过程可称为非线性最小二乘拟合。

对于海洋数据，可以从整体考虑近似海洋数据拟合函数 $p(x)$ 同已知海洋数据 (x_i, y_i) 误差 $r_i = p(x_i) - y_i$ 的大小，在曲线拟合中一般采用误差平方和来度量误差的整体大小。对给定海洋数据，使误差的平方和最小，即

$$\sum_{i=0}^{m} r_i^2 = \sum_{i=0}^{m} [p(x_i) - y_i]^2 = \min \tag{6-29}$$

函数 $p(x)$ 称为拟合函数或最小二乘解，求拟合函数 $p(x)$ 的方法称为曲线拟合的最小二乘法。当拟合函数为多项式时，称为多项式拟合，当阶数为 1 时，称为线性拟合或直线拟合。

2. 逐步订正

逐步订正采用背景统计场作为初始场，观测资料对背景场进行方差计算，实际上是一种反复加权修正方法，比较适用于区域。在选定标准层的每个网格点(i, j)上，首先给出一个初始场 $F_{i,j}$，也称猜测场，然后通过距离加权计算实测资料与猜测场的插值，得到猜测场的订正值 $C_{i,j}$，从而得到网格点的客观分析值 $G_{i,j}$：

$$G_{i,j} = F_{i,j} + C_{i,j} \tag{6-30}$$

式中：初始场 $F_{i,j}$ 通常为全球同一纬度上观测数据的累年平均值；订正值 $C_{i,j}$ 的计算公式为

$$C_{i,j} = \frac{\sum_{S=1}^{n} W_S Q_S}{\sum_{S=1}^{n} W_S} \tag{6-31}$$

式中：n 为在影响区域中的观测数据个数；$Q_S=O_S-F_S$ 为观测数值与猜测场的差值；W_S 为权重因子。

逐步订正方法包含权重选取问题，可采用经典的、NODC 建议采用的形式：

$$W_s=\exp(-E_r^2/R^2), \qquad r_{i,j}<R \tag{6-32}$$

$$W_{i,j}=0, \qquad r_{i,j}\geqslant R \tag{6-33}$$

式中：R 为固定取值半径；r 为观测点距中心距离。一次逐步订正方法可表示为

$$\varphi_{i,j}^{\text{new}} = \varphi_{i,j}^{\text{old}} + \left(\sum_{k=1}^{N} W_{i,j}^{\text{k}} (\varphi^{\text{obs}} - \tilde{\varphi})^{\text{k}} \right) \Bigg/ \left(\sum_{k=1}^{N} W_{i,j}^{\text{k}} + \varepsilon_0^2 \right) \tag{6-34}$$

式中：上标 new、old、obs、k 分别表示订正后、订正前、观测、台站；下标表示空间格点；W 为第 k 个站点对格点(i, j)的订正权重系数；N 为站点总数；ε 为观测误差和背景误差比值；φ^{obs} 为台站观测值。

通常逐步订正进行 3～4 次即可较好地融合观测数据。海表温度和盐度数据逐步订正流程图如图 6-1 所示。

（1）数据准备：按照客观分析要求，准备海表温度观测数据和海表盐度背景场数据。

（2）权重的选取计算：以海表盐度为例，利用要素距网格中心点的距离计算半径内的观测点权重系数，以海表盐度观测值中心距离为输入参数，计算得到该观测点的权重系数。

（3）逐步订正初始计算：以海表盐度观测数据、海表盐度背景场数据和权重系数为输入参数，计算得到海表盐度站点的偏差值，将偏差值重新插值到整个背景数据，进行订正。

（4）逐步订正计算：重复进行以上订正步骤，直至偏差场符合要求。

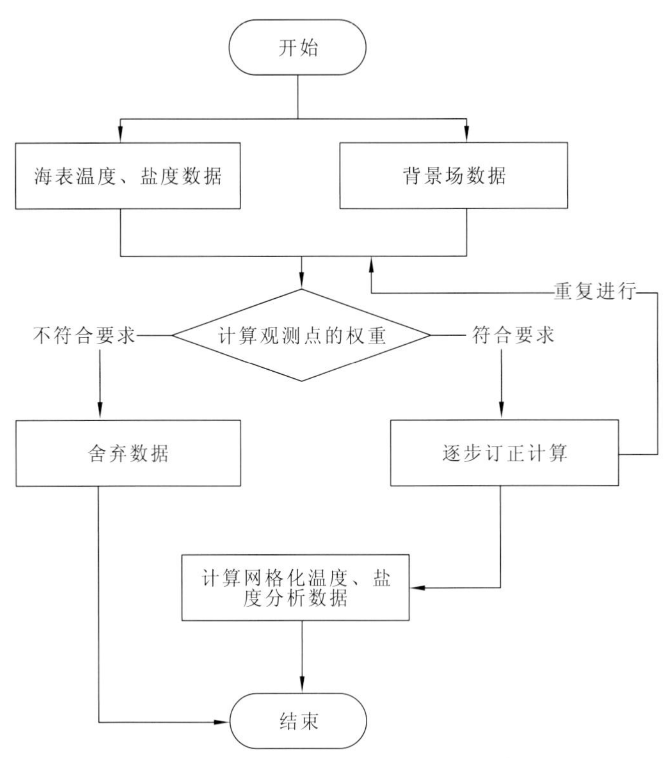

图 6-1 海表温度和盐度数据逐步订正流程图

对于缺乏数据的网格，可以先取得周边半径范围方区内的观测均值和方差，插值前使用原始观测数据，并选取观测点数量和距离权重进行计算。

6.2.5 数据降维

随着海洋大数据时代的到来，数据量爆炸性增长，要素种类、观测频率、观测手段等都不可同日而语，多源多模态的数据汇集也使海洋数据具有多维度特征。在数据处理过程中，多维数据有一定的优势，数据维度高，则其所包含的信息量就大，可供决策的依据就较多。但是，数据并不是维度越高越好，因为还需要考虑实际的计算能力，高维度数据的缺点是消耗计算资源、计算时间长，同时冗余且耦合的数据将对实验结果造成影响，甚至造成“维度灾难”。这种情况就需要对数据进行降维处理。降维的目的是减少特征属性的个数，剔除不相关或冗余特征，提高数据分析模型的精确度，减少运行时长，确保特征属性之间是相互独立的。数据降维的方式包括特征选择和特征提取，如图 6-2 所示。

1. 特征选择

特征选择是直接选取原有维度的一部分参与后续的计算和建模过程，用选择的维度替代所有维度，整个过程不产生新的维度，即从现有的特征里选择较小的一些特征来达到降维的目的。特征选择包括以下几种方法。

（1）经验法：根据业务经验选择。

（2）测算法：通过不断测试，选择多种维度参与计算，通过结果来反复验证和调整，

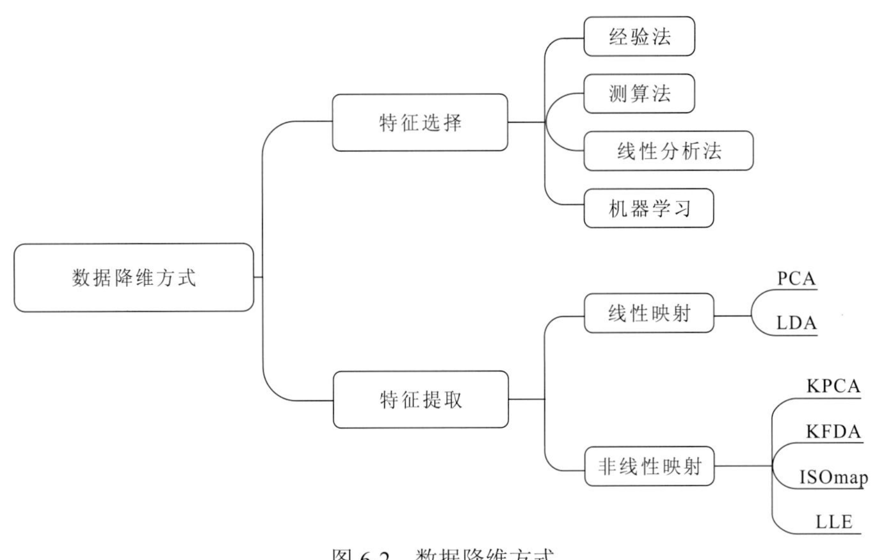

图 6-2　数据降维方式

并最终找到最佳特征方案。

（3）统计分析法：通过相关性分析不同维度间的线性相关性，在相关性高的维度中进行人工去除或筛选；通过计算不同维度间的互信息，找到具有较高互信息的特征集，将其中的一个特征去除或留下。

（4）机器学习：通过机器学习算法得到不同特征的特征值或权重，再根据权重来选择较大的特征，例用通过决策树方法得出不同变量的重要程度。

2. 特征提取

特征提取方法是按照一定的数学变换方法，将高维空间的数据点映射到低维空间中，然后利用映射后的变量特征来表示原有的总体特征，即通过组合现有特征来达到降维的目的。特征提取又分为线性映射和非线性映射，线性映射方法有主成分分析（PCA）、线性判别分析（LDA）等，非线性映射方法有核主成分分析（KPCA）、核流向算法（KFDA）、等距特征映射（ISOmap）、局部线性嵌入（LLE）。

1）主成分分析

在海洋资料分析和科学研究中，必须对所研究的对象进行物理、化学特性等多因子的综合分析。这些因子并非相互独立，而是在多数因子之间存在着一定的相关关系。如果考虑的因子太多，不仅增加分析的复杂性，也不能抓住问题的主要矛盾。为了克服这一困难，采用降维的方法，找出少数几个能代表原来所有因子作用的综合因子，既能尽量多地反映原来因子的信息，又能使各综合因子彼此独立不相关。主成分分析（PCA）正是根据这一基本思想，从原来因子的相关矩阵出发，研究它的内部结构，找出若干个对这些因子起主导作用的、独立的综合因子，最大可能地表达所有的观测数据，这样既能抓住了问题的实质，又简化了分析方法。PCA 是在地学学科中应用最广的一种降维方法，又称为经验正交函数（EOF）分解，在海洋与大气相互作用研究、海洋水文气象预报研究、海洋环境污染分析研究、海洋沉积物成因和环境特征的研究、海洋生物资源分析和生态环境研究中，已日益得到广泛应用。

PCA 的目标是通过某种线性投影，将高维的数据映射到低维的空间中表示，并期望在所投影的维度上数据的方差最大，以此使用较少的数据维度，同时保留较多的原数据点的特性。PCA 追求的是在降维之后能够最大化保持数据的内在信息，并通过在投影方向上的数据方差的大小来衡量该方向的重要性。PCA 的缺点是将所有的样本（特征向量集合）作为一个整体，去寻找一个均方误差最小意义下的最优线性映射投影，而忽略了类别属性，而它所忽略的投影方向有可能刚好包含了重要的可分性信息。

2）线性判别分析

线性判别分析（LDA）是一种经典的有监督数据降维方法。LDA 的主要思想是将一个高维空间中的数据投影到一个较低维的空间中，且投影后要保证各个类别的类内方差小而类间均值差别大，这意味着同一类的高维数据投影到低维空间后相同类别会聚在一起，而不同类别之间相距较远。

LDA 和 PCA 的相同点：①两者均可以对数据进行降维；②两者在降维时均使用矩阵特征分解的思想；③两者都假设数据符合高斯分布。

LDA 和 PCA 的不同点：①LDA 是有监督的降维方法，而 PCA 是无监督的降维方法；②LDA 降维最多降到类别数 $k-1$ 的维数，而 PCA 没有这个限制；③LDA 除了可以用于降维，还可以用于分类；④LDA 选择分类性能最好的投影方向，而 PCA 选择样本点投影具有最大方差的方向。

6.2.6 相关分析

在海洋资料分析中，经常需要分析海洋要素变化的原因，这时可以把该要素作为研究对象，分析该要素与其他要素之间的同期或前期关系。如果二者相关关系显著，表明它们之间关系密切，可能存在因果关系或相互影响的物理过程，可以继续深入分析是否存在物理机理上的关联；如果二者相关关系不显著，则表明它们之间不存在密切关系（朱玉祥 等，2021）。相关分析除了可以揭示要素间的机理，还可用于海洋大数据分析预报要素影响因子的挖掘选取，例如利用长时间序列站点浮标观测数据、卫星遥感数据及模式再分析数据，研究海表温度和海面高度的时空相关影响，以及全球、中国近海海域海表温度、海面高度与多物理过程、上层多环境因子之间的影响关系。

两个离散型变量的相关分析方法有条件频率法、列联表法和级别变量相关法等。连续型变量的相关分析方法有相关系数法、偏相关系数法、交叉落后相关系数法、滑动相关系数法等。

1. 皮尔逊相关系数

皮尔逊（Pearson）相关系数是最常用的相关系数，常简称为“相关系数”或“简单相关系数”。两个一维变量 $x=(x_1,x_2,\cdots,x_n)$ 和 $y=(y_1,y_2,\cdots,y_n)$ 之间的皮尔逊相关系数为

$$r=\frac{\sum_{i=1}^{n}(x_i-\overline{x})(y_i-\overline{y})}{\sqrt{\sum_{i=1}^{n}(x_i-\overline{x})^2}\sqrt{\sum_{i=1}^{n}(y_i-\overline{y})^2}} \tag{6-35}$$

皮尔逊相关系数 r 可以表示两个随机变量之间线性关系的强弱，其取值范围为$-1 \leqslant r \leqslant 1$。$r$ 越趋近于 1，表示这两个变量之间正线性相关关系越强；反之，r 越趋近于-1，表示这两个变量之间负线性相关关系越强；而当 r 等于 0 或接近于 0 时，表示这两个变量之间不存在线性关系或线性关系很弱。对于不同的相关现象，r 的名称有所差异：一般将反映两变量间直线线性相关关系的统计量称为相关系数；将反映两变量间曲线相关关系的统计量称为非线性相关系数；将反映多个变量之间的多元线性相关关系的统计量称为复相关系数。皮尔逊相关系数是两个变量之间关系的简单单值度量，并且其形式适合数学运算，因此应用非常广泛。但需要指出的是，不能不加辨别地计算相关系数，因为皮尔逊相关系数无法识别非线性关系，并且皮尔逊相关系数对一个或几个离群（异常）点极为敏感。此外，通常需要使用 T 检验对皮尔逊相关系数进行检验，而 T 检验是基于数据呈正态分布假设的，当变量数据不服从正态分布时，即使对于大样本，皮尔逊相关系数的显著性检验也可能存在较大偏差。

2. Spearman 相关系数

皮尔逊相关系数无法识别非线性关系，并且对一个或几个离群（异常）点极为敏感，斯皮尔曼（Spearman）相关系数可以作为皮尔逊相关系数的替代方法。Spearman 相关系数有时也被称为级别（顺序）相关系数或秩相关系数，是根据两个变量的秩（排序后的等级或顺序值）进行相关分析，可以用来衡量这两个变量间是否存在单调相关关系。两个一维变量 $x=(x_1,x_2,\cdots,x_n)$ 和 $y=(y_1,y_2,\cdots,y_n)$ 之间的 Spearman 相关系数为

$$\rho=\frac{\sum_{i=1}^{n}(r_i-\bar{r})(s_i-\bar{s})}{\sqrt{\sum_{i=1}^{n}(r_i-\bar{r})^2}\sqrt{\sum_{i=1}^{n}(s_i-\bar{s})^2}} \tag{6-36}$$

式中：r_i 和 s_i 分别为 x_i 和 y_i 的秩；ρ 的取值范围为$-1 \leqslant \rho \leqslant 1$，当一个变量随另一个变量单调递减时，$\rho=-1$，当一个变量随另一个变量单调递增时，$\rho=1$。

只要两个变量的值是成对的等级数据，或者是经由连续变量转化得到的等级数据，就可以用 Spearman 相关系数的公式进行计算，分析这两个变量之间的关系。Spearman 相关系数与变量的分布和样本容量都没有关系，并且具有鲁棒性和抗干扰性，即计算结果对个别异常值不敏感。

3. Kendall 相关系数

Kendall 相关系数是衡量等级变量相关程度的一个统计量，其主要思想是根据两个变量间序对的一致性来判断其相关性。设 x、y 分别是两个一维随机变量，$x=(x_1, x_2,\cdots, x_n)$和 $y=(y_1, y_2,\cdots, y_n)$。把(x_i, y_i)记为一个序对，序对之间的关系为下列三种情形：①当 $x_i > x_j$ 且 $y_i < y_j$，或 $x_i < x_j$ 且 $y_i > y_j$ 时，称这个序对是不一致的；②当 $x_i > x_j$ 且 $y_i > y_j$，或 $x_i < x_j$ 且 $y_i < y_j$ 时，称这个序对是一致的；③当 $x_i=x_j$ 或 $y_i=y_j$ 时，称这个序对既不是一致的也不是不一致的。

Kendall 相关系数 τ 可表示为

$$\tau=\frac{2S}{\frac{1}{2}n(n-1)}-1=\frac{4S}{n(n-1)}-1 \tag{6-37}$$

式中：S 为一致的序对个数。Kendall 相关系数 τ 的取值范围为$-1\leqslant\tau\leqslant1$。当 $\tau=-1$ 时，表示这两个随机变量具有完全相反的等级相关性；当 $\tau=1$ 时，表示这两个随机变量具有完全一致的等级相关性；当 $\tau=0$ 时，表示这两个随机变量之间相互独立。

4. 滞后相关分析

目标因子与影响因子的变化并不是同步的，因此有必要对目标因子与影响因子进行滞后相关分析。滞后相关函数可表示为

$$R(L)=\begin{cases}\dfrac{\sum\limits_{k=0}^{N-L-1}(X_{k+L}-\overline{X})(Y_k-\overline{Y})}{\sum\limits_{k=0}^{N-1}(X_k-\overline{X})^2\sum\limits_{k=0}^{N-1}(Y_k-\overline{Y})^2}, & l<0\\[2ex] \dfrac{\sum\limits_{k=0}^{N-L-1}(X_k-\overline{X})(Y_{k+L}-\overline{Y})}{\sum\limits_{k=0}^{N-1}(X_k-\overline{X})^2\sum\limits_{k=0}^{N-1}(Y_k-\overline{Y})^2}, & l>0\end{cases} \tag{6-38}$$

式中：Y 为目标因子序列；X 为其他影响因子。$l<0$ 时表明其他影响因子滞后于目标因子的变化，$l>0$ 则表明超前变化。

5. 基于信息流的因果关系分析

大数据关联分析的目的是从数据中找出隐藏的关联关系，在数据分析中，往往需要确定两种要素之间的因果关系。目前绝大多数对影响海表温度、海面高度变化因子的研究采用计算相关系数，通过时间滞后相关分析来对海表温度、海面高度与环境因子进行因果推断和分析。但是对于两个时间序列，相关分析是双向的，无法准确地判定在一个周期变化中，相位差是由滞后引起的还是超前引起的。因此，依靠滞后相关分析无法准确表征因果关系。为了能够表征两个时间序列的因果关系，基于“如果序列 X_1 的发展演变独立于序列 X_2，那么 X_2 到 X_1 的信息流为 0”这一信息流与因果律定理，Liang（2016）利用 Liang-Kleeman 信息流理论，构建因果关系表征系数，刻画两个序列间的因果关系。

将海表温度/海面高度与环境因子设为两个时间序列 X_1 和 X_2，序列 X_2 到序列 X_1 的信息流可以表示为

$$T_{2\to1}=\frac{C_{11}C_{12}C_{2,d1}-C_{12}^2C_{1,d1}}{C_{11}^2C_{22}-C_{11}C_{12}^2} \tag{6-39}$$

式中：$C_{i,j}$ 为协方差；$C_{1,d1}$ 为 x_i 与 x_j 的协方差。当 $\left|T_{2\to1}\right|\neq0$ 时，表示 X_2 是 X_1 变化的因。

6.2.7 回归分析

回归分析是处理变量相关性的一种数理统计方法。一般来说，相关变量之间是不存在确定性关系的。但一旦对事物内部的规律性了解到一定深刻的程度后，这种相关性也可能转化为确定性的关系，反映变量之间的客观规律。在不同海域、不同时间进行观测或调查的海洋观测数据，由于受各种随机因素的影响，不一定存在确定性的关系，无明显的规律

性。回归分析就是应用数学的方法，对大量海洋实测资料进行处理分析，从而得出较能反映其内部相关关系、符合客观规律的数学表达式。回归分析的主要内容如下。

（1）通过实测数据的分析，确定变量之间关系的数学表达式。

（2）对这些关系式的可信程度进行统计检验。

（3）根据一个或几个变量值，预测另一变量或多个变量的估计值，并确定其精度。

（4）进行变量与因变量、因变量与因变量之间关系的分析，找出哪些变量是主要的，哪些是次要的，哪些因变量之间相关较为密切。

（5）分析各个影响因素的时间效应，以掌握其影响预报量的关键时刻。

回归分析是海洋资料分析中最常用的一种重要工具，尤其在海洋水文预报、渔况预报、海洋工程、海洋开发环境资料的统计分析中应用广泛。随着人工智能技术的飞速发展，海洋数据回归分析基本采用机器学习方法来实现。

1. 一元线性回归

一元线性回归可以处理两个变量之间的关系，例如，海水温度与太阳辐射这两个变量若存在一定的关系，则通过观测数据的分析，可找出两者之间关系的经验公式，若两个变量之间的关系是线性的，可用一元线性回归方程表示，就称为一元线性回归。这是回归分析中最基本的，也是海洋资料分析中用得最多的直线拟合问题。

2. 多元线性回归

在回归分析中，如果有两个或两个以上的自变量，就称为多元回归。事实上，一种现象常常是与多个因素相联系的，由多个自变量的最优组合共同来预测或估计因变量，比只用一个自变量进行预测或估计更有效，更符合实际。因此多元线性回归比一元线性回归的实用意义更大。多元线性回归可表示为

$$y = w_1x_1 + w_2x_2 + w_3x_3 + \cdots + b \tag{6-40}$$

式中：w 为设置的一组参数；b 为偏置。多元线性回归的优点是不需要对数据进行归一化处理，直接对原始数据进行计算参数，不存在量纲的问题；缺点是计算复杂度较高，在特征较多时计算量很大。

3. 多项式回归

研究一个因变量与一个或多个自变量间多项式的回归分析方法，称为多项式回归。多项式回归模型是线性回归模型的一种，回归函数关于回归系数是线性的。任一函数都可以用多项式逼近，因此多项式回归有着广泛应用。如果自变量只有一个时，称为一元多项式回归；如果自变量有多个时，称为多元多项式回归。在一元多项式回归分析中，如果因变量 y 与自变量 x 的关系为非线性的，又找不到合适的函数曲线来拟合，则可以采用一元多项式回归。

多项式回归是一元线性回归及多元线性回归的扩展，在原有线性方程的基础上增加了自变量 x 的几次项，变相地增加了特征。例如一元多项式回归，当多项式项数为 n 时，相当于多了 n 个特征。

4. Lasso 回归

Lasso 是一种压缩估计，它通过构造一个惩罚函数得到一个较为精炼的模型，从而压缩一些回归系数，使强制系数绝对值之和小于某个固定值，同时设定一些回归系数为零，因此保留了子集收缩的优点，是一种处理具有复共线性数据的有偏估计。Lasso 回归在线性回归的基础上，在代价函数中增加了 L1 正则。L1 正则可以使一些特征的系数变小，甚至可以使一些绝对值较小的系数直接变为 0，因此对于高维的，尤其是线性关系稀疏的特征数据，Lasso 回归可以起到一定的降维作用。

5. 岭回归

岭回归（ridge regression）是一种专用于共线性数据分析的有偏估计回归方法，实质上是一种改良的最小二乘估计法。岭回归放弃最小二乘法的无偏性，以损失部分信息、降低精度为代价，使获得的回归系数更为符合实际、更可靠，其对病态数据的拟合要强于最小二乘法。岭回归是在线性回归的基础上，在代价函数中增加了 L2 正则。

6. 弹性网络回归

弹性网络回归是将 L1 正则和 L2 正则结合起来对参数进行更新。弹性网络回归是在线性回归的基础上，在代价函数中增加了 L1 正则和 L2 正则，即 Lasso 回归和岭回归的结合。

7. 贝叶斯线性回归

贝叶斯线性回归（Bayesian linear regression）是使用统计学中贝叶斯推断（Bayesian inference）方法求解的线性回归模型。贝叶斯线性回归将线性模型的参数视为随机变量（random variable），并通过模型参数（权重系数）的先验（prior）计算其后验（posterior）。贝叶斯线性回归可以使用数值方法求解，在一定条件下，也可得到解析形式的后验或其有关统计量。

贝叶斯线性回归具有贝叶斯统计模型的基本性质，可以通过求解权重系数的概率密度函数进行在线学习，以及进行基于贝叶斯因子（Bayes factor）的模型假设检验。

6.2.8 聚类分析

在海洋科学研究中，经常会遇到水团分析、流系划分、海洋气候区划、海洋生物种群分类及区系划分、海洋沉积物矿物分布区划、海洋环境污染区划等分类问题(陈上及，1991)。这些问题受很多复杂因素的作用和影响，按传统的方法，凭工作者的主观经验和专业知识进行分类，很难得到确切的结果。以水团分析为例，水团的特征是以水温、盐度、解氧和 pH 等理化示性指标表征的。大洋里的大尺度水团，这些指标的时间变化稳定性均较好，分类较为容易；但在沿岸近海，尤其是陆架浅海的中、小尺度水团，受大陆和气候影响显著，时间变化剧烈，与入海径流交混强烈，其均一性和保守性相对要差得多，用传统的地理学的定性分析法、核心法、浓度混合法等大洋水团的划分法，都不能确切地划定浅海水团的边界。因为传统方法全凭经验判断，核心法中“原始水型”和“核心值”的确定带有一定的主观性，影响定量计算，往往会使两水团间的混合带划得过宽，不满足实际要求。这种情况就需要使用聚类分析。聚类分析方法的诸多优点和用途表现在如下几个方面。

（1）利用聚类分析可以较准确地求出水团的核心和示性特征值，准确地划定水团的边界，帮助了解水团的运动和消长过程。

（2）在海洋水文气象预报中，聚类分析可用于改进预报方法，提出预报模式。进行回归分析前，先进行聚类分析，可挑选最佳的预报因子，从而建立最佳的回归方程。对未知类属因子进行判别分析时，必须先进行聚类分析，再建立判别函数，从而进行判别分析。

（3）研究海洋生物量种群分布，鱼类洄游规律与海洋水文、化学等环境因子的关系时，可利用聚类分析，根据主要因子估计海洋生物资源相关情况，预测渔场动态。

（4）通过对热盐水、含金属软泥和重矿物组成等沉积物和地球化学资料的聚类分析，可辅助大洋中多金属结核矿资源的调查，也可探索近海港湾泥沙回淤、物质来源等沉积规律，从而有助于近海的开发和港湾的治理。

聚类分析又称“群分析”，它是研究“物以类聚”规律的一种多元统计方法。它以 n 个包含 P 元观测数据的样本（即 P 个变量 n 次观测）为对象，根据一定的准则，研究其是否可以分类，能分几类。聚类分析可按分类程序、研究对象、样本顺序和集合论等不同，分为多种方法（图 6-3）。

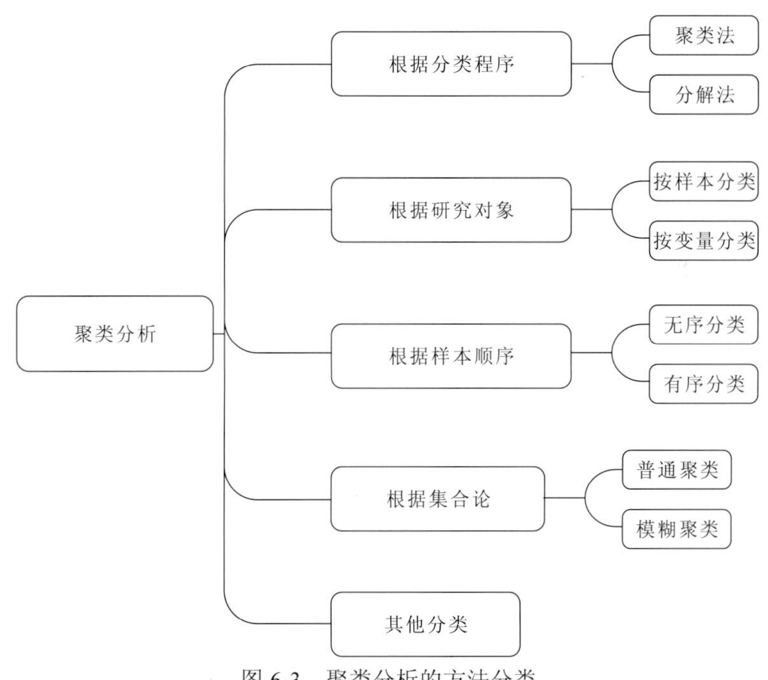

图 6-3　聚类分析的方法分类

随着人工智能技术发展，诸如工程、生物、医药、语言、人类学、经济社会、心理学、电子商务和市场学等不同的研究领域都使用机器学习来进行聚类分析。从具体算法角度，聚类分析又可分成如下 5 大类（图 6-4）。

1. 基于划分的方法

划分法给定一个有 N 个元组或纪录的数据集，分裂法将构造 K 个分组，每一个分组代

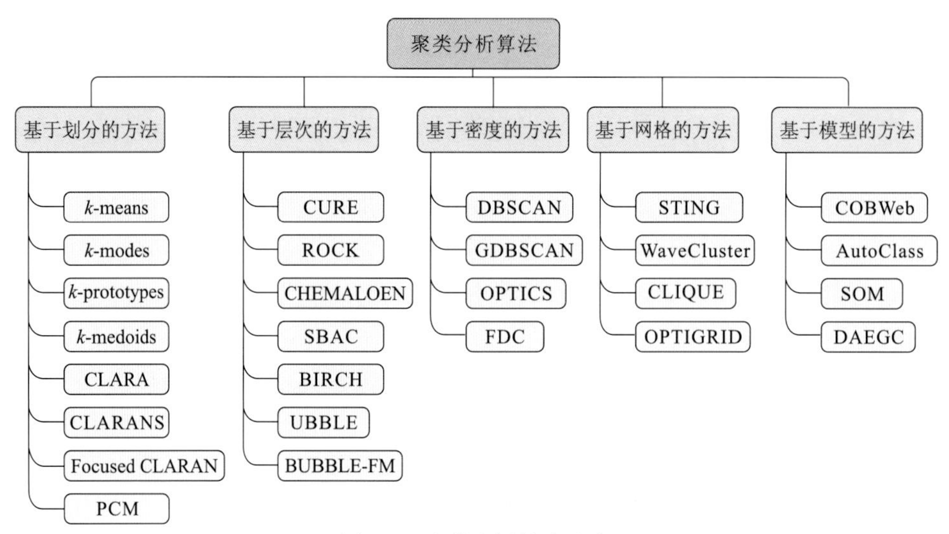

图 6-4　聚类分析算法分类

表一个聚类 K，且这 K 个分组满足下列条件：①每一个分组至少包含一个数据记录；②每一个数据纪录属于且仅属于一个分组（这个条件在某些模糊聚类算法中可以放宽）。

对于给定的 K，算法首先给出一个初始的分组方法，以后通过反复迭代的方法改变分组，使每一次改进之后的分组方案都较前一次好，而好的方案的标准是：同一分组中的记录越近越好，而不同分组中的纪录越远越好。

大部分划分法是基于距离的。给定要构建的分区数 k，首先创建一个初始化划分。然后，采用一种迭代的重定位技术，通过把对象从一个组移动到另一个组来进行划分。一个好的划分的一般准备是：同一个簇中的对象尽可能相互接近或相关，而不同的簇中的对象尽可能远离或不同。传统的划分法可以扩展到子空间聚类，而不是搜索整个数据空间。当存在很多属性并且数据稀疏时，这是有用的。为了达到全局最优，基于划分的聚类可能需要穷举所有可能的划分，计算量极大。实际上，大多数应用都采用目前流行的启发式方法，如 k-均值和 k-中心算法，渐近地提高聚类质量，逼近局部最优解。这些启发式聚类方法很适合发现中小规模的数据库球状簇。为了发现具有复杂形状的簇和对超大型数据集进行聚类，需要进一步扩展基于划分的聚类分析算法。

基于划分的聚类分析算法有如下几种。

（1）*k*-means：是一种典型的划分聚类算法，它用一个聚类的中心来代表一个簇，即在迭代过程中选择的聚点不一定是聚类中的一个点，该算法只能处理数值型数据。

（2）*k*-modes：是 *k*-means 算法的扩展，采用简单匹配方法来度量分类型数据的相似度。

（3）*k*-prototypes：结合了 *k*-means 和 *k*-modes 两种算法，能够处理混合型数据。

（4）*k*-medoids：在迭代过程中选择簇中的某点作为聚点，围绕中心点划分（PAM）是典型的 *k*-medoids 算法。

（5）CLARA：在 PAM 的基础上采用抽样技术，能够处理大规模数据。

（6）CLARANS：融合了 PAM 和 CLARA 两者的优点，是第一个用于空间数据库的聚类算法。

（7）Focused CLARAN：采用空间索引技术提高了 CLARANS 的效率。

（8）PCM：将模糊集合理论引入聚类分析中。

2. 基于层次的方法

层次法（hierarchical methods）是对给定的数据集进行层次似的分解，直到某种条件满足为止。具体又可分为“自底向上”和“自顶向下”两种方案。例如：在“自底向上”方案中，初始时将每一个数据纪录都组成一个单独的组，在接下来的迭代中，它把那些相互邻近的组合并成一个组，直到所有的记录组成一个分组或者某个条件满足为止。层次法的代表算法有如下几种。

（1）CURE：采用抽样技术先对数据集随机抽取样本，再采用分区技术对样本进行分区，然后对每个分区局部聚类，最后对局部聚类进行全局聚类。

（2）ROCK：也采用随机抽样技术，但在计算两个对象的相似度时，同时考虑了周围对象的影响。

（3）CHEMALOEN：首先由数据集构造成一个 k 最近邻图，再通过一个图的划分算法将图划分成大量的子图，每个子图代表一个初始子簇，最后用一个凝聚的层次聚类算法反复合并子簇，找到真正的结果簇。

（4）SBAC：在计算对象间相似度时，考虑了属性特征对于体现对象本质的重要程度，对更能体现对象本质的属性赋予较高的权值。

（5）BIRCH：利用树结构对数据集进行处理，叶节点存储一个聚类，用中心和半径表示，顺序处理每一个对象，并把它划分到距离最近的节点，该算法也可以作为其他聚类算法的预处理过程。

（6）BUBBLE：把 BIRCH 算法的中心和半径概念推广到普通的距离空间。

（7）BUBBLE-FM：通过减少距离的计算次数，提高了 BUBBLE 算法的效率。

3. 基于密度的方法

基于密度的方法（density-based methods）与其他方法的一个根本区别是：它不是基于各种各样的距离，而是基于密度。这样就能克服基于距离的算法只能发现“类圆形”聚类的缺点。这个方法的指导思想是，只要一个区域中的点的密度大于某个阈值，就把它加到与之相近的聚类中去。基于密度的方法的代表算法有如下几种。

（1）DBSCAN：是一种典型的基于密度的聚类算法，该算法采用空间索引技术来搜索对象的邻域，引入“核心对象”和“密度可达”等概念，从核心对象出发，将所有“密度可达”的对象组成一个簇。

（2）GDBSCAN：通过泛化 DBSCAN 算法中邻域的概念，以适应空间对象的特点。

（3）OPTICS：结合了聚类的自动性和交互性，先生成聚类的次序，可以对不同的聚类设置不同的参数，以此来得到用户满意的结果。

（4）FDC：通过构造 k 维树把整个数据空间划分成若干个矩形空间，当空间维数较少时可以大大提高 DBSCAN 的效率。

4. 基于网格的方法

基于网格的方法（grid-based methods）首先将数据空间划分成为有限个单元（cell）的

网格结构，所有的处理都是以单个的单元为对象的。这么处理的一个突出的优点是处理速度快，通常与目标数据库中记录的个数无关的，只与把数据空间分为多少个单元有关。基于网格的方法的代表算法有如下几种。

（1）STING：利用网格单元保存数据统计信息，从而实现多分辨率的聚类。

（2）WaveCluster：在聚类分析中引入小波变换原理，主要应用于信号处理领域。

（3）CLIQUE：是一种结合了网格和密度的聚类算法。

（4）OPTIGRID：格网的划分方法根据密度函数来选择，通过切割平面的方法进行划分。

5. 基于模型的方法

基于模型的方法（model-based methods）给每一个聚类假定一个模型，然后寻找能够很好地满足这个模型的数据集。这样一个模型可能是数据点在空间中的密度分布函数或其他。它的一个潜在的假定是：目标数据集是由一系列的概率分布所决定的。通常有两种尝试方向，分别是统计方案和神经网络方案。基于统计方案的聚类算法主要包含如下两种。

（1）COBWeb：是一个通用的概念聚类方法，它用分类树的形式表现层次聚类。

（2）AutoClass：是以概率混合模型为基础，利用属性的概率分布来描述聚类，该方法能够处理混合型的数据，但要求各属性相互独立。

基于神经网络方案的聚类算法主要包含如下两种。

（1）SOM：该方法的基本思想是，由外界输入不同的样本到人工的自组织映射网络中。一开始，输入样本引起输出兴奋细胞的位置各不相同，但自组织后会形成一些细胞群，它们分别代表输入样本，反映输入样本的特征。

（2）DAEGC：是一种基于深度学习的聚类算法，该算法一边通过图神经网络来学习节点表示，一边通过自训练的图聚类增强同一簇节点之间的内聚性。

6.2.9 分类分析

分类分析是根据分类准则，由一些已知分类的实测数据建立分类函数，用来判别未分类的样本应属哪一类的一种统计方法，它是多元统计数学的一个分支。这种方法已广泛应用于海洋学、地质学、生物学、医学和气象学等领域。从对某一些样本归属分类的判别分析到海洋基本规律的综合分析，从对局部海区、个别现象的分析预报到对海-气相互作用、大尺度海洋学问题的探索研究，从学术性的理论研究到海洋资源的开发利用，都可把分类分析作为有效的研究工具和方法。例如：应用分类分析，在海洋地质工作中，根据实测资料可对海洋沉积物的物质来源、岩体成因、含矿含油层分布类型进行评价；根据沉积物的矿物组成，可对沿岸泥沙回淤规律作出判断：在海洋生物的分析研究中，可找出海洋生物种群、区系分布和环境条件的密切关系，对海洋渔场、海洋牧场的开发环境作出评价；在海洋水文气象预报中，根据所测气象影响因子的实测数据，可进行海洋气候区划，大风、海雾等灾害天气的统计预报，台风路径活动规律和登陆可能性的预测，水温的趋势预报，上升流出现可能性的推测。

分类分析与回归分析、聚类分析之间有着密切的联系，但又各具特色，在近代统计数学中各自成一独立分支。聚类分析根据未知分类各因子的实测值进行分类，是一种无监督学习。分类分析是把事物的类别与外界因子建立联系，根据已知分类因子的一实测值，建立判别函数和判别准则，以便判别未知分类的样本属于哪一类，是一种有监督学习。如总体的分类未知时，则在分类分析之前，需事先进行聚类分析或用其他方法进行分类，然后才能用分类分析对未知分类的新样本进行归类。回归分析则是根据预报因子的实测值，对预报变量作出最佳的预报估计。

1. 决策树

决策树是用于分类和预测的主要技术之一，是以实例为基础的归纳学习算法。它着眼于从一组无次序、无规则的实例中推理出以决策树表示的分类规则。构造决策树的目的是找出属性和类别间的关系，用它来预测将来未知的记录类别。它采用自顶向下的递归方式，在决策树的内部节点进行属性的比较，并根据不同属性值判断从该节点向下的分支，在决策树的叶节点得到结论。各种决策树算法在选择测试属性采用的技术、生成的决策树的结构、剪枝的方法及时刻、能否处理大数据集等方面都有各自的不同之处。

2. 贝叶斯分类

贝叶斯（Bayes）分类算法是一类利用概率统计知识进行分类的算法，如朴素贝叶斯（naive Bayes）算法。该算法主要利用贝叶斯定理来预测一个未知类别的样本属于各个类别的可能性，选择其中可能性最大的一个类别作为该样本的最终类别。由于贝叶斯定理的成立本身需要以一个很强的条件独立性假设作为前提，而该假设在实际情况中经常是不成立的，因而其分类准确性就会下降。为此出现了许多降低独立性假设的贝叶斯分类算法，它们是在贝叶斯网络结构的基础上增加属性对之间的关联来实现分类的。

3. 人工神经网络

人工神经网络（ANN）是一种应用类似于大脑神经突触连接的结构进行信息处理的数学模型。在这种模型中，大量的节点（或称神经元、单元）之间相互连接构成网络，即神经网络，以达到处理信息的目的。神经网络通常需要进行训练，训练的过程就是网络进行学习的过程。训练能够改变网络节点连接权的值，使其具有分类的功能，经过训练的网络即可用于对象的识别。目前，神经网络已有上百种不同的模型，常见的有 BP 网络、径向基 RBF 网络、Hopfield 网络、随机神经网络（Boltzmann 机）、竞争神经网络（自组织映射网络）等。但是当前的神经网络仍普遍存在收敛速度慢、计算量大、训练时间长和不可解释等缺点。

4. KNN

KNN 算法是一种基于实例的分类方法。该方法就是找出与未知样本 x 距离最近的 k 个训练样本，看这 k 个样本中多数属于哪一类，就把 x 归为哪一类。k-近邻方法是一种懒惰学习方法，它存放样本，直到需要分类时才进行分类，如果样本集比较复杂，可能会导致较大的计算开销，因此无法应用到实时性很强的场合。

5. 支持向量机

支持向量机（SVM）是根据统计学习理论提出的一种新的机器学习方法，它的最大特点是根据结构风险最小化准则，以最大化分类间隔构造最优分类超平面从而提高学习机的泛化能力，可以较好地解决非线性、高维数、局部极小点等问题。对于分类问题，支持向量机算法根据区域中的样本计算该区域的决策曲面，由此确定该区域中未知样本的类别。

6. 基于关联规则的分类

关联规则挖掘是数据挖掘中一个重要的研究领域。近年来，对于如何将关联规则挖掘用于分类问题，学者们进行了广泛的研究。关联分类方法挖掘形如 condset→C 的规则，其中 condset 是项（或属性-值对）的集合，而 C 是类标号，这种形式的规则称为类关联规则（CARS）。关联分类方法一般由两步组成：第一步用关联规则挖掘算法从训练数据集中挖掘出所有满足指定支持度和置信度的类关联规则；第二步使用启发式方法从挖掘出的类关联规则中挑选出一组高质量的规则用于分类。

7. 集成学习

实际应用的复杂性和数据的多样性往往使单一的分类方法不够有效。因此，学者们对多种分类方法的融合，即集成学习（ensemble learning）进行了广泛的研究。集成学习已成为国际机器学习界的研究热点，并被称为当前机器学习 4 个主要研究方向之一。

集成学习是一种机器学习范式，它试图通过连续调用单个的学习算法，获得不同的基学习器，然后根据规则组合这些学习器来解决同一个问题，从而显著地提高学习系统的泛化能力。组合多个基学习器主要采用（加权）投票的方法，常见的算法有装袋（bagging）、提升/推进（boosting）等。集成学习采用投票平均的方法组合多个分类器，因此有可能减少单个分类器的误差，获得对问题空间模型更加准确的表示，从而提高分类器的分类准确度。

目前常用的各类分类分析各种算法的优缺点对比见表 6-1。

表 6-1 分类分析各种算法优缺点对比

算法类别	优点	缺点
决策树	易于理解和解释，可以可视化分析，容易提取出规则；可以同时处理标称型和数值型数据；测试数据集时，运行速度比较快；可以很好地扩展到大型数据库中，同时它的大小独立于数据库大小	对缺失数据处理比较困难；容易出现过拟合问题；忽略数据集中属性的相互关联
KNN	是一种在线技术，新数据可以直接加入数据集而不必进行重新训练；理论简单，容易实现	对样本容量大的数据集计算量较大；样本不平衡时，预测偏差较大；每一次分类都会重新进行一次全局运算；k 值大小的选择较复杂
SVM	能够解决小样本下机器学习和非线性问题；无局部极小值问题；可以很好地处理高维数据集；泛化能力比较强	对核函数的高维映射解释力不强，尤其是径向基函数；对缺失数据敏感
AdaBoost	很好地利用了弱分类器进行级联；可以将不同的分类算法作为弱分类器；具有很高的精度；充分考虑每个分类器的权重	迭代次数（弱分类器数目）不太好设定，可以使用交叉验证来进行确定；数据不平衡导致分类精度下降；训练比较耗时
朴素贝叶斯	对大数量训练和查询时具有较高的速度；支持增量式运算；结果解释容易理解	样本属性有关联时效果不好

续表

算法类别	优点	缺点
Logistics 回归	计算代价不高；易于理解和实现	容易产生欠拟合；分类精度不高
人工神经网络	分类准确度高；学习能力极强；对噪声数据鲁棒性和容错性较强；有联想能力，能逼近任意非线性关系	神经网络参数较多；可能出现“黑盒”过程；不能观察中间结果；学习过程比较长，有可能陷入局部极小值

6.3 海洋环境信息产品研发

6.3.1 海洋环境背景场产品

海洋环境背景场产品是指基于海洋环境要素数据的特点，应用统计分析、融合分析、计算机制图等技术，将数据加工成的图像或其他形式展示给用户的产品，主要包括数据产品及专题图集等。可视化技术是海洋环境背景场产品研制的核心技术，即通过一维、二维或三维可视化的方式对海洋环境要素的分布规律、变化规律、现象特征等进行展示，如图 6-5～图 6-7 所示。

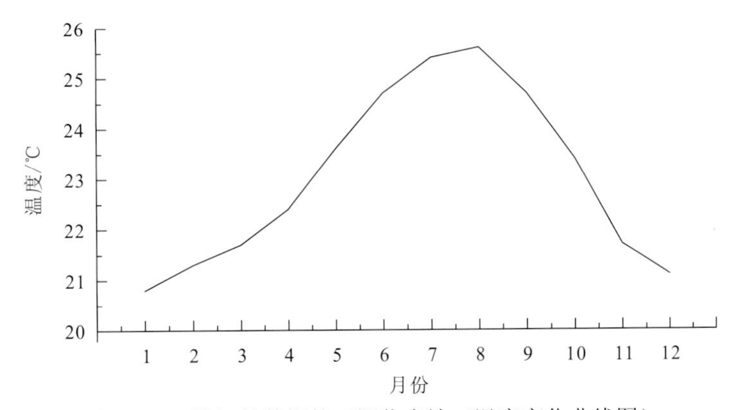

图 6-5　一维标量数据的可视化表达（温度变化曲线图）

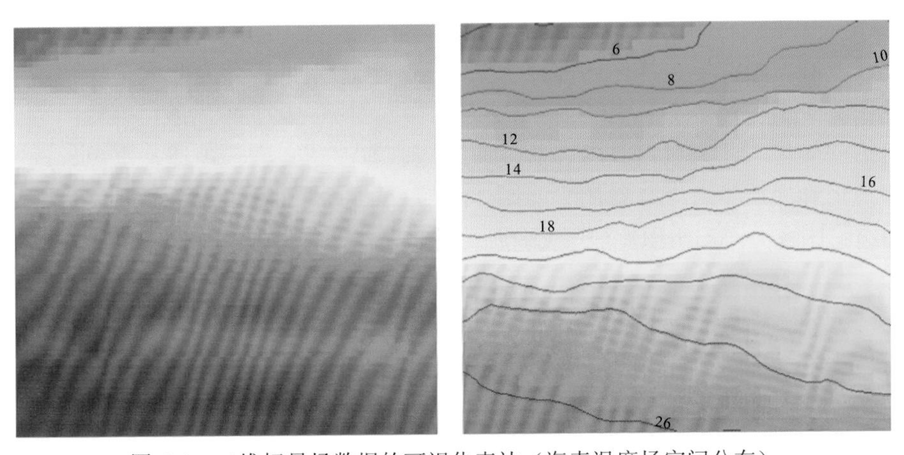

图 6-6　二维标量场数据的可视化表达（海表温度场空间分布）

图 6-7　三维标量场数据的可视化表达（三维地形图）

根据数据的特性，在海洋环境背景场产品制作中常用的可视化方法包括标量可视化和向量可视化。

（1）标量可视化。标量是指某个物理量只有数值大小，没有方向，主要要素包括温度、盐度、密度、声速、气表、气压、湿度、重力场、磁力场、水深地形、沉积物等。具体可以分为一维标量可视化产品，如曲线图、折线图，二维标量可视化产品，如等值线平面图、断面图，三维标量可视化产品，如三维立体图等。

（2）向量可视化。向量是指某个物理量既有数值大小，又有方向，主要要素包括海流、海浪等，向量可视化以二维或三维向量为主，大体上可以分为标记法、积分曲线法、纹理法、拓扑法等（陈为，2013）（图 6-8）。

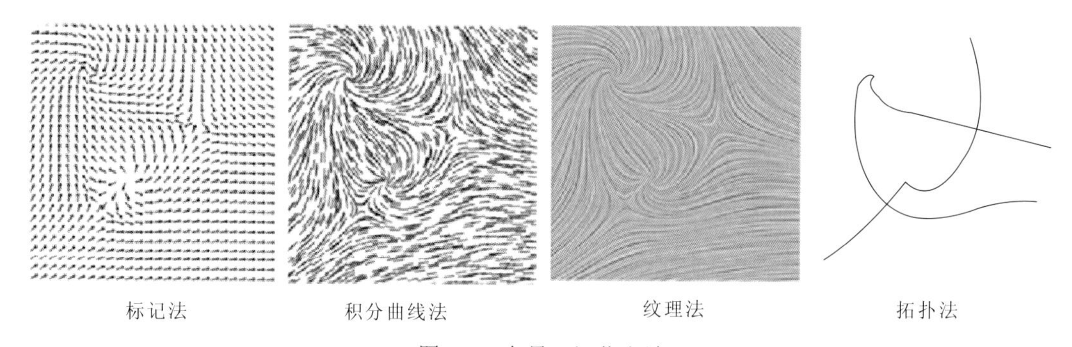

图 6-8　向量可视化方法

20 世纪 70 年代，国家海洋信息中心牵头完成了“三大洋图集”的编制工作，包括印度洋、大西洋和太平洋三大洋区的海洋水文图集，其中太平洋分为北太平洋和南太平洋，共计形成图集 4 册，分别于 1970 年、1972 年、1974 年和 1975 年出版，为我国迈步大洋提供了强有力的支撑。图集包括温度、盐度、海流、海浪、密度、声速、水色、透明度、海冰、海底地形和底质等海洋要素的平面图 445 幅，温盐单站垂直图 2500 张。

1993 年，国家海洋局组织完成了《渤海、黄海、东海海洋图集》（海洋图集编委会，1993）整编出版，内容包括渤海、黄海、东海的地质地球物理、化学、生物、水文和气候，为海洋事业发展起到了重要的推动作用。20 世纪 80 年代以后，各有关部门在南海进行了大量的调查研究工作，为编绘南海海洋图集提供了良好的基础。2004 年，在海洋勘测专项调查研究的基础上，收集已有的调查资料和研究成果，编绘完成《南海海洋图集》（海洋图集编委会，2004），填补了我国南海综合性海洋图集的空白，为南海资源开发、环境保护、海洋科研、海洋管理和国防建设提供服务。在图集内容方面，《南海海洋图集》与《渤海、黄海、东海海洋图集》保持了一致性，另外还增加了环境评价、资源评估、海洋灾害等有关内容。

我国近海海洋综合调查与评价专项（908 专项）的实施，获取了覆盖中国近海海域的高精度海洋调查数据，在此基础上，国家海洋局组织完成了《中国近海海洋图集》（国家海洋局，2016）的编制出版。其中按学科领域编制了 11 册图集，包括物理海洋与海洋气象、海洋生物与生态、海洋化学、海洋光学特性与遥感、海洋底质、海洋地球物理、海底地形地貌、海岛海岸带遥感、海域使用、沿海社会经济和海洋可再生能源；按照沿海行政区域划分编制了 11 册图集，包括辽宁省、河北省、天津市、山东省、江苏省、上海市、浙江省、福建省、广东省、广西壮族自治区和海南省，填补了我国近海综合性图集的空白，极大地增强了对我国近海海洋的认知，为我国海洋开发管理、海洋环境报告和沿海经济可持续发展提供了科学依据。

目前国家海洋调查获取了更多高精度海洋实测数据，同时数据处理、统计分析、融合分析、计算机制图技术的发展也推进了更多准确度高、可视化程度高的海洋环境背景场产品研制。目前海洋环境背景场产品呈现产品类型多样化、产品精度定量化和产品服务定制化的趋势。

6.3.2 海洋环境统计分析产品

海洋环境统计分析产品制作主要适用于海洋水文、气象、生物、化学等学科，统计分析流程包括方区划分、要素统计分析、客观分析等步骤（图 6-9）。

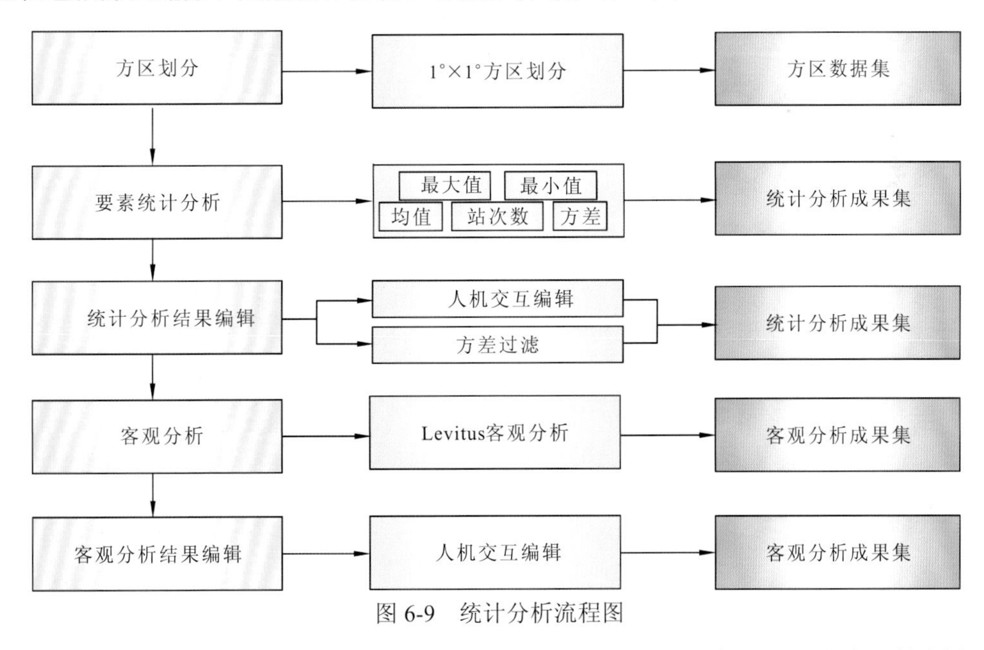

图 6-9　统计分析流程图

（1）方区划分。将经过处理、质控、排重的数据集，根据特定的经纬度网格划分成不同矩形方区，将数据根据自身经纬度归属于不同方区，形成方区数据集。

（2）要素统计分析。利用要素标准层数据集，根据用户设定的要素最大值、最小值范围和起止年份选择数据，根据设定的空间分辨率、时间分辨率进行相关要素的统计分析，计算要素的最大值、最小值、均值、方差和站次数等信息。

（3）客观分析。设定客观分析的经纬度范围、网格间距、搜索半径、水深层次、标准差倍数等信息，利用 Levitus 逐步订正法对要素统计分析结果进行客观分析，生成客观分析成果集。

（4）专题图件制作。在以上统计分析及客观分析的基础上，按照海洋环境要素专题图制图流程，基于 ArcGIS 等专业制图软件，开展温度、盐度、海浪、气温、气压、风速、生物、化学等要素专题图件制作。

6.3.3 海洋环境定点连续统计分析产品

利用定点（如海洋站）长期连续的观测资料，按照要素类型、时空特点等特性进行统计分析计算，制作形成定点连续统计分析产品数据集，数据内容包括平均值、最大值、最小值、出现时间、累积频率等信息，实体包括数据集及目录清单。要素类型包括海表温度、海表盐度、水位、气温、气压和相对湿度等，空间特点为定点连续，时间分辨率包括累年、历年、累年逐月、历年逐月等。

6.3.4 海洋环境大面统计分析产品

海洋环境大面统计分析产品主要包括海洋水文统计分析产品、海洋气象统计分析产品，在资料整合处理的基础上，开展方区划分、标准层差值、统计分析、客观分析、网格化等，形成不同分辨率的统计分析产品，常规的海洋环境大面统计分析产品要素包括温度、盐度、密度、声速、海面气温、气压、相对湿度、能见度、海面风、降水、海雾、雷暴出现频率、各级能见度、各向各级风出现频率和盛行风统计等，统计特征值包括均值、方差、最大值、最小值、观测次数等。

6.3.5 海洋要素场融合数据集

当前海洋资料的获取手段仍以现场观测为主。然而，传统的浮标、观测站及船基等海洋要素现场观测手段存在稀疏、零散、资料缺损、空间不规则及时间不连续等问题，难以直接应用于海洋研究及数值模式模拟中。近十年来，海洋卫星已发展成为唯一可行的大范围、连续观测海洋要素的方法，但卫星观测仅可获得海表的要素数据，无法实现对海洋内部要素的直接观测。因此，海洋要素场的重构引起了科研人员的广泛关注，并相继提出了一些解决方案用于科学研究及生活生产中。

海洋要素场的重构通常需要现场观测数据、多卫星观测数据及背景场等多源数据的有机融合。然而随着观测资料种类、数量的增多，对计算能力、数值方法及同化技术提出了巨大的挑战。海洋统计分析与海洋环境数值预报两种传统方法的发展均遇到一定的瓶颈：受传统线性方法模型过于简单、对海洋过程的理解不够全面深入、数值模式的不确定性及模式分辨率的限制等因素的影响，无法满足日益精细化、精准化研究与生产的需求。

以机器学习算法为核心的人工智能技术目前在自然语言处理、图像及视频处理领域取得了巨大的成功。近年来，人工智能技术被引入地球系统科学领域，并且取得了不错的效果，为地学研究提供了新的思路与方法。因此，以机器学习为核心的人工智能技术将成为发挥观测资料价值、提高海洋环境保障水平的新途径。

海洋要素场智能融合整体技术研究自下而上包含 4 个层级的研究，分别为数据层、特征分析层、模型层及系统实现层。数据层主要负责收集多来源、多维度、多海域、多模态的海洋大数据及部分数据质量控制；特征分析层主要负责多源海洋大数据信息挖掘，如关键因子分析、时空特征分析、深层次的质量控制等；模型层主要通过构建基于决策树的机器学习模型及深度神经网络模型等实现海洋环境场的智能重构；系统实现层主要基于收集到的多源海洋大数据，经过特征层的分析处理生成训练样本，结合机器学习算法模型实现海洋环境场的智能重构，并在全球区域开展应用示范，最后对结果进行精度检验及分析工作。海洋要素场智能融合重构总体方案如图 6-10 所示。

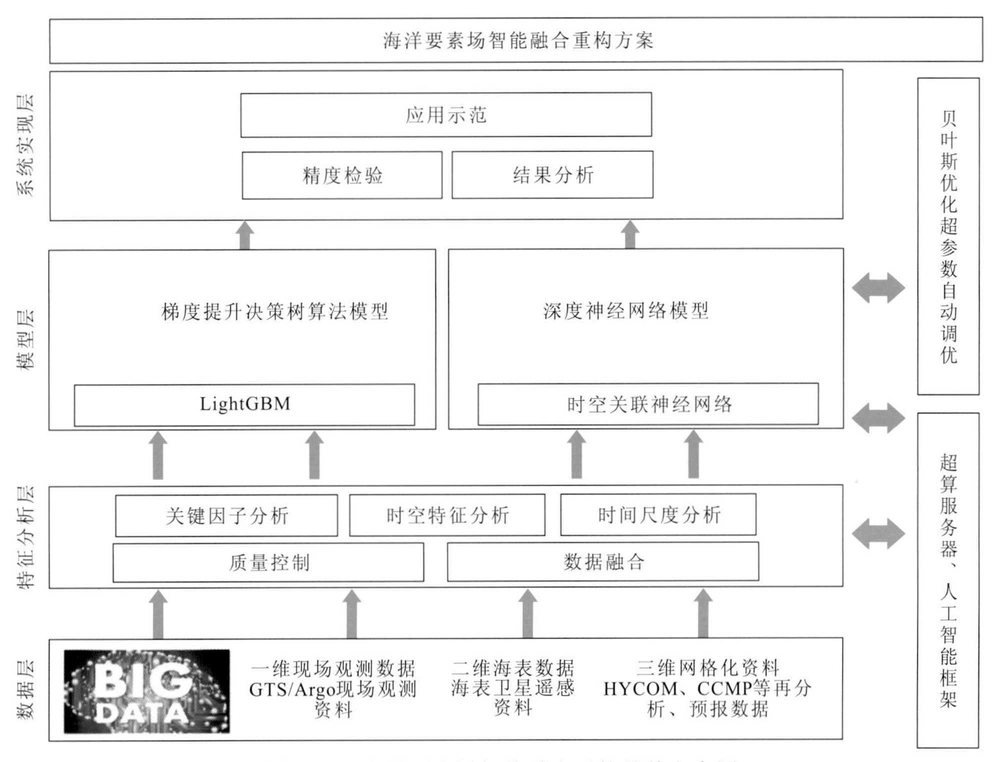

图 6-10　海洋要素场智能融合重构总体方案图

首先，高质量的多源海洋数据获取是基础与先决条件，同时也决定了系统的性能上限。数据主要包括三大类：一维现场观测数据、二维海表卫星观测数据或融合数据产品及三维（对于海表要素场为二维）背景场数据。一维现场观测数据主要包括由浮标、海洋气象站及船测等方式获取的海表温度及盐度剖面数据、海表风场的观测数据、GDP 海表流场观测数据等；二维海表卫星观测数据或数据融合产品包括海表温度、海表盐度、海面高度异常及海表风场等多种海洋气象水文要素；二维或三维背景场数据主要包括再分析场、模式模拟场数据，如 HYCOM 数据、CCMP 数据等。

如何从多模态、多源海洋大数据中对有效信息进行挖掘为研究的关键。首先对多源海洋数据进行预处理，需要对输入的数据，尤其是一维的、非网格化的海洋环境观测数据等进行适当的质量控制，并将其在时间和空间上处理为后续过程可用的格式。质量控制的方案包括根据数据集质控标记选取合适质量的数据；采用异常数据检测方法对异常数据进行检测；采用兼顾时空异质性的插值方法对异常值和缺失值进行插补。接着，对不同的海洋资料进行时空一致性插值。由于采用的多源海洋资料来源不同、时空分辨率不同，且时空覆盖范围也存在一定的差异，需要采用时空插值相结合的方式，将多源海洋资料（如不同海洋要素的海表卫星数据及再分析场数据）插值到相同的时空分辨率上，以便创建训练样本。然后，对多源海洋数据的时空相关性及不同时间尺度的相互作用进行分析，分别找出对于温度场、盐度场、海表风场、海表智能融合影响显著的要素因子，进而为机器学习模型的高效运行提供保障。最后，将多源数据进行融合，生成训练样本。对于海洋要素场重构任务，以三维海洋温盐场重构为例，基于单点温盐观测值构建训练样本，如图 6-11 所示。

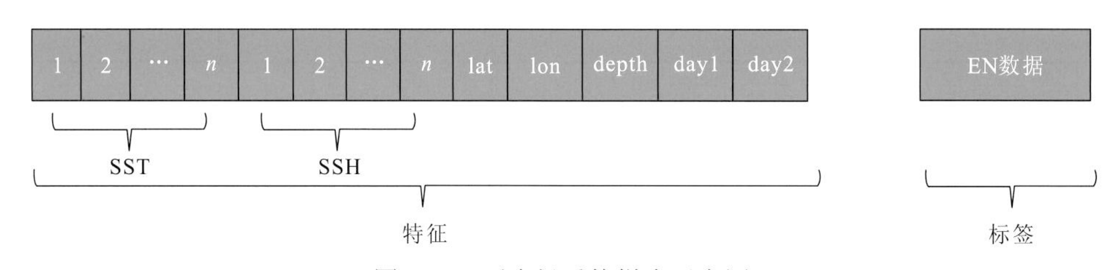

图 6-11　要素场重构样本示意图

lat-纬度；lon-经度；depth-深度；SST-海表温度；SSH-海表高度

构建高效的机器学习算法模型是研究的核心工作。基于多源海洋资料，分别对三维温盐场、海表风场及海表流场的智能重构任务构建机器学习算法模型。构建的用于海洋要素场融合重构的机器学习模型包括基于梯度提升的决策树算法、深度神经网络两类机器学习模型。以三维海洋要素场融合重构为例（海表要素场的融合重构类似），模型架构如图 6-12 所示。

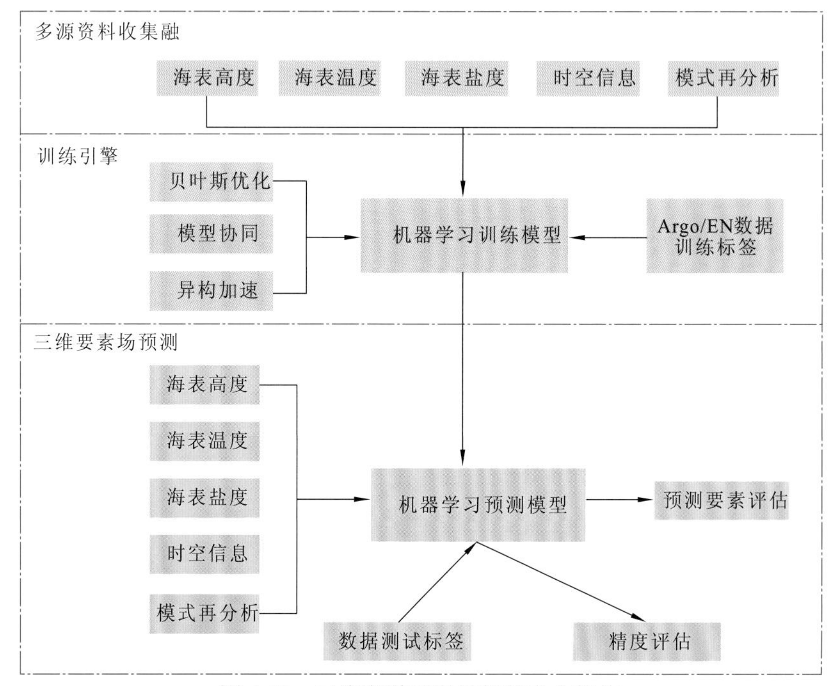

图 6-12　三维海洋要素场智能融合架构

6.3.6 海洋地学融合产品

海洋地学融合产品制作主要包括沉积物、重力、磁力、水深地形等数据产品融合，具体主要包括网格化处理、数据融合、数据产品制作、专题图件制作等过程（图 6-13）。

（1）网格化处理。基于海洋重力、磁力、水深、沉积物等学科要素综合数据集，提取重力异常、磁力异常、水深、沉积矿物含量等要素数据，选取适合的网格化方法及网格分辨率，制作不同分辨率的网格化数据，其中数据密度大的区域网格分辨率精度高，数据稀疏的区域网格分辨率精度低。

（2）数据融合。对低分辨率的网格进行插值处理，对同等分辨率的网格数据，采用多源数据融合方法，如最小二乘配置法或移去-恢复法等进行数据融合、拼接，形成覆盖整个研究区、网格分辨率一致的基础要素网格数据，主要要素包括空间重力异常、磁力异常、水深等。

（3）数据产品制作。在基础要素网格数据的基础上，开展延拓、化极、多尺度异常分析、地形因子提取等，形成系列海洋地学配套衍生数据产品。在底质沉积物组分分析的基础上，应用福克分类或谢帕德分类的方式，开展研究区底质类型划分，形成底质类型分区成图数据集。

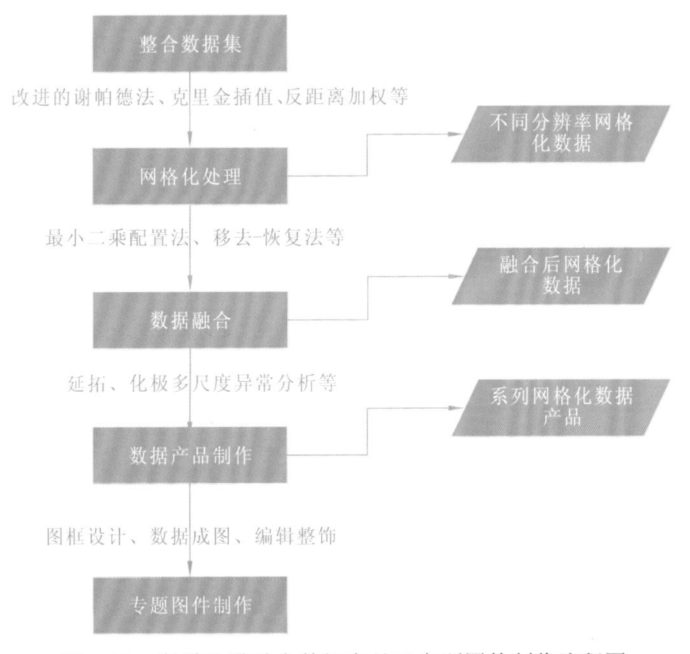

图 6-13 海洋地学融合数据产品及专题图件制作流程图

（4）专题图件制作。在网格化数据产品及底质类型分区成图数据集的基础上，按照海洋地质地球物理专题图制图流程，基于 ArcGIS 等专业制图软件，开展重力异常图、磁力异常图、水深图、沉积物类型图、沉积要素含量分布图等要素的专题图件制作。

1. 表层流产品制作

表层流产品数据来源于全球漂流浮标计划（GDP），观测仪器为 SVP 拉格朗日漂流浮标，时间范围为1979年2月至今，时间分辨率为6 h，空间范围覆盖全球。将原始数据按照不同网格分辨率（0.5°、1°、2°）逐月（季）存放，每个月（季）的数据存储在相应网格区域内。每个网格内存储的信息包括浮标ID、年、月、日、时、经度、纬度、温度、流速东分量、流速北分量、流速标量值。对网格数据进行如下两步质量控制。

（1）对网格进行方区统计分析，将包含3个及以上数据的网格视作有效网格，仅统计包含数据量大于3个网格的情况。

（2）对该网格数据进行正态分布检验，剔除大于2倍方差的数据，并重新计算平均值，重复该过程，直到所有数据均满足给定的极限要求。运用 Levitus 客观分析方法将散点数据插值到规则网格，制作形成表层流产品。

2. Argo反演产品

分析各种型号Argo浮标仪器性能、观测方式，编写各类Argo数据控制信息读取模块，更新完善Argo轨迹数据质控模块；统计分析Argo轨迹数据中定位点的缺测比例和定位精度，细化轨迹数据质控模块和反演表层流的程序模块编制，形成表层流累年逐月站次频率图、累年逐月表层海流分布图、逐年逐月表层海流分布图。

3. 重磁网格化产品

对重力、磁力数据进行整合处理、提取等，形成系列含坐标及数值的*XYZ*数据列，选取相应的插值方法，包括克里金法、改进的谢帕德法、最小距离邻近法、反距离加权法等，设置不同的网格间隔，形成空间重力异常、布格重力异常、磁异常、总磁场等重磁相关基础网格化数据产品。在此基础上，进一步开展延拓、求导、多尺度分解等转换分析，形成向上（向下）不同高度延拓网格化数据产品、水平（东西向、南北向）1～2阶导数网格化产品、垂直1～2阶导数网格化产品、1～5阶小波细节网格化产品、1～5阶小波近似网格化产品等。

4. 底质沉积物产品

基于海洋调查底质沉积物数据，按照数据预处理、数据网格化、范围裁剪、等值线生成、平滑优化、图层渲染、图件整饰等步骤制作底质沉积物统计分析图件产品，产品要素包括沉积物砂含量、粉砂含量、黏土含量、平均粒径、分选系数、偏态、峰态、蒙脱石含量、高岭石含量、绿泥石含量、伊利石含量等。另外根据沉积物粒度和涂片鉴定结果分别开展浅海沉积物和深海沉积物分类定名，按照分类结果绘制底质沉积物类型图产品。

5. 专题图件（图集）产品

依据海洋要素图式图例及符号制图标准，在各类数据产品的基础上，编绘海洋环境背景场产品专题图件，具体形式包括曲线图（图 6-14）、折线图、平面等值线图、流向流速图、三维立体图等。

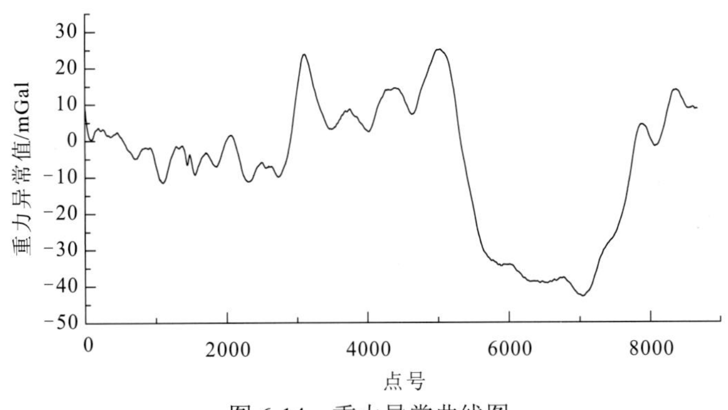

图 6-14　重力异常曲线图

▶▶▶ 第7章 海洋大数据交换共享方法

7.1 海洋大数据可视化技术

海洋大数据可视化并不是一个新鲜的概念，对很多大数据分析来说，可视化都很重要。一般来说，可以通过数据库和诸如 Power BI 平台的连接来实现最终的可视化。可视化不仅仅包括数据文本的可视化，还包括数据的动态显示、数据应用者之间的动态联系、数据之间的动态关系、软件层和系统层的应用等内容，在进行数据化管理的阶段，可以通过对数据的观察和研究解决问题。

7.1.1 矢量图形处理技术

为增强空间分析功能的泛用性，在开源工具包 Geotools 的基础上进行二次开发，支持 Shapefile 矢量图形文件的解析及处理。Geotools 是一个 Java 类库，它提供很多的标准类和方法来处理空间数据，同时这个类库是构建在开放式地理信息系统协会（OGC）标准之上的。目前的大部分开源软件，如 udig、GeoServer 等，对空间数据的处理都是由 Geotools 来做支撑。而其他很多的 Web 服务、命令行工具和桌面程序都可以由 Geotools 来实现。将 Shapefile 文件中的对象统一规范化，根据空间属性过滤和分析对象内容，并将其转换为具有面向对象思想的键值对形式，可实现矢量图形与 GeoJson 的相互转换，使得用户可以直接导入 Shapefile 格式数据，或将项目中空间分析结果导出为 Shapefile 文件，使用 ArcGIS 进行数据分析。

7.1.2 轮廓线可视化技术

轮廓线可视化技术是海洋数据可视化研究的重要方向，可将各类轮廓线数据转换为三维模型。如果在相邻两层的平面上，各自只有一条轮廓线，其三维重建问题相对简单，可称为单轮廓线的重建问题。如果在相邻两层平面上有多条轮廓线，则为多轮廓线的重建问题，此时需要解决轮廓线之间的对应问题及分支问题等，较单轮廓线的重建复杂得多。

1. 单轮廓线可视化技术

单轮廓线存在于相邻的两个平面上，数量为两条，分为凸轮廓线和非凸轮廓线。凸廓线的两条轮廓线存在于一个基本三角面片且一个跨距在三角面片中左右跨距对应，此为可接受形体表面的三角面片集合。非凸轮廓线相对复杂，首先将非凸轮廓线变换为凸轮廓线，在凸轮廓线之间构造三角面片集合后，再将其反变换为非凸轮廓线，这种方法被广泛应用于非凸轮廓线之间的三维形体重建中（Xue et al.，2004）。

2. 多轮廓线可视化技术

多轮廓线存在于相邻的两个平面上，数量为多条，可将解决多轮廓线三维重构问题转换为处理相邻两层的多条轮廓线对应关系。在简单情况下，如果采样密度高，相邻两层之间的间距小，则可以利用两条轮廓线之间的相互覆盖程度来决定其连接关系，现有的一些算法都是建立在这样的假设之上的。如果相邻两层之间的间距过大，所提供的数据不足以判断同一物体相邻两层上轮廓线之间的覆盖程度，一般采用最小生成树算法决定其连接关系（Barequet et al.，2000）。

7.1.3 流线可视化技术

流线可视化是矢量场可视化重要研究对象之一，具有简单直观、连续性好等特性，在工程实践中广泛应用，一直以来是学者们的研究重点（王宋月，2020）。采用基于噪声和纹理着色的拉格朗日-欧拉平流（LEA）不稳定流场可视化技术，该技术中新型混合模型结合了欧拉方法的优势和拉格朗日方法的框架，主要应用于随时间变化的密集型向量场的可视化显示。该算法将粒子编码成纹理，然后进行平流化。时间和空间上的高度相关性是通过连续的帧混合实现的。粒子与着色平流的混合可以同化流线，实现粒子路线和流线的可视化。

在两个连续的时间步长之间，粒子密度集的坐标可根据拉格朗日方法进行更新，而粒子属性的对流可通过欧拉方法实现。在每次迭代的开始，选择一个新的密集粒子群，并分配上次迭代结束时计算的属性。

7.1.4 标量场数据的可视化

海洋标量场数据是指该海洋数据表达的物理量是标量，该物理量只有大小属性没有方向属性。海洋数据中的标量场数据主要包括海洋环境要素，如温度、盐度、密度、水汽湿度等。二维平面可视化是标量场可视化的传统方法，一般是用颜色映射对应的数据标量值，辅以点、线等几何标识，并以二维平面图的形式对数据进行展现的可视化方法。空间三维面绘制可视化方法是用空间三维曲面对海洋数据进行表现（李璐桑，2015）。

1. 伪彩色法

可视化系统中，常用颜色表示数据大小，即在数据与颜色之间建立一种映射关系，把不同的数据映射为不同的颜色。如果对于精度要求不是很高，也可以将某个数值范围内的数据块映射为一种颜色，这样可以减少计算量，提高绘制效率。在绘图时，可以根据数据场中的数据确定点或图元的颜色，从而以颜色来反映数据场中的数据及其变化。

2. 等值面生成

等值面生成算法，也称移动立方体（Marching Cube）算法，是三维数据场等值面生成的经典算法，是体素单元内等值面抽取技术的代表。算法的基本思想是逐个处理数据场中的立方体，分类出与等值面相交的立方体，采用插值计算出等值面与立方体边的交点。根据立方体每一顶点与等值面的相对位置，将等值面与立方体边的交点按一定的方式连接生成等值面，作为等值面在该立方体内的一个逼近表示。等值面生成算法中每一单元内等值面抽取的两个主要计算是：体素中由三角片逼近的等值面计算和三角片各顶点的法向量计算。

3. 体绘制

以图像空间为序的绘制（体绘制）算法是从屏幕上的每一像素点出发，根据视点方向发出一条射线，这条射线穿过三维数据场，沿射线进行等距采样，求出该采样点的不透明度值及颜色值，将每一个采样点的颜色及不透明度进行组合，从而计算出屏幕上该像素点处的颜色值。

7.1.5 综合显示异步渲染框架

海洋数据、各类气象要素及系统生成的各类产品结构各异，存储方式多变。可视化显示能够更好、更快地支撑海洋各类观测和预报数据及产品的综合可视化。

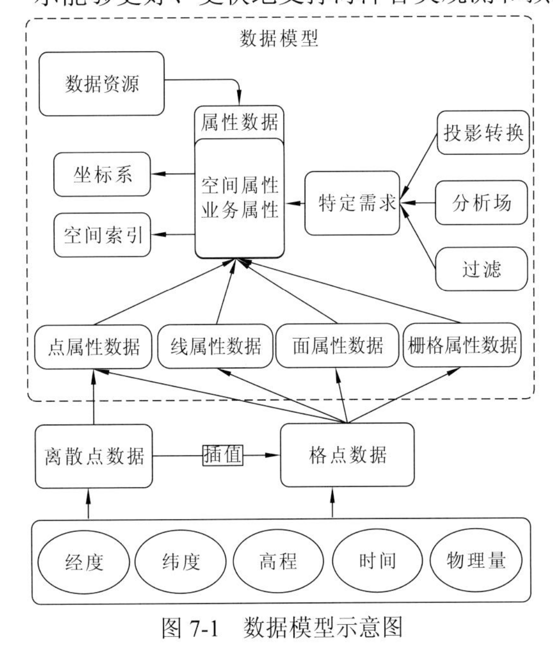

图 7-1　数据模型示意图

1. 数据模型

从空间地理信息的角度，系统所显示的数据，都可以从 5 个维度对其进行描述，分别是：经度、纬度、高程、时间和物理量。按照地理信息学进行统一建模，定义数据访问的接口，进而实现对不同类型数据的一致性访问（图 7-1）。

2. 可视化引擎

可视化引擎实现由矢量引擎、渲染引擎、标绘引擎、栅格引擎组成，主要功能是实现气象水文与海洋气象预报等数据向地理信息数据转换，同时进行异步渲染，操作流程如图 7-2 所示。

3. 异步渲染

异步渲染就是将渲染工作与系统的 UI 线程分离，在另一个独立的线程中完成，完成之后再向 UI 线程发送消息，请求重新绘制。这样，繁重的渲染工作被移交到 UI 线程之外。通过这种方法，系统 UI 的绘制不会阻塞，最终可以实现流畅、连贯的用户体验。异步渲染示意图如图 7-3 所示。

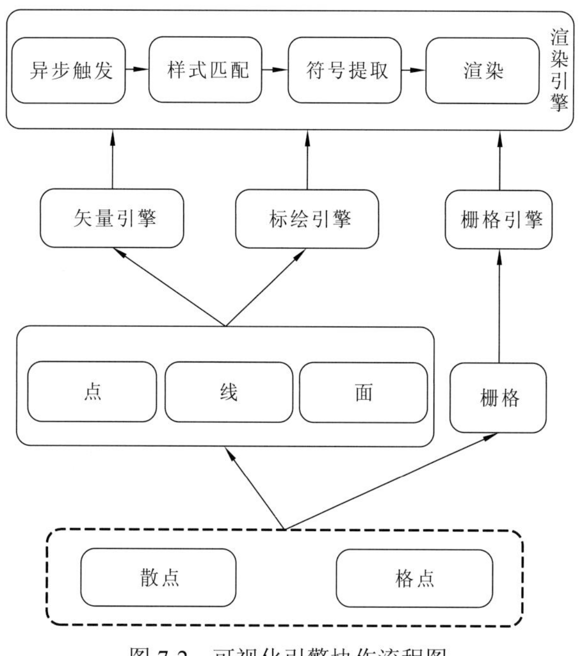

图 7-2　可视化引擎协作流程图

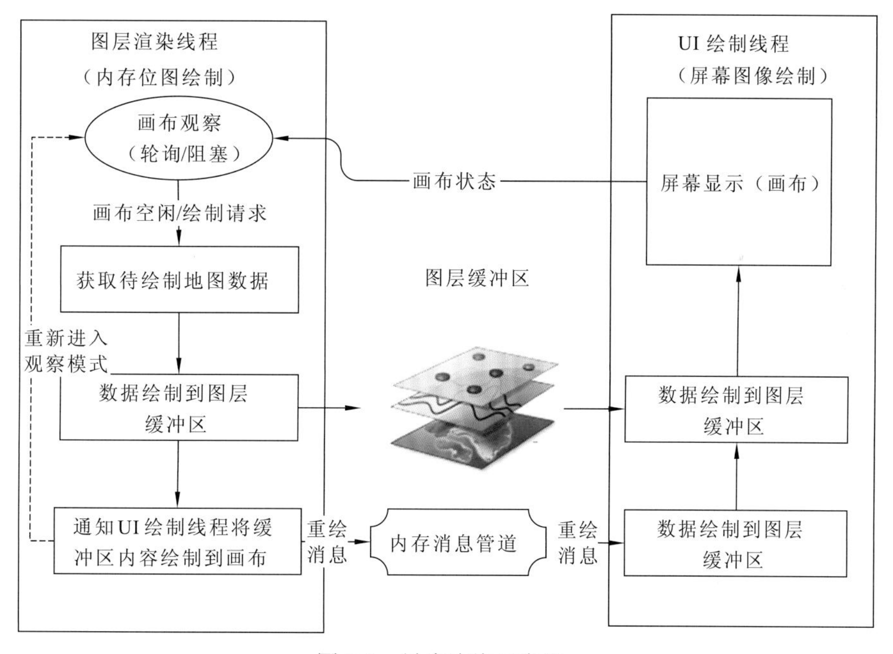

图 7-3　异步渲染示意图

7.1.6　二维、三维动态可视化技术

1. 气象海洋可视化平台

气象海洋可视化平台由 GIS 内核、图形标绘组件、三维特效组件、扩展数据组件 4 部分构成。GIS 内核包括基础内核、基础数据引擎、数据解析、工程管理、符号库、投影变

换、空间索引、几何对象、图形绘制、地图管理、地图控制、空间算法共 12 个模块，负责平台的数据管理、GIS 运算、绘制渲染，是平台的基础。扩展数据组件包括矢量数据组件、三维模型组件、矢量数据流组件、栅格地图组件 4 个模块，用于对接不同类型的数据，满足多种类型数据管理与解析的需求。三维特效组件包括粒子特效、动画控制、相机变换、渲染处理 4 个模块，用于三维系统的显示与控制。图形标绘组件包括标号库管理、标号算法、标号风格和标号几何对象 4 个模块，用于进行图形动态标绘。平台支持 Windows、Android、iOS、Linux 等多操作系统的跨平台二次开发。气象海洋可视化平台结构图如图 7-4 所示。

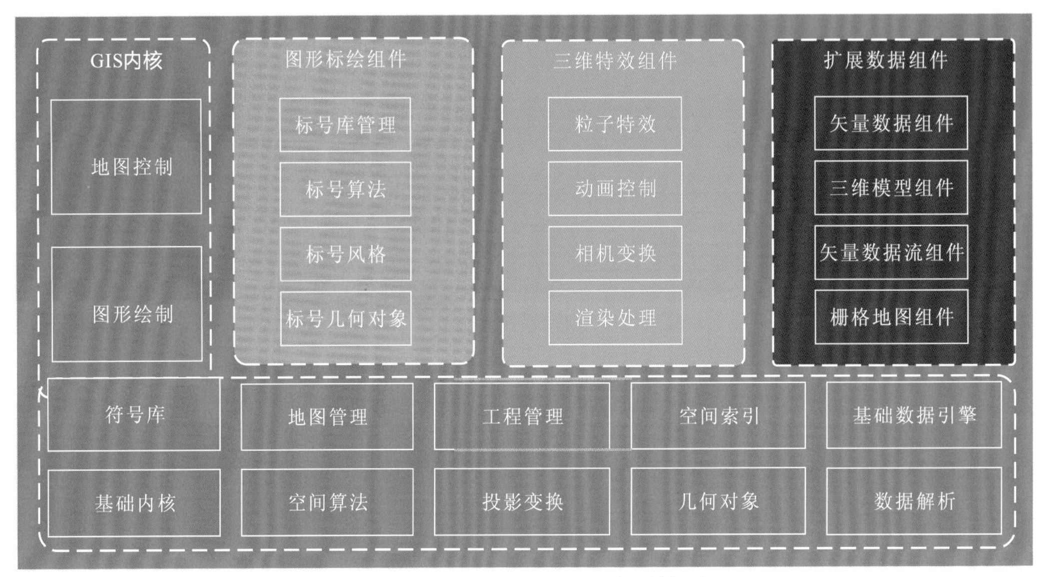

图 7-4　气象海洋可视化平台结构图

气象海洋可视化平台能够实现平面坐标和球面坐标的平滑切换。二维地图通常采用地理坐标或投影坐标，地理坐标系是用经纬度表示地面位置的球面坐标，投影坐标是指地球表面上的点投影到平面时采用的坐标。三维地图渲染时，一般将地球作为正球来进行计算，三维空间中使用笛卡儿直角坐标系作为空间坐标系。平台二维、三维星地一体化多维动态可视化技术能够平滑切换坐标表达方式，将三维坐标与二维坐标进行快速转换，实现二维、三维的动态、流畅切换。

2. 基于数字地球的大规模海洋信息三维可视化技术

基于数字地球的大规模海洋信息三维可视化的关键在于数据在三维球面上的高效绘制。如果需要得到与地形很好的匹配效果，目前已有方法的计算量大，比较耗时。采用基于纹理映射的快速渲染方法：首先通过矢量纹理的快速实时生成，将矢量数据渲染到纹理缓存中；然后利用自适应的纹理投影范围计算与宽度控制方法，对矢量纹理进行精细控制，保证矢量的线宽不变形；最后再用图形处理器（GPU）加速纹理融合，实现矢量纹理的投影绘制。

（1）矢量纹理的快速实时生成。采用 OpenGL 的帧缓存对象（FBO）扩展来实现矢量纹理的实时动态生成。FBO 常被用于将数据渲染到纹理对象，如果它与一处内存空间绑定，将图形绘制到 FBO 的速度与直接绘制到颜色缓冲区一样快。当将纹理对象绑定到 FBO 后，只需将矢量数据动态绘制到 FBO 的颜色缓冲区，求得相应的纹理坐标，相当于实现了矢量纹理的快速生成。这个步骤的关键在于计算对应的纹理坐标。

（2）实时计算矢量纹理坐标。在 OpenGL 图形处理管线中，矢量数据顶点经过模型视图变换，从世界坐标系变换到相机坐标系，然后经投影变换变换到投影坐标系进行裁剪，再经视口变换到屏幕坐标系中。纹理坐标是对裁剪锥体内投影坐标的归一化。只需按上述变换求出投影坐标并归一化，然后在绘制体单元上绑定 FBO 颜色缓冲区的片元坐标，即可实现渲染到矢量纹理。对 CPU 来说，为每帧矢量数据顶点计算纹理坐标是非常耗时的，因此需要将视图变换矩阵和投影矩阵作为一致变量传入 GPU，计算出纹理坐标，然后使用着色语言将得到的颜色值混合到片元着色器上。

（3）GPU 加速纹理融合。在 GPU 计算中，设计了顶点着色器和片段着色器。将纹理投影矩阵传递到顶点着色器中，可以计算当前顶点对应的矢量纹理坐标，然后将纹理坐标传递到片段着色器中，在访问一个 RGBA 纹理时，使用各个纹理像素上的 alpha 值，在传入片元的 RGB 值与纹理的 RGB 值之间进行线性插值。

3. 海量气象水文数据高效可视计算与并行绘制技术

海洋气象水文数据涉及的数据量大、数据类型复杂，给高效的可视化带来了严峻挑战。针对计算量较大的可视计算技术，设计相应的高效可视计算方法，得到可视化绘制数据；然后采用多 CPU/GPU 协同并行绘制，得到海洋气象水文数据的高效可视化结果。

（1）高效可视计算技术。目前常用的海洋气象水文数据可视化方法中，等值面、体绘制和矢量线等方法计算量较大，下面简述这几类可视化方式的高效可视计算技术。目前常用的高效可视计算技术分为两类：一类是对几何空间进行层次式分解，另一类是对值空间进行分解。几何空间分解常用的是基于八叉树的等值面加速提取技术，该类技术加速效果最为明显，但只适用于结构网格。此外，加速技术可将三维数据场抽象成一组区间，所有的操作都针对值域进行，不考虑数据的几何形状，因而更加灵活。这类技术加速效果略差于八叉树方法，但适用于结构网格和非结构网格。因此，可以考虑根据气象水文环境数据模型的具体形式（结构网格还是非结构网格），采取相应的加速策略。

（2）多 CPU/GPU 协同高效并行绘制技术。数据可视计算的对象绘制的几何模型和图像数据，数据量大。为了提高综合显示速度，需要研究多 CPU/GPU 协同并行绘制技术。为充分利用多 GPU 的绘制能力，可以将窗口进行分割，通过绘制引擎让绘制任务并行运行。同时，为了让 GPU 绘制时 CPU 也能发挥作用，设计 CPU/GPU 协同并行绘制流水线，同时启动多个裁剪线程和多个绘制线程。每个时间步运行多个裁剪任务和多个绘制任务，但裁剪和绘制并非来自同一帧，而是相差一帧。在每一帧开始时，主进程将上一帧裁剪生成的任务分配给绘制线程，然后开始事件的处理和场景的更新。在场景数据更新完毕后，CPU 裁剪线程开始裁剪工作，生成绘制数据，以供下一帧绘制使用。裁剪线程和绘制线程并行，可以有效提高绘制效率。

7.2　基于虚拟化的海洋数据共享技术

7.2.1　虚拟化技术

海洋科学研究、海洋生态保护、海洋防灾减灾、海洋工程建设、海洋资源开发等对海洋数据具有广泛的应用需求，然而，海洋基础数据往往具有较高的敏感性。为了充分发挥海洋基础数据在各项海洋工作中的支撑作用，在提供用户高效数据应用服务的同时为保障数据安全，基于 VMware 虚拟化技术搭建海洋数据共享服务系统。该系统在服务器群中搭建基于虚拟化的用户开发运行环境，用户利用远程虚拟桌面，在服务器提供的虚拟空间（包括数据和应用软件）中使用海洋基础数据进行模型运算、产品制作等。用户所用虚拟空间数据不能下载，运算数据成果须经审批后获取。虚拟化用户工作环境流程如图 7-5 所示。

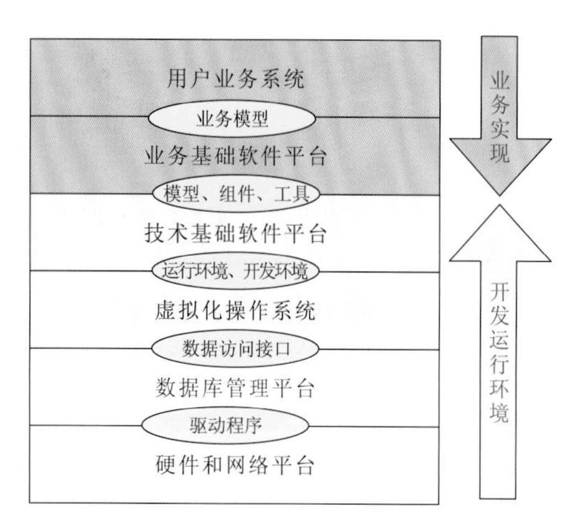

图 7-5　虚拟化用户工作环境流程图

与传统 IT 资源分配的应用方式相比，虚拟化应用方式有以下优势：①虚拟化技术可以大大提高资源的利用率（张巍，2021）；②提供相互隔离、安全、高效的应用执行环境；③虚拟化系统能够方便地管理和升级资源。虚拟化技术主要包括服务器虚拟化、存储虚拟化、应用虚拟化和桌面虚拟化等。目前虚拟化技术正在快速发展（孟思明，2021），在不久的将来，当前物理的设备都将支持虚拟化，实现基础设施即服务（IAAS），实现真正意义上的云计算。

桌面虚拟化技术是当前发展最快的，也是最具应用前景的技术（黄鸿 等，2021）。它根据用户在数据运算开发和系统运行过程中所需要的运行环境需求，通过虚拟化技术搭建用户虚拟化开发运行环境，为用户应用和业务系统运行提供所需的软硬件环境支撑。用户工作平台允许多个用户桌面以虚拟机的形式独立运行，同时共享后台服务器群的 CPU、内存、网络连接和存储等底层物理硬件资源，这种架构将用户彼此隔离开来，使每位用户都拥有自己独立的操作系统，同时可以实现动态的资源分配，并能使用户免受由其他用户活动所造成的应用程序崩溃和操作系统故障的影响。用户虚拟化开发运行环境配置主要包括以下几个方面。

（1）操作系统环境配置。通过虚拟化软件搭建基于服务器群的用户操作系统，根据用户应用需求提供各类常见的操作系统环境配置，主要包括 Windows 和 Linux 系列操作系统等。

（2）用户存储空间配置。在用户使用虚拟化操作系统的过程中，系统根据用户使用空间大小需求动态地分配和调整用户存储空间，既满足了用户对存储空间的使用需求，又提高了存储空间的利用率。

（3）用户开发环境配置。在完成用户操作系统环境配置的基础上，系统根据用户提供的需求配置通用的软件开发环境，用户可根据各自的应用需求自行安装和配置开发环境，系统自行配置的用户开发环境主要包括 Fortran、.NET、Matlab 等数据处理和分析软件。

（4）通用数据访问接口配置。系统提供通用数据库访问接口，用户通过该接口可直接访问后台数据库内容，包括基础数据库、专题要素数据库和产品数据库等。

（5）建立以虚拟机器运算为主的计算服务，实现大规模、分布式云计算的建设及运维管理，为用户提供高性能云计算基础设施的计算服务访问接口。

7.2.2 后台管理

海洋数据共享服务系统后台可运用 Java 语言、Spring Boot 框架及 Microsoft SQL Server 数据库实现。

1. Java 语言

Java 是一种面向对象编程语言，具有功能强大和简单易用两个特征。Java 通常用于网络环境中，为此，Java 提供了一个安全机制以防恶意代码的攻击，使 Java 更具健壮性。强类型机制、异常处理、垃圾的自动收集等是 Java 程序健壮性的重要保证。

2. Spring Boot 框架

Spring Boot 框架是 Java 平台上的一种开源轻量级应用框架，提供具有控制反转特性的容器。Spring Boot 通过集成大量的框架，使依赖包版本冲突不稳定性等问题得到了很好的解决。

3. SQL Server 数据库

SQL Server 是一个关系数据库管理系统，它为数据管理与分析带来了灵活性，允许单位在快速变化的环境中从容响应，从而获得竞争优势。作为一个完备的数据库和数据分析包，SQL Server 具备完全 Web 支持的数据库产品，提供对可扩展置标语言（XML）的核心支持，以及在 Internet 上和防火墙外进行查询的能力。

7.2.3 ArcGIS 服务

对于空间矢量化、图形化的海洋环境数据产品，可利用 ArcGIS Server SOAP API/REST API 定制开发，实现符合仓库管理系统（WMS）、Web 要素服务（WFS）、网络覆盖服务（WCS）、Web 地图瓦片服务（WMTS）协议的海洋环境数据服务，提供地理数据、地图等类型的数据服务；通过对 ArcGIS Server 服务对象接口的调用，实施管理和监视。

1. ArcGIS API for JavaScript

实践中，利用 ArcGIS API for JavaScript 3.9 及以上版本的开发能力，实现数据管理系统中与 GIS 相关的功能；系统以 B/S 模式部署运行。

实现地图图层管理功能的主要是 Map 类和 Layer 类。Map 类是最核心的类，主要用于呈现地图服务、影像服务等，其他控件或多或少的都将 Map 对象作为参数。一个地图对象需要通过一个 DIV 元素才可以添加到页面中，通常地图控件的宽度和高度是通过 DIV 容器初始化的。Map 对象不仅仅用来承载地图服务和图层，同时还可以监听用户在地图上的各种操作事件，并做出响应，Map 对象提供非常丰富的事件，通过这些事件可以方便让用户与地图进行交互。Layer 类是用来添加相关图层，如 WMS 服务、热点图（HeatMap）、Bing 地图、OpenStreetMap、GeoRSS、KML 数据等。

ArcGIS API for JavaScript 为用户快速地、简洁地创建交互式 WebGIS 应用提供了轻量级的解决方案。通过 ArcGIS API for Javascript 调用相关的方法便能够访问 ArcGIS for Server 中发布的地图服务，将其他资源（ArcGIS Online）嵌入 Web 应用中进行相关的操作。

2. ArcGIS Server

ArcGIS Server 是 ESRI 发布的提供面向 Web 空间数据服务的一个企业级 GIS 软件平台，提供创建和配置 GIS 应用程序和服务的框架，以满足不同客户的各种需求。自 9.2 版起，ArcGIS Server 增加了 ArcSDE 空间数据引擎，用于通过多种关系型数据库来管理基于多用户和多事务的地理空间数据库。

使用 ArcGIS Server 可以构建 Web 应用、Web 服务，以及其他运行在标准的.NET 和 J2EE Web 服务器上的企业应用，如 EJB。ArcGIS Server 也可以通过桌面应用以 C/S（Client/Server）的模式进行访问（隋显毅，2021）。ArcGIS Server 的管理由 ArcGIS Desktop 负责，也可以通过局域网或 Internet 进行访问。

7.2.4 共享服务门户

海洋数据共享门户是为用户提供服务的窗口，主要为我国海洋环境保障、海洋管理、公益服务成果和产品等提供信息的发布服务;集成并行数据库和虚拟化工作空间权限管理，提供用户登录虚拟空间的唯一入口,为海洋环境保障和海洋科研等用户提供数据应用服务。海洋资料共享门户主要包括如下功能。

1. 虚拟机管理

虚拟机管理功能可以对虚拟机的信息和地址等进行管理，主要包括虚拟机的添加、编辑、删除和取消分配等操作。

（1）添加虚拟机，即具有虚拟机管理权限的用户和管理员，可以通过门户系统添加新的虚拟机。

（2）编辑虚拟机，即具有虚拟机管理权限的用户和管理员，可以通过门户系统修改虚拟机相关信息。

（3）删除虚拟机，即具有虚拟机管理权限的用户和管理员，可以通过门户系统删除虚拟机，已分配的虚拟机不能删除。

（4）取消分配虚拟机，即把已经分配给用户的虚拟机取消，用户将无法再继续使用此虚拟机。

2. 业务申请审批管理

业务申请审批管理功能主要包括两大部分，分别是面向系统数据用户的业务申请功能和面向系统管理员的业务审批管理功能。

（1）数据导出审批：支持用户在虚拟机中通过文件输出审批方式导出文件，在门户系统中生成一条数据导出申请，管理员可以审批是否通过，若通过则申请者登录门户系统后可以下载该文件，不通过则不能下载。

（2）文件导入导出管理：系统用户可将自己的文件上传到门户系统后，在虚拟机中下载；也可在虚拟机中上传文档，通过管理员审批之后，在门户系统中下载。

（3）虚拟机申请与审批管理：门户系统用户可以通过虚拟机申请与审批管理功能申请虚拟机，系统管理员审批通过后，可以为用户分配对应的虚拟机。

（4）数据权限申请与审批管理：用户可以通过数据权限申请与审批管理功能申请系统中具体数据库和数据集的权限，系统管理员根据用户的申请信息和需求，为用户分配对应的数据库和数据集权限，只有当管理员审批授予用户数据权限后，用户才可以进行对相应数据的查询和导出操作。

3. 功能授权管理

功能授权管理主要包括海洋数据库授权、海洋数据集授权和文件目录授权三个部分。其中：海洋数据库授权是系统管理员授予用户在门户中查看数据库的权限；海洋数据集授权是系统管理员授予用户在门户中查看数据集的权限；文件目录授权是系统管理员授予用户对门户系统中的文件共享目录的上传下载权限。

4. 公告管理

公告管理功能主要用于系统管理员面向门户用户发布公共信息等，包括公告添加、公告编辑和公告删除等功能。需要注意的是，只有系统管理员和具有特定管理公告权限的人才能对公告进行管理。

5. 文件下载

文件下载功能主要用于下载用户在系统中上传的文件。用户选择该功能后，界面进行初始化，通过下载列表分页显示当前用户在系统中上传的所有文件信息，双击列表文件信息，可以将文件下载至虚拟机上指定文件夹中，同时记录操作日志。

6. 文件共享

文件共享功能主要用于系统内部文件间的共享，主要包括输出共享、共享文件下载和共享文件删除三部分，用户可通过该功能进行共享文件的上传及下载等操作。其中：输出共享是在当前共享目录下，具有上传权限的用户进行输出共享操作，输出后的文件可供其他有下载权限的用户在该目录下进行下载，输出成功后，将刷新共享列表并记录操作日志；共享文件下载是拥有下载权限的用户下载共享目录树下的所有文件，支持批量下载，下载成功后保存至用户的虚拟机中并记录操作日志；共享文件删除是用户只对自己上传的共享文件具有删除权限，删除成功后，共享列表刷新并记录操作日志。

7.3 基于专网的海洋数据交换共享技术

基于海洋通信专网，可以明确涉海部门及行业数据共享范围和边界，打通数据共享交换渠道，发布数据和产品共享目录，搭建跨部门、跨区域的涉海部门数据服务，采用实时在线对接分发、点对点在线共享、在线使用等方式，按照区域、学科、专业、要素和行业、应用领域、管理主题开展自动、有序、安全的海洋数据共享交换，满足涉海部门对各类海洋环境信息、基础地理与遥感信息、综合管理专题信息的实时化、透明化服务需求，充分发挥各方海洋数据资源的能效作用。

7.3.1 数据接口服务

采用基于 WebService、SOAP 等接口服务技术，可对在海洋通信专网提供的接口服务数据资源进行分类封装，构建数据接口服务模块，实现海洋数据和应用业务信息的实时共享。研发空间信息可视化、数据库、文件、业务信息、专题图层等服务调用接口，通过调用上述服务接口，快速构建满足需求的综合展示应用服务。

1. 数据服务检索

对数据资源目录及相关内容进行维护和管理，提供对唯一标识符、资源部门、资源分类和资源来源节点等关键信息的管理功能。基于可视化技术和人机交互技术，实现对各类海洋数据资源接口服务的定制化查询，包括资源标识、来源、类型、内容、质量、权限、维护情况和获取方式等。系统通过唯一标识符可以快速定位到具体接口服务，并将对应资源信息反馈给服务调用方，并通过各种服务方式向不同应用系统提供数据接口服务。

2. 数据服务调度

通过可视化界面，以列表的形式展示所有数据服务，并支持数据服务开放级别、数据服务调用方权限大小等属性的动态调整与统一管理。通过设定服务调度运行区间来实现数据服务的调度运行，提供数据服务上/下线状态切换、启动/停止状态切换等功能，并对各个数据服务的调度运行情况进行实时记录。对各个海洋数据接口服务的状态进行验证监控，并通过可视化界面展示各服务的运行状态，同时支持数据服务访问日志查询统计功能，直观地展示数据服务的历史访问情况。

3. 数据服务发布

基于 WebService 等技术，按照海洋数据的不同类别和不同层级，进行不同程度的封装，形成标准化数据接口服务。向数据服务平台注册封装完成的标准化数据接口服务，并定期向服务注册中心发送心跳汇报存活状态。配置服务发布信息，包括服务名、服务对象和用户权限等，并通过各种服务方式向不同应用系统提供数据接口服务。

7.3.2 文件共享平台

基于文件及目录清单的海洋数据查询检索、在线预览等功能，可实现数据传输加密解密功能，确保涉海部门之间海洋信息资源安全高效共享交换。提供在线收藏订阅、审核授权、服务打包及加密传输等共享服务。及时响应各级用户的数据实时使用需求，对权限范围内感兴趣的观测资料进行订阅，订阅经过审核后，用户可在订阅窗口查看下载订阅的资料，同时建立终端，对订阅的文件内容进行监控，并把控下载进度。文件共享平台如图 7-6 所示。

图 7-6 文件共享平台

（1）文件订阅。依据用户权限，系统可进行数据推荐，用户在权限范围内可对观测资料进行订阅，订阅成功后用户可通过系统查看资料，并可通过终端接收订阅消息。

（2）文件审核。用户在登录系统以后，可根据权限凭证，自动带入可以供用户订阅的类别和来源的数据项，进行选择和周期性的补充，并提交订阅申请。审核人员审批后，订阅状态变为已通过审核，订阅生效，系统会按照定义规则，自动推送至用户终端。

（3）文件分发。数据订阅为用户提供可以定时定量接收数据的功能，可通过用户终端对订阅的数据类型按照周期自动接收并更新下载。该功能减少了用户的操作，而且通过系统和终端的通信，实现了自动化的发布和接收下载，用户体验度加强。

7.3.3 点对点分发服务

针对特定用户提供点对点数据和信息产品的分发共享功能，如定期资料分发等业务化工作。利用该功能，用户不需要查询、收藏和提交数据订单，只需要进入该模块，就可以看到想要在线使用或下载的数据，从而提高数据使用效率，同时实现数据传输加密解密功能，确保涉海部门之间海洋信息资源安全高效共享交换。

（1）链路准备。用户单位根据实际传输需求，向数据单位提交点对点数据传输申请，数据单位经审批后调试双方传输链路，搭建安全防护设备，并安装特定传输软件。

（2）数据传输及验证。使用传输软件定向点对点数据传输，使用 MD5 码或商密工具进行如下校验。①完整性检验。通过计算文件的哈希值等方式，生成唯一的标识符，即“数字指纹”。当文件在传输或存储过程中发生任何修改或损坏时，该哈希值会发生变化。比较校验前后的哈希值，可以验证文件的完整性，确保文件没有被意外篡改或损坏。②数据一致性。在数据和信息产品的传输和存储期间，可能因传输、读写、网络等原因导致数据发生错误，通过使用商密工具或比较文件 MD5 码可以确保数据在不同节点之间的一致性。

7.4 海洋数据互操作技术

7.4.1 国内外互操作技术发展现状

在国际上，2009 年，日本内阁提出亚洲科学技术门户（ASTP）项目，呼吁亚洲区域各个国家加强科研信息的共享和科技系统间的互操作。2011 年，美国启动了“FedRAMP”政府采购项目，为跨联邦机构的云产品和数据互操作服务提供标准化的安全评估、授权和监控方法。2016 年，欧盟委员会秉承“尽可能开放、尽可能封闭”的原则，启动了欧洲开放科学云（EOSC）计划，促进科研人员共享研究数据和成果，并通过产业孵化等方式开发基于数据的新服务和新应用。2019 年，德国和法国联合启动了“Gaia-X”项目，该项目旨在基于欧洲统一的标准和架构，创建面向欧盟成员国的“虚拟超大规模供应商”，为欧盟数据互操作提供计算基础设施和服务支撑。2020 年，欧盟提出将在战略部门和公共利益领域建设 9 个欧洲数据公共空间，旨在共享哥白尼地球观测计划的数据和基础设施，提升数据的互操作和共享使用能力。总体而言，国外数据互操作技术正在飞速发展，使数据的获取和共享更为便利，为数据经济的发展创造了更多的机会，跨部门、跨行业甚至跨国家的数据交换和互操作已经成为大势所趋。

在国内，2009 年召开的全国国土资源信息化工作会明确提出抓好国土资源“一张图”建设，基于统一的数据处理技术和标准，构建国土资源核心数据库，提升社会化信息共享服务能力。2000 年，中国科学院国家天文台研发的国家天文科学数据中心上线运行，该系统遵照天文领域的国际标准实现了天文数据互操作，并提供在线、离线和混合模式的开放共享与服务，使我国天文科学的研究过程更加便捷。2017 年，中国地质调查局发布了第一版地质调查综合信息服务平台“地质云 1.0”，面向地质调查专业人员和社会公众提供各类数据互操作接口和信息产品服务。2018 年，中国科学院院士梅宏带领团队研发了云–端融合的资源反射机制及高效互操作技术，颠覆性地提出了“黑盒”数据互操作技术，大幅提升了信息孤岛的开放效率。2019 年，中国海洋大学研发了基于本体的海洋地球化学数据互操作系统，实现了跨系统异构数据的采集、整合、检索、共享和互操作。总而言之，国内关于数据互操作技术的研究正稳步发展，但大部分研究尚不够深入，所用理念也不够先进，亟须进一步深入探索。

7.4.2 海洋数据互操作系统设计

本小节以中国-欧盟海洋数据互操作技术为例，介绍海洋数据互操作系统的实现方法。

1. 流程设计

综合考虑中欧双方数据基础和共享交换需求，对不同学科类型的海洋数据开展实际情况调研，根据数据来源和时空范围等，编制数据互操作清单。在此基础上，梳理清单中每个数据条目的具体处理方法和流程，并与欧盟现行标准进行比较分析，若一致，则直接使用欧盟已开发完成的数据代理服务组件开展数据互操作，若不一致，则编制具有可操作性的质控和标准化方法说明、数据格式说明等，完成数据词汇表与国际通用词汇表间的映射，并配置数据互操作接口，实现数据服务的发布和访问。中国-欧盟海洋数据互操作流程如图 7-7 所示。

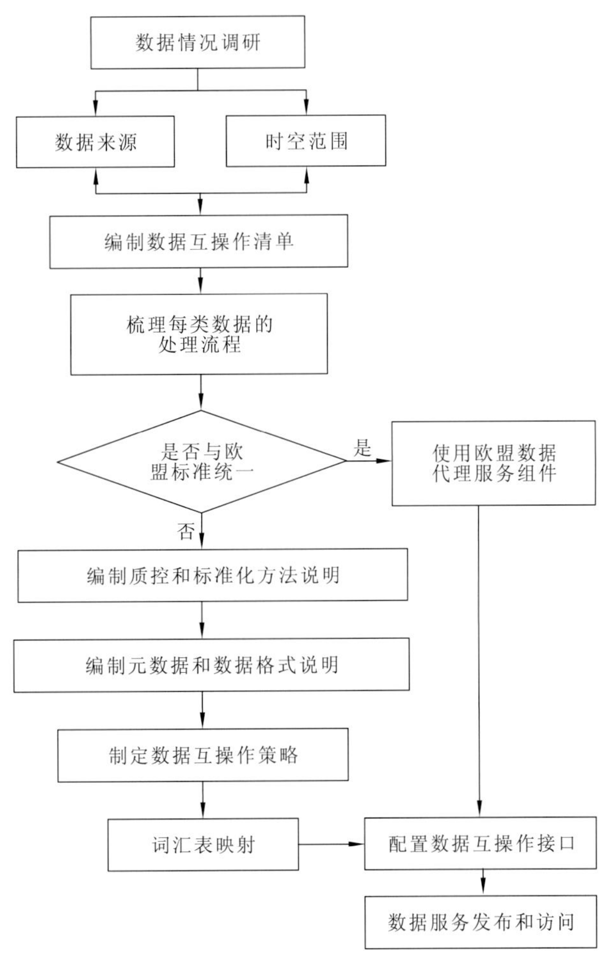

图 7-7　中国-欧盟海洋数据互操作流程图

2. 技术选型

1）自动化目录生成技术

中欧可共享数据来源多样、结构复杂，双方依据不同分类标准生成的电子目录极大影响了中欧数据的互操作效率。基于语义 Web 的目录生成技术，融合 XML、RDF 和 Ontology 等信息化技术，构建语义层、目录本体自动生成层、目录本体元模型层、工具交互层和电子目录资源层共 5 层体系结构，使用标准化的语言对中国-欧盟海洋数据互操作目录的概念、关系和属性等进行定义和描述，通过对海洋领域知识和各类海洋资源之间关系的结构化定义，将海洋数据资源描述为机器可以理解的信息，并实现资源和资源间关系的逻辑推理和验证生成，有效解决多源异构中欧海洋数据的分类分级问题，实现面向多标准协议的海洋数据的发现和自动化编目。

2）数据代理服务技术

数据代理服务组件是互操作系统的核心组件，中国-欧盟海洋数据互操作系统引进欧盟已经成熟使用的 Brokerage Service 数据代理服务技术，Brokerage Service 将用户服务（客户端）与服务提供商（服务器）进行剥离，支持跨学科、多领域数据和信息产品的发现、访问和使用，其本质是一个数据代理中介框架，通过提供分发、解析、协调、转换和服务等功能，实现跨平台、异构信息系统的互联互访。Brokerage Service 数据代理服务技术的实现流程图如图 7-8 所示。

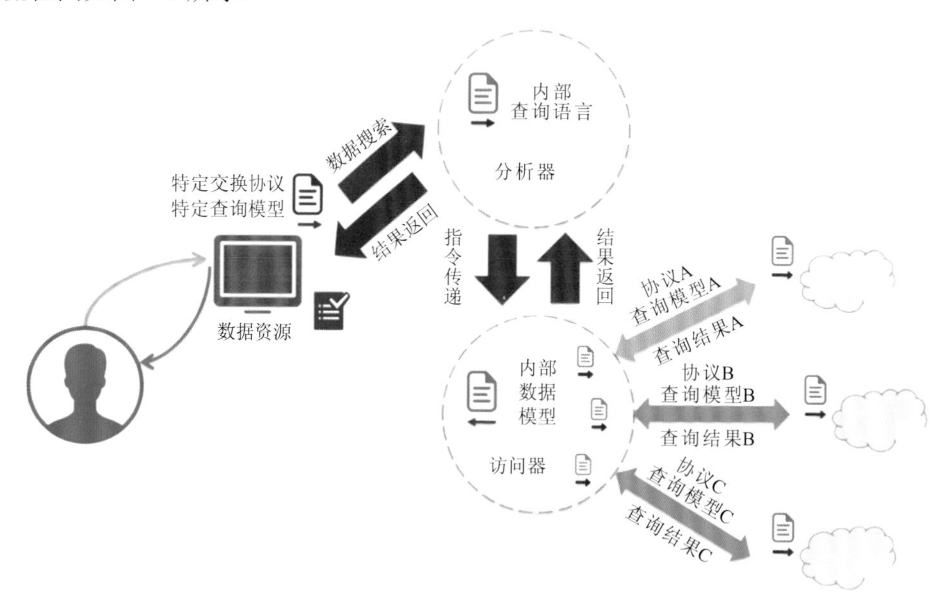

图 7-8　Brokerage Service 数据代理服务实现流程图

（1）数据查询：当用户需要调用数据服务时，客户端应用程序会生成一个包含特定交换协议和查询模型的数据代理服务查询指令，将用户的服务请求转发给数据代理服务组件中的核心模块分析器。

（2）查询请求提交："分析器"收到查询指令后，会将其转换为数据代理服务组件可以识别的内部查询语言，并将查询命令传递给数据代理服务组件的另一个核心模块访问器。

（3）查询请求分发解析：访问器收到查询命令后，会对指令进行分析，将其转换为外部服务提供者可以识别的访问协议和查询语言，并分发到对应的外部数据服务接口。

（4）查询指令执行：外部服务提供者执行查询语言后，会将查询结果返回访问器。

（5）结果返回：访问器收到数据查询结果后，会将其转换为数据代理服务组件内部可识别的数据模型，并发送给分析器。

（6）结果展示：分析器将收到的数据结果处理为客户端可识别的特定格式，并由客户端应用程序将数据查询结果展示给用户。

3）多源多尺度排重技术

由于数据互操作系统从多个不同级别的数据提供者接收数据，从不同数据源汇集到的数据集很可能产生交叉重复的现象。中国-欧盟海洋数据互操作系统借鉴开源地理空间内容管理系统（GeoNode）检测和删除重复数据项的方法，通过对多源多尺度数据集的位置、日期和参数类型等元数据属性进行比较分析，在数据代理服务层完成新接收数据项的重复性识别和排重，从而解决多尺度数据源带来的重复数据集问题。

3. 总体架构

中国-欧盟海洋数据互操作系统依托中欧现有的计算和网络基础设施，遵循国际通用的相关标准规范，基于自动化目录生成技术、数据代理服务技术和多源多尺度排重技术等数据互操作技术，由数据层、服务层、系统层、应用层和展现层共 5 层架构组成（图 7-9）。

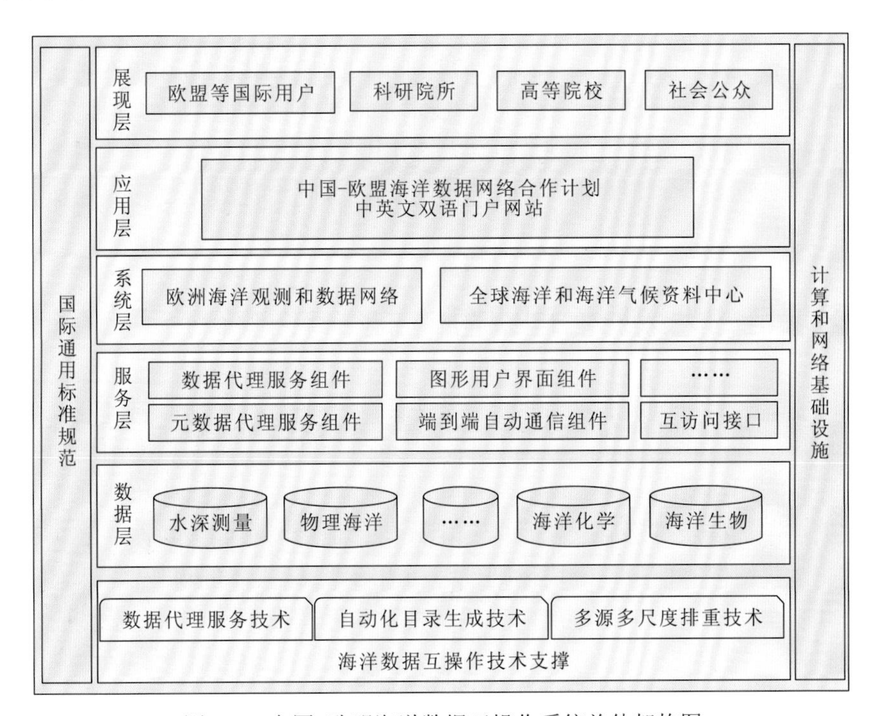

图 7-9　中国-欧盟海洋数据互操作系统总体架构图

（1）数据层。数据层为系统提供数据支撑，由经过质控和标准化处理、符合国际通用标准的水深测量、物理海洋、海洋化学和海洋生物等学科的数据和产品成果组成。

（2）服务层。服务层为系统提供核心组件支持，主要包括数据代理服务组件、元数据代理服务组件、图形用户界面组件、端到端自动通信组件和互访问接口等。

（3）系统层。系统层由 EMODnet 及全球海洋和 CMOC/China 2 个门户网站组成。随着 CEMDnet 项目的不断推进，后续系统层还将集成其他亚洲主流的海洋信息服务系统。

（4）应用层。应用层的 CEMDnet 门户网站集成封装服务层的数据服务组件和系统层的海洋信息系统互操作接口，主要功能包括海洋数据的服务发现、服务访问、服务发布、统计分析和运行监控等。

（5）展现层。展现层主要为 CEMDnet 门户网站的各类用户提供可视化交互功能，主要包括科研院所、高等院校、社会公众和欧盟成员国等国际用户。

4. 集成运营

系统中的核心功能和配置，通过开放的 API 实现与 CEMDnet 计划中英文双语门户、EMODnet 和 CMOC/China 等信息系统的集成，用户可通过 CEMDnet 计划中英文双语门户网站进入数据互操作系统可视化界面，除此之外，系统还支持机器间端到端的交互访问和操作。系统正式上线运行后，考虑根据用户的具体需求，以购买服务的方式提供更多的数据访问、下载和计算等增值服务。

7.5 基于区块链的海洋数据服务技术

区块链是一种链式存储、不可篡改、安全可信的去中心化分布式账本，它结合了分布式存储、点对点传输、共识机制、密码学等技术，通过不断增长的数据块链记录交易和信息，确保数据的安全和透明性（孙溢，2021）。利用区块链技术拓展海洋数据服务应用新场景，对保障海洋数据安全、培育海洋数据交易市场、强化海洋数据要素保障能力具有重要意义。

7.5.1 区块链的大数据治理架构

区块链+大数据治理的应用场景主要包含数据层、网络层、共识层、激励层、合约层、应用层和目标层，各层相互衔接、互为关联，以求达到智慧治理、精准治理、系统治理、科学治理的目标（图 7-10）。

（1）数据层：数据层是基础层，功能包括采集、记录和存储大数据。区块头封装时间戳、版本号、链式结构等信息，区块体则包含利用哈希算法、Merkle 树、非对称加密等技术计算的公共安全交易记录，这一层的密码学技术和运作规则能够保证公共安全大数据的安全性和完整性。

（2）网络层：网络层作为工作机制层，可使治理主体共同参与数据区块的传播、验证及记账，保持公共安全大数据的更新与维护。

（3）共识层：共识层主要包括各类共识算法，旨在使政府部门、私人单位、社会公众等治理主体在系统中达成共识并建立信任网络，从而维护公共安全大数据的有效性。

（4）激励层：激励层的功能是使各共识主体在集体维护区块链系统的过程中能够得到相应激励，使各主体既能维护自身利益，又可以保证区块链数据的有效性和时序性。

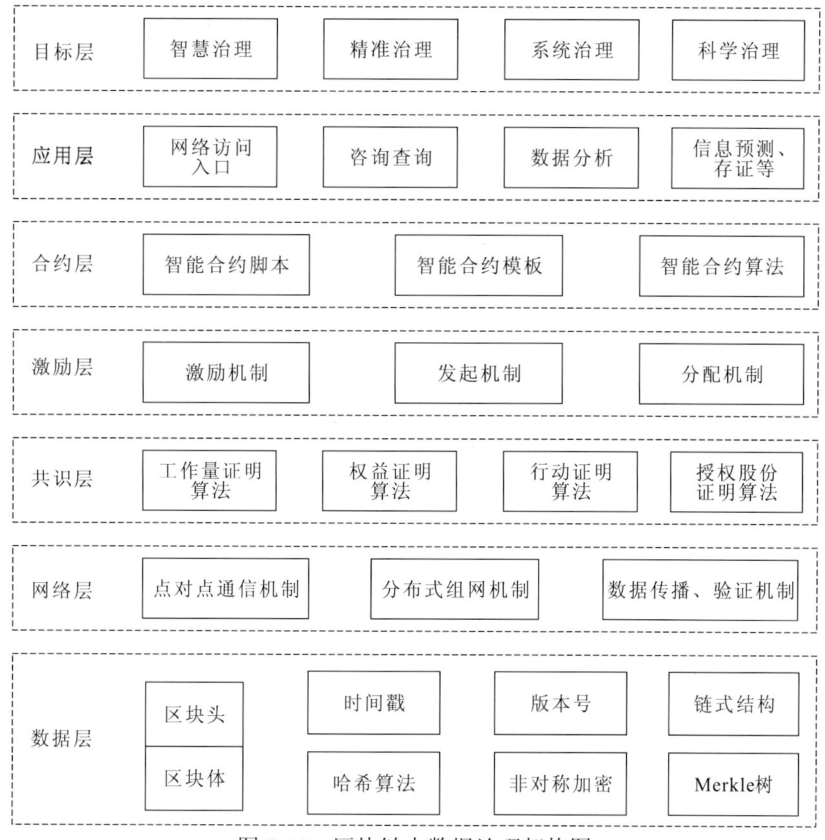

图 7-10　区块链大数据治理架构图

（5）合约层：合约层需要在国家制度环境下进行设计，其智能合约是各主体一致遵循的计算机数字协议，可以根据治理的逻辑和流程制定合约规则，自发进行公共安全的数据记录、存储、共享，从而有效降低治理成本，提高治理效率，实现访问控制的全过程追责（张晓东 等，2021）。

（6）应用层：应用层可以根据去中心化程度和治理主体面向政府普通系统和非政府系统设计公有链和联盟链网络，面向政府机密系统设计私有链，用户根据网络访问入口获得多元化服务，真正实现数据的共建共享。

（7）目标层：目标层是区块链+大数据治理的目标任务。

7.5.2　基于区块链的海洋数据共享服务

区块链不可篡改、去中心化、数据加密及信任传递的特征，能够跨区域提供互信互认的数据服务支撑，解决数据的安全可信共享和责任认定等问题，可实现海洋大数据的高效运转，保障海洋大数据的共享与服务体系建立。基于区块链的数据服务包括区块链运算和数据服务封装两部分（牛淑芬 等，2021）。区块链运算为数据服务提供安全技术保障，数据服务封装为数据服务提供功能支撑与封装。

1. 区块链运算

区块链运算技术为整个海洋大数据中心提供安全可靠的数据交互保障，通过其不篡改的签名技术提供海洋数据服务过程中的天然盟约关系，为海洋数据资源在各相关部门单位流畅交换提供可信保障和坚实的技术支撑。区块链运算部分包含基础设施层、核心层、能力开放层、应用层、安全合规、运维管理。

（1）基础设施层：提供区块链的计算资源、存储能力及高速网络资源，通过云服务资源进行支撑。

（2）核心层：包含区块链的关键底层技术，如共识机制、智能合约、分布式账本、数据签名加密等基础功能。

（3）能力开放层：需要具备极强的可靠性和可扩展性，后续根据业务需求支持异构的区块链框架，为上层应用低成本、快速地提供高安全、高可靠、高性能的企业级区块链系统。

（4）应用层：为用户提供可信、安全、快捷的区块链应用。基础的区块链应用包含数据上链、数据查询、数据权限管理，可结合合约层快速搭建区块链应用，提供区块链服务。

（5）安全合规：保证节点的可控性和账本的安全，为区块链节点、账本、智能合约及上层应用提供全方位的安全保障。

（6）运维管理：提供系统监控、业务监控、日志管理、一键部署等智能运维管理功能。

2. 数据服务封装

数据服务封装汇聚所有检测系统数据，将海洋业务应用在大数据平台上进行业务开发、结果呈现，对接内外部系统，形成统一认证服务、统一鉴权服务、高并发访问服务的功能。同时，支持多种对外的服务方式，包括 API 访问服务、批量数据服务、实时数据服务和统一的接口服务等功能。在数据封装的过程中调用区块链运算部分的服务接口，借助区块链运算能力，对海洋数据实体进行加密、签名、认证，形成其他子系统部分或第三方开发者可直接使用的数据服务，并获取通过区块链加密认证的数据实体。

第 8 章　海洋大数据质量管理方法

8.1　海洋观测数据质量控制方法

与短期、大面积的海洋船舶调查相比，海洋站观测具有站点固定、建设投资少、受恶劣天气条件影响小的特点，资料质量相对稳定、可靠。多年来从事海洋站观测工作的人员兢兢业业，克服艰苦的观测条件，获取了长期连续的观测资料序列，为我国的海洋事业提供了宝贵的基础资料信息。海洋站观测资料应用范围广泛，直接关系海洋预报效果、海洋工程质量、相关科研成果的正确性，为了能更好地使用这来之不易的观测资料，使其发挥最大的价值，保证观测数据的质量是首要任务。从长远来看，高质量、长时序的观测资料也是为子孙后代留下的一笔不可多得的物质和精神财富。

8.1.1　海洋站延时资料质量控制

国家海洋信息中心自主研发的海洋站延时资料质量控制软件（台站观测资料质量控制系统、海洋站数据处理系统）（图 8-1），是首个也是唯一一个针对海洋站观测延时资料进行质量控制的人机交换软件，可针对 12 种类型的海洋站延时资料进行格式记录、要素值范围、变化趋势、要素关联和站点相关等方面的质量控制。该系统集成了文件预处理、质量控制及人工审核等功能，可将原始海洋站文件转换为数据准确度高、格式统一的标准文件，能够实现海洋站资料处理的自动化。它内置全等性检验、非法码检验、相符性检验、递增性检验、范围检验、连续性检验、极值检验、海洋环境气候特性检验、相关性检验、统计特性检验、可视化图形绘制检验和异常数据的判别处理等多种质量控制方法，可对温盐、潮汐、海浪和气象等多种海洋站要素进行精确质控，准确度超过 99.5%，耗时短、效率高，

图 8-1　海洋站延时资料质量控制软件

极大提高了海洋站数据处理能力，为后期的海洋数据高效、安全和统一管理提供了基本保障。软件基本参数设置界面和可视化图形绘制人工审核界面如图 8-2 和图 8-3 所示。

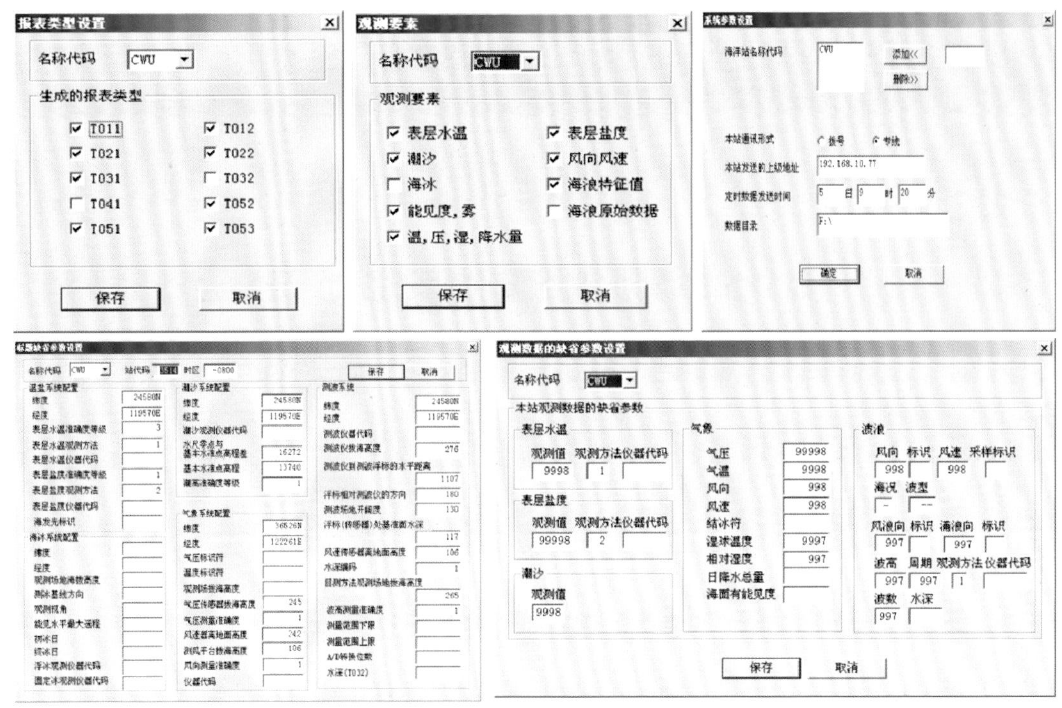

图 8-2　软件基本参数设置

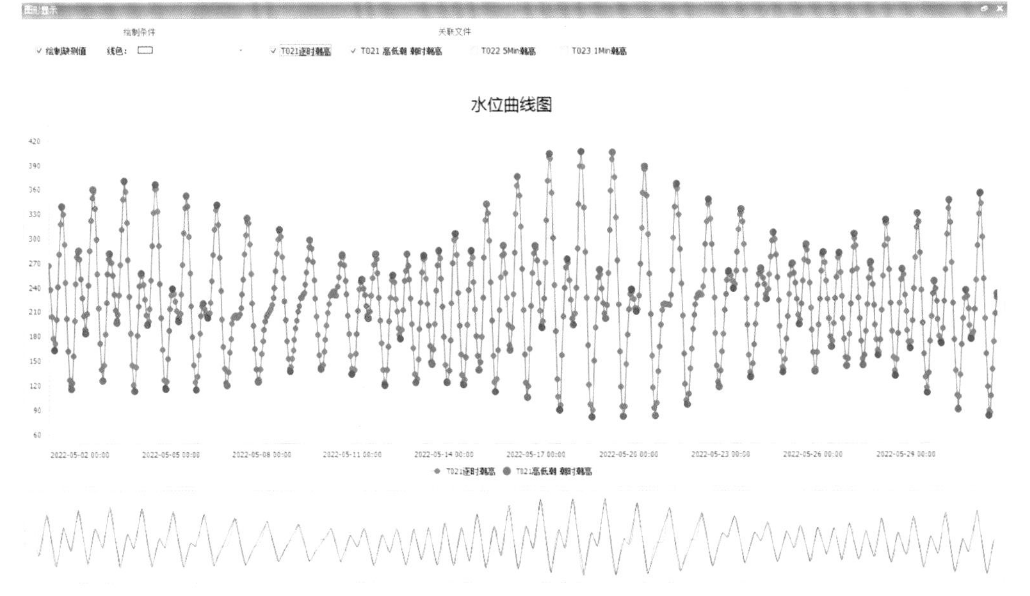

图 8-3　可视化图形绘制人工审核

通过质量控制，系统对资料中的错误数据、可疑数据或异常数据给出质量控制信息，操作者可根据提示对数据进行修改查证处理，从而将海洋站延时资料中的错误减到最低，提高资料标准化程度和资料质量。

系统借鉴国内外先进的质量控制方法，并根据海洋站延时资料长时序、定点连续观测的特性，以及中国沿岸海域自身的环境状况和每个海洋站自身不同的环境属性，不断调整方法参数，升级完善质量控制软件。此外，系统使用最新的编程语言对旧版软件进行重新架构设计与程序开发，尽量兼顾用户在使用原软件过程中形成的操作习惯，并在数据质量控制方法与参数、系统界面交互方式、质控程序执行流程、数据文本编辑交互、图形绘制等多个方面做了改进。

该系统自 2008 年投入使用以来，历经十余次完善升级，截至目前已陆续在全国 200 余个海洋站观测资料业务节点进行了业务化应用，并取得了一致好评。系统不仅大大提升了传统的单纯靠人力计算、技术人员工作经验等质量控制工作的效率，降低了海洋站观测工作者的工作强度，更是大幅提升了资料的质量控制精度，确保了资料的高质量和高水平。

8.1.2 海洋剖面资料质量控制

海洋剖面资料质量控制系统主要包括两部分功能：一是运用各种质量控制方法对海洋剖面资料进行质量控制；二是实现对海洋剖面资料的可视化，提供各种方便的交互式操作，使用户更快地了解资料的情况，发现和更正资料中存在的问题。

系统内嵌 12 种常规质量控制方法，用户可根据需要调整所需应用的质控方法，同时可通过参数设置界面灵活设置每种要素的分层范围和每个层次的质控参数。而在图形显示方面，系统同样提供站位图、剖面图的自由缩放和导出功能，图形点和数据表中的数据相互关联、互相联动，方便进行数据比对和修改。系统运行稳定，图形显示和数据修改功能强大，已经广泛应用于剖面数据的质量控制中。系统的区域特性检验异常数据标示界面和区域海表温度异常冷涡观测数据质控界面如图 8-4 和图 8-5 所示。

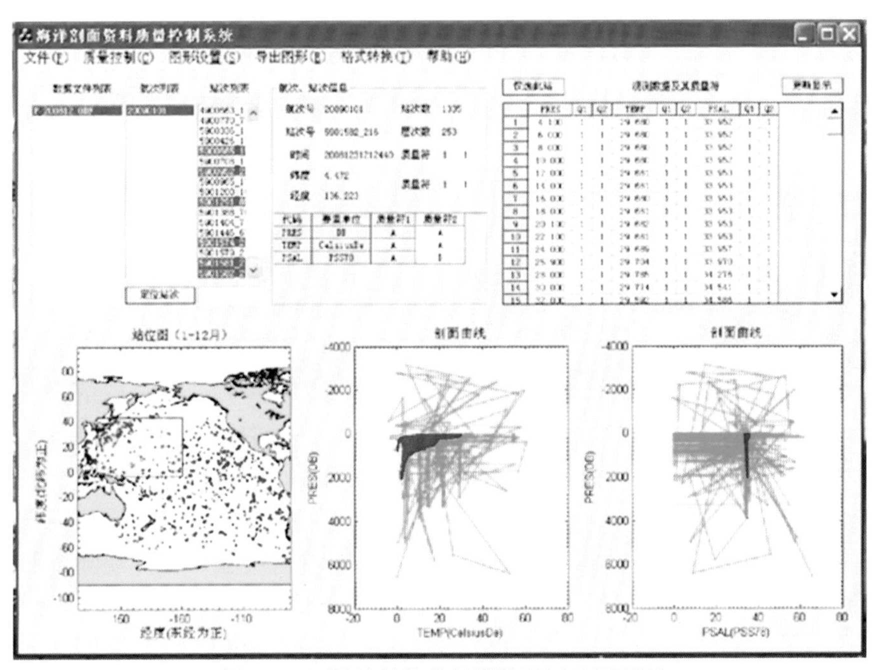

图 8-4　区域特性检验异常数据标示界面图

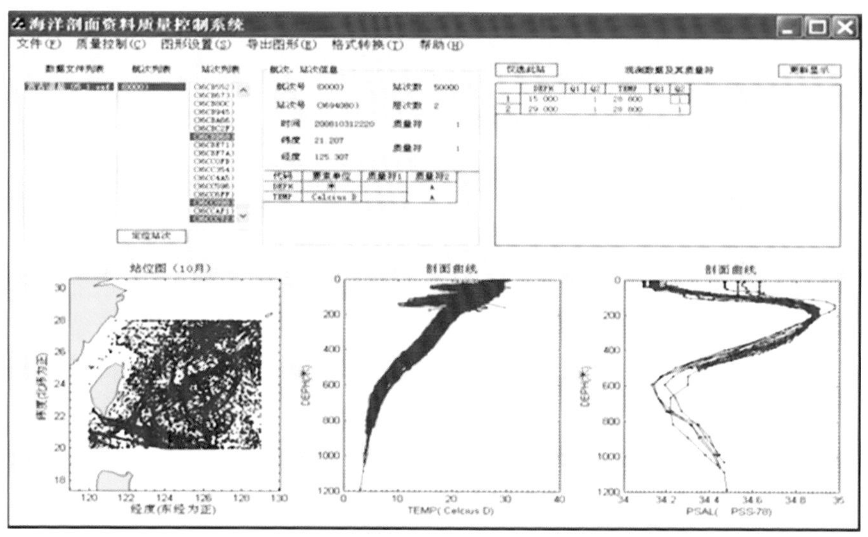

图 8-5　区域海表温度异常冷涡观测数据质控界面图

8.2　国际业务化海洋学数据质量控制方法

8.2.1　温盐数据质量控制

质控参数设置

质量控制方法	是否使用	
最大压强检验	✓ 使用	修改参数
平台识别检验	✓ 使用	
不可能的日期检验	✓ 使用	
不可能的位置检验	✓ 使用	
陆上位置检验	✓ 使用	修改参数
不可能的速度检验	✓ 使用	修改参数
全球范围检验	✓ 使用	修改参数
区域范围检验	✓ 使用	修改参数
气候学检验	✓ 使用	修改参数
压强递增检验	✓ 使用	修改参数
尖峰检验	✓ 使用	修改参数
梯度检测	✓ 使用	修改参数
数位翻转检测	✓ 使用	修改参数
粘滞检验(嵌入值测试)	✓ 使用	修改参数
密度反转检测	✓ 使用	
灰度表检验	✓ 使用	修改参数
盐度和温度传感器漂移检测	✓ 使用	修改参数
相同剖面检验	✓ 使用	修改参数
全局分层范围检验	✓ 使用	修改参数
tukey53H检测	✓ 使用	

图 8-6　温盐数据质量控制参数设置界面图

温盐数据质量控制方法包括自动质量控制和人工审核两个部分。自动质量控制是由计算机软件对数据进行质量检验和质量符标识的过程，包括日期检验、位置检验、着陆检验、深度检验、速度检验、范围检验、递增检验、剖面廓线检验、常数剖面检验、尖峰检验等。温盐数据质量控制参数设置界面图如图 8-6 所示。

（1）日期检验。观测时间（年、月、日、时、分、秒和时区）的取值应位于合理范围内。其中，年份取值不大于当前年份，月份取值范围为 1～12，日期取值介于当月的天数之间，小时取值范围为 0～23，分、秒取值范围为 0～59。同批次调查资料时间信息应与调查时间一致。

（2）位置检验。海洋观测资料的测站位置应在合理取值范围内，如全球经度范围为-180°～180°，纬度范围为-90°～90°，特定调查可根据具体要求调整经纬度范围。固定观测站位漂移范围可通过球面换算，通常不超过 5 km。

（3）着陆检验。近岸和大洋观测位置应位于海洋中，可依据全球数字化地图判断观测数据位置是陆地或海洋。

（4）深度检验。海洋观测资料的深度应在实际地形范围内，并判断观测站点位置的观测深度是否符合深度要求。

（5）速度检验。移动观测平台的移动速度应处于合理的范围内。将移动观测平台当前时间的观测位置与前一个有正确观测位置进行距离和对应的时间差的计算得到平均速度。对于观测船，最大速度应小于 20.0 m/s；对于漂流浮标，最大速度应小于 3.5 m/s。

（6）范围检验。统计历史海洋观测资料，确定温度和盐度要素的全球范围和区域范围，并进行范围检验，超过该范围的数据视为错误数据。定点定时温盐观测值的取值应在定点长期观测统计极值范围内，表 8-1 所示为全球温盐范围检验的参数范围，区域和定点范围参数可根据实际情况确定。

表 8-1　全球温盐范围检验质量控制参数

区域	温度范围检验参数/℃	盐度范围检验参数/PSU
全球	−2.5～40.0	0～41.0

（7）递增检验。递增检验是检验温盐剖面数据是否符合深度增加的要求。依次比较相邻两层的压强或深度，如果相邻两层压强或深度逆转，只保留第一个压强或深度及该层次上的温度和盐度值。

（8）剖面廓线检验。剖面廓线检验是判断一个温盐剖面数值是否处于随深度变化的廓线值内，适用于垂向深度较大的温盐剖面资料。表 8-2 所示为垂向深度统计的大洋温度和盐度廓线范围。

表 8-2　垂向深度统计的大洋温度和盐度廓线范围

深度范围/m	温度范围/℃	盐度范围/PSU
0～25	−2.5～40	0～41
25～50	−2.0～36	0～41
50～100	−2.0～36	1～41
100～150	−2.0～34	3～41
150～200	−2.0～33	3～41
200～300	−2.0～29	3～41
300～400	−2.0～27	3～41
400～1100	−2.0～27	10～41
1100～3000	−1.5～18	22～38
3000～5500	−1.5～7	33～37
5500～12 000	−1.5～4	33～37

（9）常数剖面检验。常数剖面检验具体方法如下：检验垂向深度较大、层次较多的温盐剖面数据变化，找出剖面中的要素最大值 $v_{\max}$ 和最小值 $v_{\min}$，计算两者之差，两者之差

应该满足式（8-1），若不满足，视为整个剖面所有观测要素均为错误数据。温度和盐度常数剖面检验值见表 8-3。

$$v_{\max}-v_{\min}\geqslant H \tag{8-1}$$

式中：H 为检验值。

表 8-3　温盐常数剖面检验值

要素	检验值
温度	0.1 ℃
盐度	0.1 PSU

（10）尖峰检验。尖峰检验是检验温盐剖面上随深度连续变化的要素突变尖峰是否超出变化范围。尖峰检验公式为

$$\left|x_i-(x_{i+1}+x_{i-1})/2\right|-\left|(x_{i+1}-x_{i-1})/2\right|\leqslant H \tag{8-2}$$

式中：x_{i-1},x_i,x_{i+1} 分别为相邻深度的要素值，H 为检验值。温度和盐度尖峰检验值见表 8-4。

表 8-4　温盐尖峰检验值

要素	压强/×10^4 Pa	检验值
温度	≤500	8 ℃
	>500	3 ℃
盐度	≤500	1.0 PSU
	>500	0.4 PSU

（11）密度反转检验。密度反转检验是检验同一剖面相邻深度的海水密度。在绝大多数海区（除深对流区域外）下层海水的密度总是大于上层海水的密度，深度较小处的密度与深度较大处的密度反转应保持在合理范围内，默认阈值为 0.03 kg/m^3。

（12）温度冰点检验。温盐剖面观测温度不应小于计算的冰点温度理论值。在同一压力层中，温盐观测值都存在，则计算冰点温度，否则计算下层计算值。

冰点温度算法为

$$T=-0.0575\times S+(1.710\,523\times10^{-3})\times S^{3/2}-(2.154\,996\times10^{-4})\times S^2-(7.53\times10^{-4})\times P \tag{8-3}$$

式中：T 为计算的冰点温度；S 为盐度，范围为 27～35 PSU；P 为压力层。

（13）气候特性检验。基于海洋观测资料在区域中的概率统计特性，检验温盐要素是否服从季节性变化统计规律。从历史资料中统计测站位置要素数据的累年/月平均值 ann 和对应的均方差 sd，选取合理的倍数 m（如 m=3）。如果不能满足气候特性检验公式，则判定其为异常值，需进一步分析。气候特性检验公式为

$$\mathrm{ann}-m\cdot\mathrm{sd}\leqslant X\leqslant\mathrm{ann}+m\cdot\mathrm{sd} \tag{8-4}$$

（14）时间连续性检验。时间连续性检验是检验定点连续或走航连续观测的同层温盐数据的时空物理量稳定性。

首先计算当前观测值与上一个良好观测值的差值的绝对值 ΔX：

$$\Delta X=\left|x_i-x_{i-1}\right| \tag{8-5}$$

式中：ΔX 为当前观测值与上一个良好观测值的差值的绝对值；x_i 为当前观测值；x_{i-1} 为当前观测值相邻的上一个良好观测值。

然后计算时间连续性检验值 σ_T，即要素随时间的变化率：

$$\sigma_T = K(T)T \tag{8-6}$$

式中：σ_T 为时间连续性检验值；$K(T)$ 为经验变化参数，由局地确定；T 为当前时刻和下一观测数据的时间间隔。时间连续性检验要求符合 $\Delta X < \sigma_T$，否则当前观测值为异常值。

（15）相关性检验。海洋不同观测变量之间必然存在一定的联系，如海表温度与气温之间的关系、海表盐度与降水之间的关系、海表温度与寒潮之间的关系等，可以根据（同一时间、同一地点）海洋资料数据间的相互关系（是否符合一定的物理联系）进行检验。

（16）tukey53H_norm 检验。该检验利用中值的稳健性来创建一个更平滑的数据序列，然后与观察值进行比较。在去除大尺度变异性后，用观测数据序列的标准差对这种差异进行归一化处理。对于一个单独的测量 x_i，其中 i 是观察的位置，其评估如下：$x^{(1)}$是从 x_{i-2} 到 x_{i+2} 的 5 个点的中值；$x^{(2)}$是从 $x_{i-1}^{(1)}$ 到 $x_{i+1}^{(1)}$ 3 个点的中值；$x^{(3)}$是由 hanning 平滑滤波器定义的：$\frac{1}{4}\left(x_{i-1}^{(2)} + 2x_i^{(2)} + x_{i+1}^{(2)}\right)$。

如果 $\frac{|x_i - x^{(3)}|}{\sigma} > k$，则 x_i 是峰值，其中 σ 是低通滤波数据的标准偏差。

（17）人工审核。人工审核是由专业技术人员采用人工或人机交互方式对数据进行质量判断的过程，方法包括航次轨迹检验、区域特性检验和时间序列图形检验等。

8.2.2 海流数据质量控制

海流质量控制采用的方法可归纳为基础信息检验、要素特性检验和人工审核三类。基础信息检验包括格式检验、全等性检验、日期检验、位置检验、着陆检验、深度检验和速度检验；要素特性检验包括范围检验、连续性检验、梯度检验、卡值检验、良好百分比检验、调和常数范围检验；人工审核是通过人工的方式审核数据的异常情况。

（1）范围检验。统计历史资料确定流速和流向的一般取值范围，超过该范围的数据视为错误。海流要素范围检验值见表 8-5。

表 8-5　海流要素范围检验质量控制参数

要素	质量控制参数范围
水平流速	0～250 cm/s
水平流向	0°～360°（361°静稳，362°不定向）

（2）连续性检验。时间邻近和空间接近的海流要素具有连续性，变化值应在一定范围内，流速连续性检验值见表 8-6。定点或走航连续观测的同层海洋观测数据时空上相对稳定，假设当前观测值为 x_i，与其相邻时间的上一个观测值为 x_{i-1}，则应满足式（8-7），否则该数据为异常数据。

$$\left|x_i - x_{i-1}\right| \leqslant H \tag{8-7}$$

式中：H 为检验值，可根据要素类型、观测时间间隔、水平距离等因素确定。

表 8-6　流速连续性检验值

要素	检验值/（cm/s）
流速	40
东分量	40
北分量	40
垂直流速	15

（3）梯度检验。海流在某空间或时间范围内的变化是有限的，若出现较大的突变，这一突变值与周围观测值明显不同，则判定其为异常值，流速梯度检验值见表 8-7。梯度具体计算方法为：假设当前观测值为 x_i，与其时间或空间相邻的观测值为 x_{i-1} 和 x_{i+1}，则要求 x_i 满足式（8-8），否则认为 x_i 异常。

$$\left|x_i-(x_{i+1}+x_{i-1})/2\right|\leqslant H \tag{8-8}$$

式中：H 为检验值，可根据要素类型、观测时间间隔、垂向距离等因素确定。

表 8-7　流速梯度检验值

要素	检验值/（cm/s）
流速	40
东分量	40
北分量	40
垂直流速	15

（4）卡值检验。检验观测点剖面海流数据，流速的变化梯度（垂向每米水平流速的变化率）应大于 0.01 m/s。

（5）良好百分比检验。根据使用仪器特性和研究需求，确定声学多普勒流速剖面仪（ADCP）良好百分比检验的阈值，小于阈值的剖面数据视为异常数据。

（6）调和常数范围检验。对近岸潮流数据进行调和分析，将其调和常数与该区域的历史资料或其他观测数据调和分析获得的调和常数进行比较，如存在明显差异，不满足分布规律和季节变化规律，则数据可疑。

8.2.3　浮标数据质量控制

浮标数据质量控制方法包括自动质量控制和人工审核两个部分。自动质量控制是由计算机软件对数据进行质量检验和质量符标识的过程，分为基础信息检验和要素特性检验。基础信息检验是各要素通用的检验方法，包括格式检验、非法码检验、缺测检验、位置检验、着陆检验、全等性检验、时间范围检验、时间一致性检验、范围检验、风暴检验、气候特性检验、相关性检验、递增性检验、连续性检验、空间一致性检验和内部一致性检验。浮标数据包含温盐、海浪、海流、海啸、气象数据、生物化学等多种观测要素，每种要素都有独立的参数，在实际工作中可对通用参数和要素进行单独配置。浮标通用质量控制方法设置界面和浮标要素参数设置界面如图 8-7 和图 8-8 所示。

图 8-7　浮标通用质量控制方法设置界面

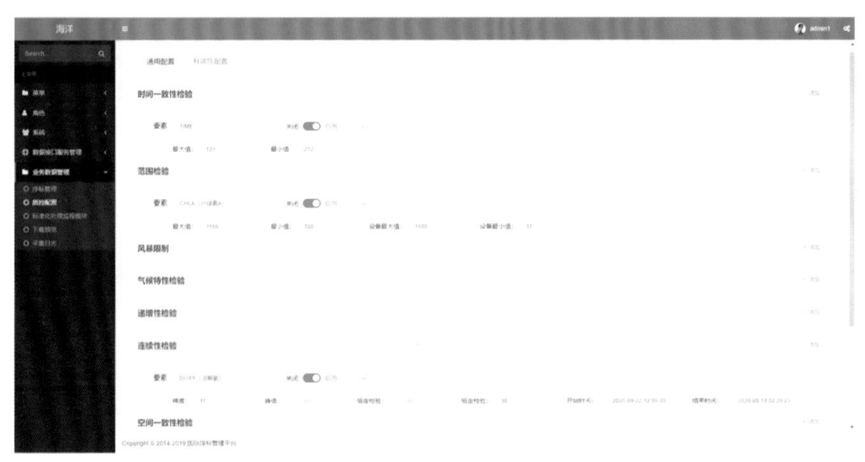

图 8-8　浮标要素参数设置界面

（1）范围检验。根据要素类型、变化范围，将随机观测数据限定在一定值之内，超出这个定值范围的数据作可疑数据处理。

（2）非法码（相符性）检验。数据格式中的每一位（或数位）都有特定的内容和允许出现的符号、字符和数字（包括空格），规定编码以外出现的码均为非法码，若数据中出现非法码，则输出错误信息。

（3）全等性（一致性）检验。将资料的记录类型、站位代码、仪器代码等相对固定的数据，与给定的编码和参数进行比较，不等或不一致时输出错误信息。

（4）递增性检验。对于递增函数，检验其差值是否大于某一确定值。

（5）合理性检验（季节性检验）。根据气候要素季节性变化和日变化的特点，检验随机观测数据是否满足其季节性变化和日变化特性。具体方法为：从历史资料中统计某站某要素某定时资料的历年月平均值，然后，从平均值中挑选出最大值和最小值作为该站合理性质控参数；对于月平均值超出合理性范围的，可以确定本月资料在该定时有异常值存在，进一步分析原因并查找异常值。

（6）极值检验。一般情况下，定时要素观测值不应大于该要素多年极值。对于有极值的要素应符合：累年极大值大于或等于定时值和日最大值；累年极小值小于或等于定时值和日最小值；日最大值大于等于定时值；日最小值小于等于定时值。

（7）相关性检验。根据数据间的相互关系对数据进行检验。某些要素的前后变化通常是连续的、有规律的，确定要素相邻两时刻间的差值（或日极值）与定点值间差值的最大值，超过这一数值的数据通常为异常值。目前逐时气温、气压、湿度、水温、水位等资料均可以采用该方法检验。

（8）气候学范围检验。根据观测要素自身的物理特性、变化范围对其进行气候学范围检验，若超出该取值范围则认为数据异常。利用单站历史资料的累年极值或某固定区域气候学极值作为范围参数，若实时观测值超出该范围则为可疑值。

（9）可视化图形绘制检验。观测要素的变化是连续的，通过绘制可视化的图形，可以挑选异常值。例如绘制各要素的时间序列过程线，其中显示的尖峰值可作为异常值对待。

（10）莱因达准则检验。设有一组观测值 $x_i\ (i=1,2,\cdots,N)$，根据误差理论，一般情况下其随机误差 σ 服从正态分布，相应的剩余误差 v_i 可以表示为

$$v_i = x_i - \overline{x} \tag{8-9}$$

式中

$$\overline{x} = \frac{1}{N}\sum_{i=1}^{N} x_i \tag{8-10}$$

如观测值中含有随机误差，当 N 足够大的时候，剩余误差服从正态分布。莱因达准则规定凡是剩余误差超出±3σ，即 $|v_i| > 3\sigma$，则认为该剩余误差 v_i 为异常值。

（11）肖维勒准则检验。当样本的观测次数 N 较小时，若出现概率小于或等于 $0.5N$ 的剩余误差，则认为该值异常，判别公式为

$$|v_i| > z_g\sigma \tag{8-11}$$

式中：z_g 可从标准正态分布表查出。

（12）有效波高和平均波周期联合检验。利用平均波周期确定有效波高临界值：

$$H_{max}=2.55+\mathrm{AVGPD}/4,\quad \mathrm{AVGPD}<5 \tag{8-12}$$

$$H_{max}=1.16\mathrm{AVGPD}-2,\quad \mathrm{AVGPD}\geqslant 5 \tag{8-13}$$

式中：AVGPD 为平均波周期。若实测有效波高超过 H_{max}，则为可疑数据。

（13）连续风检验。利用平均风速 v 计算连续风风速标准差 σ 范围：

$$\sigma_{max}=0.8+0.142v \tag{8-14}$$

$$\sigma_{min}=0.07v,\quad v\leqslant 8 \tag{8-15}$$

$$\sigma_{min}=-0.57+0.142v,\quad v>8 \tag{8-16}$$

式中：σ_{max} 为标准差上限；σ_{min} 为标准差下限。若 1 h 内，连续风实测值标准差超出上述范围，则为可疑值。

8.2.4 水位数据质量控制

水位数据质量控制方法可归纳为基础信息检验、异常数据判别、整体质量评价和人工审核 4 类。基础信息检验包括格式检验、全等性检验、日期检验、位置检验和着陆检验；异常数据判别是通过对逐时水位与增减水的连续性检验，确定异常数据；整体质量评价是通过对调和常数、余水位方差、平均海平面等潮汐特征参数的计算、比较、分析，确定潮汐资料整体可靠性及验潮记录零点稳定性。

（1）极值检验。检验高低潮潮高极值与对应的逐时潮高极值，若二者显著差异，则判定其为异常值，需进一步分析。各月极值潮位应满足：

$$\begin{cases} 0 < E_{\mathrm{H}} - \zeta_{\max} < 20 \\ 0 < \zeta_{\min} - E_{\mathrm{L}} < 20 \end{cases} \tag{8-17}$$

式中：E_{H} 为潮汐资料中的月极值高潮位；E_{L} 为潮汐资料中的月极值低潮位；$\zeta_{\max}$ 为该月逐时潮位中的最大值；$\zeta_{\min}$ 为该月逐时潮位中的最小值。

（2）相关性检验。检验高低潮潮高与对应逐时潮高数据间的相互关系，潮汐资料文件记录中高低潮潮高与对应的逐时潮高必须符合潮汐变化趋势，高潮出现时间前后相邻整点时刻的潮位值应小于高潮值，低潮出现时间前后相邻整点时刻的潮位值应大于低潮值。

（3）逐时潮位合理性检验。检验 k 时刻的实测潮位值 $\zeta(k)$ 与估计潮位值 $\hat{\zeta}(k)$ 的差值，其中 $\hat{\zeta}(k)$ 可用式（8-18）计算。基于潮位变化过程的连续性，$\zeta(k)$ 与 $\hat{\zeta}(k)$ 应接近，两者相差较大时，可认为在时刻区间（k−2，k+2）上的 5 个逐时潮位中至少有一个是可疑数值。

$$\hat{\zeta}_k = \frac{2}{3}\left(\zeta_{k+1} + \zeta_{k-1}\right) - \frac{1}{6}\left(\zeta_{k+2} + \zeta_{k-2}\right) \tag{8-18}$$

式中：ζ_{k+1} 为 k+1 时刻潮位值；ζ_{k-1} 为 k−1 时刻潮位值；ζ_{k+2} 为 k+2 时刻潮位值；ζ_{k-2} 为 k−2 时刻潮位值。

实测潮位值 $\zeta(k)$ 与估计潮位值 $\hat{\zeta}(k)$ 的差值可用 Δ_k 表示：

$$\Delta_k = \zeta(k) - \hat{\zeta}(k) \tag{8-19}$$

设 Δ_k 彼此独立并服从正态分布，它们的均值为 $\overline{\Delta}$，方差为 σ。若规定所有的 $\left|\Delta_k - \overline{\Delta}\right|$（$k$=1,2,⋯,$N$）均不大于一个正数的 M 的概率为 0.90，则 M 可表示为

$$M = \mu \times \sigma \tag{8-20}$$

式中：μ 为一个临界系数，可近似为

$$\mu = [2.56 + 1.738\ln N + 0.0096\ln^2 N]^{\frac{1}{2}} \tag{8-21}$$

为了统一标准，约定 N 取一年逐时潮位观测数据样本数，即 N=8760。由此可得 $\mu = 4.374$，故 $M = 4.374\sigma$。如果 $\left|\Delta_k - \overline{\Delta}\right|$ 大于 M，则认为该数据是可疑的。

（4）逐时增减水合理性检验。检验逐时增减水（实测水位与天文潮位差值）的合理性，在以下两种情况下可以认为数据是可疑的：①对于浅水潮较强的海域，当实际潮位数据和增减水位同时超出合理性范围时；②对于其他区域，当潮位数据或增减水位中有一个超出合理性范围时。

（5）分潮调和常数计算分析。计算分析 M_2 与 K_1 等主要分潮数值，应符合该海域潮波传播变化规律。计算分析长周期气象分潮（年与半年分潮）调和常数序列，应与邻近站位具有良好的相关性。计算分析随从分潮与主从分潮的振幅比，应接近二者理论比值（−0.2，0.2）。计算分析高频分潮，各高频潮族主要分潮振幅应超过本族内其他分潮振幅。

（6）增减水（余水位）标准偏差计算分析。

依据增减水时空变化规律，分析长期资料的标准偏差合理性，检验确定潮汐观测数据整体质量的可靠性。月和年增减水标准偏差 δ（单位 cm）应满足：

$$5 < \delta < 35 \tag{8-22}$$

（7）人工审核。人工审核异常数据是否为可疑数据或错误数据，并标识或删除；对于整体质量存在问题或验潮零点高程不稳定的数据，应结合基准潮位核定进行人工分析确认（图 8-9）。

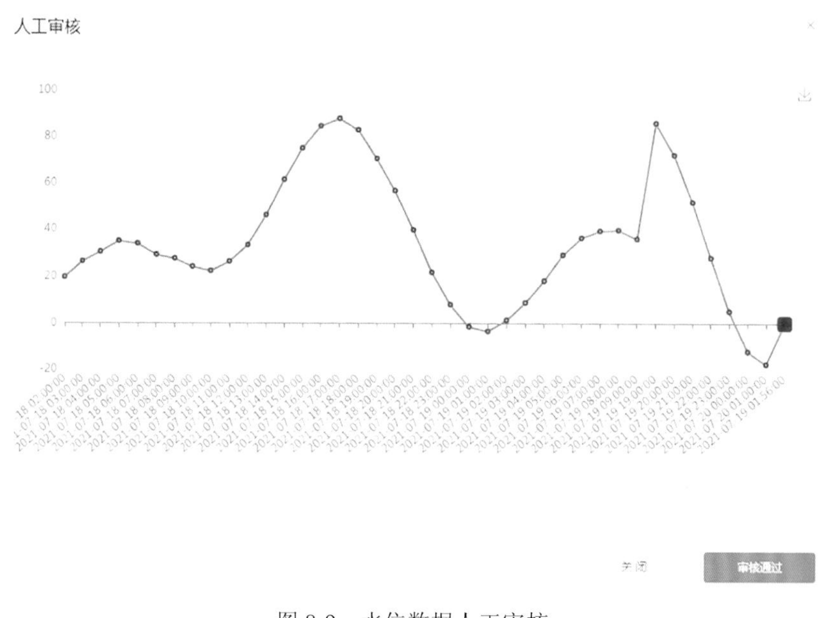

图 8-9　水位数据人工审核

8.3　海洋底质数据质量控制方法

海洋底质数据质量控制工具以自主研发程序为主，目前缺少成熟的商用软件。质控人员通常根据海底底质数据自身特点和规律，选择合适的质量控制方法，找出并改正数据中异常值和可疑值。较为通用的海底底质数据质量控制方法如下。

（1）站位分布检验。根据数据中经纬度绘制站位分布图，人为判断站位是否处于本航次调查范围之内、是否有站位落在陆地上。

（2）平行样检验。粒度、常微量元素、黏土矿物等分析测试数据要求随机抽取一定数量样品做重复分析，即平行样分析。该方法对平行样数据进行误差检验，具体步骤如下：①根据站号、经纬度、样品号等信息识别出成对的平行样数据；②计算每对平行样数据间的误差，判断数值是否位于允许的误差范围之内；③若误差过大，须对数据进行溯源检查；如检验无误，剔除平行样数据。

（3）重复性检验。单个数据文件中出现重复数据的原因可能包括平行样数据未剔除、人为因素造成的重复数据等。通过设置重复性检验规则，检查并剔除数据中的重复记录，具体判断规则如下：①站号、经纬度、日期、分析要素数值完全一致，判断为重复数据，直接剔除；②站号、经纬度和日期一致，分析要素数值不一致，样品编号符合平行样编号规则，判断为平行样数据，进行人工剔除；③站号一致，经纬度不一致，判断为可疑数据，进行人工判别处理；④经纬度一致，站号不一致，判断为可疑数据，进行人工判别处理。

（4）逻辑一致性检验。用于检验数据中的逻辑一致性，判断是否存在逻辑矛盾的情况，主要判断规则如下：①站号一致性检验。分析测试数据的站号、经纬度等信息应与站位信息表中保持一致，如检查出不一致情况，进行人工判别处理。②柱状样层位检验。设置样品取样间隔，判断柱状样数据是否存在层位缺失情况，如存在缺失层位，进行人工判别处理。③柱状样顶底深检验。某个样品的底深应大于其顶深，下一个样品顶深应大于等于上一个样品底深，判断柱状样数据的顶深和底深是否存在层位逆转等异常情况，如存在异常，进行人工判别处理。④悬浮体层位检验。检查悬浮体观测数据中是否存在观测层位深度大于站位水深、层位逆转和层位缺失等异常情况，如存在异常，进行人工判别处理。

（5）数值范围检验。根据配置的要素阈值范围，判断数据是否位于允许的范围之内，对超出范围的数值进行标记。表 8-8 给出了经纬度、日期等基本信息允许的数值范围，超过范围则为错误值。

表 8-8　数据允许的数值范围

数据项	数值范围
经度	−180°～180°
纬度	−90°～90°
月份	1～12
日期	$1 \leqslant d \leqslant D(M)$，$d$ 表示日期，$D(M)$表示当年 M 月的总天数
小时	0～23
分钟、秒	0～59

（6）百分含量检验。检查粒度、常量元素、矿物等数据百分含量累加之和是否位于允许的误差范围之内，其中粒度数据各粒级百分含量之和的合理范围为 99%～101%，常量元素百分含量之和的合理范围为 95%～105%，黏土矿物百分含量之和的合理范围为 99%～101%。

（7）离群值检验。通过统计方法分析某个航次数据的分散情况，设置数据高频分布区间的上下限，将高频分布区间外的数据划分为疑似离群值；结合图形分析其空间分布或垂向分布特征，确定异常值，如存在离群值，需人工分析原因；对错误值进行剔除，对于反映异常现象的离群值要予以保留。

（8）相关性检验。相关性检验是根据海底底质要素之间的相互关系对数据质量进行检查。例如悬浮体浓度与浊度之间存在良好的线性（或指数）关系，根据两者相关系数的大小，可判断悬浮体数据的质量状况。

（9）双程数据检验。在悬浮体浊度、叶绿素荧光、现场激光粒度等数据的测量过程中，其下降数据与上升数据应具备良好的吻合度，通过制作悬浮体双程数据（上升和下降数据）分布图进行符合度检验，在水深剖面图中采用不同颜色显示上升和下降曲线，通过计算相关系数和实际分析来判断数据质量情况。

8.4 海洋地球物理数据质量控制方法

8.4.1 海洋重力数据质量控制

1. 原始数据的处理与评估

原始数据的处理包括原始数据提取、航迹线的绘制、测线分割、测线公里数计算。

（1）原始数据提取，是指对由重力仪器测得的数据进行提取，包括时间（年月日时分秒）、经度、纬度、重力测量值及重力基点数据等。

（2）航迹线的绘制，主要根据原始测量数据提取出的经纬度信息，来绘制调查仪器的航迹。

（3）测线分割，是对测线进行分割，在测线转弯幅度较大的位置进行切割，提取较直的测线。

（4）测线公里数计算，是根据测线分割出的有效测线来计算测区中有效测线的长度。

原始数据的评估包括数据项齐全度评估、重力测量值稳定性评估、测线规范性检查评估。

（1）数据项齐全度评估：检验重力调查数据项的齐全程度，如果经纬度或重力测量值缺失，则该调查数据不合格，如果存在部分数据段的部分数据项缺失，根据数据缺失情况重新分割测线。

（2）重力测量值稳定性评估：对重力测量数据稳定性评估，通过绘制测点异常值图观测测量值的平滑程度，如果有超过前后测点测量值 10%的跳点，则认为该点为测量异常点，需要删除。

（3）测线规范性检查评估：根据调查项目的目的和实施方案、航次计划等，核对具体实施调查时的测线是否符合计划要求。

2. 中间过程评估

中间过程评估是对处理单位的处理方法和处理过程进行评估。在评估过程中需要对计算的公式、方法进行评估，对计算结果进行比对。一般计算流程如下，如果与下述流程计算结果不一致，需要进行纠正。

（1）正常场的计算。过去几十年所采用的正常场公式，如卡西尼公式、赫尔默特公式、海斯卡宁公式等，近几年已很少使用，取而代之的是 1984 年、1985 年国际正常场公式。1985 年国际正常场公式可表示为

$$r_0 = 9\,780\,327(1+0.005\,302\,4\sin^2\varphi - 0.000\,005\,80\sin^2 2\varphi) \tag{8-23}$$

式中：r_0 为正常重力场值，单位为 $10^{-6}\,\mathrm{m/s^2}$；φ 为测点地理纬度，单位为（°）。

1984 年国际正常场公式可表示为

$$r_0 = 978\,032.677\,14 \times \frac{1+0.001\,931\,851\,386\,39\sin^2\varphi}{\sqrt{1-0.006\,694\,379\,990\,13\sin^2\varphi}} \tag{8-24}$$

式中：r_0 为正常重力场值，单位为 $10^{-5}\,\mathrm{m/s^2}$；φ 为测点地理纬度，单位为（°）。

（2）绝对重力值的计算。绝对重力值是观测重力值经过各种改正后求得的数据，其计

算式可表示为

$$g = g_0 + C\Delta s + \delta_{\mathrm{R}} + \delta_{\mathrm{ge}} \tag{8-25}$$

式中：g 为测点的绝对重力值，单位为 $10^{-5}\,\mathrm{m/s^2}$；g_0 为基点绝对重力值，单位为 $10^{-5}\,\mathrm{m/s^2}$；C 为重力仪格值；Δs 为测点与基点之间的重力仪读数差，单位为 $10^{-5}\,\mathrm{m/s^2}$；δ_{R} 为掉格校正值，即仪器零点漂移校正值，单位为 $10^{-5}\,\mathrm{m/s^2}$；δ_{ge} 为厄特沃什校正值，单位为 $10^{-5}\,\mathrm{m/s^2}$。

（3）厄特沃什校正值的计算。重力是地球作用于某点的吸引力和由于地球自转产生的离心力的合力，调查船自西向东行驶时，由于其与地球自转的方向一致，测得的重力观测值偏大，反之则偏小。因此，在海洋重力资料处理过程中，一定要考虑厄特沃什校正。

厄特沃什校正值计算式为

$$\delta_{\mathrm{ge}} = 7.499V\sin A\cos\varphi + 0.004V^2 \tag{8-26}$$

式中：A 为航迹真方位角，单位为（°）；V 为航速，单位为 m/h；φ 为测点的地理纬度，单位为（°）。

亦可表示为

$$\delta_{\mathrm{ge}} = 7.50\frac{\lambda' - \lambda}{t' - t}\cos^2\varphi \tag{8-27}$$

式中：λ' 和 λ 为前后测点经度，单位为（°）；t' 和 t 为这些测点上相应的观测时间，单位为 s；φ 为测点纬度，单位为（°）。

（4）空间校正。空间校正值计算公式为

$$\delta_{\mathrm{gf}} = 0.3086H' \tag{8-28}$$

式中：H' 为重力仪弹性系统至 1985 国家高程基准或理论深度基准面的高度，单位为 m。若出海前后船只吃水变化在 1 m 以内，以出海前后船只吃水的平均数进行计算；变化在 1 m 以上，应分段计算；近海情况下还应进行潮汐改正。空间校正值误差应小于 $0.2\times10^{-5}\,\mathrm{m/s^2}$。

（5）布格校正。布格校正计算公式为

$$\delta_{\mathrm{gb}} = 0.0419(\sigma - 1.03)H \tag{8-29}$$

式中：σ 为地层密度，基础调查中取 $2.67\times10^{-3}\,\mathrm{kg/cm^3}$。

（6）重力异常值的计算。空间重力异常计算公式为

$$\Delta g_{\mathrm{f}} = g + \delta_{\mathrm{gf}} - r_0 \tag{8-30}$$

式中：g 为测点的绝对重力值，单位为 $10^{-5}\,\mathrm{m/s^2}$；δ_{gf} 为空间校正值，单位为 $10^{-5}\,\mathrm{m/s^2}$；r_0 为正常重力场值，单位为 $10^{-5}\,\mathrm{m/s^2}$。

布格重力异常计算公式为

$$\Delta g_{\mathrm{b}} = \Delta g_{\mathrm{f}} + \delta_{\mathrm{gb}} \tag{8-31}$$

式中：Δg_{b} 为布格重力异常值，单位为 $10^{-5}\,\mathrm{m/s^2}$；Δg_{f} 为空间重力异常值，单位为 $10^{-5}\,\mathrm{m/s^2}$；δ_{gb} 为布格校正值，单位为 $10^{-5}\mathrm{m/s^2}$。

3. 成果数据评估

成果数据评估首先需要进行数据项的齐全性检查，之后再对数据质量进行评价。数据质量评价方法有两种，一种是计算内准确符合度，一种是剖面图绘制。

（1）计算内准确符合度。具体算法为

$$\varepsilon = \pm\sqrt{\frac{\sum_{i=1}^{n}\delta_i^2}{2n}} \tag{8-32}$$

式中：δ_i^2 为同一仪器在某测点上经综合调差后的重复测量差值，单位为 10^{-5} m/s^2；n 为比对测点数。

计算交点差均方差（图 8-10 和图 8-11）。按照海洋地球物理规程：均方差在大于 2 mGal，小于 4 mGal 为合格；均方差大于 1 mGal，小于 2 mGal 为良好；均方差小于 1 mGal 为优秀。

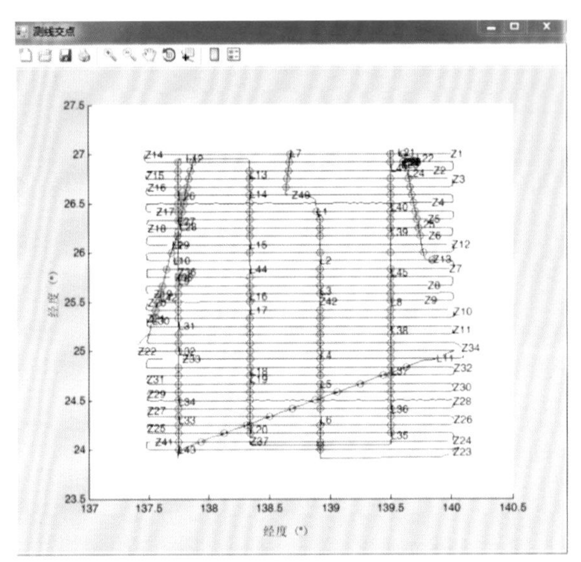

图 8-10　测线交点图（红圈为计算所得交点）

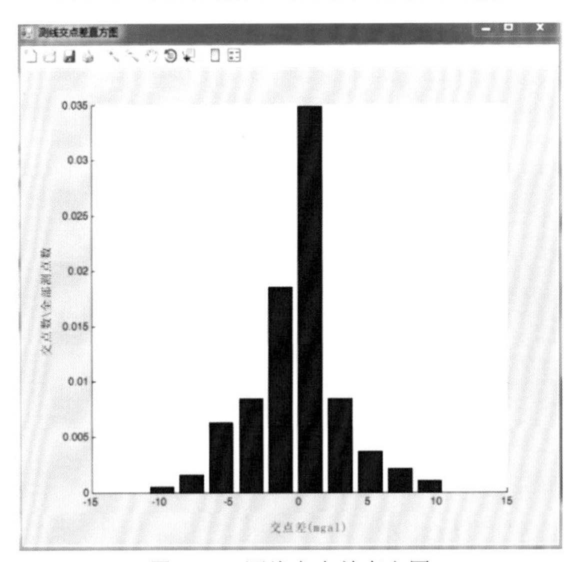

图 8-11　测线交点差直方图

（2）剖面图绘制。提取经度、纬度、异常值，绘制单剖图（图 8-12），删除或平滑异常跳点；绘制平剖图，对比主副测线间的异常差别。海洋重力数据质量控制界面如图 8-13 所示。

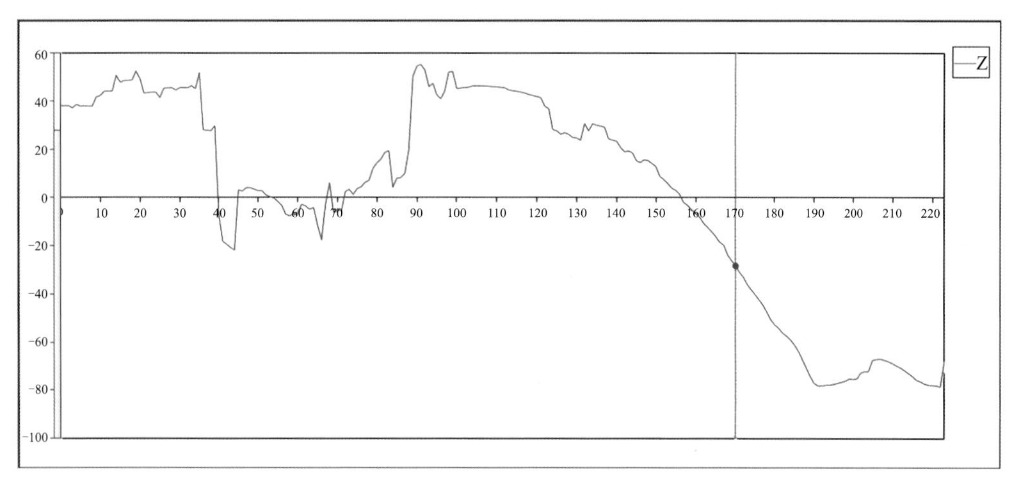

图 8-12　单剖图

图 8-13　海洋重力数据质量控制界面

8.4.2　海洋磁力数据质量控制

1. 原始数据的处理与评估

原始数据的处理包括原始数据提取、航迹线的绘制、测线分割、测线公里数计算。

（1）原始数据提取，是指提取由磁力仪器测得的数据，包括时间（年月日时分秒）、经度、纬度、磁力测量值及日变数据。

（2）航迹线的绘制，主要是根据原始测量数据提取的经纬度信息，绘制调查仪器的航迹。

（3）测线分割，是对测线进行分割，在测线转弯幅度较大的位置进行切割，提取较直的测线。

（4）测线公里数计算，是根据测线分割出的有效测线，计算测区中有效测线的长度。

原始数据项的评估包括三部分。

（1）数据项齐全度评估：检验磁力调查的数据项的齐全程度。如果经纬度或磁力测量值缺失，则评价该调查数据不合格；如果存在部分数据段的部分数据项缺失，则根据数据缺失情况，重新分割测线。

（2）磁力测量值稳定性评估：对磁力测量数据稳定性进行评估，通过绘制测点异常值图观测测量值的平滑程度，如果有超过前后测点测量值 10%的跳点，则认为该点为测量异常点，需要删除。

（3）测线规范性评估：根据调查项目目的和实施方案、航次计划等，核对具体实施调查时的测线是否符合计划要求。

2. 中间过程数据质量控制

中间过程数据质量控制是对处理方法和处理过程进行评估。在评估过程中需要对计算的公式、方法进行评估，对计算结果进行比对。一般计算流程如下，如果与下述流程计算结果不一致，需进行纠正。

（1）地磁正常场的计算。海洋地磁测量的正常场计算采用国际地磁和航空学协会（IAGA）每五年公布的国际地磁参考场（IGRF）。

（2）地磁日变校正。根据日变站或测区附近地磁台站同步测量的地磁总场数据进行日变校正，发现地磁总场偏高或偏低时，可引进地磁场附加常数值进行调整，使日变基值在一个适当的水平上；同一测区使用两个以上日变资料时，可将它们之间的日变基值统一到某一台站。

变化幅度小于 100 nT 的磁扰日变记录，可用于日变校正。磁扰日的日变校正分为两个步骤：①先用地方时对平静日（磁扰发生前、后三天的日变曲线平均值）变化值校正；②用世界时进行磁扰校正，磁扰校正值为实测日变化值减去平均磁平静日变化值。

（3）船磁影响校正。测量值减去调查船实际航向相应的船磁影响方位曲线值。

（4）地磁异常计算。地磁异常计算公式为

$$\Delta T = T - T_{\mathrm{d}} - T_{\mathrm{s}} - T_0 \tag{8-33}$$

式中：ΔT 为地磁异常值，单位为 nT；T 为地磁场总磁场测量值，单位为 nT；T_0 为地磁正常场值，单位为 nT；T_{d} 为地磁日变偏差值，单位为 nT；T_{s} 为船磁影响偏差值，单位为 nT。

3. 成果数据评估

成果数据的评估首先需要进行数据项的齐全性检查，之后再对数据质量进行评价。数据质量评价方法有两种，一种是计算内准确符合度，一种是剖面图绘制。

（1）计算内准确符合度。计算公式为

$$\varepsilon = \pm\sqrt{\frac{\sum_{i=1}^{n}\delta_i^2}{2n}} \tag{8-34}$$

式中：δ_i 为主测线与联络测线的测量差值，单位为 nT；n 为总检查交点的数目。

计算交点差均方差，按照海洋地球物理规程：均方差在大于 4 nT，小于 6 nT 为合格；均方差大于 2 nT，小于 4 nT 为良好；均方差小于 2 nT 为优秀。

（2）剖面图绘制。提取经度、纬度、异常值，绘制单剖图，删除或平滑异常跳点；绘制平剖图，对比主副测线间的异常差别。海洋磁力数据质量控制界面如图 8-14 所示。

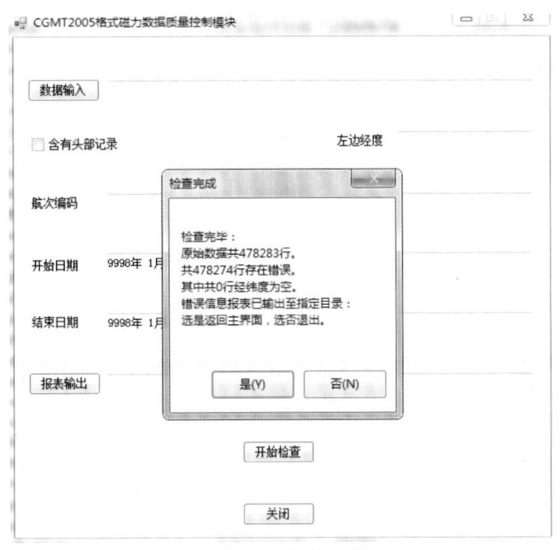

图 8-14　海洋磁力数据质量控制界面

8.5　海洋温盐大数据检验评估方法

8.5.1　海洋温盐优质数据集建立

1. 资料来源分析

海洋温盐资料主要来源于两个方面，一是国家专项及相关项目调查历史资料，二是国际优质观测数据源补充。对国内海洋温盐资料进行来源、仪器、时间、空间等分析，整理和筛选出用于建立海洋温盐优质网格数据集的历史调查资料。收集国际海洋温盐数据，并对其资料来源、仪器、时间、空间等进行分析，确定引入的国际补充资料源，并利用同期国内调查数据对国际补充资料进行对比验证。

2. 资料排重

海洋温盐资料排重处理流程如下。

（1）资料预处理。实现海洋观测资料排重，首先要对资料集进行预处理，即对多源海洋观测历史资料进行格式梳理、分析和归类处理。为了有效提高排重的计算效率，在此建立以资料方区为一级存储、年份为二级存储、月份为三级存储的数据集存储方式。资料分拣的同时采用堆序法以时间为依据快速排序，同时提高重复资料的顺序检出效率。

（2）资料排重。对资料集本身按照组合条件排重法，选取适当的参数进行组合条件排重，调整组合参数分步进行不同的排重约束，以达到设计的排重效果。

（3）无重复数据集制作。重复进行资料的排重程序，开展资料内部和资料集之间的排重，实现多来源、多调查手段的海洋数据的数据排重和整合，最终形成同时间、同位置、同深度的唯一观测值的不重复海洋环境数据集。

3. 资料处理与订正

Argo 浮标携带的传感器与船载 CTD 传感器基本相同，因此船载 CTD 传感器测量中出现的典型误差，如由特殊海况、功率不稳定等造成的数据尖峰、噪声和滞点等问题，在 Argo 观测数据中也不可避免。而 Argo 浮标本身的抛弃性、长期在海上自由漂流的特性，还会造成新的误差。为保证 Argo 资料的质量，必须对其进行适当的处理和质量控制，妥善解决资料中可能存在的问题，剔除资料中一些明显的错误，提高资料使用的可靠性。

1）Argo 资料处理

Argo 数据以其覆盖范围广、精度高、更新及时等特性，已逐渐被应用到海洋和大气研究等许多领域中。对于 Argo 数据，质量控制尤为重要，应该从原始资料中提取具有可靠性和应用性的温盐基础数据。目前 Argo 资料主要分为两个资料质量控制层次：第一个称为实时（24～48 h 以内）质量控制，第二个称为延时（90 天以内）模式质量控制（DMQC）。其中，实时质量控制是一系列经过商定的程序化检验，由 Argo 的各国国家中心在接收到浮标从海面发射的观测原始数据信息后采取自动化程序实施，以确保数据没有明显的错误。它包括常规的尖峰检验、范围检验、稳定度检验及气候学检验等方法。

2）Argo 资料延时订正

浮标装载的 CTD 传感器，特别是测量盐度的电导率传感器容易受生物污染、油污、生物杀伤剂泄漏等因素的影响，导致传感器产生漂移或偏移，使观测值产生较大的偏差（Oka et al，2004）。Argo 浮标一旦投放，受成本和技术限制，很难监测其工作状态，且不可能对其进行回收，因此为了获取正确可靠的数据，必须对 Argo 原始数据进行延时订正。这属于延时模式质量控制（DMQC），主要是针对 Argo 浮标盐度数据漂移建立的订正模式。在 DMQC 中，剖面数据将受到海洋学家、首席调查员、数据质控人员等的详细检查，温度、盐度、压力等要素的错误被订正或调整。特别是对于盐度，需要用如高质量 CTD 数据和温盐气候态数据集等可靠的同区域历史观测资料，对其可能发生的盐度漂移或偏差进行检验。

4. 标准层处理

针对海洋温盐要素特点，研究数据筛选和标准层数据插值方法，对数据进行筛选、过滤和缺测值补充，形成的连续标准层数据序列。温盐要素随垂向的变化是相对连续的，某一个测点的水文要素可以看作分段的函数，这样在实际水文观测中，对测得的（n+1）个有序值进行插值计算来获取任意观测层上的要素值。对于给定的插值点，首先查找插值区间，即查找与插值点相邻的两个实测点，然后根据插值方法进行插值计算，得出相应的插值结果。

根据实测温盐资料情况和 Argo 等观测仪器特点，选取深度范围为表层到 2000 m，垂向 26 层插值方案，标准层深度与层次对照关系见表 8-9。

表 8-9　网格化数据集标准层深度与层次对照表

深度/m	层次	深度/m	层次	深度/m	层次
0	1	30	4	100	7
10	2	50	5	125	8
20	3	75	6	150	9

续表

深度/m	层次	深度/m	层次	深度/m	层次
200	10	700	16	1300	22
250	11	800	17	1400	23
300	12	900	18	1500	24
400	13	1000	19	1750	25
500	14	1100	20	2000	26
600	15	1200	21		

5. 统计分析方法

海洋温盐资料统计分析内容主要包括累年各月（旬）各方区、各标准层水温、盐度的平均值、均方差和站次数等，具体方法如下。

（1）算术平均值统计。算数平均值是资料统计中使用频率最高的统计项目。实际上，某一区域中，某一要素的各个观测值都是随机（瞬时）观测获取的，观测值越多，算术平均值越接近该区域内该要素的真实值。算术平均值是指某一方区内（或某一特定站）、某一要素观测值的总和除以观测次数所得的商。

（2）均方误差统计。均方误差是用来表征要素观测值离散程度的一个特征量，又称标准误差，定义为各个误差的平方和取平均后的均方根。

（3）距平统计。距平主要统计各要素观测值相对于某一时期内要素平均值的偏离程度，计算方法为各要素观测值减去其在某一时期内的均值。

（4）要素方区统计。将所有的温盐数据都纳入方区进行统计，在每个方区内产生均值、观测数和标准偏差，根据水深不同，在标准偏差设定为 3 倍、5 倍标准偏差原则，进行数据集初始合理数据筛选，将离散过大的数据做去除处理，形成初级数据集，当方区内实测资料数目≥4 时，根据资料均值和方差确定离散较大数据的选取，进行要素统计处理。

（5）统计产品客观分析处理。以海洋温度和盐度观测数据、背景场数据和距离权重系数作为输入参数，计算得到海洋温盐观测站点的偏差值，将偏差值重新插值到整个背景数据。重复进行以上步骤，直至偏差场符合要求。对于缺乏数据的网格，取周边半径范围方区内的观测均值和方差，插值前使用原始观测数据，并选取观测点数量和距离权重进行计算。

6. 数据集制作

基于海洋温盐实测资料，进行网格海洋温盐累年逐月统计，计算得到每个方区的月平均值、标准差、最大值和最小值等。对网格化统计分析结果中存在的空白区域进行逐步订正，并反复加权修正插值，最终形成基本覆盖全球海域的海洋温盐网格背景场。

8.5.2 海洋温盐资料检验评估技术方法

1. 资料时空分布统计

统计并给出任意关注海域和不同分辨率网格历年、累年（月）经排重和质量控制处理后的温盐剖面站次数分布；筛选并记录单站剖面测量最大水深，按不同级别规定水深，统计剖面测量历史资料超过规定水深的比例；统计并给出温度和盐度剖面测量数据同时存在的站次数占总观测次数的比例。

2. 资料总体质控通过率统计

对被检海洋温盐剖面资料进行自动数据排重和人机交互审核，计算并统计全区、任意关注海域和不同分辨率网格温盐剖面资料的重复率。对被检海洋温盐剖面资料进行自动质量控制和人机交互抽检，提取各类型单站海洋温盐剖面资料质量控制过程中各种质量控制方法对应的质量标识符，分别计算和统计不同仪器类型海洋温盐剖面资料的质量控制通过率，并重点分析着陆判别、极值检查、层次颠倒和重复检查、温盐梯度检查、密度稳定性检查等质量控制通过率，为全球范围海洋温盐资料的整体质量有效性分析提供量化依据。

3. 单站数据可靠性评价

单站数据的可靠性评价主要考虑数据的准确性。准确性是温盐资料检验评估的核心指标，目前，各行业的检验评估工作基本上也都是围绕准确性指标展开。

准确性检验可分别从极值范围、气候学合理性、温-盐-深点聚图、尖峰和梯度 5 个方面对温盐剖面资料进行检验评估。对 5 个评估指标赋以不同的权重，各权重系数的具体数值有待在实际资料检验评估过程中通过大量试验确定。综合极值范围、气候学合理性、温-盐-深点聚图、尖峰、梯度检验评估结果，得出被检单站温盐剖面资料的准确性指标。

4. 资料整体可靠性指标及等级

资料整体可靠性指标及等级是指基于单站资料可靠性评价指标，分别统计得出全区、任意关注海域和不同分辨率网格被检历史资料整体可靠性指标及定性等级。利用各站次资料的可靠性评价指标，对某一资料起止时段、某一海域可靠性评价值进行总体定量统计，得到资料整体可靠性等级。资料整体可靠性检验评估值体现的是对被检资料可靠性的整体评估，以此为依据对被检温盐资料质量可靠性进行分级，例如可将资料整体可靠性大于95%以上的资料定为一级。

第 9 章　海洋大数据安全管理方法

在当今这个数据驱动的时代，数据安全已经成为各行各业关注的焦点。海洋作为一个涉及国家安全和经济发展的重要领域，对数据安全的需求同样迫切。为了保护数据不受未经授权的访问、不被篡改或泄露，业界已经开发出了加密技术、访问控制、身份验证、数据备份与恢复、入侵检测系统等一系列技术方法，并在不同的领域和应用场景中都展现出了广泛的适用性和有效性，而其中的一些通用数据安全技术方法也同样适用于海洋数据安全管理。此外，随着技术的不断进步和创新，围绕海洋大数据的网络传输、处理加工、存储管理、应用服务和运维保障等关键环节，大数据安全技术在海洋领域的应用也将更加广泛和深入，为海洋大数据安全管理提供坚实保障。

9.1　海洋网络安全防护技术

网络安全技术指为保障网络系统硬件、软件、数据及其服务的安全而采取的信息安全技术。通过采用各种技术和管理措施，使网络系统正常运行，从而确保网络数据的可用性、完整性和保密性。网络安全技术包括防火墙技术和虚拟网技术。海洋网络安全防护技术就是保障海洋通信网络系统硬件、软件、数据及其服务的安全而采取的信息安全技术。

9.1.1　防火墙技术

网络防火墙技术是一种用来加强网络之间访问控制，防止外部网络用户以非法手段通过外部网络进入内部网络，访问内部网络资源，保护内部网络操作环境的特殊网络互联设备。它按照一定的安全策略对两个或多个网络之间传输的数据包（如链接方式）实施检查，以决定网络之间的通信是否被允许，并监视网络运行状态。

防火墙处于 5 层网络安全体系中的最底层，属于网络层安全技术范畴。在这一层上，企业对安全系统提出的问题是：所有的 IP 是否都能访问到企业的内部网络系统？如果答案为“是”，则说明企业内部网还没有在网络层采取相应的防范措施。

作为内部网络与外部公共网络之间的第一道屏障，防火墙是最先受到人们重视的网络安全产品之一。虽然从理论上看，防火墙处于网络安全体系的最底层，负责网络间的安全认证与传输，但随着网络安全技术的整体发展和网络应用的不断变化，现代防火墙技术已经逐步走向网络层之外的其他安全层次，不仅要完成传统防火墙的过滤任务，同时还能为各种网络应用提供相应的安全服务。另外，目前有多种防火墙产品正朝着数据安全与用户认证、防止病毒与黑客侵入等方向发展。

虽然防火墙是保护网络免遭黑客袭击的有效手段，但也有明显不足：无法防范防火墙以外的其他途径的攻击，不能防止来自内部变节者和不经心的用户们带来的威胁，也不能完全防止传送已感染病毒的软件或文件，以及无法防范数据驱动型的攻击。

防火墙的分类并不统一，通常将其分为两类：网络层防火墙和应用层防火墙（石琳，2004）。

1. 网络层防火墙

包过滤防火墙是最典型的网络层防火墙，它用一个软件查看所流经的数据包的包头（header），由此决定整个包的命运。它可能会决定丢弃这个包，可能会接受这个包，也可能执行其他更复杂的动作。

包过滤路由器防火墙是将过滤器安装在路由器上或包过滤软件安装在 PC 机上的防火墙。它是工作在网络层（武兆辉，2002），并对每个进入的 IP 分组使用一个规则集合。包过滤规则是基于所收到的数据包的源地址、目的地址、TCP/UDP、源端口号及目的端口号、分组出入接口、协议类型和数据包中的各种标志位等参数，与管理者预定的访问控制表（拟定一个提供接收和服务对象的清单，一个不接受访问或服务对象的清单）进行比较，按所定的安全政策允许或拒绝访问，决定数据是否符合预先制定的安全策略，决定数据分组的转发或丢弃，即实施信息过滤。

2. 应用层防火墙

1）应用层网关

应用层网关（ALG）通常被描述为第三代防火墙。当内部计算机与外部主机连接时，将由代理服务器担任内部计算机与外部主机的连结中继者。使用 ALG 的好处是能够隐藏内部主机的地址和防止外部不正常的连接，如果代理服务器上未安装针对该应用程序设计的代理程序，任何属于这个网络服务的封包将完全无法通过防火墙。

2）堡垒主机

堡垒主机是一种被强化的、可以防御进攻的计算机，没有任何的设备保护。堡垒主机是网络中最容易受到侵害的主机，所以堡垒主机也必须是自身防护最完善的主机。

一个堡垒主机使用两块网卡，每块网卡连接不同的网络。一块网卡连接内部网络用来管理、控制和保护，而另一块连接另一个网络，通常是公网（即 Internet）。堡垒主机和内网信任主机之间并不共享认证服务，当堡垒主机被攻破时，入侵者也无法利用堡垒主机攻击内部网络。堡垒主机作为进入内部网络的一个检查点，可以把整个网络的安全问题集中在某个主机上解决，从而省时省力，不用考虑其他主机的安全。

9.1.2 VPN 技术

虚拟专用网（VPN）技术是指在公用网络上建立专用网络，进行加密通信的技术。VPN

网关通过对数据包的加密和数据包目标地址的转换实现远程访问。VPN 可通过服务器、硬件、软件等多种方式实现（李飞 等，2016）。其之所以称为虚拟网，主要是因为整个 VPN 任意两个节点之间的连接并没有传统专网所需的端到端的物理链路，而是架构在公用网络服务商所提供的网络平台（如 Internet、异步传输模式（ATM）、Frame Relay 等）之上的逻辑网络，用户数据在逻辑链路中传输。VPN 涵盖跨共享网络或公共网络的封装、加密和身份验证链接的专用网络的扩展。VPN 主要采用隧道技术、加解密技术、密钥管理技术和使用者与设备身份认证技术。根据不同的划分标准，VPN 可以按以下几个标准进行分类划分。

（1）按 VPN 的隧道协议划分。VPN 的隧道协议主要有 PPTP、L2TP 和 IPSec 三种，其中 PPTP 和 L2TP 协议工作在 OSI 模型的第二层，L2TP 又称为二层隧道协议，IPSec 是三层隧道协议。

（2）按 VPN 的应用划分。①远程接入 VPN（Access VPN）：客户端到网关，使用公网作为骨干网在设备之间传输 VPN 数据流量。②内联网 VPN（Intranet VPN）：网关到网关，通过公司的网络架构连接来自同公司的资源。③外联网 VPN（Extranet VPN）：与合作伙伴企业网构成外联网，将一个公司与另一个公司的资源进行连接。

（3）按所用的设备类型划分。网络设备提供商针对不同客户的需求，开发出不同的 VPN 网络设备，主要为交换机、路由器和防火墙：①路由器式 VPN：路由器式 VPN 部署较容易，只要在路由器上添加 VPN 服务即可；②交换机式 VPN：主要应用于连接用户较少的 VPN 网络；③防火墙式 VPN：防火墙式 VPN 是最常见的一种 VPN 的实现方式，许多厂商都提供这种配置类型。

（4）按照实现原理划分。①重叠 VPN：重叠 VPN 需要用户自己建立端节点之间的 VPN 链路，涉及 GRE、L2TP、IPSec 等技术。②对等 VPN：由网络运营商在主干网上完成 VPN 通道的建立，涉及多协议标签交换（MPLS）等技术。

9.2　海洋数据传输安全保障技术

9.2.1　用户认证及访问控制技术

1. 身份认证技术

身份认证技术是指通信双方可靠地验证对方身份的技术。在信息安全中占有极其重要的地位，是安全系统中的第一道关卡。用户在访问安全系统之前，首先利用身份认证系统识别身份，然后访问监控器，根据用户的身份和授权数据库决定用户是否能够访问某个资源。在单机环境下，身份认证方式可以分为基于信息秘密的身份认证（如静态密码、口令等）、基于信任物体的身份认证（如智能卡等）、基于生物特征的身份认证（如用户的指纹等）三类。

1）基于信息秘密的身份认证

（1）静态密码。用户的密码是由用户自己设定的。在网络登录时输入正确的密码，计算机就认为操作者是合法用户。实际上，由于许多用户为了防止忘记密码，经常采用诸如生日、电话号码等容易被猜出的字符串作为密码，或将密码抄在纸上放在一个自认为安全的地方，这样很容易造成密码泄漏。如果密码是静态的数据，在验证过程中或在传输过程中可能会被木马程序或网络截获。因此，静态密码机制无论是使用还是部署都非常简单，但从安全性上讲，用户名/密码方式是一种不太安全的身份认证方式。

（2）动态口令。动态口令是目前较为安全的身份认证方式，也是一种动态密码。动态口令牌是客户手持用来生成动态密码的终端，主流的是基于时间同步方式的，一般每 60 s 变换一次动态口令，口令一次有效，它产生 6 位动态数字进行一次一密的方式认证。但是基于时间同步方式的动态口令牌存在 60 s 的时间窗口，因此该密码在这 60 s 内存在风险，现在已有基于事件同步的、双向认证的动态口令牌。基于事件同步的动态口令，是以用户动作触发的同步原则，真正做到了一次一密。该口令牌为双向认证，即服务器验证客户端，并且客户端也需要验证服务器，因此能够达到杜绝木马网站的目的。由于它使用起来非常便捷，目前广泛应用于网上银行、电子政务、电子商务等领域。

2）基于信任物体的身份认证

（1）智能卡。智能卡是一种内置集成电路的芯片，芯片中存有与用户身份相关的数据，智能卡由专门的厂商通过专门的设备生产，是不可复制的硬件。智能卡由合法用户随身携带，登录时必须将智能卡插入专用的读卡器读取其中的信息，以验证用户的身份。智能卡自身就是功能齐备的计算机，它有自己的内存和微处理器，该微处理器具备读取和写入能力，允许对智能卡上的数据进行访问和更改。智能卡被包含在一个信用卡大小或者更小的物体里（例如手机中的 SIM 就是一种智能卡）。智能卡技术能够提供安全的验证机制来保护持卡人的信息，并且很难复制。从安全的角度来看，智能卡提供了在卡片里存储身份认证信息的能力，该信息能够被智能卡读卡器所读取。智能卡读卡器能够连到 PC 上，从而验证 VPN 连接或验证访问另一个网络系统的用户。然而每次从智能卡中读取的数据是静态的，通过内存扫描或网络监听等技术还是很容易截取到用户的身份验证信息，因此智能卡仍然存在安全隐患。

（2）USB Key。基于 USB Key 的身份认证方式是近几年发展起来的一种方便、安全的身份认证技术。它采用软硬件相结合、一次一密的强双因子认证模式，很好地解决了安全性与易用性之间的矛盾。USB Key 是一种 USB 接口的硬件设备，它内置单片机或智能卡芯片，可以存储用户的密钥或数字证书，利用 USB Key 内置的密码算法实现对用户身份的认证。基于 USB Key 的身份认证系统主要有两种应用模式：一是基于冲击/响应的认证模式，二是基于 PKI 体系的认证模式。基于 USB Key 的身份认证目前主要运用在电子政务、网上银行等领域。

3）基于生物特征的身份认证

基于生物特征的身份认证是通过可测量的身体或行为等生物特征进行身份认证的一种技术。生物特征是指唯一的可以测量或可自动识别和验证的生理特征或行为方式。使用传感器或扫描仪来读取生物的特征信息，将读取的信息和用户在数据库中的特征信息进行比对，如果一致则通过认证。

生物特征分为身体特征和行为特征两类。身体特征包括声纹、指纹、掌型、视网膜、虹膜、人体气味、脸型、手的血管和 DNA 等；行为特征包括签名、语音、行走步态等。

目前部分学者将视网膜识别、虹膜识别和指纹识别等归为高级生物识别技术；将掌型识别、脸型识别、语音识别和签名识别等归为次级生物识别技术；将血管纹理识别、人体气味识别、DNA 识别等归为“深奥的”生物识别技术。

目前人们接触最多的是指纹识别技术，应用的领域有门禁系统、微型支付等，日常使用的部分手机和笔记本电脑已具有指纹识别功能。

生物特征识别的安全隐患在于一旦生物特征信息在数据库存储或网络传输中被盗取，攻击者就可以执行某种身份欺骗攻击，并且攻击对象会涉及所有使用生物特征信息的设备。

2. 访问控制技术

访问控制指系统对用户身份及其所属的预先定义的策略组限制其使用数据资源能力的手段，通常用于系统管理员控制用户对服务器、目录、文件等网络资源的访问。访问控制技术是指通过用户身份及其所归属的某项定义组来限制用户对某些信息项的访问，或限制对某些控制功能的使用的一种技术。

访问控制的主要目的是限制访问主体对客体的访问，从而保障数据资源在合法范围内得以有效使用和管理。为了达到该目的，访问控制需要完成两个任务：①识别和确认访问系统的用户；②决定该用户可以对某一系统资源进行何种类型的访问。

访问控制的主要功能包括：①保证合法用户访问授权保护的网络资源；②防止非法的主体进入受保护的网络资源；③防止合法用户对受保护的网络资源进行非授权的访问。访问控制首先需要对用户身份的合法性进行验证，同时利用控制策略进行选用和管理工作。当用户身份和访问权限验证之后，还需要对越权操作进行监控。因此，访问控制的内容包括认证、控制策略实现和安全审计。

（1）认证。认证包括主体对客体的识别及客体对主体的检验确认。

（2）控制策略实现。控制策略实现是通过合理地设定控制规则集合，确保用户对信息资源在授权范围内的合法使用，既要确保授权用户的合理使用，又要防止非法用户侵权进入系统，使重要信息资源泄露。此外，对于合法用户，也不能越权行使权限以外的功能及超出访问范围。

（3）安全审计。系统可以自动根据用户的访问权限，对计算机网络环境下的有关活动或行为进行系统的、独立的检查验证，并做出相应评价与审计。

9.2.2 VLAN 技术

虚拟局域网（VLAN）是对连接到的第二层交换机端口的网络用户进行逻辑分段，其不受网络用户的物理位置限制而根据用户需求进行网络分段。一个 VLAN 可以在一个交换机或跨交换机实现。VLAN 可以根据网络用户的位置、作用、部门，或根据网络用户所使用的应用程序和协议来进行分组。

1. 静态 VLAN

在 VLAN 管理员最初配置交换机接口和 VLAN ID 的对应关系时，就已经固定了这种对应关系，即这个接口只能对应这个 VLAN ID，之后无法进行更改，除非管理员进行重新配置。

当一台设备接到这个接口时，主机 VLAN ID 与接口对应关系由 IP 配置决定。每个 VLAN 都有一个子网号，并对应相应的接口，如果设备要求的 IP 地址与该接口对应的 VLAN 的子网号不匹配，则连接失败，该设备将无法正常通信。因此，除连接到正确的接口外，也必须给设备分配属于该 VLAN 网络段的 IP 地址，这样该设备才能加入该 VLAN。

2. 动态 VLAN

动态 VLAN 即交换机自动配置接口为主机所属的 VLAN，有基于 MAC、基于 IP、基于用户三种分类。

（1）基于 MAC 的 VLAN（如二层交换机）。将所有主机的硬件地址都加入 VALN 的管理数据库。例如，一主机随便连接到交换机的一个动态 VLAN 的接口时，管理数据库将根据主机的 MAC 地址查询到该主机要加入 VLAN 2，然后自动设置该接口为 VLAN 2。这种方式的缺点是，当主机更换了网卡之后，管理数据库需要重新设定。

（2）基于 IP 的 VLAN（如三层交换机）。与基于 MAC 的 VLAN 不同，这种方式的 VLAN 会记录子网 ID 与 VLAN ID 的映射，而不论主机的网卡怎么变换，只要 IP 不变，交换机就可以根据主机的子网 ID 自动设置对应的 VLAN ID。

（3）基于用户的 VLAN。根据操作系统的登录用户决定 VLAN。

3. VLAN 的优点

（1）防止广播风暴发生，在不同 VLAN 之间，广播和单播流量不会被转发，可减少网络资源（有限的带宽流量）的浪费。

（2）能有效保证网络通畅，并防止出现网络流量冲突。

（3）降低设备投入成本。

（4）减少重新布线带来的麻烦，使网络运行更加安全、便捷、有效（谢芳 等，2018）。

9.2.3 多协议标签交换技术

多协议标签交换（MPLS）是由思科公司提交的，由因特网工程任务组（IETF）MPLS 工作组制定的标准协议，它将第三层技术（如 IP 路由）与第二层技术（如 ATM）有机地结合起来，允许各种消息在同一个网络上传递，既能提供单点传输，也可以提供多点投递，既能提供尽力而为的、无特殊服务质量要求的无连接信息传递服务，也能提供具有很高要求的实时交互服务。MPLS 是一种在开放的通信网上利用标签引导数据高速、高效传输的新技术（林维忠，2002）。

MPLS 支持网络层上的各种协议，如 IPv4、IPv6 等，同时还支持任何现有的下层协议，如路由器、ATM 交换、帧中继交换等。

MPLS 是利用标记（label）进行数据转发的。当分组进入网络时，为其分配固定长度的短的标记，并将标记与分组封装在一起，在整个转发过程中，交换节点仅根据标记进行转发。MPLS 独立于第二层和第三层协议，它将 IP 地址映射为简单的、具有固定长度的标签，用于不同的包转发和包交换。

在MPLS中，数据传输发生在标签交换路径上。标签交换路径是由每一个从源端到终端路径上的节点组成的标签序列。MPLS主要用来解决网络问题，如网络速度、可扩展性、服务质量（QoS）管理及流量工程等，同时也用来解决下一代IP中枢网络解决宽带管理及服务请求等问题。

9.2.4 IPSec VPN技术

VLAN技术和MPLS技术的综合应用可以保障第二层的网络安全，充分防止外部攻击者利用IP宽带网的第二层安全缺陷进行攻击。第三层的网络安全主要通过基于IPSec的VPN技术来实现。

1. IPSec

IPSec是由IETF定义的安全标准框架，它主要包括认证头（AH）协议、封装安全负载（ESP）协议和互联网密钥交换（IKE）协议。

（1）认证头。AH用来保证被传输分组的完整性和可靠性，并保护其不受重放攻击。AH试图保护IP数据报的所有字段，那些在传输IP分组的过程中要发生变化的字段就只能被排除在外。当AH使用非对称数字签名算法（如RSA算法）时，可以提供不可否认性。

（2）封装安全负载。ESP用于对数据加密，也可实现数据源认证和完整性校验。ESP协议对分组提供源可靠性、完整性和保密性的支持。与AH不同的是，IP分组头部不被包括在内。

（3）互联网密钥交换。IKE负责IPSec的认证和协商。IKE可以创建IPSec安全联盟（SA），使用户拥有一个VPN连接。其中安全联盟是两个通信实体建立安全隧道前建立的一个逻辑连接。一个SA包含IPSec（AH或ESP）所需要的所有相关信息，如加密算法、密钥信息及通信双方的身份等（张剑，2005）。

2. IPSec VPN

IPSec VPN指采用IPSec来实现远程接入的一种VPN技术，是由IETF定义的安全标准框架，可在公网上为两个私有网络提供安全通信通道，通过加密通道（在两个公共网关间提供私密数据封包服务）保证连接的安全。

IPSec VPN利用IPSec提供的安全性，在IP分组的基础上增加认证和鉴别，保证数据在公共网络上传输的安全。每一个具有IPSec的安全网关都是一个网络聚合点，试图对VPN进行通信分析将会失败。目的地是VPN的所有通信都经过安全网关上的SA来定义加密或认证的算法和密钥等参数，即从VPN的一个安全网关发出的数据包只要符合安全策略，就会用相应的SA来加密或认证（加上AH或ESP报头）。所有的加密和解密由两端的安全网关全权代理（张剑，2005）。

常见的IPSec VPN类型有站到站（site to site或LAN to LAN）、远程访问、动态多点VPN（DM VPN）、组加密传输VPN（GET VPN）等。

9.2.5 设备厂商提供的网络安全增强技术

各大网络设备厂商在其网络设备上都添加了部分增强网络安全性的功能，如接入层的MAC 地址绑定及端口安全保护、静态 ARP 表等网络安全性增强功能，IP 宽带网运营商可以在充分了解网络设备的安全性增强功能后，为客户提供更加细致的安全服务。

9.3 海洋大数据网络基础设施安全防护技术

网络基础设施是传输数据、应用程序、服务和多媒体所需的通信的网络组件。网络基础设施主要包括路由器、防火墙、交换机、服务器、负载平衡器、入侵检测系统、域名系统和存储区域网络等。

9.3.1 KPI/PMI 管理

以关键绩效指标（KPI）为准则，配合授权管理基础设施（PMI）机制建立基础资源管理系统，可实现对海洋网络基础设施的统一管理，从而确保网上信息的保密性、完整性、防抵赖性，以及信息来源的可靠性，为海洋信息化建设与实施提供卓有成效的安全防护。

PMI 是国家信息安全基础设施的一个重要组成部分，目标是向用户和应用程序提供授权管理服务，提供用户身份到应用授权的映射功能，提供与实际应用处理模式相对应的、与具体应用系统开发和管理无关的授权和访问控制机制，可简化具体应用系统的开发与维护。PMI 是一个由属性证书、属性权威、属性证书库等部件构成的综合系统，用来实现权限和证书的产生、管理、存储、分发和撤销等功能。PMI 使用属性证书表示和容纳权限信息，通过管理属性证书的生命周期实现对权限生命周期的管理。属性证书的申请、签发、注销、验证流程对应权限的申请、发放、撤销、使用和验证的过程。此外，使用属性证书进行权限管理的方式，可使权限的管理不必依赖某个具体的应用，有利于权限的安全分布式应用。

PMI 以资源管理为核心，将资源的访问控制权统一交由授权机构统一处理，即由资源的所有者来进行访问控制。与公钥基础设施（PKI）相比，两者主要区别在于：PKI 证明用户是谁，而 PMI 证明这个用户有什么权限，能干什么，而且 PMI 需要 PKI 为其提供身份认证。PMI 实际提出了一个新的信息保护基础设施，能够与 PKI 和目录服务紧密地集成，并系统地建立对认可用户的特定授权，对权限管理进行系统的定义和描述，完整地提供授权服务所需过程。

9.3.2 操作系统安全

操作系统是信息系统的核心，是组织计算机设备的工具，负责信息发送、设备存储空间管理和各种系统资源的调度。操作系统作为应用系统的软件平台，它的安全直接关系到应用系统的安全。海洋大数据网络基础设施操作系统安全防护主要采用以下几种方式。

1. 活动目录服务

活动目录（AD）是专门针对 Windows Server 系统的目录服务技术。它可将网络中各种对象组合起来进行管理，方便网络对象的查找，加强网络的安全性，并有利于用户对网络的管理。

管理员和用户可以通过活动目录查找并管理存储在网络上有关对象的信息。用户在登录时必须经过验证并获得授权，才能够访问网络上的资源。活动目录是由若干个域组成的，域和域之间都有相应的安全策略和安全关系，并通过信任关系连接起来。因此，当在计算机上安装活动目录后，若干个计算机就组成了一个具有层次性信任关系的域树，各个站点和域必须经过信任关系的传递才能够进行授权，从而保证了相互之间信息传递的安全性。此外，还可以通过组策略、全局编录和提升域级别等方法提高活动目录中计算机组和用户的安全性（张明真 等，2017）。

2. 域间信任关系

域是安全边界，若无信任关系，域用户账号只能在域内使用。信任关系在两个域之间架起了一座桥梁，使域用户账号可以跨域使用。例如 A 域与 B 域没有信任关系，A 域上的用户使用自己在 A 域的用户账号，将不能访问 B 域上的资源。信任关系是用于确保一个域的用户可以访问和使用另一个域中资源的安全机制。信任是域之间建立的关系，它可使一个域中的用户由处在另一个域中的域控制器来进行验证（姚晔 等，2010）。

操作系统通过域间（操作系统网络的安全性边界）信任关系实现身份验证传递，通过域间身份验证，可使得用户或计算机仅需登录一次网络就可以对任何他们拥有相应权限的资源进行访问。

3. 组策略安全管理

组策略包括应用于域或计算机安全设置的大量安全权限配置文件。一个组策略对象可以应用到局域网内的所有计算机。组策略与动态目录用户中的域、文件夹及 Microsoft 管理控制台的管理单元相关联。组策略授予的权限可应用到存储于该文件夹中的计算机上，使用动态目录站点和服务管理单元还可将组策略应用到站点。子文件夹从父文件夹继承组策略，子文件夹也可能依次有自己的组策略对象。指派给一个文件夹的组策略可能不止一个，组策略可以将单一安全配置文件应用到多台计算机上。组策略对象包含实现多种类型安全策略的权限和参数。如果将一个特定组策略指派给高级的父站点，这个组策略会应用到父等级以下所有站点（谢晋，2006）。

管理者可以通过组策略设置系统的各项安全配置，以相同的方式将所有类型的策略应用到众多计算机上，从而定义广泛的安全性策略。

4. 身份鉴别与访问控制

通过互动式登录（向域账户或本地计算机确认用户的身份）、网络身份鉴别（向用户试图访问的任何网络服务确认用户的身份）等方式，可实现任何试图登录到域或访问网络资源的用户身份鉴别和访问控制。

5. 安全账号管理

安全账号管理器（SAM）用于存储和管理所有用户的登录名及口令等相关信息。

安全账号管理器对账号的管理是通过安全标识进行的，安全标识在账号创建时同步创建，一旦账号被删除，安全标识也同时被删除。安全标识是唯一的，即使是相同的用户名，在每次创建时获得的安全标识都是完全不同的。因此，一旦某个账号被删除，它的安全标识就不再存在了，即使用相同的用户名重建账号，也会被赋予不同的安全标识，不会保留原来的权限。

6. 操作系统安全审计

操作系统提供网络、主机和用户级的日志信息，作为攻击发生的真实证据。审计范围应覆盖服务器和重要客户端上的每个操作系统用户，服务器应使用堡垒机进行文字终端和图形化终端的操作记录；重要客户端应采用终端数据防泄漏软件。操作系统安全审计内容应包括重要用户行为、系统资源的异常使用和重要系统命令的使用等系统内重要的安全相关事件。操作系统安全审计记录应包括事件的日期、时间、类型、主体标识、客体标识和结果等。应根据操作系统审计记录数据进行分析，并生成审计报表。应保护操作系统的审计进程，避免受到未预期的中断。应保护操作系统审计记录，避免受到未预期的删除、修改或覆盖等。

9.4 海洋大数据数据库安全防护技术

数据库安全防护是指保护数据库以防止非法用户的越权使用、窃取、更改或破坏数据（刘云龙，2009）。随着数据库建设和管理技术的不断发展，数据库安全防护技术也不断升级，成为保护数据库信息安全的重要屏障（李宗涛 等，2014）。

9.4.1 数据库存储加密技术

安全数据库的数据存储加密采用库内加密的方式，在数据库管理系统的内核存储引擎进行数据加解密处理，因此对于合法用户来说是完全透明的，也可称为透明加密。现有的数据存储加密包括如下技术特点。

（1）多密钥：支持库、表等不同数据粒度的存储加密，不同数据对象可采用不同的加密密钥，如一表一密，可有效防止单点突破，保证更高的数据安全性。

（2）硬件加密：通过集成国家密码管理局审批的密码卡为安全数据库提供高强度的加密函数及有效的密钥管理。

（3）完善的密钥保护：采用多级密钥管理机制，主密钥存储在安全硬件之内，正常运行情况下密钥不以明文方式出现在加密卡外。

（4）加密数据无膨胀：加密后密文与加密前明文的大小相同，防止密文膨胀的问题出现。

9.4.2 权限控制技术

海洋数据库安全数据库在权限控制方面主要通过自主访问控制、安全标记、强制访问控制和用户权限三权分立4方面进行保障。

1. 自主访问控制

安全数据库应采用访问控制表（表 9-1）的方式以实现自主访问控制。访问控制表的主体为用户，客体包括基表、视图、列、存储过程、函数等。

表 9-1 访问控制表

	客体 1	客体 2	…	客体 n
主体 1	操作 1.1	操作 1.2	…	操作 1.n
主体 2	操作 2.1	操作 2.2	…	操作 2.n
…	…	…	…	…
主体 m	操作 m.1	操作 m.2	…	操作 m.n

根据访问控制表，每个主体拥有一定操作权限，并可将权限授予另一个主体，称为授权。当一个主体访问某个客体时，自主访问控制根据访问控制表检查，以确认主体对客体访问的操作是否在表中允许，若为允许操作，则访问为合法，否则为非法操作，此时访问不能进行。自主访问控制的主体粒度为用户级，客体粒度为字段（属性）级。

此外，安全数据库应针对授权用户进行访问限制控制，可以限制同一用户每小时的最大查询数、更新数、登录次数等。

2. 安全标记

安全数据库中的主体（数据库用户）与客体（数据对象）均需标以涉密标记（简称标记），标记分为安全等级标记与范畴标记，等级标记用正整数表示，范畴标记则用集合表示。

由负责强制访问控制管理的安全管理员创建全局等级与全局范畴，并利用所创建的等级与范畴标记系统中的主体（代理）和客体。

3. 强制访问控制

安全数据库的强制访问控制（MAC）功能提供客体（数据对象）在主体（数据库用户）之间共享的控制。与自主访问控制不同的是强制访问控制由安全管理员管理，自主访问控制尽管也作为系统安全策略的一部分，但主要由客体的拥有者管理。强制访问控制通过无法绕开的访问控制限制来防止各种直接和间接的攻击，一个用户无权将任何数据资源的访问权授予其他用户。

4. 用户权限三权分立

传统商业数据库通常定义一个超级管理员，该管理员具有超级用户权限，可以操作任何的数据库功能，管理任何的数据，这便导致其缺少权力约束的安全隐患，这种系统机制存在的安全漏洞很难从应用的角度去规避。

安全数据库管理系统分权的基本安全思想是最小特权的授权原则，即对一个主体（用户）仅赋予完成预定任务所必需的最小权限。基于该安全策略，可将数据库管理系统的用户由原来单一的超级数据库管理员变成现在的三类角色：安全管理员、审计管理员、数据管理员。它们分别承担着不同的职责，并且期望它们三者之一应不能涉及其他两者的权力范围，从而实现整个数据库系统的分权管理，即所谓的用户权限三权分立。

三类管理员用户的具体职责分配大致如下：安全管理员主要负责完成系统的安全（标记）管理功能，审计管理员负责完成系统的审计功能，数据管理员主要负责完成自主存取控制、系统维护管理等功能。这三类管理员用户之间分工明确，各司其职，既相互制约又相互配合，共同实现数据库的安全管理功能。

9.4.3 用户行为追踪技术

海洋数据库安全防护的用户行为追踪主要依靠身份鉴别和安全审计两方面来实现。

1. 身份鉴别

（1）用户标识。在安全数据库中，每个数据库用户都有一个不可重复的唯一性用户标识，并在数据库的整个生命周期实现该用户标识的唯一性。

（2）用户鉴别。按照基本鉴别、不可伪造鉴别及一次性使用鉴别要求进行用户身份鉴别，用户在使用数据库时必须先给出用户标识，通过检验合格后才能进入使用数据库。用户身份鉴别采用用户密码及数据证书双重认证的鉴别机制。

数据库用户的密码使用摘要算法加密处理后存储在安全数据库的系统表中，从而保证密码自身的安全性。

2. 安全审计

安全数据库具有独立的审计系统，它能定义有关的审计事件，记录用户的有关操作，记录用户标识、身份鉴别、自主访问控制、标记、强制访问控制中的有关审计数据，进行相关的审计分析并自动报警，并对审计数据进行查阅。

为便于独立审计，保证更高的系统安全性，安全数据库设有专门的安全审计员进行审计管理，安全审计员可利用专门的审计操作界面对审计事件进行选择，查阅有关审计数据，处理报警信号。

9.4.4 抗攻击

1. 数据完整性

安全数据库提供一系列强有力的方法来确保数据库的完整性。数据完整性主要依靠以下技术实现。

（1）物理存储完整性保护。安全数据库的数据文件按照页面方式进行存储，通过页面中保存校验码信息的方式来检查以库结构形式存储在数据库中的用户数据是否完整性。

（2）ACID 事务处理模式。安全数据库支持 ACID 事务处理模式确保每个独立事务的数据完整性与有效性，具备完善的提交、回滚机制，结合重做日志和回滚段共同作用，确保在灾难恢复时数据保持一致性。

（3）事务隔离级别。安全数据库应提供 4 种事务隔离级别，数据管理员可以通过提升事务隔离级别的方式获取更高的数据完整性保障。

（4）支持外键功能。安全数据库支持外键功能，用来确保数据的参考完整性。

（5）支持 Check 约束。安全数据库支持用户自定义的 Check 约束，用来支持用户自定义完整性。

2. 客体重用

客体重用是指在计算机信息系统的空闲存储客体空间中，对客体初始指定、分配或再分配一个主体之前，撤销该客体所含信息的所有授权。当主体获得对一个已被释放的客体的访问权时，当前主体不能获得原主体活动所产生的任何信息。客体重用功能可以防止重要的客体介质在重新分配给其他主体时产生信息泄漏。

安全数据库系统在每次对资源进行分配后，将自动清除资源中包含的残留信息，包括内存单元及磁盘区域，从而保证不会出现客体重用的情况。

（1）内存单元：内存中不需要的信息将会被删除，保证不需要的资源信息不会残留到内存中。

（2）磁盘区域：残留到磁盘区域的信息当不使用时将会自动删除。例如在一个缓存期间，在磁盘上创建一个临时表，当缓存关闭时，将会自动把残留在磁盘上的临时表文件删除。

9.5 海洋数据安全加密技术

数据加密技术是将一个信息经过加密钥匙及加密函数转变成无意义的密文，而接收方则将该密文经过解密函数、解密钥匙还原成明文（韦斌松，2022）。使用密码的方式对相关数据信息进行加密处理，可以保障信息的安全性（孔亮，2021）。

9.5.1 对称加密技术

对称加密技术又称共享密钥或单钥加密，信息发送方与信息接收方可利用同一个密钥对数据信息进行加密、解密（李振，2021）。对称加密是一种出现较早，且发展比较成熟的加密算法。在该算法中，信息发送方将明文（原始数据）及加密密钥通过特殊加密技术处理后形成复杂的密文发送出去，而接收方要想破解收到的密文，就必须使用发送方用过的密钥将密文恢复成可读的明文。密文可以在不安全的信道上传输，但密钥必须通过安全信道进行传输。对称加密的显著特点是在加密算法中，信息发送与接收方使用的密钥是一致的，解密方在解密之前必须知道加密密钥。对称加密算法示意图如图 9-1 所示。

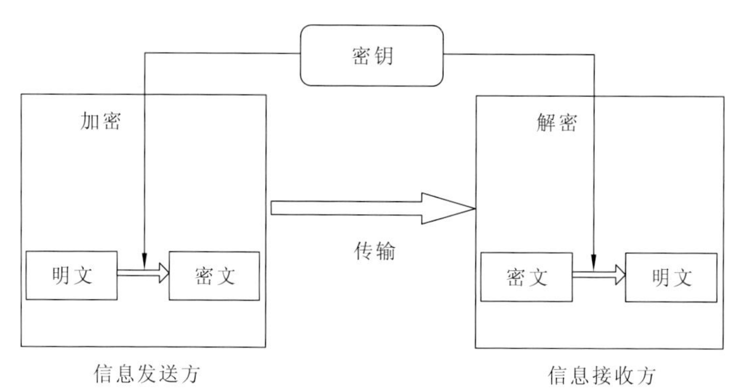

图 9-1　对称加密算法示意图

在对称加密技术中，比较典型且备受青睐的加密算法标准是数据加密标准（DES）、3DES 及高级加密标准（AES）（孔亮，2021；朱禹睿，2021）。对称加密技术的主要缺点如下。

（1）密钥必须通过安全通道送达，代价较大。

（2）当通信人数增加、密钥增多时，密钥的管理和分发变得十分困难。

（3）对称加密技术是建立在共同保守秘密的基础之上的，在管理和分发密钥过程中，任何一方的泄密都会造成密钥的失效。

9.5.2　非对称加密技术

非对称加密技术是相对对称加密而言的，又称公钥加密技术。信息发送方与信息接收方使用不同的密钥实现数据的加密与解密，如图 9-2 所示。非对称加密技术的使用必须建立在密钥交换协议基础上，即数据传输过程中进行通信操作的两大主体不需要进行密钥交换便可以实现信息安全传输。基于非对称加密技术的信息传输不存在密钥安全问题，信息传输的安全性更高，数据更加完整，这是非对称加密优于对称加密的显著特点（金保林，2021）。非对称加密的基础算法也较多，最常见的有 RSA 算法、椭圆曲线算法、ElGamal 加密算法等（于康存，2021），其中 RSA 算法是理论最成熟、最完善，使用最广泛的一种。

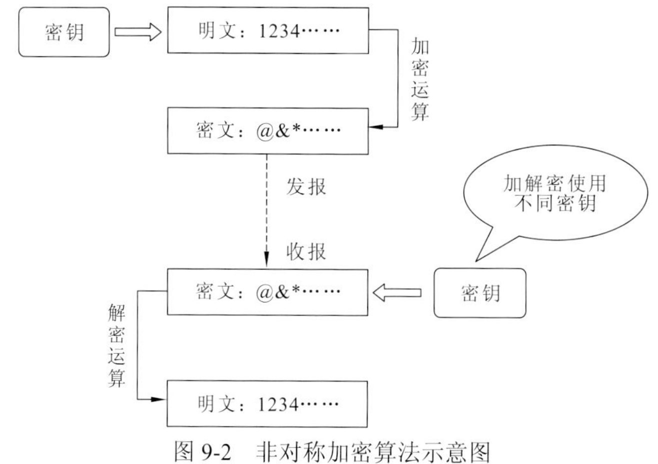

图 9-2　非对称加密算法示意图

非对称加密技术的主要缺点是算法复杂，加密数据的效率较低。与对称加密技术相比，非对称加密技术的主要优点如下。

（1）用户可以将加密的密钥公开地分发给任何需要的其他用户，解决了对称加密技术中“密钥分发”的问题。

（2）非对称加密技术能满足网络开放性的要求，是一种适用于计算机网络的安全加密技术。

（3）非对称加密技术应用范围更广泛，不再局限于数据加密，还可以用于身份鉴别、权限区分和数字签名等各种领域。

9.5.3 透明加密技术

透明加密是一种特殊的文件加密技术，它是伴随着企业文件信息保密需求应运而生的一种加密技术，继对称加密与非对称加密之后，该技术也得到了社会的广泛关注与认可。使用透明加密技术后，使用者打开或编辑一种文件信息时，系统会自动对未加密的文件进行加密。指定的文件在计算机硬盘中处于加密的状态，属于密文，而在内存中处于解密状态，属于明文。一旦文件离开所使用的环境，应用程序将无法正常运行，文件也无法被解密，这样文件内容便被保护起来。透明加密技术分为应用层透明加密和驱动层透明加密两种，前者是通过监控计算机应用程序实现的，而后者则依赖 Windows 文件驱动技术并通过虚拟驱动方式实现，二者各有优势（梁永坚，2021）。透明加密技术的优点包括以下几个方面。

（1）强制加密：安装系统后，所有指定类型的文件都是强制加密的。

（2）使用方便：不影响原有操作习惯，不需要限止端口。

（3）于内无碍：内部交流时不需要进行任何处理。

（4）对外受阻：一旦文件离开使用环境，文件将自动失效，从而保护其知识产权。

9.6 海洋大数据安全防控体系设计

9.6.1 权限控制

1. 主要思路

权限控制是确保信息安全和数据隐私的关键任务。首先应满足信息系统安全管理员、业务管理员和安全审计员管理要求，支持三权分立管理，配合安全日志审计，实现完善的安全闭环。安全管理员将承担平台用户管理、角色管理和授权管理的职责，负责管理账户的审核和权限分配。业务管理员将承担加密和业务管理、数据库源管理的职责，针对表、表空间和索引等进行加解密配置，用户权限和访问策略配置，工单管理用户权限管理配置等。安全审计员将承担安全日志审计归档等工作。

2. 关键技术

1）身份验证技术

（1）用户名和密码认证：用户提供用户名和密码，系统验证其凭证的正确性，采用哈希值存储密码。

（2）多因素身份验证（MFA）：使用额外的身份验证因素，如短信验证码、硬件令牌或生物识别信息，以提高安全性。

（3）单一登录（SSO）：允许用户在一次身份验证后访问多个相关应用程序，提供更方便的用户体验。

2）授权技术

（1）基于角色授权访问控制：设置不同角色，每个角色设置一组权限，通过给用户分配角色从而实现授权。

（2）基于属性的访问授权：基于用户属性、资源属性和环境条件的复杂策略进行，并提供更细粒度的控制。

3. 功能需求

1）用户管理

用户管理模块用于管理系统中的用户，包括创建、编辑、删除用户账户，以及为用户分配角色和权限。用户管理模块包括以下功能。

（1）创建用户账户并分配唯一标识符。

（2）配置用户属性，如用户名、密码、联系信息等。

（3）分配或解除分配用户角色。

（4）管理用户密码和身份验证设置。

（5）锁定或解锁用户账户，以应对安全事件。

2）角色管理

角色管理模块用于定义不同的用户角色，并将这些角色与一组权限关联起来。每个角色代表一组用户，具有共同的权限需求。角色管理模块包括以下功能。

（1）创建、编辑和删除角色。

（2）将权限分配给角色，以定义角色的访问权限。

（3）管理角色的成员，即分配（或解除分配）用户到特定角色。

3）权限管理

权限管理模块用于定义和管理系统中的资源和操作的权限。资源可以是文件、数据库表、API 端点等，操作可以是读取、写入、更新、删除等。权限管理模块包括以下功能。

（1）创建、编辑和删除权限定义。

（2）将权限分配给角色或用户。

（3）管理资源和操作，以确保权限控制涵盖所有需要的资源。

4）权限验证

权限验证是权限控制系统的核心模块，用于在应用程序中验证用户的访问权限。权限验证模块包括以下功能。

（1）验证用户的身份并确定其角色和权限。

（2）根据用户的请求验证其对特定资源和操作的访问权限。

（3）如果权限被拒绝，生成错误或异常，并进行适当的处理。

5）身份认证

传统环境下，数据运维人员只需拥有数据库账号、密码即可对数据库进行操作，但可能存在账号共用、密码泄露等风险。堡垒机虽然可以实现人员身份认证，但却无法识别人员具体操作行为。数据库运维管理提供多因子认证及堡垒机联动认证两种认证机制，可灵活应对多种运维场景。其中多因子包含数据库认证和 DevOps 认证（DOM）双重认证。DOM 认证支持通过口令等多重认证，并配合 IP、客户端、时间等维度实现辅助认证；与堡垒机联动时由堡垒机直接提供身份认证信息，以满足不同场景下对于用户身份认证的需求。

6）日志和审计

日志和审计模块用于记录权限控制系统的活动，以便进行安全审计和故障排除。日志和审计模块包括以下功能。

（1）记录用户登录、权限请求、审批活动等。

（2）存储日志数据并确保数据的保密性和完整性。

（3）提供搜索和报告功能，以便审计员能够分析和检查日志数据。

9.6.2 安全策略

1. 主要思路

结合漏洞管理、安全基线配置核查等方式可实现对数据资产的风险管理，可根据数据分析资产的脆弱性分类、名称、威胁数量及脆弱性等级。通过脆弱性管理可分析数据资产的安全综合状况。数据资产信息可分为三大类：第一大类是基础属性，包括资产基础信息、资产重要性和资产所属业务组；第二大类是脆弱性，包括资产漏洞分布情况、配置基线核查信息和合规信息；第三大类是资产威胁，包括资产管理操作信息、资产遭受安全事件信息和安全威胁阶段、等级信息。

2. 关键技术

通过三个库存储数据资产信息，并通过资产基础信息库提取资产唯一标识（IP、责任人、组织机构、业务系统），建立资产视图库和业务系统视图库。

数据资产的三大类信息会生成特定的属性，如资产信息生成资产价值属性、资产脆弱性信息生成问题严重程度属性、资产威胁生成威胁概率属性。为资产风险评价模型提供数据分析依据。数据资产三大属性值的生成以及不同属性值之间对资产风险的影响，由资产风险评价模型进行计算和判定。

数据资产风险评价模型提供内置的计算公式和模型，将收集到并生成的三大属性进行模型分析计算。风险评价模型矩阵计算逻辑示意图如图 9-3 所示。该模型是用来进行数据资产风险评定的，根据收集到的信息进行整理和汇总，可对整理的完整度进行打分，仅有一个维度也可制定资产风险评定模型，但维度的缺失会影响评定的结果。

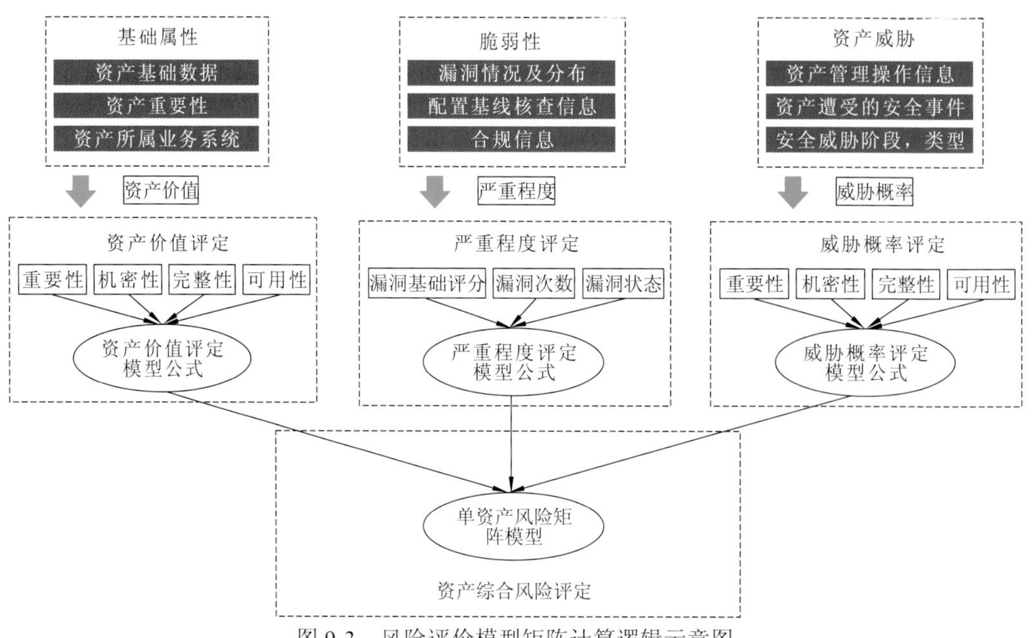

图 9-3　风险评价模型矩阵计算逻辑示意图

3. 功能需求

1）流量策略管理

以 API 访问产生的数据流量管理为主要管理对象，提供流量策略的增、删、改功能，主要包括监控目标、监控频率、监控指标和阈值等流量监控内容。

（1）监控目标：明确需要监控的 API 接口，包括其 URL、请求方法（GET、POST 等）、请求参数等信息。

（2）监控频率：设置 API 接口的监控频率，如每秒、每分钟或每小时等。

（3）监控指标：确定需要监控的 API 性能指标，如响应时间、错误率、吞吐量等。

（4）阈值设置：为每个监控指标设定阈值，当实际值超过阈值时触发报警。

2）事件策略和告警策略配置

事件策略和告警策略配置的目标是能够根据实际情况灵活地调整分析的阈值和分析的条件。首先定义规则类型、选择规则模板，通过定义分析的事件源，如解析类的事件（通过范式化后的字段）和分组事件（通过范式化后进行定义事件分类的事件）对数据进行过滤和分析。然后定义分析的时间窗口类型和大小，同时设定阈值，支持滚动和滑动两种方式来定义分析的时间窗口。最后编辑输出的事件内容和告警内容类别、级别、是否选择邮件通知负责人等操作。

9.6.3　数据加密

1. 主要思路

基于数据库原生透明数据加密（TDE）技术，通过插件的方式，配合数据库完成加密算法及可靠的密钥管理机制，并植入独立的权限控制体系，可以实现对数据库的数据加密存储、访问控制增强、多权限管理等功能，并且对原有数据库服务的应用系统无须任何技术改造，以对使用者完全无感的形式，实现底层数据存储的加密。数据加密功能示意图如图 9-4 所示。

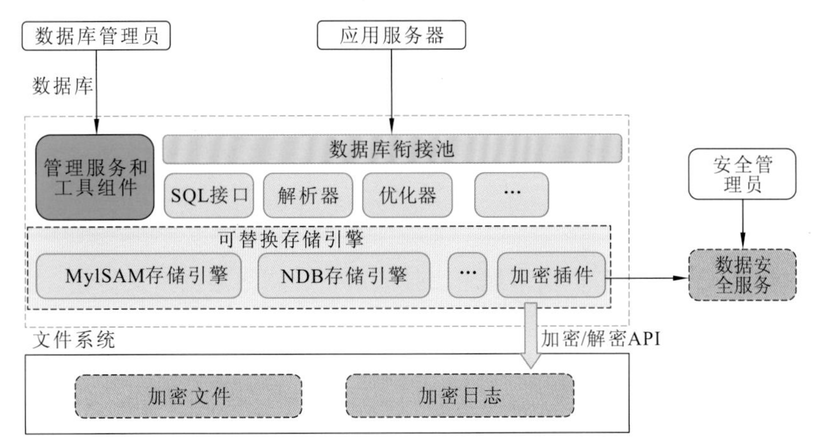

图 9-4　数据加密功能示意图

2. 关键技术

1）TDE 插件

TDE 以插件形式部署于应用的数据库中，通过从数据安全服务（应用场景管理服务+密码服务）中获取密钥及安全策略、权限等信息，为数据库中的数据提供透明加密、解密能力的同时，根据安全策略、权限访问策略等控制数据可以被访问的安全范围。

TDE 插件对外部应用程序和用户透明，无须修改现有应用程序或查询语句。通过 TDE 插件，可以有效地保护敏感数据，防止未经授权的访问和泄露。同时，TDE 插件还考虑了性能优化，通过选取适当的加密算法和优化策略，减少对数据库性能的影响。

2）应用场景管理服务

应用场景管理服务提供适配后的密钥传递及密钥相关的策略管理，提供集中化安全策略信息配置管理、权限访问控制等可视化的安全能力展示、管理及审计。

3）密码服务

密钥管理主要负责密钥的全生命周期管理，包括以下几个方面。

（1）密钥生成：生成高强度的随机数，作为加密算法中的密钥。这些密钥可以是对称密钥（如 AES 密钥），也可以是非对称密钥（如 RSA 密钥对）。密钥生成过程需要保证足够的随机性和安全性。

（2）密钥分发：安全地将生成的密钥分发给需要使用密钥的实体，这些实体可能是其他系统、应用程序或用户。密钥的分发过程需要采用安全的通信协议和加密算法，确保密钥不被未授权的人员获取。

（3）密钥存储：安全地存储生成的密钥，并提供必要的访问控制和权限管理功能。密钥存储通常使用硬件模块（如安全芯片）或加密算法进行保护，以防止密钥泄露和非法使用。

（4）密钥更新：周期性地更新和轮换密钥，以提高密钥的安全性。密钥轮换过程需要确保新生成的密钥和旧密钥之间的平滑切换，避免对已使用密钥的数据或系统造成影响。

（5）密钥销毁：安全地销毁不再使用的密钥，并确保其无法被恢复和再利用。密钥的销毁过程需要彻底清除密钥的存储，并记录销毁的时间和原因。

密码机可为系统提供随机数生成、摘要计算、对称加解密、非对称加解密等密码运算支持。密码服务还需要提供严格的访问控制和权限管理机制，确保只有授权的用户或系统可以进行密钥管理操作。此外，密钥服务还需要保证其自身的安全性，包括防止恶意攻击、安全漏洞的修复和持续监控等。

3. 功能需求

数据加密提供应用系统客户端本地密文接收解密、网络数据密文传输、服务端密文存储等全链路数据安全；支持一会话一密、一文件一密、超大文件分片处理、流数据的处理等；提供二次身份认证功能，支持短信或邮件认证；支持单位通讯录安全录入，共享不同人员；支持不同应用系统的业务化安全适配。

1）数据加密

TDE 功能支持多个主流关系型数据库，包括 Oracle 和 PostgreSQL，还可以扩展到国产数据库，如达梦数据库和人大金仓数据库。

TDE 使用的加密算法不仅包括国际通用的加密标准，如 AES，还支持商密算法。无论是国际算法还是商密算法，都具备高度的安全性和可靠性，能够有效保护数据库中的敏感数据，满足各种安全性和合规性要求。

同时，TDE 是基于表空间级别进行的。表空间是数据库中逻辑和物理存储的管理单元，每个表空间中包含多个数据文件，而每个数据文件都可以进行加密。通过基于表空间的加密，可以灵活地对数据库中的不同信息进行分级保护。例如，可以选择只对某些特定的表空间进行加密，以满足具体的数据安全需求。

数据文件系统安全。采用透明安全加密技术，在不影响业务应用系统使用前提下，可针对文件系统各目录存储数据进行加密保护；可统计各文件系统加密保护状态、数据安全趋势等；可针对不同存储目录，提供策略权限设置，支持 IP 访问黑白名单、应用访问黑白名单；可记录各操作管理员操作日志。

2）密钥管理

全生命周期的密钥管理系统是一个关键的安全系统，它涵盖密钥管理的各个方面，包括密钥生成、分发、备份、使用、更新和销毁等环节。为了保证数据的安全，系统会将加密数据和密钥进行分离保存，最大限度地降低密钥被泄露的风险，保证加密后的数据的安全可靠性。在密钥达到使用期限或遭到破坏的情况下，系统会及时更新或销毁密钥。全生命周期的密钥管理系统可以有效地保护机密信息的安全，提供可靠的数据加密服务。

3）透明访问

透明访问的目标是提升用户体验，降低用户的学习成本和操作复杂度。通过建立智能化、自动化的系统和服务，实现透明访问，从而提高工作效率和用户满意度。

在不影响数据库本身权限的基础上，系统通过增强权限控制的方式来加强对数据访问的控制。这种加强控制是以多个层面为基础的，包括数据库用户、客户端 IP 地址及应用系统等。系统通过在这些层面上实施严格的访问控制，有效防止越权访问和数据泄露的风险。通过这种细致而严密的权限管理机制，保证数据库中的数据安全性，并提高整个系统的稳定性和可靠性。

4）IPv6 通信改造

系统支持 IPv6 网络环境。无论是在 TDE 插件与数据安全服务之间的通信，还是在数据安全服务内部模块之间的通信，甚至是密码机之间的通信，系统都可以使用 IPv6 进行传输，从而提高系统的可扩展性和性能表现。同时，IPv6 的使用也有助于降低网络拓扑的复杂性，并提供更加稳定和安全的通信环境，以确保密钥管理系统可以在任何网络环境下都能够正常运行。

5）日志加密

通过使用加密算法，将日志中的数据转化为密文形式，可以大大增加日志的保密性，减少敏感数据泄露的风险。这对于一些重要的业务场景、个人隐私数据或敏感交易信息来说是至关重要的，特别是在信息安全合规性要求较高的场景下。

9.6.4 安全监测分析

1. 主要思路

安全监测分析是通过网络原始流量的采集、分析和展示，为安全运维人员提供可视化的安全态势展示，实现对网络和重要业务系统进行持续安全监测，以资产和业务系统为中心，从资产运行状态、脆弱性、面临威胁和攻击、风险等方面持续感知网络安全。提供全网的可视化安全、安全检测、预警和响应处置的平台。协助安全运维人员进行安全监测、威胁检测、安全事件分析、审计与追踪溯源、调查取证、应急处置，并辅助运维人员生成所需的报表报告，成为安全运维人员的日常安全运维的有力工具。

2. 关键技术

安全监测分析涉及智能探测、智能分析等核心技术，集安全策略管理、安全风险管理、安全知识管理、安全运营管理、安全产品管理于一体。从技术实现上，不仅仅关注安全事件、安全产品状态的收集和监控，更能依靠技术基础实现各种安全产品、技术、安全管理的集成化和自动化。安全监测分析功能示意图如图 9-5 所示。

3. 功能需求

1）数据采集分析模块

数据采集分析模块的建设应能够覆盖多种数据源（流量、状态信息）的数据收集和解析，时能够实现对流量日志各种手段的分析，消除安全信息孤岛，统一集中管理数据。依据相关策略，日志在采集的过程中及流量采集转化为日志的过程中，应先进行流量清洗比

图 9-5　安全监测分析功能示意图

对，为范式化数据打好基础。

2）流量采集模块

流量采集模块采用部署采集前端的方式接受从交换机镜像过来的网络流量，根据当前所处网络的结构、带宽和流量峰值等因素，选择性地对网络流量进行镜像处理。流量采集应支持单采集器采集和分布式采集器采集，能够对特定格式如 Netflow v5/v9、Netstream、sFlow 等进行采集。

支持对 2～7 层网络流量进行集中的采集和分析，实现全量流量会话的保存，可在任意时间段内审计流量内容。支持对网络流量的 DPI、DFI 分析，可对部分 OSI7 层协议进行解析，如 http、DNS、DHCP、Kerberos、LDAP、SMTP、POP3、IMAP4、SMB、ftp、Telnet、MySQL、SQL Server、Oracle DB 等。

3）监控分析算法

监控分析是以用户操作事件为监控对象，基于日志记录和流量信息，采用不同分析算法计算事件相应关键因子，再结合相应阈值给出判断结果，从而实现对用户行为的实时监控。监控分析包括如下算法。

（1）基于行为序列的关联分析算法。采用统计方法对操作事件的操作主体、被操作对象、操作类型、操作时间、涉及数据量、持续时间等关键因子进行统计，再结合预制阈值比对统计结果给出判断结论。

（2）基于因果关系的关联分析算法。基于因果关系的关联分析指的是事件 A 与事件 B 本身存在一定的关联性。例如 FTP 登录成功后下载文件，事件的因是登录成功，事件的果是下载文件。关联分析规则应该针对那些通过大量尝试失败后登录成功的账号下载文件的行为，这样的因果关系是具有一定威胁性的。

（3）基于历史数据的长周期分析算法。平台在数据采集的过程中会实时地将数据通过消息队列转发到数据存储中进行长周期数据存储。对当前时间而言，过去时间节点的存储数据都为历史数据，历史数据以索引形态存储在集群中，一方面可方便快速的数据检索，另一方面可以进行历史数据分析。系统能够通过对存储在 ElasticSearch 内的全量数据的提取过滤，利用机器学习算法对选定的数据和维度进行异常基线分析。可通过定义历史数据分析的起止时间，通过过滤条件规则将历史数据进行抽取，选取相应的算法模型，实现对数据的基线分析，并通过基线比对将异常值或严重偏离基线的行为展示出来。同时可以对检测后的执行结果进行可视化的呈现，针对过滤条件给定的行为展示当前的分析算法信息、异常信息预览、维度异常及详细异常信息。

（4）基于内部事件的关联分析算法。将原始数据经过各类分析手段分析出的安全事件，用来进行二次分析，可将这类事件定义为内部事件。有些场景需要进一步地对初次发生的安全事件进行二次分析，如 Web 攻击事件、扫描事件、登录事件等。这些事件具备一定的因果关联关系，是能够与下一个时间点发生的事件或原始日志产生上下文相关的安全事件。

4）告警监控模块

（1）能够监控各类安全信息（资产日志、漏洞、配置脆弱性等），结合资产属性及运行数据，进行综合分析、集中告警及处理。告警监控主要针对资产日志、漏洞、配置、变更（完整性）、状态等进行告警。

（2）支持对安全告警的集中呈现和处理，支持告警信息的详细描述。

（3）对由原始事件产生的各类告警进行集中管理，可以对每个告警进行告警状态的跟踪和确认变更。

（4）为了减小告警的处理量，针对源 IP、目的 IP、告警内容，以 24 h 为一个周期进行合并后输出。支持以告警类型、告警级别、告警阶段、告警状态等多个维度的告警查询，告警字段包括但不限于告警名称、告警描述、触发告警规则、触发告警数据、告警目标/源 IP、告警级别、告警时间。

（5）告警支持邮件、短信通知，邮件模板支持自定义。

5）监控结果展示模块

模块具备灵活的可视化配置界面，支持自定义监控组件对网络事件、弱点漏洞、威胁事件、资产、告警等进行多维度监控。通知能够根据不同角色如安全分析师、运维人员、领导配置多维度不同视角的可视化监控。组件的添加支持全局选择过滤条件，基于解析的日志、安全事件、网络流量信息、资产进行选择，通过饼状图、柱状图、趋势图等图形化渲染生成监控组件。

6）异常行为阻断

（1）运维访问控制。为便于工作，普通运维人员或第三方运维人员一般拥有数据库高权限账户。数据库运维管理基于 SQL 协议解析技术设计，能够提供语句级的访问控制，支持对各种风险操作、高危操作、敏感数据查询及漏洞攻击等行为的自动识别和阻断。同时支持基于返回结果的策略，包括返回行数限制、动态脱敏等，最大限度地保障生产数据安全。

（2）高危操作控制。支持 SQL 语句级的访问控制，访问控制颗粒度包括主体、客体、行为三大类。同时内置丰富的高危操作特征库，可对删库撞库、漏洞利用、恶意攻击进行智能阻断。此外，系统还支持基于返回行数限制及动态脱敏的策略，在保证用户生产数据安全的同时，不影响正常的运维操作。

9.6.5 API 访问控制

1. 主要思路

API 安全防控功能主要包括如下内容。

（1）保护数据安全：API 访问控制子系统可以防止未经授权的访问和潜在的恶意攻击，从而保护 API 传输过程中的敏感数据，如用户信息、交易细节和支付信息等，防止数据泄露、篡改和丢失。

（2）系统完整性保护：通过授权机制和身份验证等手段，API 访问控制子系统可以确保只有合法用户和合规应用才能访问 API，防止恶意攻击者通过 API 破坏或控制系统，从而保护系统完整性。

（3）合规要求监测：API 访问控制子系统需要满足相关法律规范的要求，从而保护系统用户的隐私和权益。

2. 关键技术

1）API 安全网关

API 安全网关实现业务系统的统一流量代理，打造 API 全生命周期治理安全管控体系，构建 API 安全防护屏障，实现高效的业务系统协同沟通，保障数字化生态的安全，并具备分布式、高性能、高可用、热插拔、强安全的特性。API 安全网关架构图如图 9-6 所示。

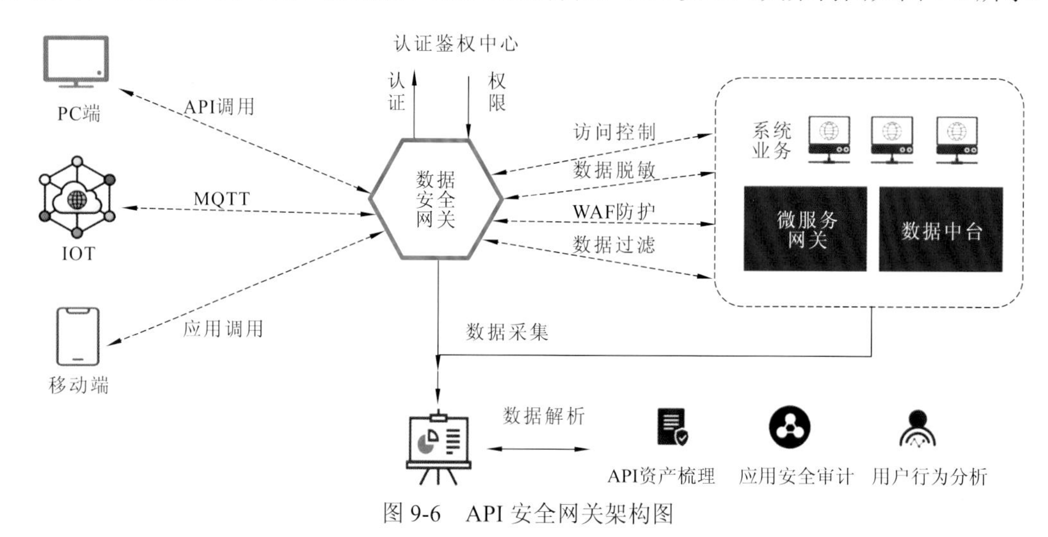

图 9-6　API 安全网关架构图

API 安全网关的主要功能如下。

（1）实现 API 的统一代理：包括负载均衡、IP 黑/白名单、网络应用级防火墙、身份认证、流量控制、数据加密/解密、数据加验签、数据过滤等功能。

（2）完善的生命周期安全管控：实现 API 定义、API 发布、API 上下线、API 授权、API 参数授权、API 审批的全流程管控。

（3）API 安全策略管控：根据 API 接口的不同安全等级配置不同的安全策略进行管控。

（4）防止应用渗透：保护及响应或未知漏洞、防止垂直越权和水平越权，结合身份识别与访问管理（IAM）产品实现数据细粒度授权，防止攻击者利用未知/已知漏洞侵入应用，仅对合法用户授权应用。

2）API 安全监测

API 安全监测集成安全防护和安全监测的综合能力，具备易扩展、稳定可靠、高性能的良好的特性，能够对API资产进行梳理，发现API弱点，评估和监测风险，根据风险评估等级形成不同的安全策略，实现对攻击行为进行智能告警或者拦截阻断，并针对数据泄露风险及API弱点及时进行安全加固，实现API资产发现、风险监测、威胁响应、安全防护。

API安全监测主要功能如下。

（1）API资产采集：通过交换机流量镜像及多端点服务器进行流量收集，并对所有流量进行解析。实现探针进行统一管理，可以进行定时、即时设置，还可以进行启动和停止等管理操作。

（2）解析文件管理：对流量文件进行解析，并监控解析文件的多种状态，包括上传中、上传成功、上传失败、解析中、解析成功、解析失败等。

（3）API资产梳理：实现API的自动发现，完成API接口路径、域名、方法等信息收集，将所有API资产梳理成树形结构进行展示。根据敏感数据分类分级标准，进行敏感资产识别、触发安全告警、下发防护策略。

（4）风险识别：对API进行监测分析，发现API漏洞和风险，计算风险值，划分风险等级。①流量风险：对异常的请求进行及时的告警和阻断。②入侵风险：智能识别API运行过程中的攻击入侵行为，识别API可能存在的漏洞。③业务风险：智能识别机器人爬虫，防止业务数据被盗取，同时可对API进行规范化管理，避免因为研发规范缺失而导致的业务风险。④数据风险：根据API请求进行数据分析，找出API可能存在数据泄漏的情况。

3. 功能需求

1）主动探针

依托主动探针网络诊断工具，主动向目标设备发送探测数据包，以获取该设备的网络状态、性能信息，以及驻留时长、数据访问量等用户行为轨迹记录，并提供网关部署、服务器部署、客户端部署等部署方式。

2）API行为分析

API行为分析旨在监测和分析API的使用情况及用户、应用程序或服务的行为，以识别和响应潜在的安全威胁和异常活动。API行为分析功能能够实时监测API流量，包括请求和响应数据，这有助于识别任何异常活动或攻击尝试，并及时采取行动。API行为分析功能还可以分析API请求的模式，包括访问频率、时间和地点。这有助于检测到潜在的滥用或异常行为，如分布式拒绝服务（DDoS）攻击或恶意扫描。

验证API请求的用户或应用程序的身份，确保只有授权的实体可以访问API。当系统检测到异常行为或潜在的威胁时，它可以生成实时警报，以通知安全团队采取适当的措施，包括暂停API访问、重置会话令牌或触发其他安全策略。

系统使用规则策略和业务模型来辅助API行为分析。通过对比实际行为和模型，系统可以检测到异常行为，如大规模数据爬取、频繁的失败登录尝试等。

3）API访问控制

API访问控制是API访问控制子系统中的一个重要功能，它旨在确保只有经过授权的用户、应用程序或服务可以访问API，并对访问进行细粒度控制。

API访问控制功能允许对API请求的用户或应用程序进行身份验证，以确保其身份的合法性。一旦身份验证成功，系统会根据授权策略来确定用户是否有权访问特定 API 资源。系统支持角色和权限管理，允许管理员为不同的用户或应用程序分配不同的角色，并为这些角色定义特定的权限，确保只有合适的用户能够执行特定的操作。

API 访问控制功能通常包括 API 密钥的生成、分发和管理。管理员可以控制哪些密钥可以访问哪些 API 资源。配置 IP 地址过滤规则，限制只有特定 IP 地址范围的请求才能访问 API，有助于增加 API 的安全性，防止未经授权的访问。API 访问控制功能允许管理员设置访问速率限制和配额，可以防止滥用 API 资源，确保资源的稳定性和性能，同时可以配置自定义策略，进行自动触发管控。

4）API 漏洞攻击防护

API 漏洞攻击防护旨在保护 API 免受各种漏洞和攻击类型的威胁，具备如下功能点。

（1）漏洞扫描和检测：可以扫描 API 应用程序以检测常见的漏洞类型，如 SQL 注入、跨站脚本（XSS）、跨站请求伪造（CSRF）等。它能够自动检测潜在的安全漏洞，包括业务逻辑漏洞。

（2）漏洞修复建议：提供建议的修复方法，以协助开发人员解决问题，有助于加速漏洞的修复过程。

（3）漏洞警报：针对漏洞进行实时警报，通知安全团队和开发人员发现的有关漏洞和攻击尝试，有助于及早采取行动来解决问题。

9.6.6 工单管理

1. 主要思路

对于超出一般访问控制权限以外的运维操作，运维人员如确需执行的，可以通过工单管理子系统的审批机制实现。运维人员可以预先将需要操作的语句、脚本、对象及所需要的权限填入工单进行申请，由系统指定的审批人员批准之后，方可在指定的时间窗口内进行操作，操作完成后权限自动收回，兼顾安全和业务。工单管理流程如图 9-7 所示。

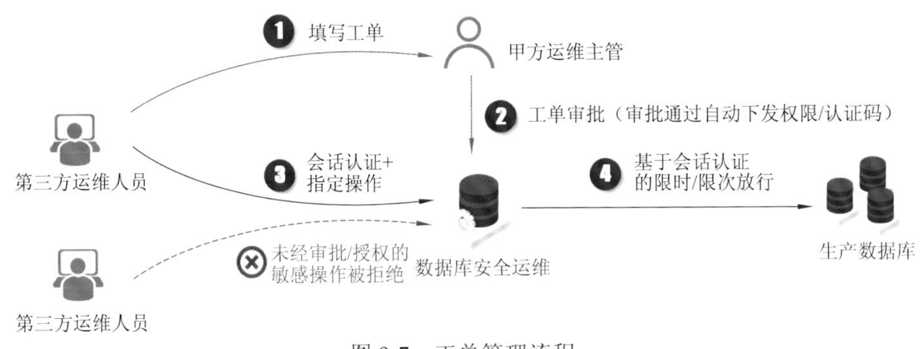

图 9-7　工单管理流程

2. 关键技术

基于网络会话认证的限时和限次请求放行策略，常用于控制用户或应用程序对网络资源的访问。这种策略通常用于防止滥用、降低风险，并确保资源的可用性。工单管理子系统就是通过结合审批能力和网络请求会话控制能力，来实现对特殊敏感操作要求的管理和追溯需求，从而更好地控制对其网络资源的访问，减少滥用和风险，确保服务的可用性和性能，并且对应对恶意攻击、DDoS 攻击和资源浪费等问题很有帮助。限时和限次请求放行策略的技术要点主要包括以下几个方面。

（1）用户身份验证：用户或应用程序通过身份验证机制进行登录。用户成功登录后，将获得一个有效的网络会话。

（2）会话跟踪：跟踪用户的会话，通过使用会话令牌或会话 ID 来标识和关联用户的会话。每个用户在登录后都会被分配一个唯一的会话标识。

（3）限时设置：定义一个时间窗口，设置该时间窗口内用户可以发送多少个请求。时间窗口可以是以分钟、小时或其他时间单位为基础的，用户的会话将在该时间窗口内保持活动状态。

（4）限次设置：确定用户在时间窗口内可以发送的请求次数限制，即用户在给定的时间段内只能发送多少个请求。

（5）请求计数和时间戳：每当用户发送请求时，系统会记录请求次数，并为每个请求记录时间戳。

（6）请求处理和验证：在处理每个请求之前，检查用户的会话是否有效、是否超出时间限制，同时检查用户在时间窗口内是否发送了超过允许的最大请求数。如果用户的请求符合限制条件，则系统会继续处理请求。

（7）限制超出的处理：如果用户的请求超出了限制，采取以下一种或多种行动：①拒绝请求：可以拒绝超出限制的请求，并返回相应的错误消息；②暂时封锁：一种常见的方法是暂时性地封锁用户的会话，使其无法再发送请求，直到时间窗口重置或会话被解锁；③通知警报：可以生成通知或警报，以通知管理员有用户超出了限制，并可能需要进一步调查。

（8）时间窗口重置：一旦时间窗口结束，重置用户的请求计数，用户可以开始新的时间窗口。

（9）会话管理：系统需要确保会话的有效性，并在会话过期后自动注销用户或要求其重新登录。

（10）日志和审计：对请求放行的情况进行记录和审计，以便进行安全审计和故障排除。

3. 功能需求

1）工单创建与提交

运维人员可以通过系统创建新的运维工单，描述问题、请求或变更的细节，并提交给业务流程中的下一环节进行审批。工单可以包括工作说明、紧急程度、请求的服务类型、所需资源等信息。工单流程定制是工单管理系统的关键功能组件，可以根据业务需求和流程进行私有化定制，要包括以下两方面功能。

（1）自定义工单字段：允许根据其需求添加额外的字段来捕获和存储与工单相关的特定信息，包括文本、日期、数字、下拉列表、复选框等。相关功能包括字段创建和管理、字段附加到工单、字段验证和约束、字段显示和编辑等。

（2）自定义工作流程：允许组织定义工单的处理流程、状态、审批规则和条件，有助于确保工单按照特定的工作流程进行处理。相关功能包括工作流程定义、状态和状态转换设置、审批流程设置、条件触发设置、权限控制设置。

2）工单审批

工单审批是根据不同的业务定制对应的审批流程，包括多级别审批及会审，设置不同级别的审批动作及下一级审批对象，控制业务流转方向，并可以填写审批意见。

3）工单流转控制

（1）工单分派和路由：支持工单的分派，并可以将工单自动路由分配给指定的运维人员，以确保问题得到及时处理。

（2）状态跟踪和更新：允许运维人员跟踪工单的状态和进展，以了解工单的当前状态，记录注释并更新工单状态，可根据安全实际需求，手动完成工单流转过程。

（3）通知和提醒：通知相关人员有新的工单需要处理，或者提醒审批者审批请求。通知和提醒可以通过电子邮件、短信或系统内部消息进行。

4）工单提权执行

执行人员开展数据操作时，需按预设流程提交申请，该申请包含操作主体、操作对象、操作时段、操作行为等工单执行内容，以及执行人员拟提升的权限级别。由审批人员根据相关信息，开放限时限次执行权限。在此基础上，结合运维身份鉴别、密码代填、操作执行本地化防护和操作日志记录等功能，为工单执行提供监管支撑。

（1）密码代填。数据库运维人员掌握数据库账号密码，是导致数据库账号共用、密码泄露的根本原因。通过内置网页版的安全客户端可以实现数据库权限自动分配及数据库免密登录等功能，在不影响运维操作的前提下，防止运维人员获知数据库鉴权密码，同时避免运维人员使用非授权的第三方客户端进行非法操作。

（2）本地化防护。当数据库运维人员绕过相关安全防护设备直接连接数据库时，可通过本地化防护技术控制客户端，将数据库运维人员执行的 SQL 语句发送至运维管理系统，从而实现防护。

9.6.7 审计运维

1. 主要思路

数据库安全审计以安全事件为中心，以全面审计和精确审计为基础，对数据库的各类操作行为进行监视并记录，实现对目标数据库系统的用户操作的监控和审计。基于对数据安全进行全面监控和审核的需求，以确保企业遵守相关法律法规和内部规章制度，保护企业利益和数据安全，预防和发现潜在的风险和违规行为为主要目的设计思路，审计运维子系统需具备统一登录、多因素认证、权限管控、操作审批、动态脱敏、本地化防护、误删恢复等技术，可实现对于运维人员的最小化权限控制、危险操作阻断及行为审计。审计运维子系统框架如图 9-8 所示。

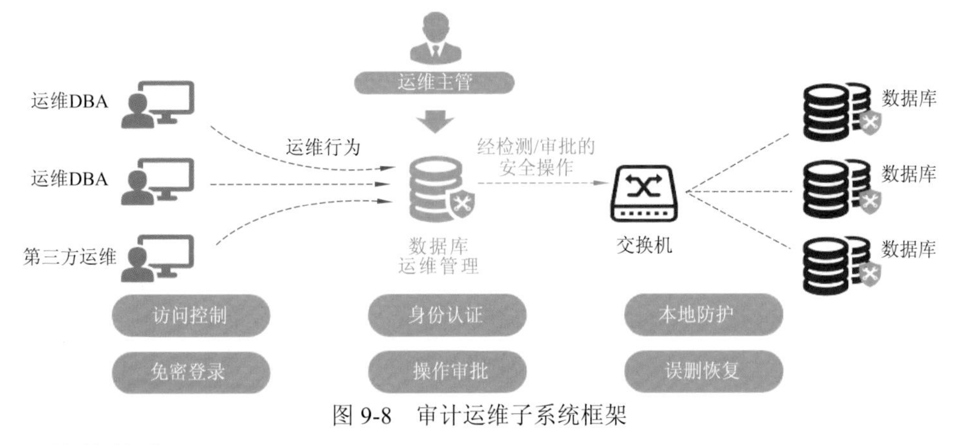

图 9-8　审计运维子系统框架

2. 关键技术

1）权限管理

基于 RBAC 模型，搭建完备且灵活的权限管理体系，通过角色将权限分配集中在角色层面上，在简化权限管理和维护的复杂性的同时，能够根据用户角色和职责灵活地进行细粒度权限控制；通过角色和权限的映射关系，可以方便地进行审计和监控用户的行为，对于敏感操作和重要数据，可以设置严格的访问控制策略，确保只有授权用户能够执行和查看相关操作和数据，及时发现潜在的安全风险。

2）访问控制

访问控制主要以用户、API、应用、IP 及工具等为控制对象，确保系统资源只能被经过授权的使用者所访问和利用。通过合理的访问控制策略和机制，访问控制模块可以实现对系统资源的保护，防止未经授权的使用者获取敏感信息、篡改数据、破坏系统稳定性。这对提高系统的可靠性、可用性和安全性来说至关重要。

3）安全审计

安全审计用于监控和记录系统中的安全事件和行为，其主要功能为检测、分析和报告系统中的安全漏洞和风险，确保系统的安全性和合规性。安全审计模块应具备对关键操作进行安全审计和追溯的能力，能够准确记录和管理相关操作的执行者、时间、内容等关键信息，为后续的安全事件调查提供可靠的依据。

4）数据恢复

数据恢复不仅可以用于从操作日志中恢复误删除的数据，还可以用于从操作日志中恢复误操作的数据。操作日志包含用户的操作记录、数据修改、数据删除记录等信息。当出现误操作导致数据丢失或损坏时，数据恢复模块可以通过分析和解析操作日志，找回被误操作的数据，并将其恢复到原始状态。在处理误操作数据时，通过解析操作日志、执行相反操作、数据校验与修复等手段，能够有效地恢复因误操作导致的数据丢失或损坏问题。基于数据恢复模块可增加系统安全的完备性，降低数据安全风险。

3. 功能需求

1）数据承载体隐患排查

通过对各种类型的日志数据进行范式化，包括操作日志、通信日志、系统日志和审批日志等，系统能够为运维人员提供更广泛的数据视角，以便深入分析、挖掘和排查潜在的数据安全隐患和威胁。其核心在于将各种日志数据标准化为一个一致的格式，使其能够被轻松比较和关联。这种标准化的方法有助于建立跨日志事件的联系，帮助运维团队追踪不同部分之间可能存在的异常行为或潜在的攻击迹象。

操作日志可以揭示系统内部的用户活动，通信日志可以追踪网络通信的情况，系统日志提供了有关系统运行状况的关键信息，审批日志则记录重要决策的细节。通过将这些日志数据整合在一起并分析它们之间的关联，可以更清晰地了解系统的整体安全状况。这种分析方法不仅可以帮助及早发现潜在的威胁，还有助于理解事件的上下文，从而更好地应对安全挑战。通过深入挖掘这些数据，运维人员可以迅速识别异常行为、不寻常的模式或潜在的攻击迹象，并采取相应的措施来增强数据安全性。

2）用户行为审计分析

（1）对接收到的日志和流量可进行回溯取证分析。

（2）通过对海量数据进行关联分析生成各类安全告警。

（3）结合流量接入安防策略，基于告警的溯源分析，可以将当前告警相关联的告警信息以攻击链条的形式展现出来，完整还原攻击路径和攻击手段。

（4）可利用系统进行快速下载告警查询，可根据告警查询看到当前告警摘要、攻击的源目的 IP，可直接对攻击源目的 IP 进行一键查询，查询该 IP 发生的全部安全信息。

（5）可根据告警信息查询当前触发的告警规则及告警次数。

（6）可根据攻击者信息及资产信息关联当前攻击与被攻击的角色。

（7）根据源目的 IP 可呈现当前攻击的地理位置和资产关系；同时将该攻击事件的前因后果通过桑葚图的形式直观地展现出来，清楚地了解到当前的网络攻击是通过哪些端口和 IP 攻击进来，进一步锁定问题原因。

（8）基于攻击链模型将攻击链中各个阶段攻击过程还原，攻击链一般分为以下 7 个攻击步骤，每个环节都有一些明显的行为特征，通过持续监控攻击的 7 步行为特点，从而发现其中的未知威胁。①侦察目标：找到薄弱环节和漏洞；②武器构建：构造能利用上述漏洞的后门程序；③载荷投递：通过邮件/网站/U 盘发送后门程序；④漏洞利用：在受害系统中利用漏洞来执行代码；⑤安装植入：找到有价值资产并将恶意软件/木马安装潜伏在目标资产上；⑥接收命令：从外部接收下一步行动命令；⑦完成任务：完成窃密/破坏行为。

（9）可根据安全告警关联资产信息发现当前攻击还影响到哪些关键资产，并分析当前告警所处的攻击阶段。

3）工单审计分析

（1）工单搜索和过滤：运维人员可以使用系统的搜索和过滤功能来查找特定类型的工单、按日期范围查看工单、按状态查看工单等。

（2）工单历史记录和审计：记录工单的历史记录，包括创建时间、状态更改、审批历史、注释等信息。这些历史记录可以用于审计、追踪和报告，以满足合规性和安全性要求。

4）审计溯源

审计溯源功能旨在记录和跟踪 API 操作的详细信息，以便在需要时进行审计和追踪，以确保合规性和安全性。

在操作日志中自动记录所有API操作，包括请求、响应、用户身份验证、访问时间、来源IP地址、API终结点、使用的令牌等详细信息，这有助于确定潜在的滥用或未经授权的访问，了解API资源的使用情况和潜在的风险。

提供审计查询工具，允许安全团队或管理员根据特定的条件和时间范围来检索操作记录。当发生安全事件、漏洞攻击或其他安全问题时，审计溯源功能可以帮助进行审计追踪，以确定事件的原因、影响和责任人。

5）审计结果展示

审计结果统计提供有关数据安全、API 安全等业务或活动详细和全面的信息，以可视化界面，通过图表、图形等方式展示统计结果，将数据变成易于理解的信息，可以一目了然地看到关键指标、趋势和模式，而无须深入研究原始数据，从而使用户能够更快速且更直观地理解分析数据、发现问题，做出决策并采取行动。

6）问题事件关联回溯处理

审计人员在进行问题事件关联回溯处理时，可以通过事件的详细关联信息还原出事件的发生和执行过程，从而全面了解事件的背景和相关细节。这些详细关联信息包括但不限于以下方面。

（1）前置条件：审计人员可以获得事件发生前的一系列条件，如系统配置、权限设置、用户操作等。这些前置条件对于理解事件的发生背景和原因至关重要。

（2）执行步骤：通过分析事件的详细关联信息，审计人员可以还原事件的执行过程，包括操作步骤、使用的工具和技术、系统响应等。了解事件的执行步骤有助于揭示事件的详细过程，并确定可能存在的问题和漏洞。

（3）详细关联信息：事件的详细关联信息包括事件期间使用的各种资源，如服务器、数据库、网络连接等。审计人员可以通过分析资源的使用情况，确定资源是否被合理利用，以及是否存在滥用或异常使用的情况。

通过获取并分析这些详细关联信息，审计人员可以清晰地理解事件的详细情况和影响，对事件的发生进行全面审查和追责定责。同时，这些信息还可以为安全改进提供宝贵的参考，帮助组织加强安全意识和措施，并预防类似事件的再次发生。因此，详细关联信息在事件审计中扮演着关键的角色，并对保障信息系统的安全和稳定起到重要作用。

7）防护策略调整

可与第三方堡垒机系统协同作用，为客户提供更全面的数据安全防护方案。当数据库运维人员登录堡垒机进行运维时，各个运维人员的登录地址及用户名等信息将由堡垒机应用发布统一替换，使得后续的安全设备无法取得真实的运维人员信息，从而造成策略失效。数据库运维管理系统通过联动技术，可成功解析真实的运维人员信息，完美解决策略失效难题。

9.6.8 安全态势研判

1. 主要思路

安全态势研判是通过对能够引起系统状态变化的安全要素进行获取、理解、显示，以及预测未来的发展趋势，为用户提供全方位的安全保障。该系统由态势要素获取、态势理解和态势预测模型组成，通过这些模型，能够全面获得必要的数据，并通过数据分析技术进行深入的态势理解，从而实现对未来短期内的态势预测。

具体而言，态势感知系统通过对漏洞、资产、攻击和用户的维度进行监测和分析，实现对整个安全环境的感知。漏洞维度可以识别系统中存在的漏洞和弱点，帮助用户及时修复和加固；资产维度可以对系统中的各类资产进行梳理和管理，确保安全资源得到有效利用；攻击维度可以监测和追踪各类攻击行为，及时发现并应对潜在的威胁；用户维度可以对用户行为进行分析和评估，识别潜在的风险和异常行为。

基于以上维度的监测和分析，该系统能够洞察整个安全环境的动态变化，及时掌握系统的安全状态。通过数据分析和模型预测，可以预判未来发展趋势，帮助用户做出合理的安全决策，提高整体的安全防护能力。无论是对个人用户还是企业组织，该系统都能提供全面、准确的安全评估和预警，帮助用户实现安全可控，避免潜在的安全风险。

2. 关键技术

（1）态势要素获取。态势要素获取模块是系统的基础模块，负责从各种渠道收集与获取与安全相关的信息。这些信息包括但不限于实时网络流量数据、安全设备日志、网络设备配置信息、漏洞扫描结果、威胁情报及用户行为记录等。该模块可以通过采集工具、日志收集器、API 接口等方式获取数据，并将其整合汇总。

（2）态势理解。态势理解模块对收集到的各类安全数据进行处理、分析和关联，以获取全面而准确的安全态势信息。该模块使用数据挖掘和机器学习等技术方法，对海量的数据进行挖掘和分析，识别异常行为和安全事件，生成安全事件漏洞链路等可视化展示，定位潜在威胁、攻击者动态和系统漏洞，帮助安全人员全面了解安全状况。

（3）态势预测。态势预测模块利用历史数据、行为分析和机器学习等技术，通过对当前态势的理解和趋势分析，预测未来可能出现的安全威胁和攻击行为，主要目的是提前发现和应对潜在的风险，并采取相应的安全防护措施，以增加系统的风险抵御能力。该模块可以通过构建模型、制定规则、设置警戒值等方式，进行实时的态势预测和告警，支持安全决策和紧急响应。

3. 功能需求

以数据安全全生命周期管理为核心，通过多维度量化指标，精准描述数据安全的实时风险及整体状况，利用海量数据分析引擎及模型实现对数据风险的主动发现、精准定位、智能研判、快速处置、严格审计，完成对数据安全保护工作的闭环处置流程。

1）安全态势监测

系统通过实时、持续地收集、深入分析和迅速处理安全信息，使用户能够对系统中的各类潜在安全事件、威胁和漏洞实施全面监控和详尽跟踪。实时监控功能使用户能够不断审查大量的数据流量和系统活动，以便立即识别任何可能威胁安全的行为模式。系统提供深度分析和上下文关联，确保用户不仅可以发现特定事件，还可以理解其潜在威胁，甚至预测未来的风险。

2）安全态势分析

面向漏洞、资产、攻击和用户 4 个维度进行数据安全态势分析，实现对整个安全环境的感知。

（1）漏洞识别分析功能。根据漏洞的性质和特点，将其分类为代码执行漏洞、权限提升漏洞、信息泄露漏洞等不同类型。采用深度分析技术，针对数据所涉计算机系统或软件中可能存在的安全漏洞进行多角度、多层次的识别和评估，根据漏洞影响程度和风险级别，按照高、中、低三个等级确定漏洞处理的优先级和策略，开展精细化管理和处理。

（2）资产效能分析功能。对照数据管理内容及数据资产运营的范围、规模、保障能力和价值等信息，分析数据资源参与资产化运营的程度，发现主数据中的"沉默数据"，并结合相关策略开展数据治理。

（3）攻击事件分析功能。回溯分析历史攻击事件的攻击对象、防范措施、防范结果、攻击影响，以及入侵方式和渗透手法等关键信息，结合当前安全防护能力和应急响应策略，评估数据运营过程中的潜在安全风险等级及处理应对能力，识别潜在的安全漏洞和风险点，及时发现并解决系统中的安全问题，提升数据安全性。

（4）用户行为分析功能。针对不同用户身份层级和不同数据操作类型，采用大数据分析方法，回溯分析异常用户及其实体行为，构建异常用户行为综合基线，据此开展全部用户行为挖掘和潜在的异常行为风险识别。

3）安全态势预警

基于对当前安全态势的理解和趋势分析，预测未来可能出现的安全威胁和攻击行为，提前发现潜在风险，并以警报等形式告知用户，以便采取相应的防护措施。

4）安全态势报告

根据对数据的深度分析和趋势预测，系统会生成全面的安全态势报告。该报告将向相关人员提供针对当前的安全威胁和漏洞的详细分析结果，并提供具体的安全建议。通过这些分析结果和建议，决策者能够更好地了解当前的安全状况，制定相应的安全策略和行动计划。在此基础上，结合可视化界面，将整理、分析的安全数据以可视化的方式展示，提供用户友好的用户界面，帮助安全人员直观地了解系统的安全状况和趋势，并对安全事件进行全面的查看和分析。

9.6.9 数据系统恢复

1. 主要思路

数据系统恢复功能是一种重要的技术手段，它的主要作用是在数据系统出现故障或数据丢失的情况下，通过一系列的操作和步骤，将数据系统恢复到正常的状态。这种功能通常包括数据备份、数据恢复、系统修复等环节。

（1）数据备份是数据系统恢复功能的基础。在数据系统中，所有的数据都是以电子形式存在的，一旦出现硬件故障或软件错误，都可能导致数据的丢失。因此，定期对数据进行备份是非常必要的。数据备份可以是全量备份，也可以是增量备份，具体取决于实际的需求和条件。

（2）数据恢复是数据系统恢复功能的核心。当数据系统出现问题时，可以通过数据备份来恢复丢失的数据。数据恢复的过程通常包括选择备份文件、解析备份文件、恢复数据等步骤。在此过程中，需要确保数据的完整性和一致性，避免由数据恢复而导致的数据混乱。

（3）系统修复是数据系统恢复功能的重要组成部分。数据系统的问题可能不仅仅是数据的丢失，还可能包括系统的损坏。在这种情况下，需要对系统进行修复，使其能够正常运行。系统修复的方法有很多，例如重新安装操作系统、修复系统文件等。

2. 关键技术

（1）数据备份与恢复技术。通过定期备份数据，可以在数据丢失或损坏时迅速恢复。备份时应考虑数据的完整性、可用性和可恢复性。常见的备份方法包括全量备份、增量备份和差异备份。

（2）数据冗余与容错技术。数据冗余是通过存储多个副本来提高数据的可靠性和可用性。常见的数据冗余技术包括磁盘阵列、镜像和复制。磁盘阵列是一种将多个磁盘组合成一个逻辑单元的技术，可以提高数据的读写速度和可靠性；镜像是将数据的两个完全相同的副本存储在不同的物理位置，当一个副本损坏时，可以从另一个副本中恢复数据；复制是将数据从一个位置复制到另一个位置，可以增加数据的可用性。

（3）数据校验与纠错技术。数据校验是通过计算数据的校验和来检测数据是否损坏。常见的数据校验方法包括奇偶校验、循环冗余校验（CRC）和海明码。奇偶校验是一种简单的校验方法，通过在数据中添加额外的位来检测错误；CRC 是一种更为复杂的校验方法，可以检测多位错误；海明码是一种可以纠正多位错误的校验方法。

（4）数据库恢复技术。数据库恢复是指在数据库系统遭受损失或损坏时，通过应用一系列的恢复步骤来恢复数据库的完整性和一致性。常见的数据库恢复技术包括事务日志、时间点恢复（PITR）和灾难恢复。事务日志是一种记录数据库操作的方法，可以用于回滚错误的操作；PITR 是一种基于时间点的恢复方法，可以恢复到数据库指定时间点的某个状态；灾难恢复是一种在数据中心遭受灾难时，将数据库恢复到另一个数据中心的方法。

3. 功能需求

（1）误删数据恢复。当监测到数据库运维人员进行 Drop、Truncate 等命令误删敏感数据的时候，将触发保护机制，自动将数据库运维人员删除数据保存至 数据库运维管理。当用户需要找回被删除数据时，使用一键恢复功能即可恢复删除数据。数据误删恢复功能可以极大程度地避免因数据库运维人员利用职位之便恶意删库或因工作失误造成数据丢失。

（2）应用系统恢复。应用系统恢复功能根据高频数据访问系统的生命周期和可能产生数据的频率、体量等信息，确定备份的内容、频率和手段（备份工具）等，通过配置备份计划定期执行系统的备份操作，提供检查备份文件的大小、校验和等属性验证功能，确保系统的完整性。在此基础上，提供系统恢复应急方案，在发生系统故障时，根据恢复计划执行实际的恢复操作，包括从最近的备份中恢复数据、修复受损的系统组件、通知相关人员等。

第三篇 实践篇

实践篇包括国家海洋大数据综合管理实践、国家海洋大数据共享服务实践和海洋大数据国际合作交流实践 3 章，介绍国家海洋综合数据库建设运行、海洋业务化观测数据治理、国家海洋专项数据治理、国际业务化海洋学数据治理、中国大洋资料中心建设运行、浙江省智慧海洋大数据中心建设运行、国家海洋大数据服务平台（海洋云）、海洋观测数据共享服务平台、深海大洋数据共享服务平台、重要区域数据中心、中国-东盟海洋大数据共享平台、数字深海“一张图”综合可视分析系统、国际海洋信息技术教育培训、中国-欧盟海洋信息技术合作等 14 个翔实的案例，为相关领域海洋大数据治理提供参考。

第 10 章　国家海洋大数据综合管理实践

10.1　国家海洋综合数据库建设运行

10.1.1　背景概述

多年来，基于各海洋业务体系建设和发展，面向海洋环境、海洋地理及海洋专题等数据和信息管理，海洋业务领域建设的数据库覆盖了数字海洋应用服务、海洋地理信息管理、海洋经济数据综合管理、国家海域/海岛监视监测管理、海洋环境保护综合管理、海洋权益信息管理、海洋预报减灾、大洋资料中心业务运行、国际合作与交换等多个业务系统，在各自业务领域的相应发展阶段发挥了重要的作用。

但总体上，海洋数据库建设工作缺乏统筹规划，主要表现为：尚未建立统一的数据库建设标准，现有各类数据库的改造和新增数据库的建设缺乏统一的规范指导；目前大部分数据基本基于文件进行管理，尚未建立相应的海洋数据库、元数据库和管理与监控系统；现有各类数据库选型不一、接口各异、数据管理方式多样，数据库间无法协同联用，亟须进行针对性的改造/集成；现有数据库基本基于各业务体系或依托专项/项目运行维护，尚未形成完善的业务流程体系，导致部分数据库项目结束即成为"僵尸库"。

10.1.2　治理方法

基于最新的云计算、虚拟化、大数据、智能挖掘分析等现代信息技术，建设标准统一、开放兼容的国家海洋综合数据库，可实现各类海洋环境、海洋地理信息、海洋专题信息数据的动态汇集、处理、管理、分析与共享服务功能，面向国家海洋安全、海洋权益维护、海洋综合管理、海洋开发利用、海洋环境认知和海洋生态文明及海洋公众服务和海洋国际合作等需求，提供海洋大数据信息资源和应用服务支撑，为海洋自然资源、海洋经济统计、海洋管理、预报减灾、权益维护等提供综合的数据服务，打造国家海洋信息资源"数据-信息-知识-价值"的高效整合分析利用的生态链，显著提升海洋信息资源的处理管理、分析挖掘和共享开放服务水平。

海洋综合数据库建设内容包括面向原始数据层（接收资料、原始资料）的数据文件系统、面向基础数据层（标准数据集）的各类基础数据库、面向整合数据层的结构化分析型 MPP 数据库（整合数据集）和非结构化 Hadoop 数据库（非结构化数据文件、报告、图集、音频、视频、影像等），以及海洋环境数据管理与监控系统，学科覆盖海洋水文、海洋气象、海洋生物、海洋化学、海洋地质、海洋地球物理及海洋声光，业务领域覆盖业务化观/监测、海洋专项调查、海洋科学考察、国际合作与交换等。

1. 总体框架

海洋综合数据库基于“多种架构支持多类应用”的平台体系架构，采用混搭模式进行设计。整个平台从逻辑上自下而上分为海洋综合数据库基础支撑平台、海洋综合数据库资源平台、海洋综合数据库管理平台和海洋综合数据库服务接口 4 层（图 10-1）。

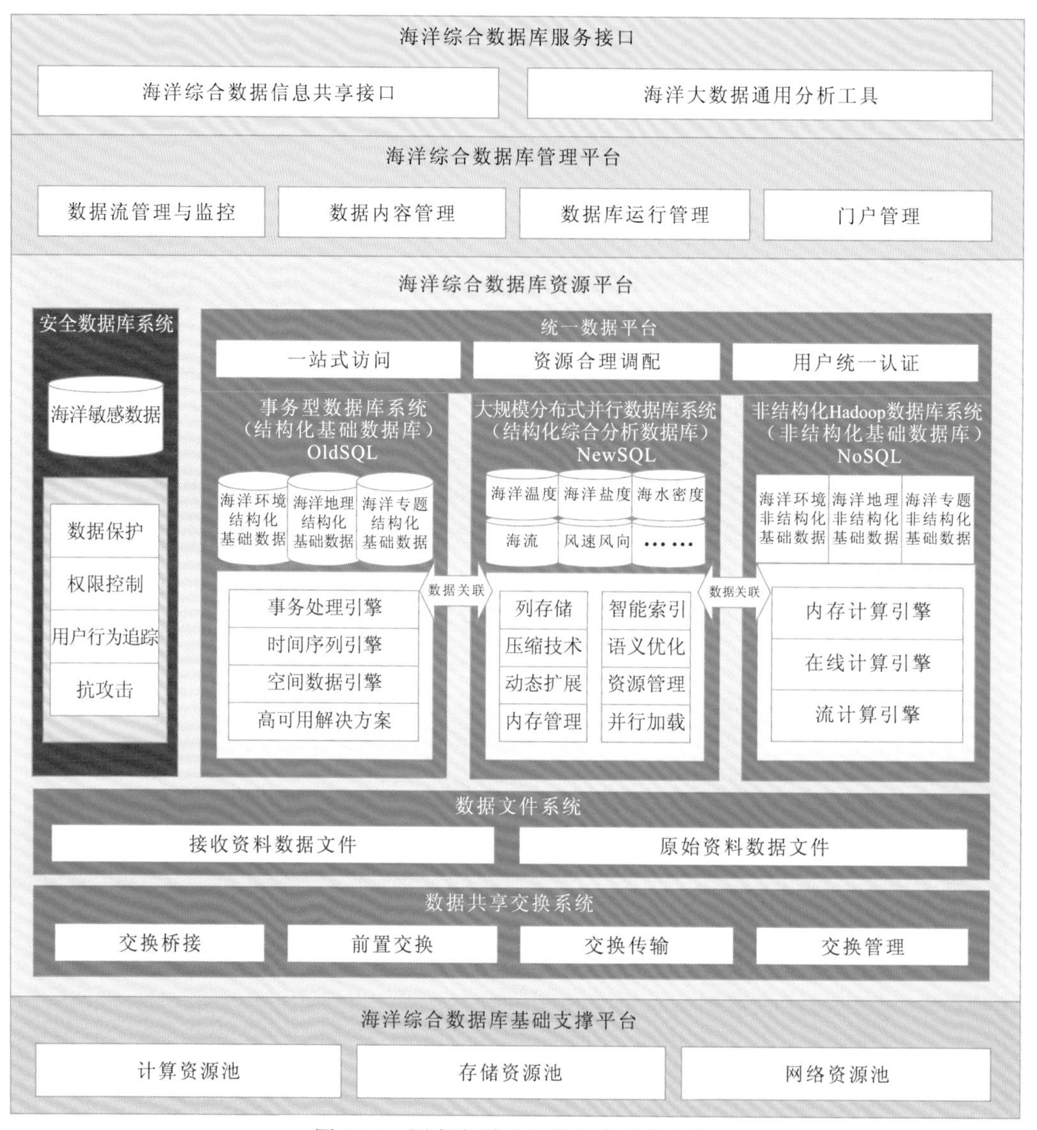

图 10-1　国家海洋综合数据库系统架构

（1）海洋综合数据库基础支撑平台：由服务器资源、数据库服务器集群和存储服务器资源组成，分别部署于涉密网、海洋专网和互联网区域。

（2）海洋综合数据库资源平台：是实现国家海洋地理信息、各类专题信息、海洋环境信息等相关各异构系统数据信息集成的核心组成部分。通过采用统一的海洋大数据汇集、传输、转换标准等一系列数据处理标准，将各海洋地理、专题源系统与国家海洋综合数据库资源平台相连，兼顾结构化和非结构化两类数据的采集、传输和同步需求，在数据同步方式上提供丰富的全量/增量、同步/异步、定时/及时、手动/自动等数据提取方式，以满足海洋地理、海洋专项等各类业务数据提取要求，通过将多个不同业务系统的数据源抽取、转换、装载数据到国家海洋综合数据库，实现海洋综合数据的汇集、集成，形成海洋地理基础库和海洋专题基础库，并在此基础上形成海洋自然资源数据库、海洋综合分析数据库，实现海洋地理、专题数据的无缝交换和共享访问，并对数据进行细粒度多周期的调度、更新和管理，监控和管理数据采集流程，为上层应用提供统一规范的海洋自然资源数据和海洋综合业务数据。

（3）海洋综合数据库管理平台：开展海洋环境清单数据管理、ETL 调度管理、数据管理、统计分析及海洋数据资产管理，结合已完成建设的海洋环境相关数据管理功能，实现对国家海洋综合数据库的数据全流程、数据溯源、数据质量、数据安全及数据绩效与审计等统一管理，从底层技术上保证各类海洋数据的有效协同，从整体上提高国家海洋综合数据库资源平台运作效率和安全性。

（4）海洋综合数据库服务接口：提供海洋综合数据监控与展示、数据查询与服务两大类应用，实现海洋实时数据的监控预警及各类海洋综合数据的使用管理、大屏展示、统计分析、查询服务等内容，为各相关部门使用海洋大数据提供统一的标准数据服务。

2. 海洋数据接收与转发系统

面向海洋业务化观/监测、海洋专项调查、海洋科学考察、国际合作与交换等接收数据，开展数据分类、整理和定向分发，以及处理结果的汇集交换等。

海洋数据接收与转发系统承担数据采集、数据解析、数据转发的重要工作，是数据库采集数据的重要手段。采集与接收系统的建设质量，直接影响着整个项目的建设质量，其中数据解析部分对整体数据质量有着直接的影响。数据接收主要负责从外部环境进行数据的采集，外部环境分为专网系统和互联网系统，专网系统的数据由国家海洋站实施提供，海洋站进行信息推送，国家海洋信息中心负责接收。

采集来的数据会进行数据解析，解析的目的是按照相关的格式要求，进行数据整理，最终形成符合规范要求的数据文件。解析后的数据文件，会按照一定的要求进行文件转发，转发工作主要是将解析后的文件传送到指定的物理位置，由数据加载系统进行数据加载操作，将数据放入数据库中。同时，为了提高管理质量，在系统中进行的主要操作，需进行日志记录，并对日志记录进行分析、查询。海洋数据接收与转发系统实现的主要功能如下。

（1）海洋站分钟、整点、正点、延时共 27 种原始文件的接收、解析与转发，包括海洋站水文实时数据文件。

（2）锚系浮标原始文件的接收、解析与转发，包括北海、东海、南海分局浮标实时数据文件。

（3）地波雷达原始文件的接收、解析与转发，包括石浦-大陈、嵊山-朱家尖、吕泗-洋口实时数据文件。

（4）X 波段雷达原始文件的接收与转发。

（5）志愿船分钟、正点原始文件的接收、解析与转发。

（6）常规断面调查原始文件的接收、解析与转发。

（7）VSAT 原始文件的接收与转发。

（8）国际数据共 11 类原始文件的解析与转发，包括 Argo、WOD、NDBC、DBCP、GTSPP、GLOSS、NEAR-GOOS、美国海洋站等。

海洋数据接收与转发系统处理原始数据文件种类约 50 种，通过自定义数据文件解析模板可以实现数据接收文件类型的动态扩展。

3. 海洋数据加载系统

海洋数据加载系统将存储在文件清单系统中的海洋环境标准数据文件通过自动、批量等形式加载至海洋环境基础数据库中。数据加载系统处理的标准数据文件来源有两类：数据接收处理系统生成的海洋环境业务化观测标准数据文件和由相关业务人员人工处理后生成的标准数据文件。

海洋数据加载系统自动对加载请求进行解析，从文件存储服务器获取相应的标准数据文件，按照预先设定的加载规则解析文件中的有关信息，并将其加载到数据库指定表中。

同时，为了提高管理质量，在系统中进行的主要操作，需进行日志记录，并可以对日志记录进行分析、查询。

4. 海洋数据管理与数据监控系统

海洋数据管理与数据监控系统主要由数据管理、监控管理和数据分析展示三大模块组成，可实现海洋综合数据库中各类数据资源的统筹管理和集中监控，保障国家海洋环境资料的有效组织、统一管理和协同更新，为国家海洋环境保障提供数据支撑。

数据管理模块可了解数据之间的关系，监控数据的合规性，了解各个应用对数据的访问情况，并且对常用的数据进行标签的管理和使用，支持对数据的查询和导出，对权限控制可以灵活配置。

监控管理模块可实现系统的运行状态监控，如系统的运行是否正常，可对数据本身和数据的处理过程进行监控，使管理者实时掌握各类运行情况，方便开展问题定位。

数据分析展示模块将系统运行的数据更直观地展示出来，展示的方式也有多种方式，如固定的功能展示、报表方式展示、ArcGIS 的关联展示等，并且可以多种、全方位的方式来展现各种数据统计结果，方便监管和决策制定。

海洋数据管理与数据监控系统实现的主要功能如下。

（1）海洋环境数据目录清单全流程管理，包括接收资料目录清单、原始资料目录清单、标准数据集目录清单、综合数据集目录清单、要素数据集目录清单、网格数据集目录清单共 6 大类 24 种类型清单的接收、上传、分发、处理、加载。

（2）海洋地理信息产品数据目录清单管理，包括海洋基础地理数据产品、海洋遥感数据产品和海洋地形数据产品等 8 种类型数据目录清单。

（3）海洋专题信息数据目录清单管理，包括图集资料目录清单、文档资料目录清单、数据集目录清单共 3 种类型目录清单。

（4）清单文件上传下载，支持目录上传、断点续传、高速文件传输。

（5）通过 GIS、图表监控数据状态，具体包括：海洋站、浮标、雷达、志愿船运行状态和观测数据走势；海洋专项调查数据站位图、海洋专项数据测线图和海洋专项数据清单统计图表；大洋航次数据站位图、大洋航次数据测线图、大洋清单统计图表；国际计划数据站位图、国际计划数据测线图、国际计划清单统计图表。

（6）通过拓扑图监控系统运行状态，包括所有应用系统的运行状态。

（7）对海洋环境数据、海洋地理信息产品数据、海洋专题信息数据 3 大类、35 种清单实现全文关键字检索功能。

（8）按学科、要素、时间、空间查询整个综合数据库数据总量情况，通过网格站位图、时间分布图、统计信息表格进行结果展示。

（9）实现时间、空间及用户自定义等查询条件查询，并通过信息表格进行结果展示。

（10）提供观测标准数据库、海洋专项调查标准数据库、国际交换与合作标准数据库所有数据的定制查询、导出。

5. 海洋综合数据处理系统

国家海洋综合数据库处理系统的核心功能是将数据由数据源系统（加载系统）加载到数据库中。其实现的困难在于 ETL 工作将面临复杂的源数据环境，包括多种标准数据源、繁多的数据种类、巨大的加载数据量、错综复杂的数据关系和参差不齐的数据质量，这些都使得 ETL 的架构和应用设计面临相当的挑战。

通过高效的 ETL 系统结构、层次化的应用功能划分和业务标准的元素，ETL 系统和应用架构设计可实现以下目标。

（1）支持在此框架下实现国家海洋综合数据库所需要的 ETL 功能。

（2）支持在规定的时间窗口内能够完成数据加载工作，即需要满足日常数据加载的性能需求。

（3）能够支持有效的应用程序开发模式，提高开发效率，尽量减少应用开发成本。

（4）减少系统维护的复杂性，支持后续增加新数据或功能的开发工作。

6. 海洋数据库系统

海洋数据库系统包括事务型数据库和分析型数据库，可为不同类型数据提供存储和计算引擎支撑。海洋数据库系统包括海洋水文、海洋气象、海洋生物、海洋化学、海洋地质、海洋地球物理及海洋声光的面向原始数据层（接收资料、原始资料）的数据文件系统、面向基础数据层（标准数据集）的各类基础数据库、面向整合数据层的结构化分析型 MPP 数据库（整合数据集）。

1）事务型数据库建设内容

（1）观测基础库，包括海洋站实时、延时，浮标实时、延时，雷达实时、延时，志愿船实时、延时，常规断面调查 5 大类数据。

（2）专项调查基础库，包括海洋水文、气象、地球物理、地质、声学、光学专项调查数据。

（3）国际交换基础库，包括 Argo、WOD、NDBC、DBCP、GTSPP、GLOSS、NEAR-GOOS、美国海洋站等 17 种类型数据。

（4）大洋科考基础库，包括多金属结核、富钴结壳、多金属硫化物等 23 种类型数据。

（5）文件清单库，包括海洋环境、海洋地理信息、海洋专题信息等 35 类数据。

2）分析型数据库建设内容

（1）水文整合库，包括温盐、水色、透明度、海发光、海浪、海流、水位、海冰 8 类要素综合库。

（2）气象整合库，包括高空气象、海面气象、海面辐射、海面水温皮温、海气通量、热带气旋 6 类要素综合库。

（3）地球物理整合库，包括重力、磁力、侧扫声呐、浅地层剖面、地震 5 类要素综合库。

（4）地质整合库，包括沉积物粒度、沉积物碎屑矿物、沉积物黏土矿物、悬浮体浓度、悬浮体浊度等 16 类要素综合库。

（5）声学整合库，包括声传播损失、环境噪声、声速剖面、海底声特性 4 类要素综合库。

（6）光学整合库，包括表观光学、固有光学、大气光学 3 类要素综合库。

7. 海洋数据文件系统

海洋数据文件系统包括海洋环境数据处理订正系统和数据文件管理系统，开展各类实时/延时和历史海洋环境数据的预处理、标准化、质量控制和标准数据集输出，同时，采用清单数据库和数据文件的方式，对接收资料、原始资料和标准数据集文件进行统一管理。

数据处理订正系统实现的主要功能如下。

（1）观测标准数据文件的解析、转换与加载，包括海洋站、锚系浮标、地波雷达、志愿船、常规断面调查等分钟、整点、正点、延时等共 32 种类型。

（2）海洋专项调查标准数据文件的解析、转换与加载，包括海洋水文、海洋气象、地球物理、海洋地质、海洋光学、海洋声学等共 57 种类型。

（3）国际交换与合作标准数据文件的解析、转换与加载，包括 ARGO、WOD、NDBC、DBCP、GTSPP、GLOSS、NEARGOOS、美国海洋站等类型。

（4）大洋科考标准数据文件的解析、转换与加载，包括多金属结核、富钴结壳、多金属硫化物等共 23 种类型。

（5）GTS 标准数据文件的解析、转换与加载，包括固定陆地站、船舶观测、海洋深水温度观测报告等共 26 种类型。

数据处理订正系统处理标准数据文件种类约 180 种，根据用户需求可以通过定义新的数据解析模板实现新类型数据文件的解析和加载。

10.1.3 特点价值

国家海洋综合数据库是国内首个涵盖海洋数据接收、数据分类、数据处理、数据存储和数据服务的全流程数据库系统，是国内首个提供海洋综合数据服务的数据平台。国家海洋综合数据库的特点如下：①数据总量大，系统数据总量达到百 TB 级，数据记录达千亿级；②数据来源广，系统数据包括海洋观测、海洋监测、海洋专项调查与研究、大洋科考、极地考察、国际合作与交流、部委交换和共享、海洋综合管理等多个来源；③数据时间跨度长，数据最早可追溯至1662年；④数据价值高，系统进行了有效的数据整合和分析，大幅提升了海洋数据的使用价值。

10.2 海洋业务化观测数据治理

10.2.1 背景概述

国家海洋信息中心是全国海洋预警监测工作范围内海洋观测资料及其成果的汇集与归口管理机构，负责全国海洋预警监测工作范围内的海洋观测数据传输业务化运行和管理技术支撑，具体开展海洋观测资料接收/汇集、处理、质量控制、实时数据分发、延时资料反馈、产品制作及资料共享服务等管理工作。

（1）数据传输：负责全国海洋观测数据传输业务化运行和管理技术支撑，接收、处理、管理和分发全国海洋观测实时和延时资料，承担对地方基本海洋观测网运行的技术指导。

（2）数据质量控制：负责编制海洋观测数据质量控制技术规范，优化各类海洋观测数据的标准化处理流程；组织各海区/局和地方省市自然资源（海洋）主管部门开展代码的申请报批、统一规范和使用管理。

（3）运行监控：负责全球海洋立体观测网数据传输状况在线监控，开展海洋观测实时数据和延时资料的传输情况统计。

（4）报告编制：定期编制海洋观测实时数据统计月报和年报，以及海洋观测延时资料质量控制情况统计月报和年报，分别于每月15日前将上月海洋观测实时/延时资料工作月报，每年2月底前将上年度的海洋观测实时/延时资料工作年报报送自然资源部。

（5）产品制作与服务：开展海洋环境要素统计分析产品、再分析产品和三维实况分析加工业务，定期制作和发布各类海洋环境要素统计分析产品、再分析产品和时空分析产品。

（6）观测资料分发共享：负责建设运行海洋观测资料共享服务平台，通过地面专网向部属各相关单位及地方省市相关单位开展实时数据分发和延时资料共享工作。

10.2.2 治理方法

1. 海洋观测资料管理制度与技术标准

为加强海洋观测资料的管理，保证海洋观测资料的安全，推进海洋观测资料的共享，更好地为经济建设、社会发展和生态文明建设服务，自然资源部制定了一系列的相关配套制度和标准规范，主要包括《海洋观测规范 第2部分：海滨观测》（GB/T 14914.2—2019）、《海洋观测数据格式》（HY/T 0301—2021）、《海洋观测延时资料质量控制审核技术规范》（HY/T 0315—2021）《中国海洋观测站（点）代码》（HY/T 023—2018）、《中国海洋浮标观测站（点）代码》（HY/T 0310—2021）等。

2. 海洋观测资料治理业务流程

根据主管部门年度工作要求，开展海洋预警监测工作范围内的海洋观测资料的接收/汇集、整理与处理、质量控制、分发/反馈以及共享服务等工作，海洋观测资料治理业务工作流程图如图 10-2 所示。

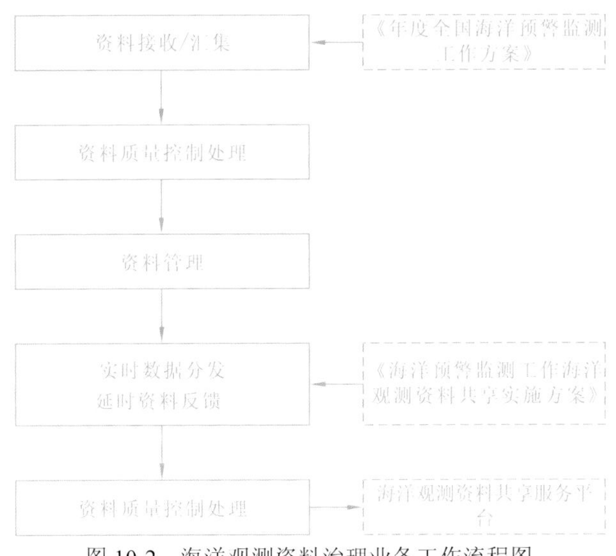

图 10-2　海洋观测资料治理业务工作流程图

1）海洋观测站/点数据

海洋观测站/点数据，是指通过海洋站（平台）、浮（潜）标、地波雷达、X 波段测波雷达、志愿船和 GNSS 等观测平台获取的海洋水文气象数据。

（1）实时数据：自然资源部所有海洋站（平台）、地波雷达、X 波段雷达及 GNSS 等观测平台获取的观测实时数据按照站点→中心站→海区信息中心→国家海洋信息中心的流程进行实时上传；自动观测数据进行实时上传，人工观测数据在采集完成后 30 min 内进行上传。所有近海浮（潜）标观测数据采用无线通信方式上传，承担浮（潜）标运行任务的单位获取数据后通过地面网实时传输至海区信息中心及国家海洋信息中心。所有志愿船观测数据采用卫星方式上传，由承担志愿船运行任务的单位每小时 1 次（北斗卫星通信方式）或每 6 小时 1 次（海事卫星通信方式）将数据传输到海区信息中心和国家海洋信息中心。

国家海洋信息中心在收到上述所有海洋观测实时数据时，无延迟进行数据的质量控制和加载入库。同时，通过地面专网向自然资源部、海区局和沿海各省（自治区、直辖市）及计划单列市自然资源（海洋）主管部门的海洋预警监测单位开展实时数据的分发共享工作。

（2）延时资料：自然资源部所有海洋站（平台）、地波雷达、X 波段雷达及 GNSS 等观测平台获取的延时资料按照站点→中心站→海区信息中心→国家海洋信息中心的流程逐级审核并上传；各站点应于每月 5 日前将经过初审的上月观测延时资料上传至中心站，中心站审核后应于每月 15 日前上传至海区信息中心，海区信息中心审核后应于每月 25 日前上传至国家海洋信息中心。在位运行的浮（潜）标，由承担浮（潜）标运行任务的单位每月 15 日前将审核后的上月资料上传至海区信息中心，海区信息中心审核后每月 23 日前传输至国家海洋信息中心；已经回收的浮（潜）标，由承担浮（潜）标运行任务的单位在浮

（潜）标回收后 20 天内将资料整理报送海区信息中心，海区信息中心在 5 天内整理报送国家海洋信息中心。所有志愿船延时资料采用地面专线或离线方式上传，由承担志愿船运行任务的单位在航次结束后 20 天内将志愿船观测资料整理上报海区信息中心，海区信息中心在 5 天内整理上报国家海洋信息中心；承担志愿平台运行任务的单位每月 15 日前将志愿船观测资料上传至海区信息中心，海区信息中心审核整理后每月 25 日前上传至国家海洋信息中心。

国家海洋信息中心对接收到的上述所有海洋观测延时资料进行严格的质量控制，对相关质量问题进行及时的反馈与沟通，确保资料质量。同时，通过地面专网向自然资源部、海区局和沿海各省（自治区、直辖市）及计划单列市自然资源（海洋）主管部门的海洋预警监测单位开展海洋站延时资料的分发共享工作。

2）海啸预警观测台观测数据

自然资源部所有海啸预警观测台的数据按照观测点→海洋站→中心站→海区预报中心→国家海洋环境预报中心的流程进行逐级实时上传。海岛站的数据通过 VSAT 系统按照海洋站（测点）→国家海洋环境预报中心的流程进行实时上传。国家海洋环境预报中心开发的海啸预警观测台数据传输软件，在收到上传资料的同时，通过地面网传输给国家海洋信息中心、自然资源部海洋减灾中心和自然资源部各海区预报中心。

3）海冰观测数据

（1）实时数据：海冰航测资料由国家海洋局北海预报中心汇总后，传输给国家海洋信息中心、国家海洋环境预报中心、国家卫星海洋应用中心、辽宁省和河北省海洋预报机构、天津市海洋环境监测预报中心、大连中心站和烟台中心站；海冰船测资料（包括浮冰量、浮冰密集度、冰型、冰块大小、堆积高度、冰情照片、水文气象观测数据等）在船测结束 5 天内，由国家海洋局北海预报中心通过电子邮件发送至国家海洋信息中心、国家海洋环境预报中心、国家卫星海洋应用中心、辽宁省和河北省海洋预报机构、天津市海洋环境监测预报中心、大连中心站和烟台中心站；海冰遥感监测通报由国家卫星海洋应用中心每日通过电子邮件发送至国家海洋信息中心、国家海洋环境预报中心、国家海洋局北海预报中心、辽宁省和河北省海洋预报机构、天津市海洋环境监测预报中心、大连中心站和烟台中心站。

（2）延时资料：国家海洋局北海信息中心 4 月初将海冰航测资料和产品传输到国家海洋信息中心；海冰船测资料由国家海洋局北海预报中心在 3 月 25 日前报送国家海洋局北海信息中心，国家海洋局北海信息中心 4 月初将观测数据传输至国家海洋信息中心。国家海洋信息中心对海冰航测资料和船测资料进行质量控制处理后，通过地面网分发给国家海洋局北海预报中心和国家海洋局北海信息中心。

4）标准海洋断面调查资料

自然资源部标准海洋断面调查航次获取的资料，包括原始资料、成果整编资料、方案报告和元数据等。电子介质载体资料通过地面网传输报送，遇特殊情况无法传输时，可以采用光盘等形式离线方式报送，纸介质载体资料采用离线方式报送。

标准海洋断面调查承担单位于观测结束后的 2 个月内，将观测资料整理报送至海区信息中心；海区信息中心于 10 个工作日内完成资料的审核和问题反馈，标准海洋断面调查承担单位根据海区信息中心反馈的问题，于 5 个工作日内完成资料的修订和再次报送；海区信息中心审核后，于10个工作日内报送至国家海洋信息中心，并附数据审查报告，报告同时抄送各海区职能部门。国家海洋信息中心于接收资料的15个工作日内，完成资料的审核和问题反馈，海区信息中心根据国家海洋信息中心反馈的问题，组织标准海洋断面调查承担单位于10个工作日内完成资料的修订和再次报送；国家海洋信息中心于接收到海区信息中心再次报送的资料的15个工作日内，完成资料的再次审核、质量控制和标准化处理，编制形成资料目录，报送自然资源部。

3. 海洋观测资料管理体系建设

随着我国海洋观测资料源不断拓展，海洋观测体系得到不断规划和管理，已经积累了大量、丰富的海洋观测数据资源。从数据获取的方式来看，形成了空天地海潜海洋立体观测系统，包括海洋站（平台）、浮（潜）标、地波雷达、X波段测波雷达、志愿船、标准海洋断面调查、海洋卫星和航空遥感等多种数据获取方式，涵盖常规观测、海洋科考、海洋环保、海洋防灾减灾、国际合作与交换等多业务领域，数据来源广泛、获取手段多样。从数据类型来看，海洋观测数据涵盖多学科（海洋水文、海洋气象、海洋生物、海洋化学等），数据类型复杂。从数量规模来看，海洋业务化观测每分钟实时产生和传输数据，数据量呈爆棚式增长。从数据价值来看，海洋蕴藏着丰富的资源，而对海洋观测数据的加工利用、信息产品研制和研究分析是认识海洋和利用海洋的重要途径。

国家海洋信息中心作为国家海洋观测资料管理机构，承担国家海洋观测业务体系中的海洋实时/延时资料接收处理和成果共享业务。目前已经积累了自1942年以来的中国近岸/近海的海洋站（平台）、浮（潜）标、地波雷达、X波段测波雷达、志愿船、标准海洋断面调查、GNSS、海冰等海洋观测数据，数据来源范围广泛、数据类型多样、数据体量巨大、数据链条复杂，涉及的单位和机构众多。为有效推进海洋观测数据资源整合、集中管理和高效服务，国家海洋信息中心拟定多项海洋观测资料管理规定、资料传输和处理的技术规程规范，建立国家海洋观测数据管理体系。根据多年来的实际业务工作经验，反复调整优化，最终确定将海洋观测资料管理体系划分为接收资料、原始数据和标准数据集三个部分。接收资料突出的是观测平台/手段、传输方式、数据时效性、来源单位和接收数据的原始属性；原始数据按照海洋观测数据的时间和观测平台/手段等属性规划，突出的是不同观测平台/手段、学科和要素的特征；标准数据集则是经过统一标准质控处理并整合后的数据集，突出学科和要素特征。

4. 国家全球海洋立体观测网建设

为全面构建国家全球海洋立体观测网，整合集约利用海洋观测设施资源，切实提升海洋观测资料在海洋防灾减灾中的应用效能，加快推进地方海洋观测网纳入国家全球海洋立体观测网，深入推动全国海洋观测资料整合与汇交共享，最大限度发挥其应用服务价值，2019年3月，自然资源部组织开展了地方海洋观测网纳入国家全球海洋立体观测网的工作。

自然资源部组织开展了地方海洋观测网现状调查、评估工作，摸清地方现有海洋观测能力，掌握拟入网站点的基本信息。地方海洋观测网现状调查通过调查问卷摸清地方海洋观测站点的能力、数据传输与管理共享、人员队伍及运维保障等基本信息，根据调查结果开展典型站点实地调研，进一步核实相关信息和存在问题。地方海洋观测站点评估通过制定地方海洋馆站点入网评估技术规程，针对观测规范性、要素完整性、代表性和运维保障机制等开展自评估和正式评估，提出是否同意加入国家全球海洋立体观测网的科学建议，对于暂不符合加入国家全球海洋立体观测网条件的站点，可根据调查和入网评估结果，提出地方海洋观测站点入网整改建议。

2019 年 6～10 月，自然资源部分两批次开展了地方海洋观测站（点）现场评估工作。国家海洋信息中心作为第一技术支撑单位和资料的统一汇集与管理归口，承担站点代码编制、资料记录格式制定、传输软件布控与运维等关键工作。经过不懈努力，目前地方海洋观测网业务化运行良好，资料记录格式规范、传输稳定，数据到报率和有效率达 95%以上，所有资料均经过国家海洋信息中心的统一质量控制处理后，加载入海洋观测综合数据库，并通过地面网进行分发共享。

5. 海洋观测综合数据库建设

国内业务化海洋观测数据时间跨度大、范围广，资料量随时间已呈现指数型增长，传输时效最高可达秒级，在这种情况下，依赖传统的数据处理手段已远远不能满足多种类、多要素、多结构的海量数据的需求。在国家海洋智慧海洋大数据中心建设整体框架指导下，基于当前最新的大数据、智能分析等现代信息技术，国家海洋信息中心自主研发了海洋观测综合数据库，实现了海洋观测资料的统一接收、分发处理和集中管理，打造海洋环境信息资源“数据-信息-知识-价值”的高效整合分析利用的生态链，显著提升海洋环境信息资源的处理、管理、分析和共享开放服务水平。

海洋观测综合数据库是各类国内业务化海洋观测资料承载，包括海洋站实时、延时，浮标实时、延时，雷达实时、延时，志愿船实时、延时，常规断面调查 5 大类数据，覆盖海洋水文、海洋气象、海洋生物和海洋化学等多学科，构建了面向原始数据层的数据文件系统、面向基础数据层的各类基础数据库、面向整合数据层的结构化分析型 MPP 数据库和非结构化数据存储，以及海洋观测资料管理与监控系统，成功实现了多种观测手段/平台、不同传输频率的观测资料动态汇集、处理、管理、分析与共享服务功能。同时，根据资料和信息管理与应用需求，建立了分类分层和分级分区的海洋观测资料管理体系，实现各类资料及信息资源的统一集中管理和环节全程监控；研究完善了各类海洋观测资料和信息的接收、标准化、质量控制、共享交换等传统数据标准规范体系，建设完成海洋观测资料接收与分发系统、数据处理与订正系统、数据管理与监控系统、数据文件系统（含数据处理订正系统）和海洋观测数据大屏展示系统。

6. 海洋观测资料共享服务

自然资源部不断推进海洋预警监测工作海洋观测资料的有效共享。共享内容主要包括海洋观测实时数据、海洋观测延时资料、海洋观测资料信息产品。各类数据共享内容如下。

（1）海洋观测实时数据：共享内容为原始报文和经国家海洋信息中心解码标准化后形成的实时标准数据集，数据格式参照防灾减灾专项一期工程数据传输协议相关内容的规定，保证数据记录格式的统一性与规范性，面向自然资源部部属单位和地方省市自然资源主管部门实时分发共享全部海洋观测实时数据。

（2）海洋观测延时资料：共享内容为经过国家海洋信息中心精细化处理、质量控制和整合后形成的延时标准数据集，数据格式参照《海洋观测规范 第2部分：海滨观测》（GB/T 14914.2—2019）相关内容的规定，依据资料的时空连续和相互影响特性，以满足区域资料应用服务为原则，面向自然资源部部属单位和地方省市自然资源主管部门分发共享相应海洋观测延时资料。

（3）海洋观测资料信息产品：共享内容为各级海洋观测预报和海洋资料管理机构发布的本级产生的各类统计分析、实况分析、再分析和预警报等海洋环境信息产品，海洋预警监测工作有关单位可在线查询检索产品情况，直接下载使用。

国家海洋信息中心基于海洋环境地理信息服务平台现有基础，整合利用现有相关系统资源，优化数据共享接口、服务标准和运维管理体系，自主研发了海洋预警监测工作海洋观测资料共享服务平台，实现海洋观测数据的实时接收、解析处理、入库管理、运行监控、查询检索、分发共享等功能，采用数据文件共享发布、查询检索、主动推送和数据接口等共享方式，系统部署于国家海洋信息中心海洋云，并通过海洋信息通信网提供在线服务，在海洋防灾减灾领域实现了全国海洋观测数据的实时共享和延时分发。

10.2.3 治理效果与治理经验

多年来，我国业务化海洋观测资料业务工作稳步有序开展，资料接收处理、质量评价、分析应用和综合管理业务化运行，资料共享服务效能稳步提升。

1. 治理效果

（1）资料汇集管理基础不断夯实。国家海洋信息中心更新完善海洋观测资料处理流程和质控参数，优化升级海洋观测实时/延时资料处理评价和资料传输系统，持续更新海洋观测综合数据库，累计接收海洋观测资料、卫星遥感和预警报产品等数据资料，包括国家海洋观测网、地方海洋观测网和部委间共享等来源，资料最早始于1942年1月，空间范围涵盖中国近海及全球大洋海域。

（2）资料处理技术水平持续提升。持续更新完善海洋观测实时/延时资料处理和质量控制流程、方法、参数，优化资料订正和排重等技术，攻克研发水下滑翔机等新型资料处理技术，在此基础上，完成了Glider等典型新型仪器水文调查原始数据自主处理系统原型系统建设，实现了Glider等仪器原始数据的解码、预处理、标准化处理、质量控制和观测轨迹及观测要素剖面的可视化展示，有效提升我国海洋水文调查原始数据自主解码处理分析技术和业务化能力。近年来随着科技进步，我国周边海域业务化观测手段更趋于多样化，国家海洋信息中心根据前期经验积累，划分不同的业务化观测手段、调查仪器、资料类型，并考虑我国海洋环境观测数据的特点，以观测平台和要素数据为质量控制对象，建立形成了一系列不同海洋水文气象等观测资料的要素质量控制技术要求和标准化流程。此外，持续跟进IQuOD、GTSPP、GO-SHIP等国际计划，借鉴目前国外海洋资料质量控制技术和方法，结合资料的时空动力环境特点，逐步试验、总结和积累，基本建成多层次的海洋观测资料质量控制方法和产品制作体系，为海洋观测资料收集、处理、质量评价和管理服务工作提供有效技术支撑。

（3）信息产品服务效能不断增强。在海洋观测资料汇集处理和管理基础上，健全完善海洋观测资料共享交换与应用服务工作机制。按照部委和地方资料共享交换协议及相关方案要求，持续实施与中国气象局等机构的资料交换，深入推进海洋观测资料分发共享，开展海洋观测资料申请使用审批服务。多年来，国家海洋信息中心利用大量的实时观测资料和历史调查资料，为海洋预报减灾、沿海社会经济发展及海洋科研提供了多批次、高质量的数据服务；面向科学研究、社会公众和国际合作等，积极开展已公开的海洋观测资料和整合制作的数据产品发布共享，切实履行国际海洋资料交换的国家职责，综合提升海洋观测资料服务效益。

2. 治理经验

（1）健全制度、严格管理。为加强海洋观测资料的管理，保证海洋观测资料的安全，推进海洋观测资料的共享服务，自然资源部组织研究制定了一系列的办法制度与规范标准，并且每年印发相关工作方案，明确各单位的任务分工、工作内容、运行管理机制与流程等，实现了有法可依、有章可循、奖惩分明。

（2）完善机制、纵深推进。海洋预警监测工作范围内的海洋观测资料采用集中管理的方式，国家海洋信息中心作为观测资料的汇集和统一归口单位，负责资料的汇集、处理、质量控制管理、分发/反馈以及共享服务等工作。工作过程中，各级海洋观测资料管理机构严格按照相关办法制度的要求，对各类海洋观测资料进行规范传输，包括传输途径、传输频次与时效、传输内容、文件存放路径设置、文件命名规则、数据记录格式等内容，保证了海洋观测资料的有序稳步高效传输，同时也大大提高了各级海洋资料管理机构的工作效能。

（3）积极协调、有效沟通。工作过程中，国家海洋信息中心定期编制海洋观测实时数据/延时资料接收与质量情况报告，并上报自然资源部海洋预警监测司，同时抄送给相关单位。各单位根据统计报告，发现自身问题并与上下级单位及时沟通、快速整改，保证整个工作流程的稳步推进，促进海洋观测资料管理工作的高效运转。

（4）明确责任、保障安全。按照“谁使用、谁负责”原则，严格控制资料用途和使用范围，签订海洋观测资料使用协议。严格落实信息安全工作要求，依托海洋信息通信网地面专网维护运行工作，建立健全海洋观测资料安全管理和运行机制，实施海洋观测资料分类分级共享管理，加强对海洋观测数据传输和使用全过程管理，保障网络、数据和应用系统的安全监控与防护。

10.3 国家海洋专项数据治理

10.3.1 背景概述

自 1958 年全国海洋普查专项拉开序幕至今，海洋专项调查规模由大到小，调查海域从近海拓展至深远海，调查设备不断更新完善，调查成果不断积累，由此对调查资料和成果的有序管理已成为一项重要的基础工作。专项设立了相关的资料管理机构，提供管理技术支撑服务，积累了丰富的管理经验。专项资料管理机构的主要职责如下。

（1）拟定专项有关资料和成果管理的文件，汇总报送专项资料和成果汇交计划。

（2）负责专项资料和成果的接收、汇集、整理、保管和服务。

（3）成立专项资料与成果审核专家组，组织对汇交的专项资料和成果进行质量审查，出具质量审查结果，并协调解决存在的问题。

（4）向完成专项资料和成果汇交工作的专项任务承担单位出具专项资料和成果汇交证明。

（5）对专项任务承担单位进行资料和成果管理工作的业务和技术指导。

（6）向专项办公室提交专项资料和成果汇交情况总结报告。

10.3.2 治理方法

1. 运行机制

海洋专项调查管理伊始，就认识到只有建立严格科学、运转高效的组织管理体系才能保证专项顺利实施并圆满完成各阶段既定目标，根据专项任务实施特点并借鉴以往海洋调查专项工作经验，建立健全了专项组织领导体系、技术支撑体系、监督保障体系。

（1）建立健全权责明确、运转流畅的组织领导体系。为保障专项的顺利实施，成立专项领导小组、专项办公室，负责专项工作的统一领导、规划和部署，负责专项的组织实施、日常管理和协调等工作。专项领导小组是专项的决策机构；专项办公室是专项领导小组的日常办事机构。专项的组织领导机构层级清晰、职责分明、配合默契，有效地管理专项的全面建设，科学指导专项任务有序实施。

（2）组织建立强有力的技术支撑与质量保障体系。海洋专项资料管理工作涵盖海洋物理海洋与海洋气象、地学、生物化学、光学遥感等学科，很多新装备及先进技术也在专项工作中得到了应用，专项工作中既存在大量的需要研究探讨的学科难题，也存在许多学科交叉性、过程性难题。要做好专项工作并保证成果质量，必须要有强有力的技术支撑及质量保障，为此专项邀请相关领域杰出专家分层级成立专家指导委员会、技术保障组、质量保障组、外事保障组及各学科专家工作组，分类负责专项技术指导与咨询工作，为专项实施提供技术支撑、决策咨询、质量监督、工作指导、外事协调等服务保障，保证专项工作顺利推进和高质量成果的获得。

（3）形成高效有序的组织实施的体制机制。根据专项相关要求，专项领导小组、专家指导委员会、技术保障组、质量保障组、外事保障组严格按照分工行使职责，每年的工作会议实现常态化，临时会议也都能够及时顺利召开，确保专项组织管理工作的有序、高效运转。从落实任务承担单位、签订任务合同书、年度检查考核、中期检查到任务结题验收，每个环节都制定了具体的操作规范，形成了一整套较为成熟的任务管理流程，为专项任务的顺利实施提供了机制保障。

（4）制定系列管理规章。为保障专项有序开展，根据专项任务的组织实施特点，先后制定专项系列管理办法和规定，为专项规范管理和顺利实施提供制度保障。

（5）组织实施全过程精细化管理。专项形成了科学合理的任务组织管理流程，保证专项任务的平稳有序开展。以公平公正为原则，按年度组织开展专项任务指南申请评审、招投标等任务承担单位落实工作；及时组织专项任务实施方案评审，并据此签订任务合同书或下达任务；为保证外业调查任务顺利开展，积极协助有关任务单位办理外事申请、通报及靠港申请等事宜；根据专项验收办法，组织开展严格的任务自验收、结题验收和成果归档工作。

2. 管理制度与技术标准

（1）制定规范统一的专项资料管理机制。为加强对专项资料和成果的管理，保证专项资料和成果的质量及使用，制定专项资料管理办法，规定专项获得的各类资料和成果归国家所有，实行集中统一管理和服务。保证专项任务的资料和成果的齐全、完整、系统与安全。从汇交程序、审核与验收、汇交、资料共享、管理与保存、使用、奖惩等环节规范专项资料和成果的流转，为专项资料和成果管理提供技术保障。

（2）发布专项系列调查和整编技术规程。为保证专项执行中技术规范的统一，组织制定专项海洋环境调查技术规程和资料整编技术规程，统一规范物理海洋、海洋气象、海洋声学、海底地形地貌、海洋地球物理、海底底质、海洋生物、海洋化学、海洋遥感和海洋光学等10个学科外业调查和资料整编内容、方法和技术要求。专项技术规程作为实施专项任务的程序文件和作业文件，为专项调查及资料整编工作的顺利开展提供了保障，也为今后技术规程转化国家标准或行业标准的工作奠定了基础。

（3）推动专项数据资料共享和成果应用。为保证专项任务及时使用专项调查和资料整编任务获取的数据资料，定期组织开展资料汇交、标准化处理和质量检查，并及时发布资料清单，推动专项资料常态化共享使用。同时，坚持“查用结合”的原则，研发一批急需的海洋环境服务保障产品，及时推广使用。

3. 工作流程

根据专项办年初下发的专项任务汇交计划通知，开展年度资料和成果集中接收、汇集、整理、审查及反馈，对完成汇交的承担单位出具专项和成果汇交证明，并为验收工作提供资料与成果汇交情况技术支撑。专项调查数据管理业务的主要工作流程包括集中汇交、整理与审核、汇交证明、验收后成果汇交、资料服务与共享等，如图10-3所示。

（1）集中汇交。依据汇交通知，专项管理机构对上年度结题和具有阶段性成果产出的任务开展资料与成果集中接收，采用集中汇交的方式，在会议现场对照汇交清单与资料实体进行核查，并开具交接记录。会后根据实际汇交与审核情况，编写专项年度资料汇交情况报告，并上报至专项办公室。

（2）整理与审核。依据资料交接单、资料清单，对接收资料进行备份、整理与分发，对纸质资料、电子资料分别制作资料详细清单。按照各学科资料整编技术规程对原始资料、成果资料进行整编处理，形成整理后原始资料集。

（3）汇交证明。专项管理机构依据任务合同书和实施方案、专项资料和成果管理办法，对专项各任务汇交的资料开展技术审查，审查主要内容包括资料类型、内容、数量、质量和执行标准等。对通过审查的资料，专项管理机构需向任务承担单位出具汇交证明，任务承担单位持汇交证明，方可参加验收。对于未通过审查的资料，需向任务承担单位开具问题反馈单，说明情况、整改要求及补交期限。

（4）验收后成果汇交。通过验收的任务，需对照专家意见进行整改，并将最终成果汇交至专项管理机构，经审核通过后，方可领取验收意见。

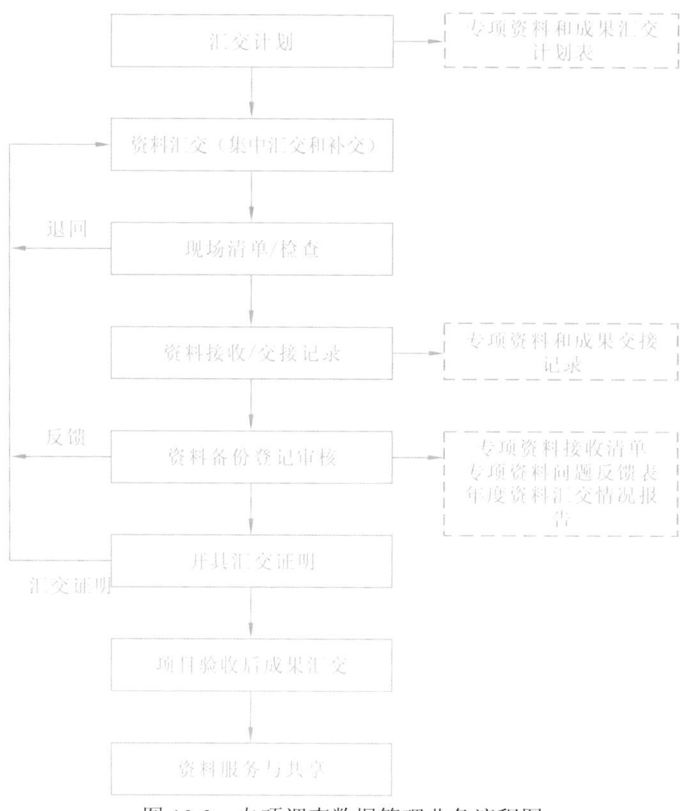

图 10-3　专项调查数据管理业务流程图

（5）资料服务与共享。为进一步推进专项任务实施，专项管理机构定期发布专项资料和成果共享清单，发布形式采用线上与线下相结合，并不定期举办专项资料和成果在线共享服务系统使用培训等加大共享宣传力度。

（6）验收支撑。根据专项验收管理办法，负责举办专项任务验收会，组织相关领域专家对结题任务开展验收，形成任务验收意见及验收会议材料。

4. 海洋专项数据分类分级管理

从资料和成果管理流程入手，针对资料流转各阶段特点，开展资料和成果的分类管理。在资料汇集阶段，为保障资料和成果及时有效汇交，将资料汇集方式划分为实时在线传输和延时离线报送两类；在对资料进行梳理、审核等管理阶段，通常由不同学科负责人进行，因此，在该阶段课题组依据资料和成果中最稳定的本质属性，即学科要素类型作为分类管理依据。资料的分级管理主要从两个角度进行划分：从加工程度将资料划分为 4 个级别，有利于资料的审核处理与共享服务；从密级等级将资料划分为 3 个级别，再按照密级要求搭建运行管理平台、开辟存储空间，保障资料安全。

1）资料汇集阶段分类

（1）成果资料报送。成果资料可通过线上进行汇交，不具备线上传输条件的或不宜通过线上汇交的，可采用离线报送的方式进行汇交。汇交内容应包括海洋调查现场获取和处理资料、航前质量保障文件、海洋调查活动获取的全部原始数据后处理结果、实物样品内业分析信息、产品资料等，汇交实体应为纸介质扫描件和电子介质复制件，具体如下。

报告文档类资料：合同书、实施方案、航次设计、航次报告、各专业技术总结报告、调查设备使用情况报告、航次实施过程中的申请和批复等文件、其他文档报告。

调查原始作业班报：导航定位、各学科观测、采样现场记录等全部原始作业班报。

仪器设备检测记录：船载自动观测、采样、勘探等系统，以及搭载调查设备的全部仪器设备检测记录表。

现场样品处理、分析测试与鉴定数据：样品现场处理记录、现场分析测试与鉴定原始记录及整编数据。

仪器设备自记录原始数据：调查所采用或搭载的各类调查设备获取的全部原始记录数据。

现场处理结果数据与图件：现场完成的仪器自记录原始数据处理结果数据、图件及资料处理与质量评价记录。

航迹图、实际材料图及成图数据：航迹图、测站（线）图、成图数据。

样品信息与工作照片：采集样品属性信息、样品照片、作业照片、其他照片和照片登记表等。

资料内审记录、交接记录与资料汇交清单。

后处理结果：对海洋调查现场资料开展规范化处理和质量控制后，形成的格式统一、质量良好的资料、元数据信息和处理报告等。

实物样品内业分析信息：实物样品的数量、保管状况的目录清单及使用实物样品进行分析、测试、鉴定等所获取的资料。

产品资料：在调查资料基础上加工形成的数据产品、图件产品、相关报告、相关技术说明材料等资料。

（2）实时资料传输。在通信链路和传输系统等硬件完善的情况下，资料可进行实时传输至资料管理机构，汇交内容包括采用综合平台、搭载船调查、海床基/潜标/浮标阵列观测及卫星跟踪抛弃式等观测方式实时获取的资料，具体如下。

报文资料：各类仪器观测的原始资料、未解码的报文格式资料。

处理后资料：经解码处理、格式转换后的资料。

2）资料管理阶段分类

（1）大类。根据调查类型和学科对资料和成果进行大类划分，可分为海洋水文大类、海洋气象大类、海洋生物大类、海洋化学大类、海洋光学大类、海洋声学大类、海洋地球物理大类、海底地形地貌大类、海底底质大类、海洋遥感大类。在实际工作中，课题组指定专门管理人员将资料按照学科大类进行梳理和分发，再由各学科技术负责人依据资料和成果管理办法和调查和整编技术规程开展审核。

（2）中类。为便于资料精细化审核与处理，综合考虑调查和整编技术规程要求，将学科大类数据按要素或资料类型进行中类划分，具体如下。

海洋水文大类按照要素可分为温盐、海流、波浪、水色、透明度、海发光等中类。

海洋气象大类按照观测高度可分为海面气象、海气边界层、高空气象、浮标气象等中类。

海洋生物大类按照数据类型可分为叶绿素、初级生产力、微生物、微微型浮游生物、微型浮游生物、小型浮游生物、大中型浮游生物、鱼类浮游生物、大型底栖生物、小型底栖生物、潮间带生物、大型污损生物、游泳动物、珊瑚礁等中类。

海洋化学大类按照要素类型可分为海水化学、海洋沉积化学、海洋生物质量、海洋大气化学、海洋放射性核素和传感器原位化学等中类。

海洋光学大类按照类型可分为表观光学特性、固有光学特性、大气光学和各成分吸收系数等中类。

海洋声学大类按照类型可分为海洋声传播、海洋环境噪声、海洋混响、海底声学特性等中类。

海洋地球物理大类按照类型可分为海洋重力、海洋磁力、海洋地震、海底热流、海洋电磁等中类。

海底地形地貌大类按照类型可分为多波束、单波束、浅地层剖面等中类。

海底底质大类按照类型可分为沉积物、悬浮体、岩石等中类。

海洋遥感大类按照类型可分为海洋环境要素遥感和重要海峡通道遥感等中类。

（3）小类。为便于科学技术负责人开展资料处理和后期资料共享服务，在资料梳理中需对中类按照标准数据格式细化为小类，以海洋水文为例：温盐中类可进一步细分为大面温盐、定点连续温盐、移动式温盐、漂流浮标等小类；海流中类可细分为大面海流、定点连续海流、移动式海流等小类。

3）资料加工程度分级

将调查获取的资料按照加工程度进行分级，可划分为原始资料、成果数据、文档报告和其他资料。

（1）原始资料：指仪器自动生成的原始资料和人工原始观测记录文件，调查仪器自动生成的原始资料须附原始资料处理软件或程序，并包含该资料处理步骤、参数设置等的说明文件。

（2）成果数据：指资料整编流程处理后形成的标准数据/成果数据及其元数据，以及资料处理报告或质量控制报告。

（3）文档报告：指任务书、实施方案、航次调查计划、航次调查报告、研究成果报告等航次实施、管理和成果材料。

（4）其他资料：指资料清单、原始资料辅助信息、成果图件和其他说明等。其中：原始资料辅助信息为一些需要强调或解释说明的辅助信息，包括标定文件、导航定位资料、值班日志、图像或图片及文字说明等；成果图件包括标准图件，并应提供成图计算方法、绘图软件与程序和绘图数据等。

4）资料密级分级

根据相关定密文件要求，资料的密级界定依据调查航次任务的密级，包括机密、秘密和内部三个等级。另外，他国专属经济区内调查获取的资料密级界定按照相关主管部门要求执行。

10.3.3 治理效果与治理经验

1. 治理效果

创新完善海洋专项组织领导机制和法规制度。通过建立完善海洋专项领导小组、专项办公室、海洋专家指导委员会，以及海洋专项技术保障组、外事保障组、质量保障组，实现海洋专项正规有序管理。通过制定、修订系列海洋专项管理规章和技术规程，确保政策层、管理层、操作层“有法可依”，实现海洋专项科学高效实施。通过完善和健全联席会议制度、情况通报制度、重大问题协调制度等工作协调制度，建立新体制下的新工作机制，切实加大专项执行力度。

根据专项特点，建立分类分级专项数据资源管理体系，形成接收资料、原始资料、标准数据集和专题成果等管理对象层级；构建针对专项资料和成果用户版专项资料和成果离线汇集系统，实现汇交前信息采集、数据统计、格式审查、质量初审等功能，提高了资料和成果汇交效率，节约了汇交成本；依托海洋信息通信网搭建国家海洋综合数据库，实现了线上汇交、审核、查询与共享服务等多种功能，实现了专项资料和成果的全面动态汇集、存储管理和应用服务。

2. 治理经验

（1）管理体系和章程制度完备。专项相关资料管理办法规定了专项办公室的监督管理职责、资料工作机构的汇交管理、督促检查和验收支撑等职责、专项资料和成果汇交单位提汇交职责，确立了专项资料和成果的汇交流程，明确了资料和成果汇交、审核与反馈的节点，建立了逐级审核与验收机制，从制度上保障了专项资料和成果汇交工作的顺利进行。

（2）调查与整编技术规程统一可行。面对日新月异的各类海洋调查仪器设备，建立并不断完善现场调查与内业资料整编处理技术规程是一项十分必要的工作，为便于科考人员开展资料处理，专项充分考虑的调查与整编资料处理技术规程的衔接，形成了前端采集与后端处理良好的衔接链条，节约了科研工作者和审核技术人员的工作量，便于资料与成果的共享利用。同时十分重视与国际、国家和行业标准看齐，目前通过各专项的实施，已陆续将各学科的调查和整编技术过程向行业标准转化，力争在行业内达到规范统一的处理标准与技术流程。

（3）实现资料链条式全流程管理模式。经过多年的尝试实践，专项资料和成果经历了分散管理向集中管理的转化，并逐步建立实用可行的资料和成果管理模式。从资料和成果产出起始点开始，贯穿整个审核、汇交证明开具、组织验收、验收后成果回收、成果集成梳理等生命周期，最终落脚点定位在共享服务上，充分体现了资料和成果管理的宗旨。

10.4 国际业务化海洋学数据治理

10.4.1 背景概述

20 世纪 70 年代初，我国迈出了国际海洋数据信息交流与合作的步伐。1971 年，我国加入联合国教科文组织。1979 年起，我国与美国、日本开始开展海洋资料交换合作。1982 年，国家海洋信息中心成为联合国教科文组织政府间海洋学委员会（IOC）和国际海洋数据及信息交换（IODE）委员会中国国家协调员。1988 年，国家海洋信息中心加入世界数据中心，我国成为继美国和俄罗斯之后，第三个成立国际科学联盟理事会（ICSU）海洋学资料中心的国家。

多年来，国家海洋信息中心代表我国履行国际义务，致力于全球海洋资料和信息技术领域的合作与交流。在代表国家履行相关国家义务的同时，参加了全球 Argo 浮标观测计划、全球温盐剖面计划（GTSPP）、东北亚区域全球海洋观测系统（NEAR-GOOS）、全球海平面观测系统（GLOSS）等多项国际合作计划/项目，承建了世界气象组织和政府间海洋学委员会联合发起的全球海洋和海洋气候资料中心中国中心（CMOC/China）、中国 NEAR-GOOS 延时数据库、西太平洋区域海洋数据和信息网络（ODINWESTPAC）、北太平洋海洋科学组织（PICES）元数据中心、IOC 海洋数据和信息系统中国节点，业务化运行中国 Argo 资料中心、中国 GTSPP 资料中心等多项国家中心，持续开展全球 Argo、GTSPP、NEAR-GOOS、IOC 水位、GLOSS、美国海洋站、全球海洋数据集（WOD）、国际海洋气象档案（IMMA）、全球数据浮标合作小组（DBCP）等国际业务化海洋学资料业务。通过多年国际交换与合作工作，获取和积累了一定数量的国际海洋资料和成果，面向国内外用户开展了卓有成效的海洋资料与技术支撑服务，在扩充我国海洋资料储备、推进我国海洋信息化进程、保证我国海洋资料共享的最大化利益和提升我国的国际地位等方面，做出了积极和重要的贡献。

10.4.2 治理方法

1. 全球海洋和海洋气候资料中心中国中心（CMOC/China）

为了应对全球气候变化和预报减灾，推动全球海洋资料的共享，联合国教科文组织政府间海洋学委员会和世界气象组织于 2011 年制定了《全球海洋气候资料系统（MCDS）2020 发展战略和实施计划》，提出在全球范围内建设不超过 10 个全球海洋和海洋气候资料中心（CMOC）。

CMOC 按照协商一致的标准抢救、收集、标准化处理、质量控制、统一格式存储、管理和交换 WMO 和 IOC 已经获取的、正在合作的和将合作开展的全球海洋气象和海洋气候观测历史、实时、延时资料和相应的元数据，开展资料产品研发，并与 WMO 信息系统实现完全互操作，向 WMO 和 IOC 的用户提供海洋气象和海洋气候资料/资料集、元数据/元数据产品及其标准化的资料及元数据产品的无偿共享服务。

2012 年 5 月，WMO 和 IOC 联合委员会会议通过了中国国家海洋信息中心开展全球海洋和海洋气候资料中国中心（CMOC/China）试运行的决议。2015 年 5 月 WMO 在瑞士召开的第 17 次世界气象大会和 2015 年 6 月在法国召开的 IOC 第 28 次大会，均正式通过由国家海洋信息中心建设运行 CMOC/China。中国成为首个建设运行 CMOC 的国家。

CMOC/China 负责开展全球所有海洋和海洋气候资料及其相关产品的接收、整合处理、质量控制和管理；研究制作区域、全球和专题保障海洋信息产品；面向国内用户提供全球海洋和海洋气候信息产品服务；履行国际义务，牵头和参与制定国际海洋信息技术相关标准，为国外用户提供海洋和海洋气候资料及产品共享服务；搭建独立运行的基础设施和安全运控系统，开展全球海洋和海洋气候数据、元数据的整合处理、质量控制和管理；建设同步更新、统一存储全球标准化的综合数据库和关键气候与海洋变量专题数据集及产品库；开发镜像网络、安全系统和硬件设备的运行控制系统，确保 7×24 h 的双机热备稳定业务化运行；引进创新关键技术，研究制作面向海洋管理、维权、经济、预报减灾、环境保障等专业的区域/全球信息产品。

通过建设运行 CMOC/China，我国实现了全球范围内海洋和海洋气候资料的整合和管理，有效提升我国海洋开发、控制和综合管理能力，提升了我国海洋信息技术创新水平。

2. 世界数据系统天津海洋学中心（WDS-Tianjin）

1957 年，国际科学联盟理事会（ICSU）发起建立世界数据中心（WDC），旨在为 1957～1958 国际地球物理年提供数据管理和共享服务。1958 年后，WDC 逐步发展壮大，在全球海洋数据管理共享方面取得了重大的国际影响。2008 年，在 ICSU 第 29 次全体大会上，ICSU 将 WDC 和天文与地球物理数据分析服务联合会进行合并，成立了世界数据系统（WDS）。WDS 的使命是将以往独立分散的各数据系统转化成全球化的、具有互操作能力的、分布式的数据系统，建设国际数据共享交流论坛、全球数据目录和知识网络、数据发布和长期服务能力。国家海洋信息中心 1988 年就加入了 WDC，成立 WDC 天津海洋学中心，2012 年成功申请加入 WDS 系统，多年来基于该合作框架，开展科学数据和信息的采集、分析、编辑、分发、归档和网络支持工作，面向 ICSU 服务的科学团体和广大科学界提供数据服务，提供全面、开放、及时、非歧视和不限制的元数据、数据和服务访问。同时，与相关成员国建立了较为稳定的合作联系，为我国国际合作业务运行和拓展奠定了良好合作基础。

3. 中国 Argo 资料中心

全球 Argo 计划始于 1998 年，是隶属于 JCOMM 的全球海洋观测试验项目。通过在全球大洋中每隔 300 km 布放一个卫星跟踪浮标获取实时观测数据，快速、准确、大范围地收集全球海洋上层的海水温度、盐度剖面资料，以提高气候预报的精度，有效防御全球日益严重的气候灾害（如飓风、龙卷风、台风、冰暴、洪水和干旱等）给人类造成的威胁。我国于 2001 年 10 月，经国务院批准加入 Argo 全球海洋观测网，正式成为全球 Argo 计划的成员国。2002 年底，为落实国务院批复精神，由原国家海洋局牵头，成立了中国 Argo 资料中心，国家海洋信息中心具体负责实施中国 Argo 资料中心的组建，中国与全球 Argo 资料的收集、处理、管理与分发共享服务系统建设和长期业务化运行工作。目前已建立 Argo 实时/准实时资料处理管理系统和相关网站，实现了我国投放的 300 余套 Argo 原始资料的解码和处理，处理时效和精度与国际标准一致，已面向全球用户开放的数据共享服务。

4. 中国 GTSPP 资料中心

全球温盐剖面计划（GTSPP）是 IODE 委员会和全球海洋综合服务系统（IGOSS）联合开展的一项计划，于 1989 年启动。该计划致力于建立和维护一个高质量的温盐数据源，并保持不断更新，使用户能方便快捷地获取全球温盐数据。GTSPP 的短期目标是满足热带海洋全球大气计划（TOGA）和世界海洋环流实验（WOCE）计划对温盐资料的需要，长期目标是开发并实施端对端的温盐资料管理系统，作为未来海洋资料管理的一个范例。国家海洋信息中心于 2003 年开始对全球 GTSPP 资料进行下载和处理工作。2007 年在澳大利亚召开的年度 GTSPP 资料工作会议上，国家海洋信息中心正式成为继美国、加拿大、澳大利亚、德国、法国后第 6 个全球 GTSPP 资料中心，负责全球 GTSPP 资料的下载、数据质控、数据管理、产品制作和数据网络发布。

5. 东北亚区域全球海洋观测系统（NEAR-GOOS）中国延时数据库

继政府间海洋学委员会正式发起全球海洋观测系统（GOOS）之后，中国、日本、韩国、俄罗斯等国于1994年发起了东北亚区域全球海洋观测系统。1996年9月NEAR-GOOS召开了第一届工作会议，制定了NEAR-GOOS执行计划，建立了国际GOOS的第一个地区示范系统。国家海洋信息中心承担了NEAR-GOOS中国延时数据库的建设工作，为NEAR-GOOS和GOOS提供基础资料服务。

6. 全球海平面观测系统（GLOSS）

全球海平面观测系统（GLOSS）是由政府间海洋学委员会（IOC）和WMO/IOC海洋学与海洋气象学联合技术委员会（JCOMM）共同发起的一个国际性合作项目，成立于1997年，目的是建立高质量的全球和区域性海平面监测网络，可应用到气象学、海洋学研究中。我国自GLOSS项目成立以来，就加入了该项目，并将6个海洋观测站（老虎滩、吕泗、坎门、闸坡、西沙和南沙）注册为GLOSS网络站，提供月平均水位资料。所有观测资料和资料产品由国家海洋信息中心根据有关规定对外提供服务。2001年起，国家海洋信息中心专家加入GLOSS专家组，负责中国海平面监测网台站资料汇交、处理、分析，开展中国海平面工作国际交流与合作等。

7. 西太海洋数据和信息网络（ODINWESTPAC）

2003年3月，第17届IODE大会决定建立ODINWESTPAC，通过ODINWESTPAC建设，搭建西太成员国海洋资料与信息汇集、交换、共享信息平台，旨在促进成员国之间及与其他合作伙伴之间的海洋资料和信息交流。ODINWESTPAC现成员国主要包括中国、韩国、澳大利亚、马来西亚等21个国家。2008年5月IOC西太平洋分委会第7次政府间会议确定由国家海洋信息中心负责项目建设和业务化服务。随后，国家海洋信息中心成功建设ODINWESTPAC网站（http://odinwestpac.org.cn），发布了中国对外公开和国际合作收集的海洋资料和信息及部分信息产品。2017年5月，国家海洋信息中心自主研发了ODINWESTPAC海洋数据共享服务系统，由前台门户网站和后台数据加载及管理工具构成，包含数据服务、产品服务、信息服务、地图服务和定制化服务5大功能模块。在覆盖原ODINWESTPAC网站所有有效数据基础上，系统扩充了海洋预报产品、经济统计产品、环境再分析产品等12个专题的产品数据，更新了西太平洋各国海洋组织机构、海洋专家、海洋文献、国际/区域合作项目等综合信息数据，初步实现了海洋观测数据、产品数据和综合信息的二维可视化展示。

8. 北太平洋海洋科学组织（PICES）元数据联盟西太平洋中心

PICES是北太平洋地区重要的政府间海洋科学组织，成立于1992年，目前有6个成员国：中国、加拿大、日本、韩国、俄罗斯和美国，其宗旨是促进和协调北太平洋及邻近海域的海洋研究，提高对海洋环境、全球天气和气候变化、生物资源和生态系统及人类活动影响的科学了解，促进相关科学信息的收集和快速交换。数据交换技术委员会（TCODE）

是 PICES 的七大委员会之一，负责有关信息与技术的交流合作。我国长期跟踪研究 PICES/TCODE 相关的海洋生态观测与研究项目的现状和动态，密切关注 PICES 开展的海洋数据交换活动，向 TCODE 提供了中国海洋领域专家相关信息，积极参加了 TCODE 海洋信息技术交流活动。

2005 年底 TCODE 发起 PICES 元数据联盟计划，PICES 各成员国相继建立国家节点进行元数据共享。2006 年底，国家海洋信息中心代表我国加入 PICES 元数据联盟计划，建立中国节点。目前，PICES 元数据联盟中国节点已开始业务化运行，首批发布了中国海洋站和中国沿海及东南亚沿海主要港口、航道的海洋潮汐预报产品等元数据。

9. 数据浮标合作小组（DBCP）

DBCP 成立于 1985 年，是 WMO 和 IOC 的一个官方联合实体机构，该合作小组负责各类浮标的国际协调工作，与 GOOS、JCOMM 和 Argo 等国际计划和国际组织有着密切的联系，旨在提高全球气象和海洋的预报能力，提高海洋领域的大气和海洋数据的数量、质量及时效性。DBCP 每年召开一次工作会议，交流各成员国浮标投放信息、浮标技术、资料传输和处理技术等方面的发展，以及资料管理组等各任务组和各区域浮标行动小组的工作进展。自 2009 年起，国家海洋信息中心开展相关国际事务工作，每年向 WMO 和 IOC 提交国家报告，介绍中国浮标布放、损毁、技术革新、成果发表等情况。

10.4.3 数据特点与治理经验

1. 数据特点

国际业务化海洋数据具有覆盖范围广、资料量大和更新快等特点，能够有效弥补我国数据主要分布在近海的缺陷，可为科学研究和海洋防灾减灾提供丰富的观测数据。

（1）覆盖范围广泛，全球范围内基本全覆盖。国内历次调查数据主要分布在中国近海和西北太平洋，少数航次的数据分布在其他海域，国际业务化海洋数据集全球调查之力，数据覆盖全球海域，能有效弥补这一不足。

（2）观测时间跨度长。目前记录最早的观测时间是 ICOADS 中记录的气象观测，为 1662 年，WOD 数据主要为全球温盐数据，最早为 1772 年，水位数据记录最早为 1864 年。

（3）数据量大、观测要素多。WOD 中记录的水体要素多达 27 种；国际 Argo 计划在温盐观测的基础上，也增加了溶解氧、硝酸盐、叶绿素等生物化学要素；国际气象数据、国际地质地球物理数据等都包含了丰富的观测要素。这些数据有利于多学科综合研究。

（4）更新频率快。大量实时获取的业务化观测海洋和气象数据都通过 GTS 快速发布共享，大部分数据在获取之后 3 h 内进行发布，90%以上的都能在 24h 内发布共享，更新频率较快，为海洋气象数据预报提供实时数据源。

2. 治理经验

国际业务化海洋数据已成为整个海洋数据体系中必不可少的一环。国际业务化海洋数据的流程体系、业务系统也在日常工作中不断完善改进，由此衍生的数据质量评估方法技术、数据排重方法技术也在多来源数据的处理中得到应用。此外，国际业务化海洋数据也是我国海洋数据共享服务的重要组成部分。

（1）建立了国际业务化海洋数据处理流程体系。根据多年的国际业务化海洋数据收集处理经验，逐步建立并完善数据处理流程，包含国际温盐、国际水位、国际气象、国际浮标、国际地质地球物理、国际生物化学等多学科的资料处理流程体系，建立了国际业务化海洋数据收集、处理、质控、排重、报告编制、综合数据集制作等多个环节的数据处理流程规范。

（2）开发了国际业务化海洋数据收集处理管理服务系统。为快速高效地提供数据服务，针对国际海洋业务化观测数据，开发了国际温盐、国际气象、国际水位等国际业务化处理系统，能够自动化更新处理数据，供国内外用户使用。

（3）制作形成了优质实时的多要素数据集。形成了各类要素的实时观测数据集，通过网站、海洋综合数据库等途径进行共享服务。

10.5 中国大洋资料中心建设运行

10.5.1 背景概述

为加强对大洋资料的管理，保证大洋资料的安全，充分发挥大洋资料在国际海域研究开发活动中的作用，实现资源共享，自 2011 年起，中国大洋事务管理局依托国家海洋信息中心建成了中国大洋资料中心，具体承担大洋资料的汇集、管理和共享服务业务。大洋资料中心的主要职责是在中国大洋事务管理局领导下，根据中国大洋事业发展对大洋信息的需求，负责大洋信息资源管理，承担大洋信息化建设，提供大洋信息资源共享，为大洋业务管理决策、大洋研究开发等提供资料与信息服务。

围绕深海大洋数据特点，统筹规划设计了分类分级深海数据资源管理体系，依据资料的属性，按接收资料、原始资料和标准化数据进行存储，基于虚拟化技术，搭建了深海信息资源云平台，采用混搭架构模式，建设运行深海大洋综合数据库。构建了基于国家海洋综合数据库的深海数据在线汇集系统，初步实现了国际海域航次调查与研究成果数据资料的全面动态汇集、存储管理和应用服务。面向社会公众，开展了我国首批深海资料的公开发布，促进了深海数据资料的共享使用，提升了深海大洋数据的共享服务水平，为我国加快建设海洋强国、构建海洋命运共同体做出了新的贡献。

10.5.2 治理方法

1. 职责任务

中国大洋资料中心在中国大洋事务管理局和中国大洋资料中心管理委员会的指导下开展业务工作，同时接受中国大洋事务管理局的业务领导和监督，主要职责如下。

（1）负责大洋科考数据资料的接收、审核、整理和保管，办理大洋资料汇交证明。

（2）编制大洋科考数据资料清单，同时对外提供大洋科考数据资料共享服务。

（3）研究拟定大洋科考数据相关管理办法制度及技术标准规范，开展相关标准规范的培训宣贯。

（4）完成大洋事务管理局交办的其他任务。

（5）定期向大洋事务管理局提交工作报告，召开管理委员会年度工作会议，接受相关部门的监督指导。

2. 规章制度和管理规范

为规范大洋资料汇交、管理及共享等工作，中国大洋资料中心编制了《深海海底区域资源勘探开发资料管理暂行办法》等一系列办法制度，规定了深海海底区域活动数据汇交主体、保管与使用办法及相关法律责任，不仅符合我国大洋资料管理工作实际，同时配套《中华人民共和国深海海底区域资源勘探开发法》等国家法律法规，能切实有效地规范大洋科考数据管理与共享服务工作。

针对不同类型的大洋科考数据，结合现行的办法制度，中国大洋资料中心编制了一套涉及航次现场、内业整编、研究成果整编资料汇交的管理规范，提请中国大洋事务管理局审议后试行。现行的大洋科考数据管理标准规范，不仅从技术层面上规范了不同来源、不同类型的大洋科考数据整编规范和汇交流程，同时也规范了大洋资料中心内部数据管理体系和清单目录格式，为实现大洋科考数据的集中规范化管理奠定了基础。

3. 业务流程

中国大洋资料中心在中国大洋事务管理局统一安排下开展大洋科考数据资料管理相关工作，主要包括大洋科考数据资料的接收、审核、反馈、汇集、整理、保管和服务。中国大洋资料中心业务流程如图 10-4 所示。

（1）资料汇交。所有承担大洋航次调查任务及研究课题任务的航次首席或课题负责人在相关任务完成后，按照相关整编汇交技术规范进行数据收集整编，完成内部审核后指定资料汇交负责人向中国大洋资料中心进行数据汇交。

（2）资料审核反馈。中国大洋资料中心接收到数据资料后，依据相关整编汇交技术规范及航次/课题合同、报告等，分专业并从数据资料的齐全性、完整性、规范性和质量 4 个方面进行逐类、逐项、逐个站位的核查，在一定时限内向资料汇交负责人进行资料问题反馈。

（3）资料整改补交。资料汇交负责人收到资料问题反馈后，组织完成资料整改工作，向中国大洋资料中心进行补交。

（4）开具汇交证明。中国大洋资料中心审核确认汇交的所有数据无误后，开具资料汇交证明。所有大洋航次/研究课题在取得中国大洋资料中心开具的汇交证明之后才能提请中国大洋事务管理局组织召开验收会。

（5）资料整理、保管与服务。中国大洋资料中心对接收的所有数据进行分类分级整理与保管，定期编制发布大洋科考数据清单、深海大洋公开数据目录清单，对外提供大洋科考数据资料服务。

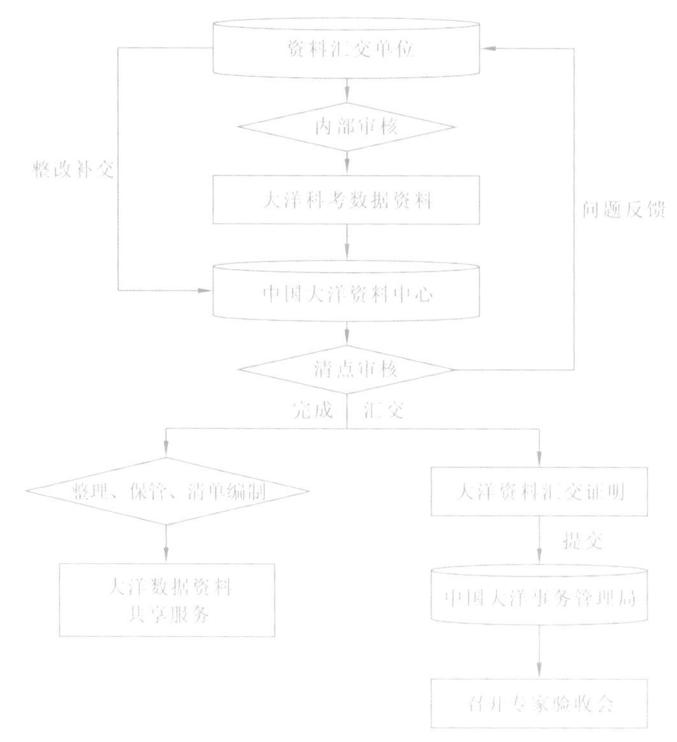

图 10-4　大洋科考数据管理业务流程图

4. 大洋数据管理体系

大洋资料的分类是进行分级界定的重要基础。国际海底区域的研究内容包括大洋中的环境、生物生态、地质演化、成矿过程、地球物理特征等，这些研究与海洋地质、海洋地球物理、海洋化学、海洋生物、矿产资源、海底地形地貌等学科有着紧密的联系。大洋资料的分类主要按照数据所属的学科和数据类别进行分类，包括海洋水文、海洋气象、海洋生物与生态、海洋化学、海洋底质、海洋地球物理、海底地形地貌、海洋声学、视频图像、配套资料共 10 个分类。海洋水文数据根据要素进行中类划分，按照调查方式和样品类型进行小类划分；海洋气象数据按照数据类型进行中类划分，按照要素类型进行小类划分；海洋生物与生态数据按照数据类型进行中类划分，按照调查样品类型进行小类划分；海洋化学数据按照监测、分析测试的样本介质进行中类划分，按照要素类型进行小类划分；海洋底质数据按照底质调查样品类型进行中类划分，按照数据类型进行小类划分；海底地形地貌数据按照数据获取手段进行中类划分；海洋地球物理数据按照要素类型进行中类划分，按照仪器和调查手段进行小类划分；海洋声学数据按照要素类型进行中类划分；视频图像数据按照视频和照片进行中类划分，按照数据类型进行小类划分；配套资料按照报告和图件进行中类划分。

5. 深海大洋综合数据库建设

采用混搭架构模式，建设运行深海大洋综合数据库。以数据文件为管理对象构建大洋清单文件库，管理全部大洋资料目录清单；以数据库库表为管理对象构建海洋水文、海洋气象、海洋生物、海洋化学、矿产资源等基础数据库，存储管理大洋标准数据集；构建面向应用的温盐、气象、重磁等要素数据库。研发查询检索、ETL 调度、服务接口、后台维护、日志管理、权限管理和原始解码等系统功能，集成基于国家海洋综合数据库的深海数据在线汇集系统，初步实现了大洋各类数据的动态汇集、存储管理和应用服务。

6. 大洋资料共享服务

（1）公开发布数据。2019 年 5 月，中国大洋资料中心开展了我国首批深海资料的公开发布，发布范围包括我国“八五”至“十二五”期间大洋调查和研究成果资料，以及我国作为国际海底管理局合同承包者，向其提交的环境与资源数据。数据类型涵盖海洋地质、海洋地球物理、海洋水文、海洋气象、海洋生物、海洋化学、海底地形地貌和海底视频照片等，数据内容丰富、时间跨度长、数据量大。升级改版中国大洋资料中心门户网站，为用户提供清单查询、地图预览、在线定制等多种形式和方便快捷的信息服务。

（2）离线申请服务。中国大洋资料中心常态化受理深海大洋资料的离线申请服务，受理了有关部委、中国科学院、高校和涉海企业等多家单位资料离线申请，提供的数据资料内容包括海底地形地貌、海洋生物调查、海洋化学调查、海底视像、深海矿产资源、航次报告、课题研究成果等，为大洋航次调查方案设计、深海矿产资源评价预测、深海环境影响评价、潜在矿区选划和勘探合同区区域放弃等工作提供数据信息支持。

7. 未来发展战略

1）发展思路

充分利用《中华人民共和国深海海底区域资源勘探开发法》颁布实施的契机，深入开展深海信息化顶层设计，持续强化深海信息资源汇集管理，利用大数据、云计算等技术，构建深海信息资源大数据平台，全面提升深海数据信息处理分析能力，显著提高深海信息资源管理和共享服务水平。

2）发展目标

（1）形成完善的深海信息管理体系。深海信息管理机制体制不断完善，信息资源汇集管理与共享制度逐渐健全，信息资源管理技术标准与规范体系逐渐形成，深海信息资源管理业务体系日益完善并运行顺畅。

（2）深海信息资源应用服务能力显著提升。深海数据及信息产品实现定期汇集，常规数据处理时效和处理率全面提高，新型仪器设备数据处理能力得以强化，深海大数据分析处理能力显著提升，信息产品研发水平大幅提升，信息资源在深海研究开发活动及中国大洋事业建设发展中的支撑作用逐步显现。

（3）中国深海大数据云平台建设初具规模。初步建成标准统一、布局合理的中国深海大数据云平台，并与国家海洋大数据中心紧密对接，建成深海大洋综合数据库和管理与监控系统，建设运行深海大洋信息服务平台，实现深海信息资源高效管理与共享。

（4）显著提升深海信息综合集成和共享开放能力。基本建成“集中+分布式”的国家深海数据中心，实现“蛟龙探海”工程获取数据和国内历史、国际交换等深海信息资源的汇聚集成，以及工程支撑平台中心间核心业务信息资源互联互通。提升国家海洋信息资源的应用共享能力，基本形成对国家深海环境认知、安全保障、开发利用和国际海洋治理的综合信息服务能力。

（5）加速提高深海大数据融合处理和挖掘分析水平。基于大数据技术实现互联网深海信息与舆情的智能获取，推进深海数据中心与“智慧海洋”国家海洋大数据平台、国家海洋环境安全保障平台、国家科学数据共享服务平台等国家信息资源平台和相关涉深海部门及行业数据平台的互联互通，推动多源多模态深海信息资源的融合处理与深度挖掘。

10.5.3 治理经验

1. 管理办法制度合理

现行《深海海底区域资源勘探开发资料管理暂行办法》明确规定了资料汇交方、中国大洋资料中心和中国大洋事务管理局的相关责任，设置了“资料保护期”以保障资料汇交人的相关权益，贴合大洋科考相关工作实际，全面保证了资料汇交管理工作的顺利进行。

2. 整编汇交标准规范可行

针对不同类型的资料，形成的大洋调查与研究成果资料整编技术要求经过多年的试行和修订完善，从技术层面保障了大洋科考资料整编汇交的完整性、齐全性和规范性。同时，中国大洋事务管理局十分重视整编汇交标准规范的宣贯培训，明确要求在每个航次出航前及课题研究成果资料汇交前开展资料整编汇交规范培训，并在每个航次现场调查工作中设置质量管理员和资料管理员，从数据获取源头把控数据资料的质量和规范性。

3. 资料汇交时间节点明确

经过多年的尝试摸索，大洋科考数据已建立“先汇交，后验收”的资料汇交制度，资料汇交时间节点已十分明确。中国大洋事务管理局要求航次现场调查资料在航次返航靠港的同时就开展汇交工作，航次内业及研究课题成果资料在研究工作完成后即刻组织开展，航次组织实施单位及课题承担单位只有在取得大洋资料汇交证明后才可申请验收，有效保证了资料汇交工作的时效性。

10.6 浙江省智慧海洋大数据中心建设运行

10.6.1 背景概述

浙江省委、省政府高度重视浙江省智慧海洋工程建设，在建设进程上紧跟国家步伐，并且远超其他省市。2018 年 10 月，编制印发了《浙江省“智慧海洋”工程建设方案（2018—2022 年）》，对全省智慧海洋工程建设进行了部署；2019 年 3 月，浙江省湾区办印发大湾区标志性工程推进方案，明确将智慧海洋工程建设列为十大标志性工程之一；2019 年 5 月，浙江省发展和改革委员会与自然资源厅联合发文，推进浙江省智慧海洋大数据中心论证和建设，明确提出浙江省智慧海洋大数据中心建设的目标思路、总体框架、进度安排和保障措施，成立了建设工作专班，并将浙江省智慧海洋大数据中心明确定位为国家智慧海洋工程的重要建设内容。浙江省智慧海洋大数据中心已成为推动浙江海洋强省建设的重要支撑和支持“数字浙江”建设的重要组成部分。

总体上，浙江省是第一个开展智慧海洋工程建设的示范省份，也是整个国家海洋大数据布局中，启动建设海洋大数据中心的第一个省份。从论证到实施，浙江省智慧海洋大数据中心始终坚持国家立场、以政府为主导、吸纳多方企业参与、达到合作共赢的总体方针。

10.6.2 治理方法

项目总体架构为“2-3-1”，即数据资源和运营保障两大体系，大数据云、综合展示和开放创新三大平台，以及一个应用服务群。海洋数据资源体系的目标是基本完成海洋数据资源规划，初步构建涵盖国家、省、市三级涉海数据的资源体系，吸纳社会数据资源，有效提升浙江省海洋大数据归聚汇集、集中管理和交互服务能力。海洋大数据云平台的目标是初步建成“逻辑集中、物理分散”的省智慧海洋大数据云平台，构建“统筹规划、能力分工、支撑协作、高效运行”一体化建设模式，基本形成基于区块链技术的涉海数据共享服务能力。海洋大数据综合展示平台的目标是形成浙江省海洋地理信息服务和海洋大数据资源统一集成展示能力，提供直观、便捷、丰富的海洋信息展示和辅助决策支撑服务。海洋大数据开放创新平台的目标是建成海洋大数据开放创新平台，面向政府、企业、公众等对象，提供各类海洋数据、专题信息产品、成果数据和工具包等开放资源，强化海洋信息资源增值服务能力。智慧应用服务群主要聚焦浙江省大湾区、江海联运服务中心、海洋经济发展等领域，快速形成示范应用效果，逐步建成开放包容、共享协作的智慧海洋应用服务体系。运营保障平台主要搭建标准规范体系框架和信息安全管理制度，依托浙江省大数据局，建设完善信息安全防护体系和网络安全策略，基本形成满足需求、响应及时、安全可靠的运维保障服务能力。

1. 技术架构

浙江省智慧海洋大数据中心主要采用物理分布、逻辑集中的体系设计，基于互联网化的 IT 建设理念，总体上强调“薄 IaaS，厚 PaaS，个性化 SaaS”的体系架构。其中，IaaS 层为基础设施，主要依托浙江政务云。PaaS 层主要集成处理计算和并行在线服务能力。SaaS 层主要包括大湾区“一张图”、江海联运、智慧海防和海洋经济等应用。总体技术架构上，不强调云平台硬件资源建设，而侧重于基于云平台的海洋大数据应用能力建设，有效支撑海洋领域各类个性化应用。

2. 数据架构

浙江省智慧海洋大数据中心采用分类分级分层管理：①对于能够汇集到的数据，按照大数据理念和业务流程，构建数据采集、处理整合和集中管控体系框架，建设浙江省智慧海洋数据库；②对于数据资产归属于相关部门的数据，通过区块链技术实现数据调度和共享。数据资源在逻辑上实现跨域计算和统一应用，实际上仍分布于各相关部门和单位。

总体上，浙江省智慧海洋大数据中心向内整合共享省内涉海数据，向外吸纳各类企事业单位和互联网涉海数据，向上对接国家乃至全球涉海数据，逐步建设形成完整的泛海洋数据资源体系。

10.6.3 治理经验

历经 200 余次专题调度和 300 余天集中研发及 500 余天实际运行，浙江省智慧海洋大数据中心项目完成一期建设目标和内容，建成由数据体系、运营体系、大数据云平台、综合展示平台、开放创新平台和应用服务群构成的实际运行业务能力。浙江省智慧海洋大数据中心数据资源体系接入包括国家、浙江部分省市、社会资源和互联网信息 4 大类数据，形成面向应用、分布存储、统一调度的浙江省智慧海洋数据库。建成智慧海洋大数据云平台基于浙江省政务云环境，形成海洋大数据存储计算、融合挖掘和基于区块链技术的涉海数据共享服务能力。建成海洋大数据综合展示平台，形成浙江省海洋地理信息服务和海洋大数据统一集成展示能力。建成海洋大数据开放创新平台，强化海洋信息资源增值服务能力，形成数据、资产、技术归属清晰的浙江省海洋大数据高效共享模式。搭建了智慧应用服务群，基本形成大湾区建设、江海联运、智慧海防、海洋经济等智能应用服务能力。建立运营保障体系，形成系列可推广标准规范和信息安全管理制度等，基本构建运维保障和运营服务能力。

（1）浙江省智慧海洋大数据中心项目的实施，对当前涉海信息化领域应用高度定制、技术手段封闭单一、二次开发利用和系统升级困难等存在的普遍问题，进行了有效破解，基于物理分布、逻辑集中的数据架构和技术架构，打通了浙江省涉海数据资源汇集、共享、增值服务和开放创新的业务链条，基本形成了数据、资产、技术归属清晰的产业运营模式。

（2）浙江省智慧海洋大数据中心项目以区块链为工具，以开创平台为载体，建立了数据“工分”机制，解决了数据共享交换过程中最核心的信任和收益归属分配，以及数据安全和数据资产唯一性等关键问题，搭建形成基于区块链、安全沙箱等技术的浙江省海洋大数据应用环境和自主高效的共享模式，对于吸引全国各地海洋产业资源在浙江省智慧海洋大数据中心的集聚，促进浙江省海洋经济数字化转型升级，具有重要推动作用。

（3）在国家推进智慧海洋工程建设的总体要求下，浙江省先行先试，现已基本具备国家海洋大数据中心首个省级分中心运行能力，支撑海洋经济、江海联运等首批应用，并形成了国家、省、市共建，突出地方特色。可复制可推广的建设模式和浙江经验，对支撑国家智慧海洋建设，带动其他沿海省市海洋应用智能发展，具有高价值高水平的社会效益。

（4）浙江省智慧海洋大数据中心项目开展了多个层面的应用推广，与交通运输部、福建省、广东省、深圳市、厦门市和浙江省内相关单位进行了多次经验交流；同时，面向同济大学、电子科技大学等高校，以及多家企业进行了技术推广。系统还与浙江省智慧海防应用服务系统进行了互联互通和协同应用。

第 11 章　国家海洋大数据共享服务实践

11.1　国家海洋大数据服务平台（海洋云）

11.1.1　背景概述

随着“数字中国”和“大数据”等国家战略实施，相关领域数据共享应用不断向规模化发展，如中国气象局“气象科学数据共享服务平台”、中国科学院“地球大数据共享服务平台”、交通运输部“出行云”等，自然资源部也相继发布了“国土调查云”、“地质云 3.0”、“天地图 2023 版”等国家级应用服务平台。我国涉海数据共享服务平台共 50 余个，发布的海洋数据范围、类型、内容、精度、格式、表现形式等都不一致，同一类型数据往往在多个渠道进行发布，且内容不完全一致，另外还有一大部分仅为零散分布数据，亟待整合形成国家级统一海洋数据发布平台，提升海洋数据公益服务合力。

11.1.2　治理方法

1. 总体设计

利用现有基础，以多方共建共享的方式，通过海洋数据资源整合和信息系统集成，全面提升海洋数据交换共享与增值服务能力，满足政府部门、行业和社会公众等不同层次用户对海洋信息的多元需求，打造权威的国家海洋大数据服务平台（海洋云）。海洋云总体框架如图 11-1 所示。

（1）布局架构：主要包括专网布局、互联网布局和共建共用布局。其中，专网布局主要覆盖自然资源（海洋）主管部门、涉海部委、沿海地方，深化海洋数据共享、交换和服务。基于专网联通部内单位及沿海地方，基于专网与电子政务外网联通的基础上实现与涉海部委的交互。互联网布局主要是基于互联网面向科研院所、涉海高校、涉海企业和社会公众等，加强海洋数据共享应用和公益服务。共建共用布局是在专网和互联网服务布局的基础上，针对涉海权属数据和信息产品的流通和增值服务，预留各类用户相关数据和产品的发布接口。

（2）数据架构：主要涵盖海洋观测、监测、调查、国际合作等获取的，以及交换共享和共建共用汇聚的海洋环境与基础地理数据及信息产品。面向用户分类分级开展海洋大数据治理，制作形成清单目录和对应的数据集、数据接口等，通过专网版系统与部内单位、

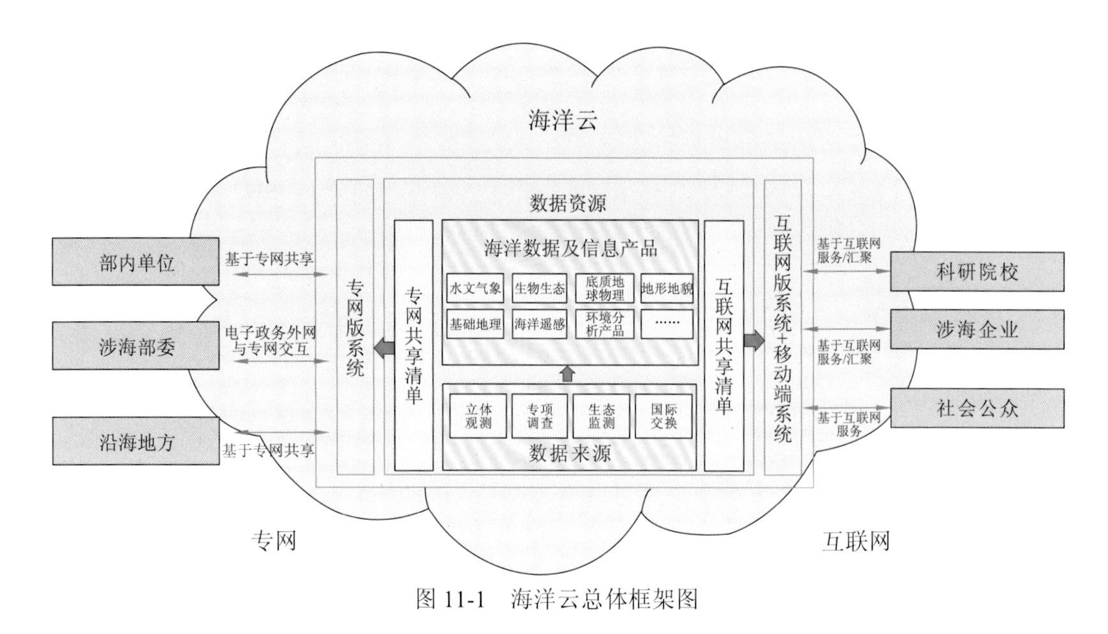

图 11-1　海洋云总体框架图

涉海部委、沿海地方等进行信息交换和共享；通过互联网版和移动端系统向科研院所、涉海企业和社会公众等进行共享服务。

（3）技术架构：结合现有建设成果，面向专网和互联网不同应用需求，围绕共享服务、资源共建和分析应用等方面的技术手段，完善集成功能系统，构建“逻辑集中、物理分布”的海洋云。其中，共享服务方面主要包括资源目录、服务接口、时空查询、全文检索、文件定制推送等技术内容；资源共建方面主要包括汇聚发布和挂接发布等技术内容；分析应用方面主要包括方法库、产品可视化、在线评估和运行监控等技术内容。

（4）应用架构：以专网、互联网和移动端系统为核心，面向不同层次对象提供海洋数据服务支撑。其中，专网版系统主要面向部内单位、涉海部委和沿海地方，通过定向推送、在线下载和申请获取等方式，提供海洋数据的共享、交换和服务；互联网版系统主要是面向科研院所、涉海高校、涉海企业和社会公众等，通过在线下载和申请获取等方式，提供海洋数据共享应用和公益服务。移动端系统主要面向科研院所、涉海高校、涉海企业和社会公众等，通过邮箱推送方式提供海洋数据共享。

2. 海洋云 1.0 专网版

海洋云 1.0 专网版面向不同层次用户海洋数据交换共享和应用服务，以及海洋数据业务系统分析应用和在线评估，重点围绕海洋观测、海洋生态监测、海洋专项调查、国际合作，兼顾部委、地方需求，结合国家海洋综合数据库等现有系统存量，优化实现基于空间的数据检索、数据资源目录服务、文件定制推送和数据库接口服务，以及代表性数据产品的可视化展示和应用评估。

整合改造数据共享服务功能，面向应用改造海洋数据资源目录，按需扩展数据服务接口，添加查询条件并优化时空可视化查询界面，细化全文检索展示方式，完善基于接口的用户需求订单并衔接现有文件定制推送功能，以数据库发布实时数据，以文件集发布历史数据。

完善海洋数据资源共建共享手段，建设私有云环境和权属数据管理功能，完善服务接口统一管理功能，调整界面布局，为其他单位成果上传海洋云、接口封装再发布和网页链接等提供支撑，重点推进试点单位纳入海洋云共建共享。

推进在线分析应用功能试点，完善再分析、统计分析和专题产品等的查询展示功能，优化集成现有海洋数据统计分析功能，研发集成海洋预报产品在线检验评估功能，试点开展“沙箱+云桌面”技术测试和部署落地。

3. 海洋云 1.0 互联网版

海洋云 1.0 互联网版建设内容主要包括系统功能升级完善、互联网数据资源池改造优化和数据更新三个方面。

（1）系统功能升级完善。基于国家海洋科学数据中心共享门户系统首页进行重构，开展海洋云 1.0 互联网版界面设计、功能设计，面向科研机构、涉海企业和社会公众，实现数据和产品的查询检索、清单目录、在线预览、数据收藏和下载等功能，以及基于二维和三维地图提供海洋数据和产品的空间查询和可视化功能，并与手机端适配。

（2）互联网数据资源池改造优化。开展数据管理系统改造，将原有固定式的数据分类管理方式改造优化为可灵活扩展的定制化分类。升级资源池数据更新管理功能，提供多级用户授权的数据资源池的分布式更新与维护功能。同时，对资源池数据进行安全升级，结合数据精度、时间跨度、访问频次等信息，对数据文件进行加密与完整性保护，并研发按角色访问权限控制、用户安全协议与证书验证、用户日志行为分析与审计、重点数据访问 IP 控制等功能。

（3）数据更新。数据更新包括元数据更新、数据清单更新和数据实体更新。元数据更新需按数据或产品要求完整填写各字段，系统提供敏感字检测功能，保障数据安全；数据清单与数据实体采用自动化程序同步更新，更新步骤包括数据清洗、数据解析和数据加载，更新成功后自动通知订阅和下载过的用户。

11.1.3 治理经验

国家海洋云平台，有效利用和发展了大数据、云计算和人工智能等新型信息技术，构建了统筹规划、共建共用的国家海洋领域数据和信息产品在线服务平台，打造了全球海洋立体观测网数据在线汇聚共享、涉海部门海洋信息资源互联互通、公益海洋数据产品集成服务的海洋云，加快提升了海洋数据开放创新和增值服务能力。

11.2 海洋观测数据共享服务平台

11.2.1 背景概述

依据海洋预报减灾体系观测资料共享实施方案，国家海洋信息中心对接收到的海洋观测资料进行精细化处理、质量控制和整合，按季度形成海洋观测资料延时数据集。国家海洋信息中心按照资料汇交的来源和内容，依托海洋信息通信网地面专网，通过海洋预报减灾体系海洋观测资料共享服务平台，每季度第二个月中旬将上季度海洋观测资料延时数据集，向海区信息中心和省级海洋观测资料管理机构进行资料反馈，实现海洋观测延时资料的有序共享。通过对海洋预报减灾业务系统信息资源的整合管理，构建海洋统计分析产品、潮汐潮流预报产品、海洋预警报产品及海平面影响产品等共享信息实体，进行信息分类分级管理，并提交至海洋科学数据共享平台，基于国家海洋云平台进行共享数据的推送服务，为自然资源部系统、涉海单位、沿海省市、科研院所及社会公众提供全面权威的海洋数据服务，充分挖掘海洋数据资源的潜在价值，促进海洋科学持续稳步发展。海洋观测数据共享服务平台主要实现以下三类功能。

（1）共享数据提取。按照数据共享清单提取海洋观测资料进行精细化处理、质量控制和整合成果，针对每个共享对象按季度生成海洋观测资料延时数据集，制作标准化共享数据集。

（2）共享数据推送。按照数据共享清单，分别对各共享单位推送共享数据，共享数据按照相关标准开发推送模块，确保共享数据安全可靠。

（3）共享数据清单及统计。制作共享数据清单，每次共享数据成功推送后更新数据清单，为数据共享管理和统计服务。开发数据共享统计功能，可按照数据接收单位、时间、数据量、数据类型等多种方式进行统计和分析。

11.2.2 治理方法

1. 总体要求

1）建设目标

整合利用现有相关系统资源，优化数据共享接口、服务标准和运维管理体系，充分考虑海洋预警监测体系海洋观测资料服务跨地区、跨层级业务节点间的协同服务模式，采用主动推送的应用框架进行设计，升级建设基于海洋信息通信网地面专网的统一规范、多级联动的海洋预警监测体系的利用，提升观测资料在海洋预警监测体系的安全高效使用，提升海洋观测资源的共享服务水平，从而对日常海洋预报和灾害预警预报业务提供基础保障。系统支持条件查询、关键字检索、时空范围检索，提供数据在线预览、统计分析、数据收藏、数据下载和订阅功能，以及基于地图服务的数据可视化功能。

2）建设原则

海洋观测资料共享服务平台升级改造系统遵循整合资源、统一标准、总体规划、形成体系的基本原则，充分利用海底科学观测网数据资料、地方海洋观测网和气象局、涉海部委、涉海企业来源数据，实现海洋观测资料的共享服务平台升级改造。

（1）整合资源，充分共享。统筹推进海洋观测资料的实时资料分发、延时资料反馈和信息产品发布共享。海洋观测资料应以共享为根本，不共享为例外，既要充分发挥资料价值，促进跨地区、跨层级共享，又要避免出现“资料满天飞”的情况。

（2）统一平台，在线发布。优化海洋测资料共享接口、服务标准和运维管理体系，建立统一的海洋观测资料共享服务平台，依托海洋信息通信网地面专网，稳步开展海洋观测资料目录清单和海洋环境信息产品实体在线发布共享。

（3）实时分发，联动更新。依托海洋信息通信网地面专网，国家级向海区级业务化分发其他海区实时资料和其他海区辖区内的省级实时资料，海区级向本辖区内省级业务化分发该省和相邻省份行政区域内的实时资料，以及海区在该省及其相邻省份行政区域内的实时资料。

2. 总体框架

海洋观测数据共享服务平台，按照“五层面，两体系”构建，“五层面”是指基础层、数据层、服务层、业务层和用户层；“两体系”是指标准规范体系和安全保障体系。系统架构如图 11-2 所示。

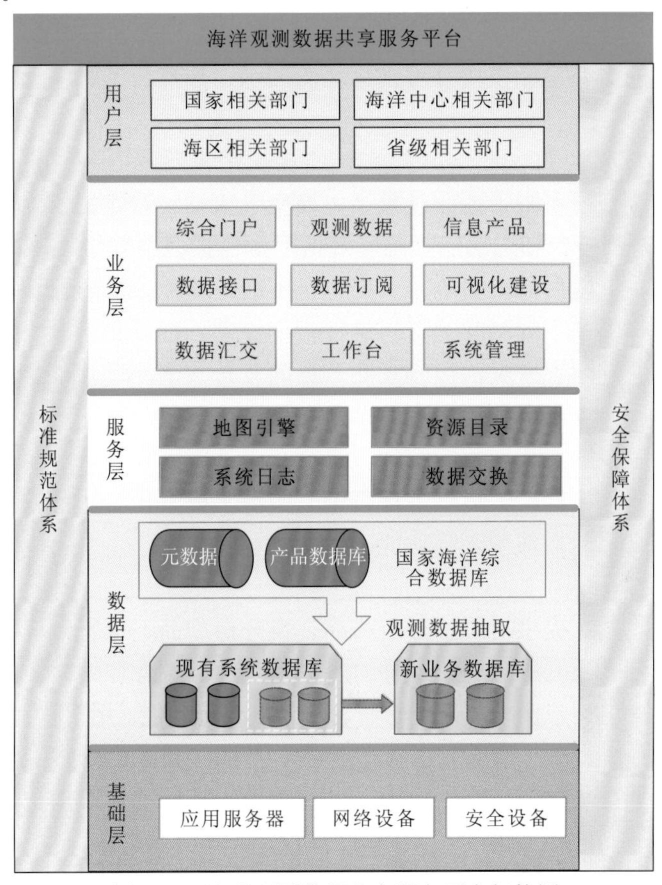

图 11-2　海洋观测数据共享服务平台架构图

（1）基础层：由应用服务器、网络设备、安全设备构成。应用服务器主要为中心网站集群提供运算的硬件资源；网络设备为系统提供网络拓扑资源，使系统能够通过链路稳定的交互；安全设备为系统提供硬件安全性支撑。

（2）数据层：数据库系统基于国家海洋综合数据库，实现观测标准化数据的抽取和基于元数据的查询检索、数据下载。系统充分利用现有数据库，新建新业务数据库和国家海洋综合数据库对接，完成各类数据的权限控制和管理，各类数据的可视化、查询、统计分析操作、数据监控，为系统提供数据支撑。

（3）服务层：运用应用集成、组件开发等技术完成应用改造，提供地图引擎、资源目录、数据交换、系统日志服务等基础应用，为系统数据处理、安全运行监控等提供基础服务。服务层向上连接业务层，支持系统开展具体业务。

（4）业务层：在原有平台的基础功能上，美化功能界面，将部分功能进行组合升级并新增部分功能，升级后的平台功能主要有观测数据、信息产品、热点推荐数据、数据接口、数据订阅、可视化展示、数据汇交、工作台和系统管理。

（5）用户层：海洋观测资料共享服务平台的使用用户主要包括国家相关部门、海区相关部门、海洋中心相关部门和省级相关部门等。

3. 系统建设

1）平台首页

平台首页包括的主要功能模块有可视化地图展示、热点数据、信息产品、订阅信息、观测数据推荐等。

2）观测数据子系统

国内数据建设包括但不限于地面气象站、高空气象站、海洋站、地波雷达、X 波段雷达、浮标、断面、石油平台和志愿船，国际数据展示包括但不限于 Argo、WOD、GLOSS、锚系浮标和漂流浮标，提供数据清单，实现打包下载等功能。扩展数据检索条件，实现在同一模块对于不同类型和不同时间的资料进行查询检索、查看和下载，同时增加观测数据的配置管理功能，通过配置来灵活控制观测数据的发布共享，增强平台的业务可操作性。在观测数据模块，用户点击下载后，可对单个文件进行下载，保存到用户本地，并在系统中生成下载记录。可根据下载次数的统计，进行全国订阅列表的排序展示和对该类型文件下载的用户分组区分。数据检索提供条件查询、关键字检索、时空范围检索等功能，提供数据在线预览，分页显示文件列表等功能。

3）信息产品子系统

信息产品功能模块，提供对统计分析产品、再分析产品、预警报产品、卫星遥感产品的共享服务，丰富产品数据服务种类，并对各种信息产品进行详细介绍。

信息产品模块提供用户浏览、分类查看、部分下载等功能。用户进入产品信息列表时，可以对多种类型产品进行分类查看，并提供检索、按照一定条件排序等功能。工作台提供扩展种类的相应接口，使数据具有生命力，并在系统中较好地体现出来。管理员可以在后台编辑并上传该类产品的相关内容，并在前台动态展示。

4）可视化监控子系统

利用平台图标颜色来监测平台的运行状态，对平台的停运、超时状态进行预警。地图上的平台图标可查询平台观测数据的基本属性。可查询预警状态的设备，在地图上进行定位展示，也可以查询不是预警状态的设备信息。通过预警列表框信息可对平台观测数据进行查询。此外可以查询船舶一段时间内的轨迹和轨迹点的相关观测信息。可视化监控提供专题图层展示、切换、快速定位的功能，对用户想了解的数据进行空间展示，包括地方节点下载数据和订阅量等。

5）数据订阅子系统

依据用户权限，系统可进行数据推荐，用户在权限范围内可对观测资料进行订阅。若订阅成功，用户可通过系统查看资料，并可通过终端接收订阅消息。数据订阅为用户提供可以定时定量接收数据的功能，通过用户终端对订阅的数据类型按照周期自动接收并更新下载。通过系统和终端的通信，实现了自动化的发布和接收下载，减少了用户的操作，加强用户体验度。

6）接口服务子系统

接口服务子系统将已有接口服务进行系统化展示，并配以接口服务的说明和介绍，使用户可以通过平台了解接口服务的功能和使用场景。系统调用国家海洋综合数据库对应接口对外服务，与国家海洋综合数据库采用相同权限管理方式，用户根据对应角色查看权限下接口服务。

7）汇交审核子系统

汇交审核子系统主要包括数据汇交和数据审查两个方面。通过数据汇交，进一步加强和规范科学数据管理，保障科学数据安全，提高开放共享水平。通过多种数据融合和深入数据挖掘分析，有效促进数据增值，推动科学研究成果产出。数据汇交是达到数据共享融合的奠基石，所以在此次建设的过程中，通过数据汇交上报、数据质量审查、数据存储和数据归档使用等 4 方面来进行开展。用户通过数据上报接口进行提交数据，然后由具有相关审查权限的工作人员进行数据审查，包括数据质量和数据格式要求等方面。对审核通过的数据进行归档存储，并入国家海洋综合数据库。在数据共享平台数据汇交模块展示数据汇交审核通过的数据列表，供用户分类查看和下载，达到信息共通共享的目标。

8）工作台子系统

工作台子系统包括数据统计和帮助文档功能模块。该系统将与国家海洋综合数据库海洋信息通信网版本共享用户和对应权限。平台管理员可创建下级用户及分配角色，各单位通过邮箱等方式进行注册申请，平台管理员收到申请并核对后，可在系统工作台进行用户注册及分配相应权限。

4. 公开发布

业务化开展数据解码、标准化、质量控制和排重整合处理，制作中国海洋观测数据产品和全球海洋数据产品，包括中国自主观测海洋站、志愿船、国际温盐、DBCP 浮标、国际水位、国际气象，以及全球温盐、海浪、海流、水位和气象综合数据集，加载更新到 CMOC/China、中国 NEAR-GOOS 延时数据库、中国-东盟海洋大数据共享服务平台、西太平洋区域海洋数据和信息网络平台、海洋科学数据共享平台、海洋工程知识服务系统等。

11.2.3 治理经验

（1）针对不同用户需求，构建海洋云数据共享服务体系。随着不同业务工作的开展，可基于海洋环境综合数据库、海洋信息产品数据库和海洋三维立体“一张图”等数据资源，面向业务保障、科学研究和社会公众等应用需求，构建海洋环境数据、海洋空间数据、海洋环境信息产品、海洋成果图件、海洋知识产品、软件与仪器设备方法等组成的海洋信息产品体系。

（2）更新数据共享服务方式，提供多样化数据服务。采用在线发布、定向推送、申请使用等方式，开展海洋标准数据集、信息产品、数据库接口和目录清单等分类分级共享服务。同时应围绕国家重大需求，研发专题服务系统，包括潮汐潮流、海平面变化、海洋权益、海洋大数据分析预报等数据、空间矢量图、模型方法、预测预报结果等。面向赤潮、台风、溢油等海洋灾害，提升应急反应能力。

（3）进一步拓展海洋资料获取途径，扩充数据资源储备。目前，国家气象局相关海洋资料已通过交换共享方式实现了资料汇集，但是还有相当多的部委没有实现常态化的资料汇集，这大大降低了海洋资料的共享效率。应进一步拓宽海洋资料获取渠道，实现数据资源互联互通。

（4）加强数据分类分级标准研制，促进数据安全共享。海洋环境数据分类分级标准不一，以及保密审查过程复杂等，是数据保密管理和共享服务之间的主要焦点和核心问题。应推进分领域、分类型、分应用方向和应用对象的数据分类分级，细化互联网开源信息和非涉密敏感数据安全保密管理的有关要求，从制度、标准和技术层面进行持续优化。

11.3 深海大洋数据共享服务平台

11.3.1 背景概述

深海大洋数据是国家重要的基础性战略资源之一，自 2011 年起，受中国大洋事务管理局委托，国家海洋信息中心组建中国大洋资料中心，具体承担深海大洋信息资源汇集管理与共享工作。经过多年建设发展，中国大洋资料中心切实履行职责，制定大洋资料业务工作流程、数据处理标准、数据库建设标准等技术规范，基本建立大洋资料处理和管理技术体系。基本完成大洋科考航次调查数据与研究成果资料的汇集，全面开展全球海洋环境和基础地理资料的收集，业务化开展全球大洋资料整合处理、质量控制和检验评估，建立大洋资料分类分级管理目录和数据库。研究制作区域、全球和专题信息产品，面向资源勘探、环境保护、国际合作等需求，开展多批次资料和产品服务支撑，深海资料管理朝着业务化、标准化和系统化方向持续发展。

11.3.2 治理方法

1. 系统总体设计

深海大洋数据共享服务平台框架主要由基础层、数据层、服务层、应用层、标准规范体系、系统安全保障 6 部分组成。基础层为网站安全、稳定运行提供硬件环境；数据层为系统提供数据支撑；服务层包括 Web 引擎、数据服务、产品服务等，为系统提供核心的应用支撑；应用层为用户提供服务，包括深海资料可视化、数据服务、研究成果服务、海底地形命名、标准规范、新闻资讯、统计分析、系统管理等功能；系统安全保障和标准规范体系为系统安全、稳定运行提供保障。系统总体架构如图 11-3 所示。

（1）基础层：由服务器、防火墙、存储设备、网络设备和其他设备构成。服务器主要由外网云平台中的应用服务器与数据库服务器组成，应用服务器主要为网站集群提供运算

图 11-3　深海大洋数据共享服务平台总体架构图

的硬件资源，数据库服务器集群为整个系统数据存储提供硬件支持，网络设备为系统提供网络拓扑资源，使系统能够通过链路稳定的交互。

（2）数据层：为系统提供数据支撑，包括数据类数据库、产品类数据库、字典类数据库、资讯类数据库、系统类数据库。数据类数据库主要用来存储海洋水文、海洋气象、海洋生物、海洋化学、海洋底质、海洋地球物理、海洋地理数据；产品类数据库主要用来存储统计分析数据、海底地形命名等；字典类数据库包括高度抽象各类海洋数据模型的关键特征及模型之间的映射关系；资讯类数据库主要用来存储新闻、文章类的数据；系统类数据库包括系统基础配置数据、网站业务主数据，如用户业务申请数据、后台操作记录数据、系统配置数据等。

（3）服务层：为系统提供核心的应用支撑，主要包括 Web 引擎、基础框架、数据服务、产品服务、地图服务。每个单独的服务均基于微服务对外开放，服务对象包括但不限于中心网站集群，外部系统通过平台令牌授权后进行服务调用。

（4）应用层：对服务层提供的服务进行封装，提供用户所需的各项应用功能，为系统用户提供相关服务。应用层由前台网站与后台管理系统组成。

（5）标准规范体系：包括各学科测线、测站型数据和提供服务的技术标准和管理体系，保证接收文件与入库数据、接收文件与对外提供服务数据一致性、规范性。

（6）系统安全保障：涉及计算机硬件的物理安全、网络安全和信息安全，以及信息的访问控制、密级控制及加密处理等。

2. 数据库设计与实现

平台数据库基于 SQL Server/Oracle 进行开发，具有高稳定性、高安全性、高可用性，包括业务数据库和系统数据库。

（1）业务数据库：主要包括测站型数据、测线型数据和清单数据。测站型数按学科和类型分为海洋水文、海洋生物、海洋化学、海洋底质、视频图像数据；测线型数据包括海洋水文、海洋气象、海洋地球物理、海底地形数据；清单数据包括采选冶技术研究、勘探技术与装备研究、环境研究与评价、生物资源研究和政策制度研究等数据。

（2）系统数据库：用于存放网站正常运行所需数据，包括用户角色、权限、日志、资讯和各类统计数据。

3. 平台服务功能

基于GIS图层对外提供可视化服务，用户通过数据服务、研究成果服务、地理实体命名和标准规范模块查阅、下载相关资料，通过平台简介、资讯动态模块查看平台的基本信息和新闻资讯。

（1）地图服务：通过ArcGIS按学科/要素发布图层，提供深海数据资料在线查询、检索服务，包括深海数据资料可视化、数据查询、区域检索等功能。地图服务包括海洋水文、海洋气象、视像等8个WFS图层，提供地图缩放、全屏、视图切换、航次/站次定位等功能，可在线显示航次号、站位号、调查时间、调查设备等属性信息。用户可通过地图按钮在各图层间实现快速切换，查阅不同学科/要素的测站、测线数据。

（2）区域检索：提供空间范围检索功能，通过绘制矩形框可在当前图层查找该范围内航次/站位数据并以列表形式展示，同时在地图将对应数据点高亮显示。框选数据点在WFS图层属性与数据库中主键对应，用户可点击查看该航次/站位详细信息。

（3）数据服务：按学科分类，以清单加数据文件和离线申请的形式对外提供数据服务，包括数据查询、数据下载、离线申请功能。

（4）数据查询：支持按航次号、时间范围、空间范围，分学科进行查询检索，查询结果可链接到地图进行展示。

（5）数据下载和离线申请：平台公开发布的资料包括主动公开资料和依申请公开资料两类。主动公开资料以“目录清单+数据资料实体”的方式发布，用户注册账号后免费下载、使用公开数据，目前公开的数据文件类型包括txt、excel、osf、mp4等。依申请公开资料以目录清单的方式发布，用户可登录网页在线查阅目录清单并下载离线申请表格，根据需求在线提交资料申请，由中国大洋资料中心受理并报中国大洋事务管理局审定后，可离线进行资料查询等相关服务。

（6）研究成果服务：以目录清单的方式发布，按研究领域分类，主要功能包括全文检索和离线申请。①全文检索：平台基于Lucene构建数据库全文检索服务，Lucene是全文检索引擎开源工具包，分为索引功能和检索功能。研究成果目录清单、课题名称、课题摘要等文本内容经索引引擎分词、建立索引、入索引库后，查询引擎会按照用户输入进行检索并返回相关结果。②离线申请：研究成果以目录清单的方式发布，申请用户需在线提交申请表格。

4. 后台管理系统功能

后台管理系统（图11-4）包括系统管理、CMS管理、统计分析三个模块，实现深海大洋数据共享服务平台用户注册审核、日志管理、新闻发布、统计分析等后台维护和统计功能。

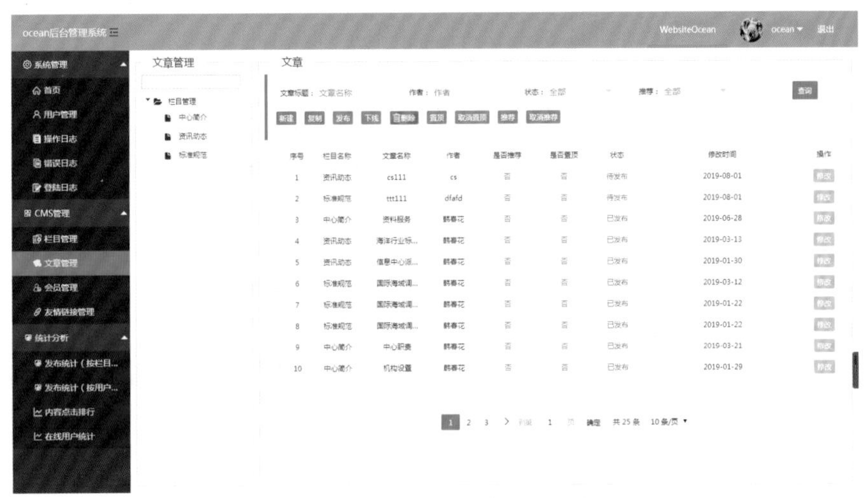

图 11-4　后台管理系统界面图

（1）系统管理：维护用户信息和管理各类日志，包括用户管理、操作日志、错误日志、登录日志 4 部分。用户管理用于后台管理账户的增、删、改、查操作；各类日志管理功能记录前后台用户登录、各类操作和产生的错误日志，通过日志可溯源用户操作、分析用户行为、产生统计分析报表等。

（2）CMS 管理：为内容管理模块，用于注册用户管理、网站栏目管理和内容发布，包括会员管理、栏目管理、文章管理、友情链接管理 4 部分。会员管理以列表形式展现注册用户信息，包括用户名、昵称、单位、邮箱等字段，同时提供查询、站内消息、强制注销等功能；管理员通过栏目管理维护平台中心简介、资讯动态和标准规范，可根据需求增删改栏目菜单；文章管理提供对网站中心简介和资讯动态的编辑器，可编辑、发布、置顶、删除各类资讯，同时提供标准规范附件上传和删除等功能；友情链接管理提供平台友情链接模块的操作。

（3）统计分析：主要包括数据下载量、栏目分类访问量、内容访问量、用户登录等统计信息。数据下载量统计已精细到按学科/要素、用户进行统计。

11.3.3　治理经验

我国大洋科考船已经执行了 80 余个航次的科考任务，汇集了大量珍贵的第一手调查资料，此外，中国大洋矿产资源研究开发协会组织开展了多个研究课题，获得了丰富的研究成果，这些大洋科考数据和成果具有长远的保存和应用价值，对这些数据进行科学有效的管理并实现数据资源共享至关重要。中国大洋科考数据共享服务平台上线运行，是新时代贯彻国家大数据战略、落实科学数据共享和政务信息共享要求的又一举措。下一步，陆续通过验收的大洋航次调查和研究任务的资料和成果，将持续纳入公开共享范围，从而不断深化大洋深海数据资料的综合服务保障效能。

11.4 “重要区域”海洋数据中心

11.4.1 背景概述

热带西太平洋、热带印度洋、热带印太交汇区、南海、黑潮延伸体、第一岛链区域是“21世纪海上丝绸之路”的重要空间载体，“重要区域”海洋数据中心（本节简称数据中心）接收这些区域内各类观测设备（包括智能浮标、实时潜标、Argo浮标、水下滑翔机、海气通量观测塔），以及天基观测、预报产品、分析产品等数据，实现业务化运行的标准化处理、监控显示等功能。业务化的海洋观测系统可满足国家在海洋防灾减灾、海洋资源开发和海洋权益维护等方面的实际需求，是我国实施“建设海洋强国”战略的重要保障。数据中心可为“重要区域”预报警报、辅助决策和防灾减灾等提供高精度、精细化处理的海洋环境信息产品支撑。

数据中心作为“重要区域”海洋动力环境立体观测示范系统的重要组成部分，采用B/S+C/S架构，通过实时/准实时资料接收与加载系统、资料解码与标准化处理系统、数据库系统、管理监控系统及配套硬件建设，实现面向“重要区域”保障信息产品的接收、处理、加载、存储、监控和展示等功能。

11.4.2 治理方法

1. 系统总体设计

围绕数据中心的建设目标，根据数据和信息产品的管理与服务流程，数据中心总体框架可分为6个层次：数据来源、基础环境、接收与分发、数据解码处理、数据库与管理工具、管理监控。数据中心架构如图11-5所示。

数据来源层主要包括系统采集的浮标、潜标、水下滑翔机等实时/准实时观测数据，以及经加工后制作形成的各类信息产品等；基础环境层主要包括网络设备、存储设备、计算设备；接收与分发层主要实现实时/准实时数据和信息产品在数据中心内各环节的流转，数据的落地接收与分发，以及信息产品的汇集；数据解码处理层主要实现浮标、潜标、水下滑翔机等各类实时/准实时数据解码与标准格式转换化处理；数据库与管理工具层主要实现从原始、基础和产品三个层次对海洋数据和信息产品进行存储与管理；管理监控层主要实现数据流管理、用户管理、设备运行环境管理、管理信息展示4个模块的建设与运行。

2. 系统建设内容

数据中心主要建设内容包括数据接收与分发、数据解码处理、数据库与管理工具、管理监控，其业务流程如图11-6所示。

（1）数据接收与分发。数据中心接收FTP、邮箱、共享文件夹等不同来源的观测数据和信息产品，在研究数据实时发现、实时识别、实时传输和定向分发等相关技术的基础上，开展数据接收与分发系统研发。通过数据提取、数据发现与接收、数据定向传输、数据状

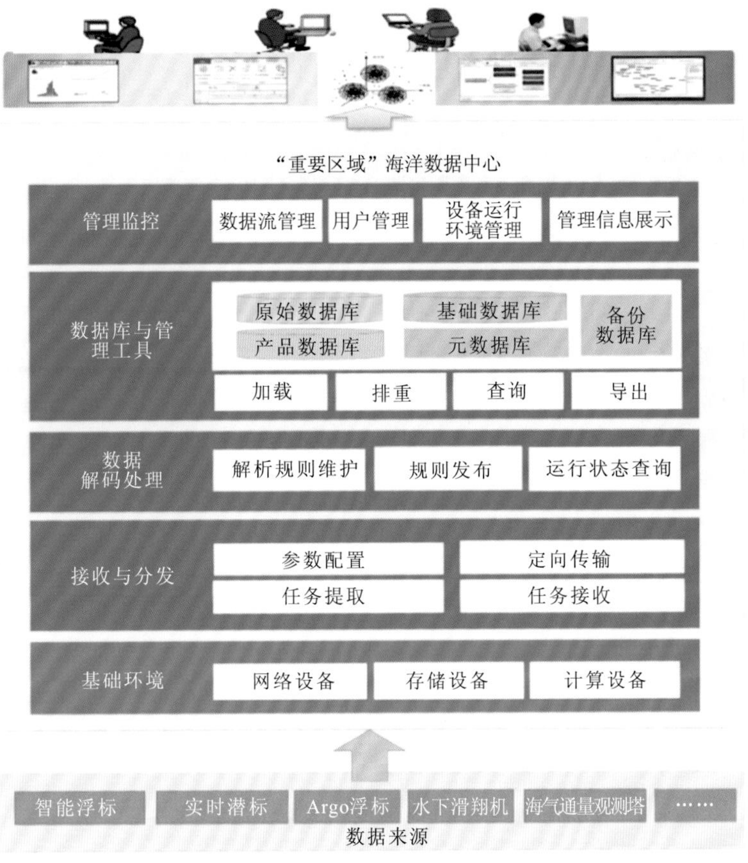

图 11-5 "重要区域"海洋数据中心框架

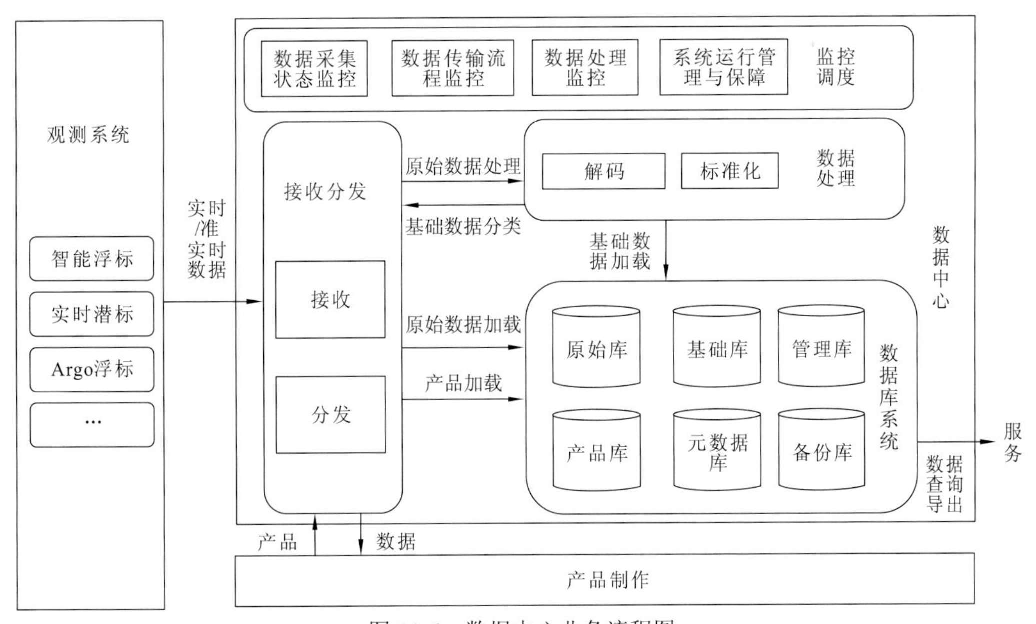

图 11-6 数据中心业务流程图

态采集、规范化存储等功能的建设，实现观测数据从数据采集到数据处理之间的无缝连接，为最终的数据应用提供稳定、高效的支撑。

（2）数据解码处理。海洋观测标准是实现海洋观测工作规范化的基础，使用 Java+XML 架构，有效地解决平台差异性给数据迁移带来的不便。根据涉及的浮标、潜标、水下滑翔机等实时/准实时数据文件特点，开展预分类、解码处理、标准化等处理，形成排列有序的海洋观测标准化数据集。

（3）数据库与管理工具。数据库采用 MySQL 构建原始资料库、基础数据库、产品资料库、元数据库、管理库和备份库等数据库实体。数据库主要以文件+清单目录+元数据方式进行管理，可有效提高查询检索效率。

（4）管理监控。以 B/S 形式展示，分为平台简介、海基观测、天基观测、预报产品、分析产品、系统管理 6 部分。管理监控模块将数据中心接收处理后的观测数据进行地图打点、各类要素折线图、剖面图展示等操作；对接收的数值预报产品、卫星遥感产品、统计分析产品进行动/静态图展示、条件检索；系统管理提供管理监控模块页面、角色、权限管理的图形化操作界面，为系统运行提供后台管理保障。

3. 系统建设成果

（1）数据接收与转发。数据中心接收与分发的资料类型分为观测资料和信息产品两类，数据传输方式包括 FTP、邮箱、共享文件夹、网页爬取、离线汇交等。海基观测数据来源主要为 FTP、邮箱、网页爬取三种方式，分别采用 FTP 同步工具，开发邮箱下载与网页爬取程序进行数据接收，数据接收后通过 FTP 工具分发至待解析目录。接收的卫星遥感产品、数据预报产品、统计分析产品均通过 FTP 同步到数据中心，各类信息产品接收后通过 FTP 分发至待解析目录。

（2）数据解码处理。数据解码模块需处理、智能浮标、实时潜标、Argo 浮标、水下滑翔机、海气通量观测塔等不同批次的观测资料，以及西太平洋、印度洋、南海各区域不同要素的卫星遥感产品、数值预报产品和统计分析产品。针对数据格式复杂多样的特点，数据解码模块分为实时数据解码和延时数据解码两部分。数据中心实时接收资料包括 Argo 浮标、白龙浮标、网页爬取资料、各类信息产品等，模块集成各类设备及产品解码程序，可实现实时解析、质控、入库操作。

（3）数据库与管理工具。数据采用 MySQL 存储，数据表包括各设备历史/实时数据表，卫星、预报、分析产品元数据信息表，系统信息表。数据库目前已形成记录数超过 600 万条。

（4）管理监控。管理监控模块作为系统对外展示窗口，承担各类资料监控展示、查询检索、数据导出、图表绘制等工作任务，分为平台简介、海基观测、天基观测、预报产品、分析产品、系统管理等部分。

11.4.3 治理经验

我国正加强近海及中远海的海洋观测网建设，数据中心的建设推动了“重要区域”海洋观测业务化工作，已接入并处理智能浮标、实时潜标、Argo 浮标、水下滑翔机、海气通量观测塔 131 套海基观测设备和卫星遥感数据产品、数值预报产品、统计分析产品三类信息产品，完成了“重要区域”海洋动力环境立体观测示范系统各类观测数据和信息产品的接收与分发、数据解码、数据库管理、监控展示全流程处理，为“重要区域”预报警报、辅助决策和防灾减灾等提供了高精度、精细化处理的海洋环境信息产品支撑。

11.5 中国-东盟海洋大数据共享平台

11.5.1 背景概述

中国-东盟海洋大数据共享平台基于 B/S 模式开发，针对各类海洋环境数据集、产品、新闻动态等数据，实现网站信息的增加、删除、修改、查询、排序等操作，实现海洋环境数据、产品、新闻资讯等内容的更新发布、审批管理、目录配置、日志分析及用户管理与权限控制等功能。

11.5.2 治理方法

1. 总体设计

中国-东盟海洋大数据共享平台主要包括门户管理维护子系统和数据管理维护子系统。其中门户管理维护子系统主要实现网站内容管理，包括新闻资讯、科研动态、大数据技术咨询和网站介绍，主要功能包括查询、发布、删除、编辑和预览操作。数据管理维护子系统主要包括目录管理、用户上传管理、数据集管理和后台用户上传。

2. 网站内容管理

网站内容管理主要实现对前台网站内容的管理，包括新闻资讯、科研动态、大数据技术咨询和网站介绍。平台导航栏管理界面如图 11-7 所示。

图 11-7 导航栏管理界面

3. 数据库管理

采用 SQL Server 数据库管理系统。数据库管理系统部署于 Window Server2003 或更高版本操作系统上，客户端通过 SQL Server Management Studio 或其他第三方数据库管理软件进行数据库操作。业务数据库包括基础数据库、整合数据库、产品数据库，按照实际数据类型和内容进行存储管理。

11.5.3　治理经验

中国-东盟海洋环境大数据共享平台是中国-东盟海洋合作中心项目的重要组成部分。该平台主要为中国-东盟的海洋生态环境保护、海洋科学研究、海洋综合管理和公益性服务等领域的双边或多边合作提供及时准确、高效安全的信息决策参考，为东盟各国提供海洋数据查询检索、可视化展示、数据下载等数据共享服务，是我国与东盟各国共享和交换海洋资料的重要手段，为建设双边或多边合作关系，共建和谐之海、合作之海、友谊之海发挥了重要作用。

11.6　数字深海“一张图”综合可视分析系统

11.6.1　背景概述

深海作为人类活动的新空间，已成为当前各海洋强国竞相拓展的战略新疆域（刘峰等，2021）。深海“三部曲”（深海进入、深海探测和深海开发）是海洋强国建设的重要组成部分（史先鹏　等，2020）。经过 40 多年的努力，我国在深海大洋事业取得了跨越式发展。1992 年，中国大洋矿产资源研究开发协会成立后，先后组织了 80 余个航次的深海资源、环境和生物多样性的调查，获取了大量的数据资料。这些数据的特点十分鲜明：数据总量大，当前已超百 TB；数据结构多样，结构化、半结构化、非结构化并存；数据类型多，基本涵盖海洋环境和海洋资源各个学科，数据要素种类超百种（杨锦坤　等，2019）。

自 2011 年起，中国大洋事务管理局建设运行中国大洋资料中心，组织开展深海大洋数据资源汇集管理和共享服务。中国大洋资料中心搭建并业务化运行深海大洋综合数据库，采用元数据导航、目录清单、事务型数据库等技术手段对深海大洋调查数据进行了科学有效管理。但是，随着大洋调查研究成果不断累积，尤其是经过“十二五”至“十三五”期间，中国大洋事务管理局组织实施了 200 多个研究课题，在航次调查工作基础上，又产生了大量研究成果图件和成果报告。这些资料既是重要的项目研究成果，也是我国后续在深海活动的重要参考依据。其特点是空间属性特征强，传统的事务型数据库管理难以进一步发挥这类数据的价值，迫切需要在现有综合数据库的基础上，统一开展数据空间矢量化改造，对所有空间数据进行集成管理。

因此，数字深海“一张图”综合可视分析系统的建设目标是紧密衔接深海大洋综合数据库，面向深海空间数据应用需求，构建基于 GIS 的深海空间数据管理和展示系统，实现深海基础地理底图、权益界线、海上构筑物、深海重要区域空间位置、深海工作程度、海底地形地貌、海洋重磁、海洋地质、海洋生物生态、海洋化学、深海矿产资源、海底地理实体、典型深海视频摄像等深海空间数据成果的综合集成，实现深海空间数据多样化查询检索、综合展示和可视分析应用。

11.6.2 治理方法

1. 总体架构

系统主要使用 Java 语言开发。Java 语言作为 C++语言的拓展与延伸，可以撰写跨平台应用软件的面向对象的程序设计语言，具有卓越的通用性、高效性、平台移植性和安全性，在计算机系统中被广泛地应用（袁蕾，2020）。基于 Java 的 J2EE 框架，可以快速构建可靠性高、扩展性好的 B/S 系统。系统以 J2EE 为开发平台的主流信息系统架构体系，实现具备跨平台部署能力的开放式 5 层架构，即应用层、表现层、服务层、数据层和硬件层。

应用层通过 B/S 程序设计，实现不同分辨率硬件显示匹配，使系统可以在不同分辨率载体上进行前端的自适应展示。表现层通过 VueJs 和 Cesium（AGI 公司计算机图形开发小组 2011 年研发的三维地球和地图三维可视化开源 JavaScipt 库）进行基础地理信息框架构建，通过 CSS3 进行样式适配。服务层通过 Nginx（高性能的 HTTP 和反向代理 Web 服务器，同时提供 IMAP/POP3/SMTP 服务）实现软件负载均衡（刘佳祎 等， 2020），统计分析数据资源通过 Restful 接口服务形式（基于 HTTP，可以使用 XML 格式定义或 JASON 格式定义）对上层提供数据应用服务（郭昌松 等，2020），空间数据通过 GeoServer 实现空间数据集的管理和发布。数据层采用自主可控的开源技术方案，数据库选用 Postgresql，支持大部分的 SQL 标准并且提供很多其他现代特征，如复杂查询、外键、触发器、视图、事务完整性、多版本并发控制等（蔡佳作 等，2016）。缓存选用 Redis（一个开源的使用 ANSIC 语言编写、支持网络、可基于内存亦可持久化的日志型、Key-Value 数据库，提供多种语言的 API），搭载文件系统进行空间数据文件存储、基础数据信息存储及常用缓存数据缓存（赵学作，2020）。硬件层构建基于操作系统之上的软件程序，软件程序在 Windows/Linux 上具备跨平台特性，从而实现对硬件资源的合理、高效管理和利用。数字深海“一张图”综合可视分析系统技术架构图如图 11-8 所示。

2. 功能架构

系统包括数据资源地图、深海态势分析、工作规划部署、资源潜力评估、数据评估检验、装备效能分析等功能模块。其中，数据资源地图模块主要实现包括基础地理底图、大洋科考调查原始数据、调查研究成果等在内的数据资源在“一张图”上综合集成展示与可视分析。其余 5 个模块均为专题应用功能模块，主要基于数据资源“一张图”，提供定制化工具箱，以满足不同用户开展特定领域专题工作对数据和信息技术的需求。

（1）数据资源地图功能模块。实现在“一张图”上对各类数据的空间查询、全量查询、多条件综合查询、数量统计和可视展示。数据的来源包括深海大洋综合数据库的结构化数据、国家海洋综合监管平台的接口服务数据，以及本地存储的多种格式的空间化矢量数据。

（2）深海态势分析功能模块。面向管理者，提供深海地理空间格局（主要海洋国家、海上航运通道、海上贸易通道等）、深海地缘政治格局、深海矿产资源形势（多金属结核资源、富钴结壳资源、多金属硫化物资源、稀土资源、天然气水合物资源等）、海洋环境管理

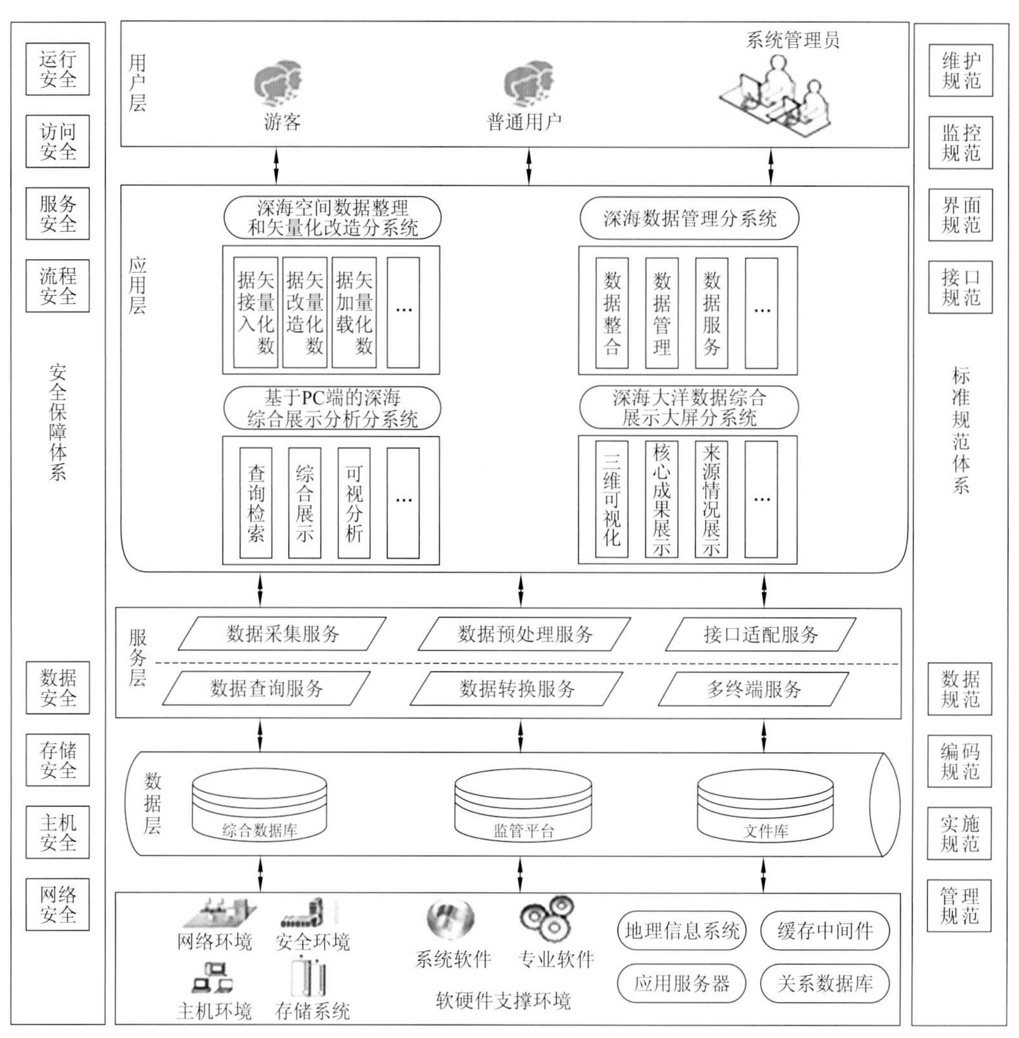

图 11-8　数字深海“一张图”综合可视分析系统技术架构图

形势（环境保护区、生态保护区等）、深海感知现状（我国大洋科考情况、我国深海专项调查情况、全球深海钻探位置、全球浮标观测情况、海底热液探测位置、国际大洋中脊调查情况等），以及深海舆情专题报告，为全面掌握深海活动态势提供辅助决策信息。

（3）工作规划部署模块。主要面向航次组织实施单位，实现全部调查数据在“一张图”上的综合展示，包括基础地理底图、矿产资源调查、地质地球物理、环境基线调查、海底视像调查等，提供调查船舶信息、装备信息、人员信息、单位信息、相关成果等，以此为基础，实现预定调查区新增测站、测线、航迹的位置设计、航时计算、作业有效率计算、成果图形导出等功能，为深海勘探工作部署提供数据和信息支撑。

（4）资源潜力评估功能模块。将我国多金属结核、富钴结壳和多金属硫化物五块合同区，以及全球海域资源评价和潜力评估相关数据与成果预置在系统内，同时预置证据权、多源 Logistic 回归、随机森林、神经网络、机器学习等多种评价算法，实现基于不同评价因子、不同算法的可视化快速资源评价，为深海矿产资源矿区区域放弃、开发利用等活动提供数据和技术支撑。

（5）装备效能分析功能模块。深海调查采用了非常多的新型装备/设备。按照潜水器（蛟龙号、深海勇士号、潜龙一号、潜龙二号、翼龙、海马号等）、水下滑翔机、声学和光学拖体、地球物理调查设备（重力仪、磁力仪、超短基线、电法等）、生物调查设备（浮游生物拖网、深海生物诱捕观测系统、深海微生物原位富集装置等）、地质取样设备（抓斗、拖网、重力取样器、浅钻、中深钻等）、海底热液探测异常装备（多参数水质仪、化学传感器、自容式甲烷异常探测仪、自容式海水热液柱探测仪等）等装备/设备类型，将各种装备/设备所获取的数据在“一张图”上进行展示，进一步实现装备效能情况的分析。

（6）数据评估检验功能模块。多角度统计深海大洋数据量情况，包括特定时间段、空间范围内的数量、不同来源数量对比、海区数据占比、观测仪器数据量占比、学科数据量占比、测线长度等。多维度评估深海大洋数据质量情况，包括质量密度分析、气候态分析。综合评估深海大洋数据的接收与质量情况，检定各类数据误差和精度。综合展示各类数据的接收情况评价、质量评价、精度检验结果。

3. 系统接口

系统接口包括外部数据接口和内部功能接口。外部接口包括国家海洋综合数据库、深海大洋空间矢量数据库、天地图和国家海洋综合监管平台等。通过国家海洋综合数据库，接入我国大洋科考调查与研究、国际合作与交换、涉深海专项等来源数据，服务方式为数据文件和事务型数据库。通过深海大洋空间矢量数据库，直接接入各类本地的空间矢量数据文件。通过天地图，接入统一标准的海洋基础地理底图，服务方式为数据服务接口。通过国家海洋综合监管平台，接入深海大洋区域范围内的油气平台、台风路径、管道电缆、潮汐潮流等数据资源，数据以处理后的空间矢量化图层为主，服务方式为数据接口服务。外部接口形成多源异构的深海数据资源体系。内部接口包括菜单展示接口、区域列表接口、文件类型接口、主题列表接口、数据查询通用接口、文件服务接口、批量压缩下载接口、数据集服务接口、数据服务接口、算法服务接口和默认值接口等。系统接口示意图如图 11-9 所示。

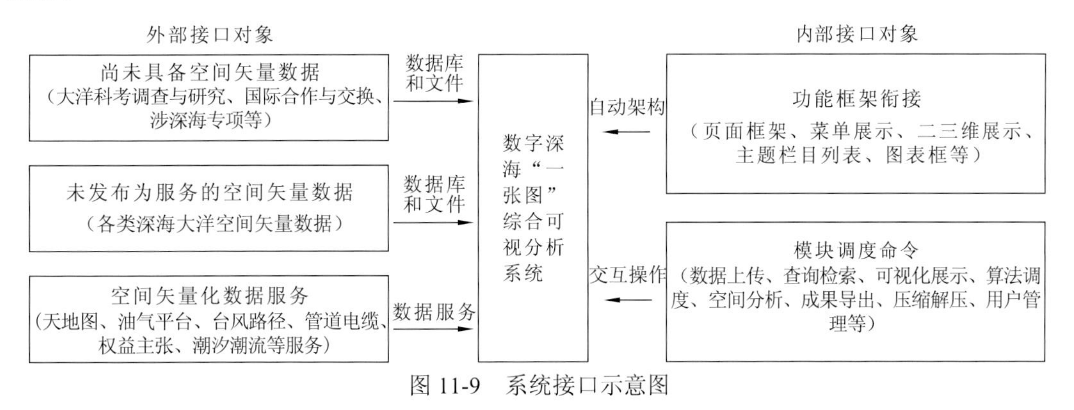

图 11-9　系统接口示意图

4. 技术路径

（1）数据空间化矢量化改造。系统主要基于 Java+Spring 框架及 Python 等环境搭建。Spring 是空间数据整理和改造的主程序框架，负责读取配置好的待改造文件列表模板，并依据模板中的属性获取列表中的各类型源文件，再根据预先配置好的规则调用后台不同的Python脚本，对输入的源文件进行格式转换，生成统一格式的矢量文件，在数据库中入库相应的关联记录及日志。

（2）空间数据资源管理。前端采用Vue框架，适用于所有菜单页面，具有轻量高效、双向数据绑定、组件化开发、虚拟DOM的优点，也能够为复杂的单页应用提供驱动。后端采用SpringBoot框架，SpringBoot框架的开箱即用（Outofbox）功能使开发人员摆脱了复杂的配置工作及烦琐的管理工作，可更加专注于业务逻辑。约定优于配置，虽降低了部分灵活性，增加了bug定位的复杂性，但减少了开发人员需要做出决定的数量，同时减少了大量的XML配置，并且可以将代码编译、测试和打包等工作自动化。

（3）空间数据综合展示。按照不同的数据种类进行划分，提供多种类组合的条件查询检索功能，并通过多种形式将这些数据资料进行综合展示与分析。调用天地图的各类服务获取显示底图，并将采集、本地上传的原始数据、信息产品和成果资料按照设定的规则存储至数据库及文件库，后台根据文件特性分类处理，部分数据量较大的数据自动发布成GeoServer服务，系统调用各类GeoServer服务进行展示，数据量较小的数据则以文件流的形式直接读取并展示。

5. 关键技术

（1）大体量结构化数据处理技术。系统需要调用的国家海洋综合数据库中的数据量非常大，采用常规的查询方式查询时间长。针对这种现象，系统通过异步处理等方式在后台定时对大数据量的业务数据依据需求合并、统计，开展预处理并生成格式化的结果，然后将统计结果存储至缓存，以便在实时查询时能够快速返回查询结果。

（2）矢量化数据处理技术。大体积、矢量化的shp、tif等格式数据前端加载时通常会出现卡顿或崩溃的情景。针对大体积数据加载异常的情况，对数据进行分类处理，并设定处理规范。特别大的数据通过接口在GeoServer中用高效发布模式进行服务发布，数据会在服务端进行处理，减小浏览器端加载的压力（戴瑶 等，2021）；可以抽稀的大体量数据，按照一定的规则进行抽稀处理；展现形式包含十万级以上点的业务，对点数据进行预处理，通过格点密度形式展示。

（3）多源数据模板化批量转换技术。将多种待加载数据按照Excel模板格式进行填报，然后在服务端运行数据转换工具，后台系统会分别针对需要上传的文件进行内容校验、内容编码、坐标系校验等操作，将img、grd、txt、dem等不同类型的数据统一转换为shp、tif格式的矢量化数据；针对jpg、mp4等非结构化数据赋予矢量化属性。

（4）基于WebGL的Cesium可域分析。系统加载的海洋要素数据格式多样、数据量大、处理困难。传统数据表达方式（文本、简单数据等）已经不能满足现阶段海洋要素数据表达的需求。为了更加丰富、完整和合理地表达海洋要素数据信息，基于WebGL技术的海洋要素可视化表达采用更多更实用的方式，如图像、视频等，从各个方向和多个角度全面显示海洋环境要素的地理空间信息特征。WebGL技术能够很好地弥补客户端与服务端交互性不强的问题，基于WebGL技术的海洋数据可视化表达交互方式具有动态性，用户可以通过鼠标、键盘甚至手指动态地与地图进行交互，交互结果也会实时得到反馈，可用性和用户体验都能得到一个较高的提升。基于WebGL技术的海洋环境要素数据的可视化与传统可视化表达相比，最大区别在于具有更明显的空间特征，它可以突出海洋信息的空间特征，同时可将海洋环境要素信息的主体与地理空间特征更紧密地结合（乐世华 等，2018）。

11.6.3 治理经验

目前，数字深海“一张图”综合可视分析系统作为中国大洋资料中心业务运行重要的信息技术手段，已在海洋信息通信网部署试运行，系统集成了海洋基础地理底图、“重要区域”空间位置、海底地理实体命名、物理海洋、海洋气象、海洋生物生态、海洋化学、海洋地质、海洋地球物理、海底地形地貌、海底视频摄像、多金属结核资源、富钴结壳资源、多金属硫化物资源、稀土资源、报告文档、工作程度、信息产品等数据集。下一步，中国大洋资料中心还将进一步结合深海大洋活动的应用需求，持续汇集多种源数据，不断完善应用系统功能，为我国深海大洋科考和相关科学研究活动提供海量的数据资源和有力的信息技术支撑。

▶▶▶ 第 12 章　海洋大数据国际合作交流实践

12.1　国际海洋信息技术教育培训

12.1.1　背景概述

世界各国因海洋相连、相互影响。海洋科学技能在不同地域和不同时代的分布并不均衡，开展海洋信息技术培训，推动能力建设，对于增进对人类与海洋之间双向影响的了解，平衡海洋知识和技能分布，提升各国获取海洋信息新技术的机会具有重要的现实意义。

国家海洋信息中心建设运行国际海洋学院（IOI）—中国西太平洋区域中心（简称 IOI—中国西太中心）和政府间海洋学委员会全球海洋教师学院（OTGA）天津中心，长期面向西太平洋、东南亚和南海周边国家及地区开展海洋治理与海洋信息技术培训，建立了稳定的培训机制和具有特色的培训模式，有效促进了地区海洋和海岸带综合管理、海洋信息技术、蓝色经济、海洋防灾减灾水平的提升，为区域海洋治理与合作做出了积极贡献。本节以国家海洋信息中心主办的IOI-中国西太中心海洋治理培训班和OTGA天津中心常态化培训班为例，介绍我国参与全球和区域海洋信息技术培训的实践经验。

1. IOI-中国西太中心海洋治理培训班

IOI 成立于 1972 年，是非政府、非营利性质的国际组织，致力于全球发展中国家海洋教育、培训和公众海洋意识培养事业。原国家海洋局与 IOI 于 1994 年签订合作谅解备忘录，依托国家海洋信息中心成立 IOI-中国业务中心。随着中国海洋事业的发展，IOI 希望 IOI-中国业务中心的培训业务能覆盖整个西太平洋地区，为发展中国家的海洋能力建设做出更大贡献，由此双方于 2010 年签订了新的合作备忘录，将 IOI-中国业务中心升级为 IOI-中国西太中心，承担双方协商同意的研究和培训项目，为我国和西太平洋地区培养综合型海洋管理人才，促进双边、多边合作交流。2011 年，IOI-中国西太中心建立了年度海洋治理培训机制，通过把握区域海洋事务特征，着眼全球海洋热点，分享中国的海洋治理实践，逐步构建形成了跨学科的综合型海洋管理培训模式，为我国和西太平洋地区发展中国家培养了大批海洋管理人才。成立至今，IOI-中国西太中心面向西太平洋、东盟地区和太平洋小岛屿国家（近 30 个国家和地区），已提供技术培训 28 期、累计 600 余人次。

2. 全球海洋教师学院（OTGA）天津中心

OTAG 是 IOC 推行海洋能力建设活动的重要平台，其前身是 IOC 国际海洋数据及信息交换（IODE）委员会在比利时奥斯坦德设立办公室后开始举办的系列海洋教师培训。OTGA支持面对面的课堂培训、课堂和远程学习相结合的混合培训及远程学习。OTGA 课程涵盖 IOC 相关领域，促进 IOC 实现其宗旨，实施 IOC 能力发展战略。OTGA 建立了区域培训中心和专门培训中心全球网络，为海洋专家和专业人员提供定制培训，以提高成员国和各大区域在海洋科学、服务和管理方面的能力。

2018 年，国家海洋信息中心获批与国家海洋标准计量中心联合承办 OTGA 天津培训中心，面向亚太地区组织培训研讨，着力提升 IOC 成员国在海洋科学技术研究、海洋信息化、海洋综合管理、海洋观测与防灾减灾、海洋健康与安全等方面的国家能力。自获批建设以来，OTGA 天津培训中心已培训近百名学员，来自中国、孟加拉国、文莱、东帝汶、印度、印度尼西亚、伊朗、马来西亚、缅甸、摩洛哥、新西兰、尼日利亚、斯里兰卡、秘鲁、泰国、越南等国家，涵盖海洋观测、海平面变化、灾害预警、海岸带灾害、海洋数据管理等领域。

12.1.2 治理方法

1. 培训内容

国际海洋技术培训的主题相对固定，根据国内外海洋热点问题进行调整，使其更具前瞻性、实用性和可操作性。以 IOI–中国西太中心海洋治理培训班为例，一般设置 5 个模块：海洋综合管理国际法律框架、海岸带综合管理、海洋生态保护修复与蓝碳、海洋治理和海洋环境热点问题，以及总结与评估。培训内容主要包括对《联合国海洋法公约》有关内容的解读、国家管辖范围外海洋治理、海洋和海岸带综合管理理论与实践、蓝色经济、海洋微塑料、季风及其影响等传统课程。同时，根据学员反馈和国际背景，近年来增加了“海洋空间规划”“海洋生态保护与修复研究”“海洋双评价关键技术与实践”“后疫情时代可持续城市发展趋势”等课程，做到科普性与专题性相结合，更好地服务国家和地区海洋能力建设需求。

2. 培训流程

承办国际海洋技术培训流程一般分为技术材料编制、外联沟通、培训会务、教师邀请和学员管理、总结评估 5 个方面。

（1）技术材料。包括编写外事计划、办班请示、接待外宾请示，提前一周准备开闭幕式和培训班期间重要活动宣传稿件，撰写开幕致辞，整合资料，编写培训班指南，制作开闭幕议程、宴请邀请函和学员毕业证等文件。

（2）外联沟通。包括编写和发布培训通知，制定学员遴选条件，国内外学员征募、向国外学员发放邀请函，协助其办理签证、购买机票等，以及开展实地考察与交流研讨的联络和筹备工作。

（3）培训会务。包括考察培训地点，考察和预定培训班学员和教师住宿酒店，制作课程表，开闭幕式议程，布置和管理会场，拷贝、分发当日授课教师讲课材料。

（4）教师邀请和学员管理。根据培训主题邀请国内外授课教师，与其商量授课内容和时间，收集需要学员提前学习的背景资料，将背景材料和课件提前放入发放学员的 U 盘，或上传 IOI–中国西太中心网站。

（5）总结评估。培训班结束后两周内完成总结报告，同时编写培训报告（英文），分别报送国内主管部门和 IOI 总部。整理学员对培训班和授课教师的评估材料，总结经验。学员全部离津后进行报销报税工作。

国际海洋信息技术培训流程见表 12-1。

表 12-1　国际海洋信息技术培训流程

时间	任务
开班前一年	制定培训计划，商讨培训时间及内容；对培训时间、规模有合理预期，报外事计划
开班前半年	在 IOI-中国西太中心网站发布培训通知，同时发送 IOI 总部；联系授课教师，确定授课题目和讲课时间；预定住宿酒店
开班前 4 个月	向上级主管部门报送举办培训班的函；筛选确定培训班外籍教师和外籍学员名单，报自然资源部国际合作司
开班前 2 个月	再次联系授课教师，确定具体授课时间和内容；向部属各有关单位和地方沿海省市发送培训通知和报名表
开班前 1 个月	向有关部门发邀请参加开幕式的函；向教师发培训班授课函；向参观考察单位发参观访问函；协助办理外籍学员签证
开班前两周	通知学员课程表、上课地点、着装要求、上课要求和作业要求等；编制经费预算，履行会议审批手续
开班前一周	请授课教师提交电子版讲课材料至 IOI-中国西太中心；准备开幕式宣传稿件；确定出席开幕式领导，准备开幕式议程；准备会务材料（胸卡、会议指南、学习要求、课程表、教师名单、学员名单、秘书处工作人员名单等）；采购办公用品和礼品
开班前 3 天	培训班指南印刷成册；制作开闭幕议程及宴请邀请函；秘书处入住酒店
学员报到	在酒店值班设置签到台，向学员发放报到材料（胸卡、会议手册、开幕式议程、笔、本、U 盘、地图等）；学员办理入住
培训班开幕式	
开幕式后	确定学员名单后制作打印毕业证；请 IOI 总部参会代表、中心领导、班主任在毕业证上签字，封膜待用
培训期间	日常值班人员 1～2 名，负责联系酒店管理会场、调试投影仪、拷贝当日授课教师讲课材料、协助教师分发学习/讨论资料、摆放茶点等，同时负责拍摄课堂教学照片和视频，教师机票及车票预订；准备培训班期间重要活动宣传稿
闭幕式前一周	邀请参加闭幕式嘉宾；制作闭幕式议程；准备宣传稿件
培训班闭幕式	
闭幕式后一周	编写总结报告
闭幕式后一个月	编写培训报告（英文）报 IOI 总部；整理学员对培训班和授课教师的评估材料，总结心得教训；报销报税；填写经费使用情况表；归档

12.1.3　治理经验

“2021—2030 年联合国海洋科学促进可持续发展十年”（“海洋十年”）提出了加强能力建设、提升海洋素养的战略目标。“海洋十年”能力建设举措以提升个人和机构技能水平为目标，同时旨在促进更加公平地获取数据和知识、技术和基础设施。由于国际形势不断变化，国际海洋信息技术培训班也保持了与时俱进，在现有成熟培训模式基础上不断创新。通过加强合作交流，扩大培训布局，加强团队建设，致力于培养知识渊博、能力全面的海洋综合管理领军人才，继续为促进我国和本地区海洋保护、促进全球和区域海洋可持续发展做出贡献。

（1）有利于加强国家间合作交流，增强政治互信。通过稳定运行的国际海洋信息技术培训机制，我国与国际组织和发达、发展中海洋国家开展了多层面的友好交流，为加强国家间合作，增强科技互相和政治互信起到了积极的促进作用。一方面，需要不断向国际组织和发达国家学习先进的培训理念和成功经验，不断改进我国海洋信息技术培训的授课方式内容，提升培训质量。另一方面，通过培训期间的交流研讨及学员报告，亦可了解参训国家的海洋产业、海岸带管理和海洋监测技术的发展状况和趋势，就共同感兴趣的领域开展交流。海洋信息技术培训不仅宣传我国在海洋环境治理、海岸带综合管理等领域取得的进展和经验，向学员全面展示了中国人民发现海洋、开发海洋、保护海洋的历史，介绍了我国海洋事业的发展成就，宣传了我国开放、包容、平等、和平的发展理念，而且为我国与南海周边国家和地区围绕“一带一路”倡议开展低敏感领域科技合作奠定了良好基础，使学员对我国海洋科技发展水平和成果有了更加直观的认识与了解，进而增强与我国开展海洋领域合作的兴趣和信心。

（2）依托培训优势资源，拓展双/多边海洋合作。培训学员来自南海周边、西太平洋地区和部分非洲国家及太平洋岛屿国家的海洋管理职能部门、科研机构和高校，长期业务化开展海洋信息技术培训获取和积累了大量学员信息，为我国拓展海洋领域双/多边合作提供了良好的人脉资源。通过对各国开展技术交流合作的需求和可行性进行初步调研分析，可精选一些回访条件比较成熟的参训国开展培训考察，实地了解培训交流项目给学员所在国家和地区所带来的实际效果，考察学员所在国家和地区的海洋科技现状与需求，为开展后续双边交流与合作提供可行性依据，进而探讨切实可行的技术合作项目，推动我国与广大发展中国家在相关海洋领域的实质性交流合作，以培训促合作，将培训班的价值最大化。

（3）培养我国国际合作人才，输出我国海洋信息技术。国家海洋信息中心举办的海洋信息技术类培训，重点向学员介绍国际前沿的海洋信息技术发展现状和趋势，以及我国在相关领域开展的研究与取得的经验和成果，讲授我国在海洋大数据、海洋经济统计、海洋与海岸带综合管理技术、海洋微塑料监测处理技术、沿海地区防灾减灾能力建设等领域关键技术，为输出我国海洋信息化、海洋资源管理、海洋环境保护、海洋大数据研究、海洋空间规划、海洋法律法规建设方面的方案、标准和技术起到了积极作用。国际性的培训班同时为中国学员提供了一个与国外同行交流的平台，培训中的模拟练习、分组讨论、联合报告等培训模块的锻炼，加上课间日常交流，有助于我国海洋科研人员提高对外交流能力和专业技术水平，为培养我国复合型的海洋人才发挥了重要的作用。

12.2 中国-欧盟海洋信息技术合作

12.2.1 背景概述

中国自 1971 年加入联合国教育、科学及文化组织（UNESCO）以来，积极参与 UNESCO

政府间海洋学委员会（IOC）及国际海洋数据及信息交换（IODE）委员会的相关活动，现已与全球60多个国家200多个海洋机构建立了正式的海洋资料与信息交换关系。面对全球海洋数据集中管理和开放共享的大趋势，我国与主要海洋国家开展合作，在数据互操作、数据镜像和数字孪生等领域进行了大量探索。本节以"中国-欧盟海洋数据网络伙伴关系合作"项目为例，介绍当前国际海洋数据共享与海洋信息技术合作的主流模式。

在自然资源部和欧盟海洋与渔业总司的共同指导下，国家海洋信息中心和欧洲海洋观测与数据网（EMODnet）于2020年2月启动实施"中国-欧盟海洋数据网络伙伴关系合作"项目，旨在实现我国和欧盟海洋数据和数据产品系统的互操作，并利用历史数据进行我国和欧洲海洋再分析模式对比，分析各方模型对海底栖息地和生态系统脆弱性的适用性，为中欧航道沿岸适应性研究提供可靠信息。2021年1月，国家海洋信息中心和EMODnet签署合作谅解备忘录，约定进一步深化中欧生态系统脆弱性、海平面变化和湿地退化等领域长效合作研究机制，推动合作成果纳入中欧蓝色伙伴关系成果清单，为中欧加强海洋治理对话合作做出贡献。

依托国家海洋信息中心建设运行的CMOC/China和欧盟EMODnet，最终实现中国与欧盟海洋数据和数据产品的互操作，同时围绕海洋再分析、海底栖息地、生态脆弱性、航道沿岸适应性等领域开展海洋数据信息管理及服务，共同研发了相关标准及产品，在推动中欧蓝色伙伴关系、推动双方海洋科技创新与发展、保护海洋生态环境、应对全球气候变化等取得了积极成果。

项目积极开展了欧洲和中国区域海洋再分析比较研究，研制了三个海区5套再分析网格数据产品，编制了再分析比较报告1份，为双方海洋模式模拟能力提升指明了方向。在中国北部湾和欧洲比斯开湾分别开展欧盟海床栖息地制图方法和中国海洋生态重要性评价方法的试点应用，完成了北部湾首个大尺度海床栖息地图和2份中欧联合报告。通过分析验证两个模型在其他国家的适用情况，推进形成了中欧双方共同的基于生态系统海洋管理的科学工具。开展海岸带适应性研究，研制了海上丝绸之路沿线区域海平面上升分析和预测产品，完成典型区域海岸侵蚀、湿地退化解译分析及验证，联合编制了海平面上升风险评估报告，为有效提升海岸带适应能力提供了重要参考。同时，成功搭建中欧海洋数据共享中英双语网站，分别集成在中方CMOC/China和欧方EMODnet网站稳定运行。联合研发了数据互操作系统，确立了中欧互认的海洋数据共享交换标准，制作并发布水深测量、物理、生物、化学等4个学科的互操作数据集，实现了中欧跨区域、跨平台的海洋数据互操作。同时，面向欧盟新增开放一批我国海洋观测数据和产品，进一步提升我在国际海洋资料交换合作中的贡献。

12.2.2 治理方法

1. 工作方案制定

合作项目制定了详细的实施方案，设定了总体目标和每个阶段的产出目标。双方均设有项目协调办公室，下设6个工作组，包括1个协调工作组和5个专题工作组，由技术骨干组成，负责围绕项目总体目标和具体任务开展联动协调，推进项目实施。项目协调办公室和协调工作组负责制定项目实施方案，统筹协调推进项目实施，成功促成合作谅解备忘录的签署，协助各专题工作组有序开展技术交流对接，组织召开项目重要节点会议，开展项目各层级宣传推广，建立了高效流畅的双边沟通合作机制，有力保障了项目的有序实施与滚动式发展。

双方编制了项目工作方案，分析项目背景和意义，对项目任务进行解析，明确任务目标和成果，预测项目风险和存在问题，并制定解决措施。制定了合作策略，明确了任务分工和工作要求，形成了项目实施的总体指导性文件。各工作组根据工作方案推进任务实施，每月提交进展报告，总结阶段成果，分析存在问题并汇报项目协调办公室，双方项目协调办公室再根据情况进行对接，解决存在的问题并提出建议。

2. 建设欧盟-中国网络门户

在收集整合中欧双方公开的海洋数据资料及项目相关信息的基础上，研发了基于互联网的中欧海洋数据共享服务门户网站（双语，中方 http://www.cmoc-china.cn，欧方 https://emodnet.ec.europa.eu/en/emod-pace）。该网站作为整个中欧双边海洋数据合作项目的主门户，持续发布项目基本信息和最新进展，集成展示项目合作成果，具备信息查询展示、双语地图查询检索等功能，提供海洋数据产品在线共享服务，促进中欧双方海洋数据集成利用和开放共享。

门户网站集成了双方合作开发的数据代理服务接口，并实现了与 CMOC/China 网站的集成，支持在 CMOC/China 网站主页的跳转访问，保证门户网站的安全稳定运行，持续更新项目相关新闻资讯及数据产品服务。

3. 信息产品发布

基于国际通用标准化协议和欧盟现有数据互操作技术基础，研发信息产品检索工具，实现信息产品的发布与目录服务清单的持续更新。

（1）信息产品检索工具研发。研发了多条件查询检索工具和多维度展示交互工具，支持用户通过 GeoNode 平台发现、查看和下载来自 EMODnet 和国家海洋信息中心发布的产品，可在地图浏览器中选择任意空间范围进行数据产品的查询和检索。

（2）信息产品发布与目录更新。基于 OGC 标准发布了信息产品服务，结合 EMODnet 现有的中央目录服务，研发了中欧海洋数据产品目录服务功能，实现了中欧双方统一格式的目录清单的批量发布和持续更新，为用户提供结构清晰、内容完整的网站目录服务。

4. 互操作系统

采用在澳大利亚、欧洲和美国之间建立的海洋数据互操作平台中的 AGILE 软件开发方法，实现数据查询检索和标准化，建设运行面向多用户的中欧海洋数据互操作桥梁，顺利完成了水深测量、物理、生物、化学等 4 个学科的互操作数据集和元数据制作，基于国际通用的数据服务发布协议，发布了互操作数据集 200 余个，实现中国和欧盟之间的海洋数据互操作。

1）互操作技术流程

综合考虑中欧双方现有数据基础和共享交换需求，对不同学科类型的海洋数据开展实际情况调研，根据其数据来源和时空范围等，编制数据互操作清单，在此基础上，梳理清单中每个数据条目的具体处理方法和流程，并与欧盟现行标准进行比较分析。

按照国际通用的数据标准，完成了互操作数据集和元数据的处理和准备工作。中方共享内容包括国际共享资料和自主观测资料两部分，包括海洋水文气象、潮汐潮流预报、气候变化统计分析、水深测量、生物化学、再分析和实况产品等，内容涵盖国内业务化观测资料、大洋航次资料、数值同化产品和统计分析产品等。

2）数据服务发布

基于前期数据来源分析和流程设计，与欧方技术选型、构架设计和集成运营思路，并开展多次测试，确定基于 CMOC/China 网站研发中欧数据互操作系统。对标欧盟 EMODnet 门户网站，在 CMOC/China 网站加载了拟向欧方共享的水深测量、物理、化学、生物 4 个学科数据集，研发集成了相应的数据服务接口，实现了中欧互操作数据的发布和调用。

5. 中国和欧洲区域海洋再分析比较研究

为满足极区气候变化研究和中方再分析产品国际化的需求，提升我国海洋模式模拟与再分析产品的精度，中欧双方围绕中欧海洋数值模式和产品开展检验评估和对比工作，构建了中欧海洋再分析合作框架，制作了中欧海洋模式检验的观测数据集，完成了黄海和西北太平洋区域海洋模式检验比较、格陵兰-冰岛-挪威海和巴伦支海再分析产品检验比较等工作，并编制形成检验比较工作报告。

1）海洋模式检验的观测数据集

中欧双方充分梳理可用于海洋再分析检验评估的观测数据，对数据进行统一的标准化处理，制作形成海洋模式检验的观测数据集一套，包括温度、盐度、水位、海流等要素，共同编制海洋模式检验的观测数据集报告。同时针对黄海和西北太平洋检验区域观测资料稀少、数据敏感等问题，由欧方提供海洋模式再分析产品，中方在本地进行数据检验，将可共享的研究分析结果进行反馈。

2）区域海洋模式比较

区域海洋模式比较包括区域海洋模式文献综述、黄海海洋模式比较、西北太平洋潮模式比较和西北太平洋环流模式比较等。通过分析对比中欧区域海洋再分析模式及特征、模式研发、适用性及同化方法等，编制区域海洋模式文献综述报告和海洋再分析数据同化方法文献综述。

3）海洋再分析产品比较

为对比中欧海洋再分析产品再现海洋现象与过程的能力水平，中方针对西北太平洋、东北大西洋和北欧海域，基于全球 WOA18（1/4°）数据标准网格点，研制了 2 套中国海洋再分析产品，欧洲研制了 3 套海洋再分析产品，并对此 5 套再分析产品进行共享和区域对比分析研究。

6. 中欧海底栖息地和生态系统脆弱性模式对比

中欧双方交流研讨生态分类标准、研究区域、数据方法、制图模型、制图成果等关键议题，以北部湾为试点区域，完成了文献综述、资料收集和处理、成功运行了制图模型、形成了北部湾栖息地分布图，开展了相关报告的编制。以比斯开湾为试点，开展中国环境承载能力方法的适用性评估及在欧洲海域的潜在应用研究，通过分析各国模型在不同区域的适用性，比较欧洲和中国用于海底栖息地和生态系统脆弱性的模型，为基于生态系统的海洋管理提供支持。

1）资料收集分析及处理

收集北部湾海域空间海底地形、底质、光学、水体、生物数据，比斯开湾生态系统分布、海岸线、生态状况评价、海底生境、水深、鲸豚类分布、海鸟分布、盐沼分布等数据。

（1）北部湾水深数据处理。利用“908”专项在北部湾海域实测多波束、单波束数据，以及最新版国内海图和大洋地势图（GEBCO）公布的最新海底水深模型，进行数据对比分析、融合处理，制作海底模型，并在此基础上整饰制图，形成北部湾海域水深地形图一幅。

（2）北部湾底质数据处理。判别海底底质组分按照福克分类方法进行细分定名，确定原始福克分类底质类型，根据欧盟栖息地制图分类方法，将北部湾海底底质划分为 7 种类型，分别为基岩、粗颗粒沉积物、混合沉积物、砂、泥和泥质砂、珊瑚礁、海草床，形成广西北部湾底质类型分布图。

（3）北部湾光学数据处理。根据海水光合有效辐射（PAR）波段的向下辐照度漫射衰减系数、北部湾区域水深网格化数据，结合海表面向下辐照度网格化数据，计算不同深度处相对海面的 PAR 辐照度残存比例，对大陆架边缘进行分类。

（4）北部湾生物数据处理。基于 2019 年全国珊瑚礁生态现状调查及全国海洋生态损害状况核查结果，结合欧方提供的涠洲岛附近珊瑚礁、海草分布数据，确定北部湾珊瑚礁、海草床分布范围，并转换为矢量数据。

2）制图与评价

（1）北部湾栖息地制图。根据欧方栖息地制图简化方法指导文件，分别构建生物区层和海底生境层，将欧方模型集成在 ArcGIS 中，建立制图模型并成功运行，通过对模型结果的进一步修正，形成北部湾栖息地分布图 1 幅。结果显示，北部湾区域包含 12 种栖息地类型，潮下带 7 种，潮周带 5 种。研究区域总面积 2.2 万 km^2，潮周带近 1.8 万 km^2，潮下带近 0.5 万 km^2，都以泥质底质为主。

（2）比斯开湾评价结果。针对比斯开湾，以我国海洋生态保护重要性评价方法的框架为基础，结合试点区域特征，从珍稀濒危物种、重要生态系统、海岸防护重要性及海岸脆弱性等方面开展评价，开展资源环境承载力与空间开发适宜性试点评价，完成了海洋生态保护重要性评价工作。

7. 海岸带适应性

为加强我国和欧盟在海岸带海平面相关数据产品制作及适应气候变化方面的合作，中欧双方联合开展了海上丝绸之路沿线海平面变化分析预测、岸线侵蚀、湿地退化等相关研究工作，联合编制了海平面上升与海岸带风险评估报告。

（1）开展了研究区域沿海 107 个海平面观测站点 1978 年以来的海平面变化分析研究，以及西北太平洋、印度洋、红海和地中海区域 1993 年以来 1/4° 分辨率海平面变化研究，完成数据均一化处理，基本掌握了气候变化背景下研究区域海平面变化趋势、周期性变化规律，并制作研究区域历史海平面变化统计分析产品。

（2）广泛收集研究区域潮位观测数据，开展了西北太平洋、印度洋沿岸极端海平面事件分析预测模型研究，构建了极端海平面事件重现期分析和预测模型，并进行了未来不同海平面上升情景下研究区域极端海平面事件变化预测，相关成果纳入中欧海平面上升与海岸带风险联合评估报告，为气候变化背景下区域极端事件的变化和海岸带影响研究提供了有力支撑。

（3）完成多组耦合地球系统模式评估，基于集合预测方法，开展了不同温室气体浓度增高情景下研究区域海平面上升预测，相关结果纳入中欧海平面上升与海岸带风险联合评估报告，为海岸带风险评估提供基础数据支撑。

12.2.3 治理经验

中国和欧盟双方在应对气候变化、发展蓝色经济、保护海洋生物多样性、防治海洋污染、推进全球海洋治理等方面拥有共同的关切和广阔的合作空间。“中国-欧盟海洋数据网络伙伴关系合作”项目的成功实施，将通过更加便捷的方式提供更好的数据和数据产品，促进中欧政策和技术融合，支持全球承诺的履行，为加强全球海洋治理，保护人类福祉做出新的贡献。

（1）基于 CMOC/China 网站开发了数据代理服务接口，使其成为连通我国与欧盟海洋数据互操作桥梁的“桥头堡”，成功与欧洲海洋观测与数据网统一数据接口、数据格式和数据发布标准，为打造我国面向全球的综合型海洋数据网络平台打下了良好基础。

（2）成功搭建项目中英双语网站和数据互操作接口，建立了海洋数据共享交换标准，实现了中欧跨区域、跨平台的海洋数据互操作。双方共同研发数据互操作系统，建立海洋数据共享交换标准，制作并发布水深测量、物理、生物、化学等 4 个学科的互操作数据集，实现了双方共享数据之间的标准化、查询检索和发布调用等功能。

（3）在共同运维中欧海洋数据交互共享通道的同时，进一步深化了欧洲和中国区域海洋再分析比较研究、中欧海洋栖息地和生态系统脆弱性模式对比研究、海岸带适应性研究，联合开展关键技术攻关、信息产品及相关模型方法研制，联合发布海平面上升风险评估报告、中欧区域海洋模式和再分析产品比较报告。

此次合作是我国积极投身全球海洋数据共享，贡献中国方案和中国技术一个重大项目，为建设全球海洋数字生态系统，全面支撑我国在“海洋十年”期间引领全球海洋治理奉献智慧和力量。在“中国-欧盟海洋数据网络伙伴关系合作”框架下开展的海洋数据互操作、海洋再分析比较研究、海洋栖息地制图和海洋生态保护重要性评价研究、海岸带适应性研究等具有很强的可复制性和可拓展性，为促进跨区域数据信息开放共享，提升海洋治理能力提供了成功的科学依据和方法工具。

深入拓展中欧海洋信息技术领域合作研究为我国把握历史机遇，深入参与未来全球海洋信息技术创新与合作具有积极的推动作用。继续扎实推进中欧海洋数据网络伙伴关系合作，可进一步挖掘合作机遇，进一步扩大中欧数据共享范围，并逐步向全球开放共享。同时，通过推广介绍相关成果，可吸引更多合作伙伴加入跨区域数据信息共享，稳定运行中欧海洋数据互操作平台，有序发布中欧联合研发产品，加强与亚洲其他海洋数据中心的沟通交流，力争将更多利益相关者纳入中欧海洋数据网络合作项目，在建设全球跨区域海洋数字生态系统中发挥引领作用。

参 考 文 献

蔡佳作, 欧尔格力, 2016. 基于 PostgreSQL 的地理空间数据存储管理方法研究. 青海师范大学学报(自然科学版)(2): 21-23.

陈上及, 1991. 海洋数据处理分析方法及其应用. 北京: 海洋出版社.

陈鹰, 2019. 海洋观测方法之研究. 海洋学报, 41(10): 184-188.

陈庄, 邹航, 张晓勤, 等，2022. 数据安全与治理. 北京: 清华大学出版社.

戴瑶, 段增强, 艾东, 2021. 基于 GeoServer 的国土空间规划野外调查辅助平台搭建与应用. 测绘通报, 1: 121-123, 147.

DAMA International, 2012. DAMA 数据管理知识体系指南. 马欢, 刘晨, 等 译. 北京: 清华大学出版社.

DAMA 国际, 2020. DAMA 数据管理知识体系指南(第 2 版). DAMA 中国分会翻译组 译. 北京: 机械工业出版社.

郭昌松, 常奋华, 程丽平, 2020. 气象服务 API 的设计与实现. 福建电脑, 36(7): 116-117.

国家海洋局, 2016. 中国近海海洋图集. 北京: 海洋出版社.

海洋图集编委会, 1993. 渤海、黄海、东海海洋图集. 北京: 海洋出版社.

海洋图集编委会, 2004. 南海海洋图集. 北京: 海洋出版社.

侯雪燕, 洪阳, 张建民, 等, 2017. 海洋大数据:内涵、应用及平台建设. 海洋通报, 36(4): 361-369.

胡良霖, 黎建辉, 刘宁, 等, 2012. 科学数据质量实践与若干思考. 科研信息化技术与应用, 3(2): 10-18.

黄冬梅, 赵丹枫, 魏立斐, 等, 2016. 大数据背景下海洋数据管理的挑战与对策. 计算机科学, 43(6): 17-23.

黄冬梅, 邹国良, 等, 2016. 海洋大数据. 上海: 上海科学技术出版社.

黄鸿, 李文杰, 刘东东, 2021. 基于内核虚拟机的桌面虚拟化架构设计. 微型电脑应用, 37(1): 70-72.

蒋兴伟, 宋清涛, 2010. 海洋卫星微波遥感技术发展现状与展望. 科技导报, 28(3): 105-111.

金保林, 2021. 数据加密技术在计算机网络安全管理中的应用. 电子世界, (16): 178-179.

荆庆林, 2012. 线性回归及其应用研究. 长春: 吉林大学出版社.

孔亮, 2021. 数据加密技术在计算机网络信息安全中的应用. 信息与电脑, 33(22): 215-217.

乐世华, 张煦, 张尚弘, 等, 2018. 基于 Cesium 的 WebGIS 流域虚拟场景搭建. 水利水电技术, 49(5): 90-96.

李飞, 吴春旺, 王敏, 2016. 信息安全理论与技术. 西安: 西安电子科技大学出版社.

李璐桑, 2015. 面向海洋标量场特征的三维可视化关键技术研究. 青岛: 中国海洋大学.

李瑞, 2009. 分析型数据库查询优化技术的研究与实现. 长春: 吉林大学.

李晓婷, 郑沛楠, 王建丰, 等, 2010. 常用海洋数据资料简介. 海洋预报, 27(5): 81-89.

李振, 2021. 数据加密技术在计算机网络通信安全中的应用研究. 网络安全技术与应用(9): 24-25.

李宗涛, 罗朝宇, 王福新, 2014. 信息系统数据库安全防护技术的应用研究. 电力信息与通信技术, 12(8): 126-129.

梁永坚, 黎锐杏, 韦田, 等, 2021. 加密技术在大数据时代网络安全中的应用. 电子技术与软件工程, (15): 257-258.

林维忠, 2002. 多协议标签交换(MPLS)技术. 电视技术(9): 33-35.

刘春年, 2020. 应急数据治理及其信息质量测评研究. 北京: 中国财政经济出版社.

刘佳祎, 崔建明, 智春, 2020. 基于 Nginx 服务器的动态负载均衡策略. 桂林理工大学学报, 40(2): 403-408.
刘桂锋, 钱锦琳, 卢章平, 2018. 国外数据治理模型比较. 图书馆论坛, 38(11): 18-26.
刘云龙, 2009. 浅谈数据库安全防护技术. 科技创新导报(14): 28.
刘增宏, 吴晓芬, 许建平, 等, 2016. 中国 Argo 海洋观测十五年. 地球科学进展, 31(5): 445-460.
陆兴海, 彭华盛, 2022. 运维数据治理: 构筑智能运维的基石. 北京: 机械工业出版社.
罗小江, 2022. 数据智能: 赋能企业数字化转型. 数字经济(12): 38-42.
罗小江, 石秀峰, 陈忠宝, 等，2022. 一本书讲透数据治理: 战略、方法、工具与实践. 北京: 机械工业出版社.
梅宏, 2020. 数据治理之论. 北京: 中国人民大学出版社.
孟思明, 2021. 服务器虚拟化技术及安全分析. 中国设备工程(16): 190-191.
牛淑芬, 杨平平, 谢亚亚, 等, 2021. 区块链上基于云辅助的密文策略属性基数据共享加密方案. 电子与信息学报, 43(7): 1864-1871.
单志广, 房毓菲, 王娜, 2016. 大数据治理: 形势、对策与实践. 北京: 清华大学出版社.
石琳, 2004. 应用层网关防火墙构建原理. 阜新: 辽宁工程技术大学.
时明, 2020. Web 主流前端开发框架研究. 信息记录材料, 21(5): 215-216.
史先鹏, 邬长斌, 2020. 基于海洋命运共同体理念的深海战略新疆域建设. 海洋开发与管理, 37(4): 17-22.
隋显毅, 2021. 设计构建基于 ArcGIS Server 的测绘地理信息资源一站式管理系统. 科技创新与应用, 6: 182-184.
随宏运, 2018. 强关联海洋监测数据存储的布局研究. 上海: 上海海洋大学.
孙苗, 王子珂, 童心, 等, 2022. 典型海洋环境观测数据产品应用现状及对我国的启示. 大数据, 8(1): 1-11.
孙溢, 2021. 区块链安全技术. 北京: 北京邮电大学出版社.
汪广胜, 等, 2021. 穿越数据的迷宫: 数据管理执行指南. 北京: 机械工业出版社.
王博, 2013. 统计数据质量评估方法研究及应用. 北京: 华北电力大学.
王丹丹, 2015. 科学数据出版过程中的数据质量控制. 图书情报工作, 59(23): 124-129.
王宋月, 2020. 基于流线的矢量场可视化方法研究. 哈尔滨: 哈尔滨工程大学.
王兆君, 曹朝晖, 王钺, 等, 2019. 主数据驱动的数据治理: 原理、技术与实践. 北京: 清华大学出版社.
韦斌松, 2022. 数据加密技术在计算机网络安全中的应用. 数字通信世界(12):99-101.
吴森森, 曹敏杰, 杜震洪, 等, 2018. 全球 Argo 资料共享与服务平台设计与实现. 海洋通报, 37(3): 287-295.
武兆辉, 2002. 利用访问控制列表在路由器上设置包过滤防火墙. 西北民族学院学报(自然科学版), 23(4): 41-44.
谢芳, 黄河, 2018. 浅谈 VLAN 技术研究. 数字通信世界, 2(11): 110-112.
谢晋, 2006. 组策略实现局域网安全管理的方案. 网络安全技术与应用(6): 18-19.
辛冰, 符昱, 王漪, 等, 2018. 海洋科学数据共享平台设计与实现. 海洋信息(1): 43-48+55.
许春玲, 张广泉, 2010. 分布式文件系统 Hadoop HDFS 与传统文件系统 Linux FS 的比较与分析. 苏州大学学报(工科版), 30(4): 5-9+19.
杨锦坤, 韩春花, 田先德, 2018. 我国深海大洋数据资源管理实践与未来发展探索. 海洋信息, 33(4): 10-14.
杨磊, 周兴华, 徐全军, 等, 2019. 卫星高度计定标现状. 遥感学报, 23(3): 392-407.
姚晔, 宋诗瑶, 2010. 域间信任关系的建立. 理论界, 8: 209-210.
于康存, 2021. 数据加密技术在计算机网络安全中的应用. 中国信息化(8): 89-90.

袁蕾, 2020. Java 语言在计算机软件开发的应用. 网络安全技术与应用(4): 79-80.

张剑, 寇应展, 蒋炎, 等, 2005. IPSec VPN 技术及其安全性. 福建电脑(11): 15-16.

张明真, 王坤, 2017. 基于活动目录服务提高 Windows 系统 DHCP 和 DNS 安全访问. 网络安全技术与应用(6): 26-27.

张绍华, 潘蓉, 宗宇伟, 2016. 大数据治理与服务. 上海: 上海科学技术出版社.

张巍, 2021. 计算机技术中虚拟化技术应用探讨. 中国科技纵横(22): 34-36.

张晰, 张杰, 纪永刚, 2008. 基于纹理特征分析的辽东湾 SAR 影像海冰检测. 海洋科学进展, 26(3): 782-790.

张晓东, 陈韬伟, 余益民, 等, 2021. 基于区块链和密文属性加密的访问控制方案. 计算机应用研究. 39(4): 986-991.

赵庆, 2012. 大规模地形数据调度与绘制技术研究与实现. 成都:电子科技大学.

赵学作, 2020. Redis 数据库的安装与配置. 网络安全和信息化(3): 108-110.

祝守宇, 蔡春久, 等, 2020. 数据治理: 工业企业数字化转型之道. 北京: 电子工业出版社.

朱扬勇, 2018. 大数据资源. 上海: 上海科学技术出版社.

朱禹睿, 2021. 大数据背景下隐私保护技术的探究. 网络安全技术与应用(9): 76-77.

朱玉祥, 江剑民, 赵亮, 等, 2021. 不同计算形式的相关分析在气象中的应用综述. 热带气象学报, 37(1): 1-13.

BALMASEDA M A, DEE D, VIDARD A, et al., 2007. A Multivariate Treatment of Bias for Sequential Data Assimilation: Application to the Tropical Oceans. Quarterly Journal of the Royal Meteorological Society, 133(622): 167-179.

BAREQUET G, SHAPIRO D, TAL A, 2000. Multilevel Sensitive Reconstruction of Polyhedral Surfaces from Parallel Slices. The Visual Computer, 16(2): 116-133.

BARTH A, BECKERS J M, TROUPIN C, et al., 2014. DIVAnd-1. 0: N-dimensional Variational Data Analysis for Ocean Observations. Geoscientific Model Development, 7(1): 225-241.

BARTH A, TROUPIN C, REYES E, et al., 2021. Variational Interpolation of High-Frequency Radar Surface Currents Using DIVAnd. Ocean Dynam, 71(3): 293-308.

BECKERS J M, BARTH A, TROUPIN C, et al., 2014. Approximate and Efficient Methods to Assess Error Fields in Spatial Gridding with Data Interpolating Variational Analysis (DIVA). Journal of Atmospheric and Oceanic Technology, 31(2): 515-530.

BRANKART J M, BRASSEUR P, 1996. Optimal Analysis of in Situ Data in the Western Mediterranean Using Statistics and Cross-Validation. Journal of Atmospheric and Oceanic Technology, 13(2): 477-491.

BRETHERTON F P, DAVIS R E, FANDRY C B, 1976. A Technique for Objective Analysis and Design of Oceanographic Experiments Applied to MODE-73. Deep-Sea Research and Oceanographic Abstracts, 23(7): 559-582.

CANTER M, BARTH A, BECKERS J M, 2017. Correcting Circulation Biases in a Lower-Resolution Global General Circulation Model with Data Assimilation. Ocean Dynamics, 67(2): 281-298.

CASTELÃO G P, 2020. A Framework to Quality Control Oceanographic Data. Journal of Open Source Software, 5(48): 2063.

CHAO G, WU X, ZHANG L, et al., 2020. China Ocean ReAnalysis (CORA) Version 1. 0 Products and

Validation for 2009-18. Atmospheric and Oceanic Science Letters, 14(5): 100023.

COWLEY R, KILLICK R E, BOYER T, et al., 2021. International Quality-controlled Ocean Database (IQuOD) v0. 1: the Temperature Uncertainty Specification. Frontiers in Marine Science, 8: 689695.

CRESSMAN G P, 1959. An Operational Objective Analysis System. Monthly Weather Review, 87: 367-374.

DALEY R, 1993. Estimating Observation Error Statistics for Atmospheric Data Assimilation. Annales Geophysicae, 11(7): 634-647.

FREEMAN E, WOODRUFF S D, WORLEY S J, et al., 2017. ICOADS Release 3. 0: A Major Update to the Historical Marine Climate Record. International Journal of Climatology，37(5): 2211-2232.

GOOD S, FIEDLER E, MAO C, et al., 2020. The Current Configuration of the OSTIA System for Operational Production of Foundation Sea Surface Temperature and Ice Concentration Analyses. Remote Sensing, 12(4): 720.

GOOD S A, MARTIN M J, RAYNER N A, 2013. EN4: Quality Controlled Ocean Temperature and Salinity Profiles and Monthly Objective Analyses with Uncertainty Estimates. Journal of Geophysical Research: Oceans, 118(12): 6704-6716.

IONA A, THEODOROU A, SOFIANOS S, et al., 2018. Mediterranean Sea Climatic Indices: Monitoring Long-Term Variability and Climate Changes. Earth System Science Data, 10(4): 1829-1842.

JACKETT D R, MCDOUGALL T J, FEISTEL R, et al., 2006. Algorithms for Density, Potential Temperature, Conservative Temperature and the Freezing Temperature of Seawater. Journal of Atmospheric and Oceanic Technology, 23(12): 1709-1728.

LIANG X S. 2016. Information Flow and Causality as Rigorous Notions Ab Initio. Physical Review E, 94(5-1): 052201

NARDELLI B B, TRONCONI C, PISANO A, et al., 2013. High and Ultra-High Resolution Processing of Satellite Sea Surface Temperature Data over Southern European Seas in the Framework of MyOcean Project. Remote Sensing of Environment, 129: 1-16.

OKA E, ANDO K, 2004. Stability of Temperature and Conductivity Sensors of Argo Profiling Floats. Journal of Oceanography, 60: 253-258.

PALMER M D, ROBERTS C D, BALMASEDA M, et al., 2017. Ocean Heat Content Variability and Change in an Ensemble of Ocean Reanalyses. Climate Dynamics, 49(3): 909-930.

PALMER M D, BOYER T, COWLEY R, et al., 2018. An Algorithm for Classifying Unknown Expendable Bathythermograph (XBT) Instruments Based on Existing Metadata. Journal of Atmospheric and Oceanic Technology, 35(3): 429-440.

RAYNER N A, PARKER D E, HORTON E B, et al., 2003. Global Analyses of Sea Surface Temperature, Sea Ice, and Night Marine Air Temperature Since the Late Nineteenth Century. Journal of Geophysical Research: Atmospheres, 108(D14): 4407.

SCHLITZER R, 2002. Interactive Analysis and Visualization of Geoscience Data with Ocean Data View. Computers & Geosciences, 28(10): 1211-1218.

STAMMER D, BALMASEDA M, HEIMBACH P, et al., 2016. Ocean Data Assimilation in Support of Climate Applications: Status and Perspectives. Annual Review of Marine Science, 8(1): 491-518.

STORTO A, MASINA S, 2016. C-GLORSv5: An Improved Multipurpose Global Ocean Eddy permitting

Physical Reanalysis. Earth System Science Data, 8: 679-696.

STORTO A, MASINA S, SIMONCELLI S, et al., 2019. The Added Value of the Multi-System Spread Information for Ocean Heat Content and Steric Sea Level Investigations in the CMEMS GREP Ensemble Reanalysis Product. Climate Dynamics, 53(1-2): 287-312.

THIEBAUX H J, 1976. Anisotropic Correlation Functions for Objective Analysis. Monthly Weather Review, 104: 994-1002.

THOMSON R E, EMERY W J, 2014. Data Analysis Methods in Physical Oceanography. 3rd. Amsterdam: Elsevier Science.

TROUPIN C, BARTH A, SIRJACOBS D, et al., 2012. Generation of Analysis and Consistent Error Fields Using the Data Interpolating Variational Analysis (DIVA). Ocean Modelling(52-53): 90-101.

TROUPIN C, MACHÍN F, OUBERDOUS M, et al., 2010. High-Resolution Climatology of the Northeast Atlantic Using Data-Interpolating Variational Analysis ((DIVA). Journal of Geophysical Research: Oceans, 115: C08005.

WAHBA G, WENDELBERGER J, 1980. Some New Mathematical Methods for Variational Objective Analysis Using Splines and Cross Validation. Monthly Weather Review, 108(8): 1122-1143.

WIDMANN M, GOOSSE H, VAN DER SCHRIER G, et al., 2010. Using Data Assimilation to Study Extratropical Northern Hemisphere Climate over the Last Millennium. Climate of the Past, 6(5): 627-644.

XUE Y, SUN M, MA A, 2004. On the reconstruction of three-dimensional Complex Geological Objects Using Delaunay Triangulation. Future Generation Computer Systems, 20(7): 1227-1234.

ZUO H, BALMASEDA M A, TIETSCHE S, et al, 2019. The ECMWF Operational Ensemble Reanalysis-Analysis System for Ocean and Sea-Ice: A Description of the System and Assessment. Ocean Science, 15(3): 779-808.

附录　专业词汇释义表

序号	缩写	全称	释义
1	3DES	Triple Data Encryption Algorithm	三重数据加密算法
2	4DVAR	4-Dimensional Variational Data Assimilation	四维变分资料同化
3	AATSR	Advanced Along-Track Scanning Radiometer	高级沿轨扫描辐射计
4	ACID	Atomicity Consistency Isolation Durability	原子性、一致性、隔离性和持久性
5	AD	Active Directory	活动目录
6	ADCP	Acoustic Doppler Current Profiler	声学多普勒海洋剖面仪
7	AES	Advanced Encryption Standard	高级加密标准
8	AH	Authentication Header	认证头
9	ALG	Application Layer Gateway Service	应用层网关
10	AltiKa	—	一种卫星高度计
11	ALOS/PALSAR	Advanced Land Observing Satellite	一种对地观测卫星
12	Amazon Aurora	—	亚马逊云科技云原生数据库产品
13	ANN	Artificial Neural Networks	人工神经网络
14	ANSI	American National Standards Institute	美国国家标准研究所
15	Apache Spark	—	一种分布式大数据处理引擎
16	API	Application Programming Interface	应用程序接口
17	ArangoDB	—	原生多模型数据库
18	ArcGIS API for JavaScript	—	根据 JavaScript 技术实现的接口
19	ArcGIS Desktop	ArcGIS for Desktop	桌面地理信息系统
20	ArcGIS Server SOC	ArcGIS Server Service Object Container	ArcGIS Server 地理信息系统软件的服务进程
21	ArcSDE	ArcGIS Spatial Database Engine	ArcGIS 地理信息系统软件的空间数据引擎
22	Argo	Array for Real-Time Geostrophic Oceanography	实时地转海洋学阵计划
23	Ariane-V	—	法国发射的一种火箭
24	ARP	Address Resolution Protocol	地址解析协议
25	ASCII	American Standard Code for Information Interchange	美国信息交换标准码
26	ASTP	Asia Science and Technology Portal	亚洲科学技术门户
27	ATSR	Along Track Scanning Radiometer	沿轨扫描辐射计
28	ATM	Asynchronous Transfer Mode	异步传输模式
29	AutoClass	—	自动聚类
30	AVHRR	Advanced Very High Resolution Radiometer	先进甚高分辨率辐射仪

续表

序号	缩写	全称	释义
31	AVISO	Archiving，Validation and Interpretation of Satellite Oceanographic	卫星海洋存储、验证、解译
32	B/S	Browser/Server	浏览器/服务器
33	BI	Business Intelligence	商业智能
34	Bing Maps	—	必应地图
35	BIRCH	Balanced Iterative Reducing and Clustering Using Hierarchies	利用层次方法的平衡迭代约减和聚类
36	Boltzmann	—	玻尔兹曼
37	BP	Back Propagation	反向传播
38	Brokerage Service	—	数据代理服务技术
39	BUBBLE	—	一种聚类算法
40	BUBBLE-FM	BUBBLE-Fowlkes and Mallows index	一种聚类算法
41	C/S	Client/Server	客户/服务器
42	CARS	Class Association Rules	类关联规则
43	CART	Classification and Regression Tree	分类与回归树
44	Cassandra	—	开源分布式数据库系统
45	CCMP	Cross-Calibrated Multi-Platform	交叉校准多平台海面风产品
46	CEMDnet	China-Europe Marine Data Network Partnership	中国-欧洲海洋数据网络合作
47	CHEMALOEN	—	一种聚类算法
48	CLARA	Clustering Large Applications	大型应用聚类
49	CLARANS	A Clustering Algorithm based on Randomized Search	基于随机选择的聚类算法
50	CFOSAT	Chinese French Oceanography Satellite	中法海洋卫星
51	CLIQUE	Clustering In QUEst	一种基于网格的聚类算法
52	CLIVAR	Climate and Ocean-Variability, Predictability, and Change	气候与海洋-变率及可预测性
53	CMD	Continuously Managed Database	持续更新管理的数据库
54	CMEMS	Copernicus Marine Environment Monitoring Service	哥白尼海洋环境监测中心
55	CMOC	WMO-IOC Centre for Marine-Meteorological and Oceanographic Climate Data	全球海洋和海洋气候资料中心
56	CMOC/China	WMO-IOC Centre for Marine-Meteorological and Oceanographic Climate Data, China	全球海洋和海洋气候资料中心中国中心
57	CNN	Convolutional Neural Network	卷积神经网络
58	COADS	Comprehensive Ocean-Atmosphere Data Set	海洋大气综合数据集
59	CORA	China Ocean Reanalysis	中国海洋再分析
60	COBWeb	—	一种聚类算法
61	CPU	Central Processing Unit	中央处理器

续表

序号	缩写	全称	释义
62	CRC	Cyclic Redundancy Check	循环冗余校验
63	CSRF	Cross-Site Request Forgery	跨站请求伪造
64	CSV	Comma-Separated Values	以逗号分隔值存储的纯文本形式数据
65	CTD	Conductivity Temperature Depth	温盐深测量仪
66	CURE	Clustering Using Representative	一种聚类算法
67	DAC	Data Assembly Center	美国数据汇集中心
68	DAEGC	Deep Attentional Embedded Graph Clustering	一种聚类算法
69	DAMA	Data Management Association	国际数据管理协会
70	DBCP	Data Buoy Cooperation Panel	数据浮标合作小组
71	DBMS	Database Management System	数据库管理系统
72	DBSCAN	Density-Based Spatial Clustering of Applications with Noise	具有噪声的基于密度的聚类
73	DCMM	Data Management Capability Maturity Assessment Model	数据管理能力成熟度评估模型
74	DDoS	Distributed Denial of Service	分布式拒绝服务
75	DEM	Digital Elevation Model	数字高程模型
76	DES	Data Encryption Standard	数据加密标准
77	DFI	Deep/Dynamic Flow Inspection	深度/动态流检测
78	DGI	Data Governance Institute	国际数据治理研究所
79	DHCP	Dynamic Host Configuration Protocol	动态主机配置协议
80	DIV	DIVision	层叠样式表中的定位技术
81	DIVA	Data-Interpolating Variational Analysis	数据插值变分分析
82	DIVAnd	Data-Interpolating Variational Analysis in n dimensions	多维数据插值变分分析
83	DLG	Digital Line Graphic	数字矢量地图
84	DM VPN	Dynamic Multipoint Virtual Private Network	动态多点虚拟网络
85	DML	Data Manipulation Language	数据操纵语言
86	DMQC	Delay Mode Quality Control	延时模式质量控制
87	DRG	Digital Raster Graphic	数字栅格地图
88	DOI	Digital Object Identifier	数字对象标识符
89	DOM	DevOps Master	IT 领域的一项高阶认证
90	DPI	Deep Packet Inspection	深度包检测
91	DPoS	Delegated Proof of Stake	委任权益证明
92	DSP	Digital Signal Processing	数字信号处理
93	DT	Decision Tree	决策树
94	EAKF	Ensemble Kalman Filter	集合卡尔曼滤波

续表

序号	缩写	全称	释义
95	ECCO	Estimating the Circulation and Climate of the Ocean	海洋环流和气候估计
96	ECMWF	European Centre for Medium-Range Weather Forecasts	欧洲中期天气预报中心
97	EGM2008	Earth Gravitational Mode 2008	全球重力场模型 2008
98	EIGEN-6C4	European Improved Gravity model of the Earth by New Techniques	新技术下的欧洲改进的全球重力场模型
99	ElasticSearch	—	一种分布式搜索和分析引擎
100	EMAG	Earth Magnetic Anomaly Grid	地球磁力异常网格
101	EMODnet	European Marine Observation and Data Network	欧洲海洋观测数据网
102	ENSO	El Nino-Southern Oscillation	恩索
103	Enterprise Architect	—	生命周期软件设计方案
104	Envisat-1	—	一种极轨对地观测卫星
105	EOF	Empirical Orthogonal Function	经验正交函数
106	EOSC	European Open Science Cloud	欧洲开放科学云
107	EQQ	Experience Quantile Quantile	经验分位点相关图
108	ERA	ECMWF Re-Analysis	全球海洋再分析数据
109	ERA5	European Environment Agency	欧洲中期天气预报中心再分析数据集
110	ER/Studio	—	一套模型驱动的数据结构管理和数据库设计产品
111	ERM	Entity-Relationship Modeling	实体关系建模
112	ERS-1	the first European Remote Sensing Satellite	欧洲空间局一种卫星
113	ERwin	AllFusion ERwin Data Modeler	数据库建模工具
114	ESRI	Environmental System Research Institute	环境系统研究所
115	ESA CCI-C3S SST	European Space Agency Climate Change Initiative-Copernicus Climate Change Service Sea Surface Temperature	欧空局哥白尼气候变化中心海表温度数据集
116	ESP	Encapsulating Security Payload	封装安全负载
117	ETL	Extract-Transform-Load	抽取-转换-加载
118	FAO	Food and Agriculture Organization of the United Nations	联合国粮食及农业组织
119	FastText	—	Facebook 开发的一款快速文本分类器
120	FBO	Frame Buffer Object	帧缓存对象
121	FDC	Fuzzy Discriminant Clustering	模糊判别聚类
122	FedRAMP	Federal Risk and Authorization Management Program	美国联邦风险和授权管理计划
123	FORTRAN	—	一种编程语言
124	FTP	File Transfer Protocol	文件传输协议
125	Gartner	—	一家 IT 研究与顾问咨询公司

续表

序号	缩写	全称	释义
126	GCOM	Global Ocean Circulation Model	全球海洋环流模式
127	GDBSCAN	Grid Density Based Spatial Clustering of Application with Noise	具有噪声的基于网格密度的聚类方法
128	GDCSM	Gradiente-Dependent Correlation Scale Method	梯度依赖相关尺度方法
129	GDI	Intenational Data Governance Institute	国际数据治理研究所
130	GDP	Global Drifter Program	全球漂流浮标计划
131	GEBCO	General Bathymetric Chart of the Oceans	大洋地势图
132	Geodatabase	—	地理数据库
133	GeoJson	—	一种对各种地理数据结构进行编码的格式
134	GeoNode	—	地理空间内容管理系统
135	GeoRSS	—	面向 RSS 反馈的地理编码对象
136	GeoServer	—	迅速共享空间地理信息的系统软件
137	Geotools	—	英国利兹大学研发的操作和显示地图的开源 Java 代码库
138	GET VPN	Group Encryption Transmission Virtual Private Network	组加密传输虚拟网络
139	GloVe	Global Vectors Word Representation	全局向量词表示
140	GET VPN	Group Encrypted Transport VPN	组加密传输 VPN
141	GFDL	Geophysical Fluid Dynamics Laboratory	地球物理流体动力学实验室
142	GLODAP	Global Ocean Data Analysis Project for Carbon	全球海洋碳数据分析计划
143	GLOSS	Global Sea Level Observing System	全球海平面观测系统
144	GLORYS	Global Ocean Reanalysis and Simulations	全球海洋再分析和模拟
145	GIS	Geographic Information System	地理信息系统
146	GMT	Generic Mapping Tools	通用制图工具
147	GNU LGPL	GNU Lesser General Public License	GNU 次要通用公共许可协议
148	GOCI	Geostationary Ocean Color Imager	静止轨道海洋水色成像仪
149	GOFS	Global Ocean Forecasting System	全球海洋预报系统
150	Google Cloud Spanner	—	谷歌公司开发的一种数据库
151	GOOS	Global Ocean Observing System	全球海洋观测系统
152	GO-SHIP	Global Ocean Ship-based Hydro-graphic Investigations Program	全球海洋船载水文调查计划
153	GPU	Graphics Processing Unit	图形处理单元
154	GraphicsLayer	—	保留在内存中的一种图层
155	GRE	Generic Routing Encapsulation	通用路由封装
156	GRU	Gated Recurrent Unit	门控循环单元
157	GTS	Global Telecommunications System	全球电信系统

续表

序号	缩写	全称	释义
158	GTSPP	Global Temperature and Salinity Profile Plan	全球温盐剖面计划
159	Hadoop	—	一个分布式计算平台
160	Hadoop MapReduce	—	一个分布式运算程序的编程框架
161	HadISST1	Hadley Center Sea Ice and Sea Surface Temperature	哈德雷中心海冰和海表温度
162	HDFS	Hadoop Distributed File System	Hadoop 分布式文件系统
163	HESA	Higher Education Statistics Agency	高等教育统计局
164	HIVE	—	基于 Hadoop 的一个数据仓库
165	HQL	Hibernate Query Language	Hibernate 查询语言
166	HTTP	Hypertext Transfer Protocol	超文本传输协议
167	HYCOM	Hybird Coordinate Ocean Model	混合坐标海洋模式
168	Hypack	Hydrographic pack	一种用于海洋调查和水道测量的商业软件
169	I/O	Input/Output	输入/输出
170	IAAS	Infrastructure as Service	基础设施即服务
171	IAGA	International Association of Geomagnetism and Aeronomy	国际地磁和航空学协会
172	IAM	Identity and Access Management	身份识别与访问管理
173	ICOADS	International Comprehensive Ocean-Atmosphere Data Set	国际海洋大气综合数据集
174	ICSU	International Council for Science	国际科学理事会
175	IDE	Integrated Development Environment	集成开发环境
176	IEC	International Electrotechnical Commission	国际电工委员会
177	IETF	Internet Engineering Task Force	因特网工程任务组
178	IGRF	International Geomagnetic Reference Field	国际地磁参考场
179	IKE	Internet Key Exchange	互联网密钥交换
180	Information Builders	Information Builders	美国一家软件与咨询公司
181	IMAP	Internet Message Access Protocol	网络信息访问协议
182	IMAP4	Internet Message Access Protocol-Version 4	交互式消息访问协议版本 4
183	IMMA	International Maritime Meteorological Archive	国际海洋气象档案
184	IMO	International Maritime Organization	国际海事组织
185	IOC	Intergovernmental Oceanographic Commission	政府间海洋学委员会
186	IODE	International Oceanographic Data and Information Exchange	国际海洋数据及信息交换
187	IOI	International Ocean Institute	国际海洋学院
188	iOS	—	由苹果公司开发的移动操作系统
189	IP	Internet Protocol	互联网协议
190	IP/DOMAIN	Internet Protocol/DOMAIN	一种基于 IP 协议的网络通信技术

续表

序号	缩写	全称	释义
191	IPCC	Intergovernmental Panel on Climate Change	政府间气候变化专门委员会
192	IPSec	Internet Protocol Security	互联网络层安全协议
193	IPSec VPN	Internet Protocol Security Virtual Private Network	互联网络层安全协议虚拟专用网络
194	IPV6	Internet Protocol Version 6	互联网协议第 6 版
195	ISA	International Seabed Authority	国际海底管理局
196	ISACA	Information System Audit and Control Association	国际信息系统审计和控制协会
197	ISO	International Organization for Standardization	国际标准化组织
198	ISOmap	Isometric Feature Mapping	等距特征映射
199	IT	Information Technology	信息技术
200	ITSS	Information Technology Service Standards	信息技术服务标准
201	IQR	InterQuartile Range	四分位数间距
202	IQuOD	International Quality-controlled Ocean Database	国际质量控制海洋学数据库
203	J2EE	Java 2 Platform Enterprise Edition	Java 企业开发应用程序标准平台
204	JAMSTEC	Japan Agency for Marine-Earth Science and Technology	日本海洋-地球科学技术局
205	Jason	—	一种微波辐射计
206	JCOMM	Joint WMO/IOC Technical Commission for Oceanography and Marine Meteorology	海洋学和海洋气象学联合技术委员会
207	JMA	Japan Meteorological Agency	日本气象厅
208	JODC	Japan Oceanographic Data Center	日本海洋资料中心
209	JWT	Json Web Token	一种基于令牌的认知方式
210	KARI	Korea Aerospace Research Institute	韩国航天技术研究所
211	Key-Value	—	键值
212	KFDA	Kernal Flow Direction Algorithm	核流向算法
213	KMA	Korean Meteorological Administration	韩国气象局
214	KML	Keyhole Markup Language	Keyhole 公司的标记语言
215	KMS-DNSC-DTU	Kort&Matrikelstyrelsen-Danish National Space Centre-Technical University of Denmark	丹麦科技大学发布的一款重力场模型产品
216	KNN	*k*-Nearest Neighbor	*k* 最近邻
217	KODC	Korea Oceanographic Data Center	韩国海洋数据中心
218	KPCA	Kernel Principal Component Analysis	核主成分分析
219	KPI	Key Performance Indicator	关键绩效指标
220	L2TP	Layer 2 Tunneling Protocol	一种工业标准的互联网隧道协议
221	LDA	Linear Discriminant Analysis	线性判别分析
222	LDAP	Lightweight Directory Access Protocol	轻型目录访问协议
223	LEA	Lagrangian-Eulerian Advection	拉格朗日-欧拉平流

续表

序号	缩写	全称	释义
224	LightGBM	Light Gradient Boosting Machine	梯度提升机
225	LightSAR	Light Synthetic Aperture Radar	一种美国发射的成像雷达卫星
226	LLE	Locally Linear Embedding	局部线性嵌入
227	LMI	Linear Matrix Inequality	线性矩阵不等式
228	LSTM	Long Short-Term Memory	长短期记忆
229	MAC	Mandatory Access Control	强制访问控制
230	MAD	Median Absolute Deviation	绝对中位差
231	MacOS	—	苹果公司开发的一种操作系统
232	MapReduce	—	一种编程模型
233	MBT	Mechanical Bathy Thermograph	机械式温深仪
234	MD5	—	一种信息摘要算法
235	Merkle	—	计算机科学和区块链技术中使用的加密数据结构
236	Mercator Ocean	—	墨卡托海洋公司
237	Met OfficeHadley	—	英国气象局哈德莱中心
238	MFA	Multi-Factor Authentication	多因素身份验证
239	Microsoft Azure Cosmos DB	—	一个全局多模型数据库
240	Microsoft SQL Server	—	Microsoft 公司推出的关系型数据库管理系统
241	MITgcm	Massachusetts Institute of Technology General Circulation Model	美国麻省理工学院的海洋环流模式
242	MODIS	Moderate-Resolution Imaging Spectroradiometer	中分辨率成像光谱仪
243	MOM2	Modular Ocean Model Version 2	模块化海洋模式第二版
244	MongoDB	—	一个基于分布式文件存储的数据库
245	MPIOM	Max Planck Institute Ocean Model	马克斯普朗克研究所海洋模式
246	MPLS	Multi-Protocol Label Switching	多协议标签交换
247	MPP	Massively Parallel Processing	大规模并行处理
248	MySQL	—	一个关系型数据库管理系统
249	NASA	National Aeronautics and Space Administration	美国国家航空航天局
250	NCAR	National Center for Atmospheric Research	美国国家大气研究中心
251	NCDC	National Climatic Data Center	美国国家气候数据中心
252	NCEI	National Centers for Environmental Information	美国国家环境信息中心
253	NCEP	National Centers for Environmental Prediction	美国国家环境预报中心
254	NCEP-DOE	National Centers for Environmental Prediction-Department of Energy	考虑能量部分的美国环境预报中心再分析数据集
255	NCODA	Navy Coupled Ocean Data Assimilation	美国海军耦合海洋资料同化
256	NEAR-GOOS	North-East Asian Regional-Global Ocean Observation System	东北亚区域全球海洋观测系统

续表

序号	缩写	全称	释义
257	NESDIS	National Environmental Satellite, Data, and Information Service	美国国家环境卫星数据和服务中心
258	Neo4j	—	一种高性能的 NoSQL 图形数据库
259	NetCDF	Network Common Data Form	网络通用数据格式
260	NETFLOW	—	一种基于 UDP 传输的网络流技术
261	NETSTREAM	—	一种基于 UDP 传输的网络流技术
262	NewSQL	—	对各种新的可扩展/高性能数据库的简称
263	NGDC	National Geophysical Data Center	美国国家地球物理数据中心
264	Nginx	—	HTTP 和反向代理 Web 服务器
265	NN	Neural Network	神经网络
266	NOAA	National Oceanic and Atmospheric Administration	美国国家海洋和大气局
267	NODC	National Oceanographic Data Center	美国国家海洋数据中心
268	NOPP	National Oceanographic Partnership Programme	美国国家海洋合作项目
269	NoSQL	—	泛指非关系型的数据库
270	NSF	National Science Foundation	美国国家科学基金会
271	OAuth	—	互联网上的一款安全协议
272	ODAS	Ocean Data Acquisition System	海洋数据获取系统
273	ODINWESTPAC	Ocean Data and Information Network for the Western Pacific Region	西太平洋区域海洋数据和信息网络
274	ODV	Ocean Data View	一款海洋数据处理、分析和绘图的专业软件
275	OFES	Dataset of Ocean General Circulation Model for the Earth Simulator	适用地球模拟器的海洋环流数据集模型
276	OGC	Open GIS Consortium	开放式地理信息系统协会
277	OISST	Optimum Interpolation Sea Surface Temperature	最优插值海表温度
278	Ontology	—	计算机科学和信息技术领域的概念，本体论
279	OpenGL	Open Graphics Library	开放式图形库
280	OpenStreetMap	—	开放街道地图，一个可供自由编辑的世界地图
281	OPTICS	Ordering Point to Identify the Cluster Structure	排序点识别结构聚类
282	Oracle SQL Developer	—	一个免费的图形化数据库开发工具
283	OrientDB	—	一种图形数据库管理系统
284	OSI	Open System Interconnect	开放系统互联
285	OSPF	Open Shortest Path First	开放最短路径优先
286	OSTIA	Operational Sea Surface Temperature and Sea Ice Analysis	业务化海表温度和海冰再分析数据集
287	OTGA	Ocean Teacher Global Academy	全球海洋教师学院
288	Outofbox	Out of box	开箱即用
289	PAM	Partitioning Around Medoid	围绕中心点划分

续表

序号	缩写	全称	释义
290	PAR	Photosynthetically Available Radiation	光合有效辐射
291	PC	Personal Computer	个人计算机
292	PCA	Principal Component Analysis	主成分分析
293	PCM	Possibilistic C-means Clustering Algorithm	可能性 C 均值聚类算法
294	PICES	North Pacific Marine Science Organization	北太平洋海洋科学组织
295	PITR	Point-in-Time Recovery	时间点恢复
296	PKI	Public Key Infrastructure	公钥基础设施
297	PMI	Privilege Management Infrastructure	授权管理基础设施
298	POP	Parallel Ocean Program	平行海洋计划
299	POP3	Post Office Protocol-Version 3	邮局协议第 3 版
300	POSIX	Portable Operating System Interface	可移植操作系统接口
301	PostgreSQL	—	一种数据库
302	Power BI	Power Business Intelligence	软件服务、应用和连接器的集合
303	PoW	Proof of Work	工作量证明
304	PowerDesigner	—	Sybase 公司的一款软件
305	PPTP	Point-to-Point Tunneling Protocol	点到点隧道协议
306	PSU	Practical Salinity Units	实用盐标
307	Quick-SCAT	Quick Scatterometer	一种快速散射计卫星
308	QoS	Quality of Service	服务质量
309	RBF	Radial Basis Function	径向基函数
310	RBAC	Role Based Access Control	基于角色的访问控制
311	RDBMS	Relational Database Management System	关系数据库管理系统
312	RDF	Resource Description Framework	资源描述框架
313	Restful	—	一种软件架构风格
314	RF	Random Forest	随机森林
315	RGBA	Red Green Blue Alpha	红色、绿色、蓝色和 Alpha
316	ROCK	RObust Clustering using LinKs	一种聚类算法
317	ROV	Remotely Operated Vehicle	遥控潜水器
318	RSA	Ron Rivest, Adi Shamir and Leonard Adleman	罗纳德·李维斯特、阿迪·萨莫尔，伦纳德·阿德曼，一种公钥密码算法
319	RSVP	Resource ReServation Protocol	资源预留协议
320	SA	Security Association	安全联盟
321	SAM	Security Account Manager	安全账号管理器
322	SAR	Synthetic Aperture Radar	合成孔径雷达
323	Saral	—	一种测高卫星

续表

序号	缩写	全称	释义
324	SBAC	Similarity Based Agglomerative Clustering	基于相似性的凝聚聚类
325	SeaDataNet	—	欧洲海洋数据管理基础设施
326	Sentinel-3A	—	欧洲空间局发射的一种哨兵卫星
327	SFLOW	—	一种基于芯片的网络流技术
328	Shapefile	—	一种空间数据开放格式
329	SIM	Subscriber Identity Module	用户身份识别卡
330	SLA	Sea Level Anomaly	海面高度异常
331	SLSTR	Sea and Land Surface Temperature Radiometer	海陆表面温度辐射计
332	SMB	Server Message Block	服务器消息块，是一种网络协议
333	SMTP	Simple Mail Transfer Protocol	简单邮件传送协议
334	SOAP	Simple Object Access Protocol	简单对象访问协议
335	SODA	Simple Ocean Data Assimilation	全球简单海洋资料同化分析
336	SOM	Self-Organizing Map	自组织网
337	Spring Boot	—	Java 平台上的一种开源应用框架
338	SQL	Structured Query Language	结构化查询语言
339	SSH	Sea Surface Height	海表高度
340	SSO	Single Sign On	单点登录
341	SST	Sea Surface Temperature	海表温度
342	STING	Statistical Information Grid	统计信息网格
343	SVM	Support Vector Machine	支持向量机
344	SVP	Surface Velocity Program	表层流速计划
345	SVR	Support Vector Regression	支持向量机回归
346	T/P	TOPEX/Poseidon	海洋微波遥感卫星
347	QSCAT	Quick Scatterometer	快速散射计
348	THREDDS	Thematic Real-time Environmental Distributed Data Services	专题实时环境分布式数据服务
349	TCODE	Technical Committee on Data Exchange	数据交换技术委员会
350	TCP/UDP	Transmission Control Protocol/User Datagram Protocol	传输控制协议/用户数据报协议
351	TDE	Transparent Data Encryption	透明数据加密
352	TOGA	Tropical Ocean-Global Atmosphere Program	热带海洋全球大气计划
353	TPOS	Tropical Pacific Observation System	热带太平洋观测系统
354	uDig	—	一个桌面应用程序框架
355	UI	User Interface	用户界面
356	UNCTAD	United Nations Conference on Trade and Development	联合国贸易和发展会议

续表

序号	缩写	全称	释义
357	UNDP	United Nations Development Programme	联合国开发计划署
358	UNEP	United Nations Environment Programme	联合国环境规划署
359	UNESC	United Nations Economic and Social Council	联合国经济及社会理事会
360	UNESCO	United Nations Educational, Scientific and Cultural Organization	联合国教育、科学及文化组织
361	URL	Uniform Resource Locator	统一资源定位器
362	USB	Universal Serial Bus	通用串行总线
363	USB KEY	Universal Serial Bus Key	通用串行总线密钥
364	VLAN	Virtual Local Area Network	虚拟局域网络
365	VMware	—	虚拟机
366	VPN	Virtual Private Network	虚拟专用网
367	VSAT	Very Small Aperture Terminal	甚小口径终端
368	Vue	—	一种用于构建用户界面的 Javascript 框架
369	VueJs	Vue Javascript	一种 Javascript 框架
370	WAF	Web Application Firewall	网络应用级防火墙
371	WCS	Web Coverage Service	网络覆盖服务
372	WDC-MARE	World Data Center for Marine Environmental Sciences	世界海洋环境科学数据中心
373	WDMAM	World Digital Magnetic Anomaly Map	世界数字化磁异常图
374	WDS	World Data System	世界数据系统
375	WebGIS	—	网络地理信息系统
376	WebService	—	Web 应用程序
377	WFS	Web Feature Service	Web 要素服务
378	WMO	World Meteorological Organization	世界气象组织
379	WMS	Warehouse Management System	仓库管理系统
380	WMTS	Web Map Tile Service	Web 地图瓦片服务
381	WOA	World Ocean Atlas	世界海洋图集
382	WOCE	World Ocean Circulation Expedition	世界海洋环流实验
383	WOD	World Ocean Database	世界海洋数据库
384	Word2Vec	Word to Vector	一群用来产生词向量的相关模型
385	XBT	Expendable Bathy Thermograph	投弃式温深仪
386	XML	Extensible Markup Language	可扩展置标语言
387	XSS	Cross-Site Scripting	跨站脚本